中等职业教育数字艺术类规划教材

服装CAD
制板教程

■ 徐卫强 罗春燕 主编

人民邮电出版社

北 京

图书在版编目（CIP）数据

服装CAD制板教程 / 徐卫强，罗春燕主编. -- 北京 ：人民邮电出版社，2014.2
中等职业教育数字艺术类规划教材
ISBN 978-7-115-32967-7

Ⅰ. ①服… Ⅱ. ①徐… ②罗… Ⅲ. ①服装设计－计算机辅助设计－中等专业学校－教材 Ⅳ. ①TS941.26

中国版本图书馆CIP数据核字(2013)第223358号

内 容 提 要

本书主要讲述如何使用富怡 Richpeace 服装 CAD 软件进行服装的制板、放码、排料等操作。本书根据 CAD 软件的各种功能，结合常见的服装款式，写出具体操作过程，步骤详细，技术准确，简便易懂，直观性强。

本书所配光盘内容为最新的富怡 Richpeace 服装 CAD V8.0 免费下载版软件，书中案例素材及部分操作视频，以方便读者边学边练习。

本书适合作为中等职业学校服装专业的 CAD 教材，也可作为服装培训学校的培训教材，服装爱好者的参考资料。

◆ 主　　编　徐卫强　罗春燕
责任编辑　王　平
责任印制　焦志炜

◆ 人民邮电出版社出版发行　　北京市丰台区成寿寺路 11 号
邮编　100164　　电子邮件　315@ptpress.com.cn
网址　http://www.ptpress.com.cn
三河市潮河印业有限公司印刷

◆ 开本：787×1092　1/16
印张：15.75　　2014 年 2 月第 1 版
字数：412 千字　　2014 年 2 月河北第 1 次印刷

定价：42.00 元（附光盘）

读者服务热线：(010)81055256　印装质量热线：(010)81055316
反盗版热线：(010)81055315
广告经营许可证：京崇工商广字第 0021 号

本书编委会

主编

徐卫强　罗春燕

编委

虞海平　韩玉祥　舒秋英　彭耀东

前 言

运用服装 CAD 技术不仅可以切实改善服装企业生产环境，提高生产效率，增加效益，还可以拓展设计师的思路，降低样板师的劳动强度，提高裁剪的准确性，同时还可以随时调用及修改，充分体现了服装工作的技术价值。因此对于现代服装业而言，服装 CAD 技术的运用已成为不可改变的趋势，而从业人员尽早学习和掌握服装 CAD 技术知识已成当务之急。

本书采用富怡（Richpeace）服装 CAD 软件的最新版本 DGS V8.0 和 GMS V8.0 进行讲解。本书以日本文化式新原型为基础，讲述如何运用 CAD 软件制板、放码、排料。日本文化式新原型即第八代文化式原型，近年来在国内服装院校广泛运用于教学。它增加了多个省道设计，位置合理，造型更加贴合人体。新原型上衣和袖子的制图看起来比旧原型复杂，但是只要掌握了原型的绘制方法，下一步进行款式结构设计就比运用旧原型方便多了。本书不仅详细讲述了新文化式女装原型的绘制方法，在书中也介绍了男子原型、儿童原型的绘制方法，让学习者进一步尝试男装制板与童装制板。

本书内容共 10 章：第 1 章介绍服装工业制板的流程、术语和号型规格等知识；第 2 章介绍富怡服装 CAD 软件的使用；第 3 章介绍比例法开样、放码和排料操作实例；第 4 章介绍服装原型 CAD 制板；第 5 章至第 9 章分别介绍了省道、褶裥、分割、领型、袖型的 CAD 制板；第 10 章介绍时装款式的 CAD 制板，主要是以裙子、裤子和上衣、连衣裙为例说明。附录中列有 CAD 系统的快捷操作键。

为方便教师授课，本书配备了丰富的教学资源。

光盘内容

免费为读者提供了富怡服装 CAD V8.0 免费下载版软件。同时还有重要案例操作实例素材、视频演示。

网站内容

教师可以登录人民邮电出版社教学服务与资源网下载电子课件、思考题答案。

本书由徐卫强、罗春燕主编。本书的出版得到了富怡集团深圳市盈瑞恒科技有限公司的大力支持，在此一并向他们表示深深的谢意。读者在学习本书的过程中如果遇到问题，可与本书作者徐卫强老师（x2244617@21cn.com）或罗春燕老师（lcy_fs@21cn.com）联系交流。

由于编者水平有限，书中难免存在疏漏或不妥之处，敬请各位读者指正。

编者

2013 年 6 月

目　录

第1章 服装CAD制板概述

随着计算机技术的飞速发展，计算机辅助设计被广泛应用于商业、工业、医疗、艺术设计、娱乐等各个领域中。目前，计算机的应用已经进入到从服装设计到制作的大部分工序。计算机在服装领域的应用主要包括3个方面：服装计算机辅助设计（Garment Computer Aided Design，简称服装CAD）、服装计算机辅助制造(Garment Computer Aided Manufacture，简称服装CAM)、服装企业管理信息系统(Garment Management Information System，简称服装MIS)。其中，服装CAD系统包括款式设计、样片设计、放码、排料、人体测量、试衣等功能；服装CAM系统包括裁床技术、智能缝纫、柔性加工等功能；服装MIS系统的作用是对服装企业中的生产、销售、财务等信息进行管理。随着经济的发展，现代服装的生产方式由传统的大批量、款式单调转变为小批量、款式多样化。服装企业利用计算机技术，可以提高服装的设计质量，缩短服装的设计周期，获得较高的经济效益，减轻劳动强度，便于生产管理。

1.1 认识服装CAD

服装CAD是利用计算机的软、硬件技术，对服装新产品和服装工艺过程按照服装设计的基本要求，进行输入、设计及输出等的一项专门技术，是集计算机图形学、数据库、网络通信等计算机及其他领域知识于一体的一项综合性的高新技术。它被人们称为艺术和计算机科学交叉的边缘学科。传统的服装制作有4个过程，即款式设计、结构设计、工艺设计及生产过程。服装CAD正是含盖了款式设计、结构设计和工艺设计这3个部分和生产环节中的放码、排料，另外还增加了模拟试衣系统。服装CAD还能与服装CAM相结合，实现自动化生产，加强了企业的快速反应能力，避免了由人工因素带来的失误和差错，并具有提高工作效率和产品质量等特点。服装CAD融合了设计师的思想、技术和经验，通过计算机强大的计算功能，使服装设计更加科学化、高效化，为服装设计师提供了一种现代化的工具。服装CAD是未来服装设计的重要手段。

1.1.1 服装CAD的功能

服装CAD系统主要包括：款式设计系统（Fashion Design System）、结构设计系统（Pattern Design System）、推板设计系统（Grading Design System）、排料设计系统（Marking Design System）和试衣设计系统（Fitting Design System）。

1. 款式设计系统

服装款式设计系统的主要目标是辅助设计师构思出新的服装款式。计算机款式设计是应用计算机图形学和图像处理技术，为服装设计师提供一系列完成时装设计和绘图的工具。款式设计系统的功能包括以下几方面：提供各种工具绘制时装画、款式图、效果图，或者调用款式库内的式样进行修改而生成上述图样；提供工具生成新的图案，并填充到指定的区域，或者调用图案库内的图案，形成印花图案；调用图形库的零部件并对其修改，装配到服装上；模拟织布，并可将织物在模特身上模拟着装，显示出折皱、悬垂、蓬松等效果。

计算机款式设计的优势在于：计算机内可存储大量的款式、图案，可以快速对其进行调用，并进行修改，可以不用制作服装，就能看到设计的效果，缩短了开发的时间。

款式设计系统的操作界面如图 1.1（少女装设计）、图 1.2（针织布设计）、图 1.3（女装设计）、图 1.4（款式图设计）所示。

图 1.1

图 1.2

图 1.3

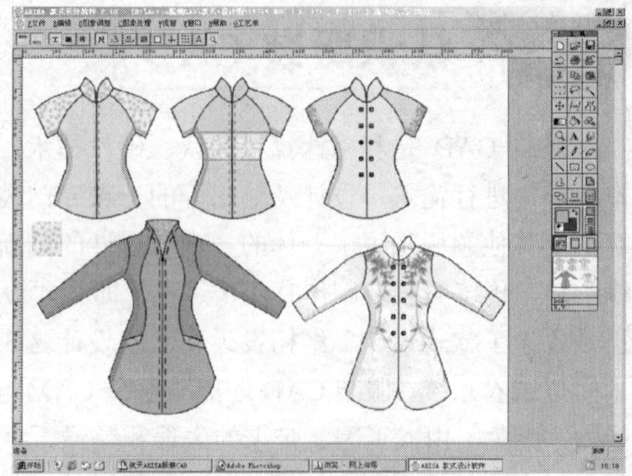

图 1.4

2. 结构设计系统

结构设计系统也就是打板（也称制板或开样）系统，主要包括衣片的输入，各种点、线的设计，衣片的绘制、生成、输出等功能。

衣片的输入可以用数字化仪或扫描仪输入，也可以通过输入公式来确定衣片。结构设计系统中的点、线工具可以完成各种辅助直线、自由曲线的绘制，通过选点、线生成衣片的外轮廓、内部分割线、加工标志。结构设计系统还能够对生成的衣片进行省道分割、省道转移、褶展开等结构变化，同时还能精确测定直线和曲线的长度。衣片生成后，可以通过绘图机输出，或生成文件传给放码系统、排料系统进行下一步生产操作。

计算机结构设计的优势在于：计算机可以存储大量的纸样，方便保存和修改，占用空间很少，又易于查找。

结构设计系统的操作界面如图1.5、图1.6所示。

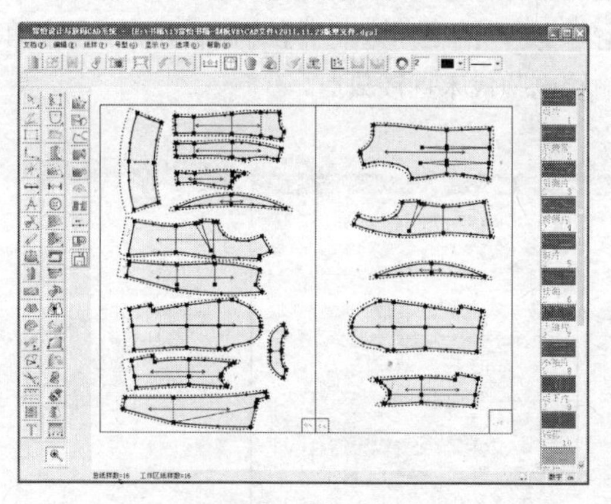

图1.5

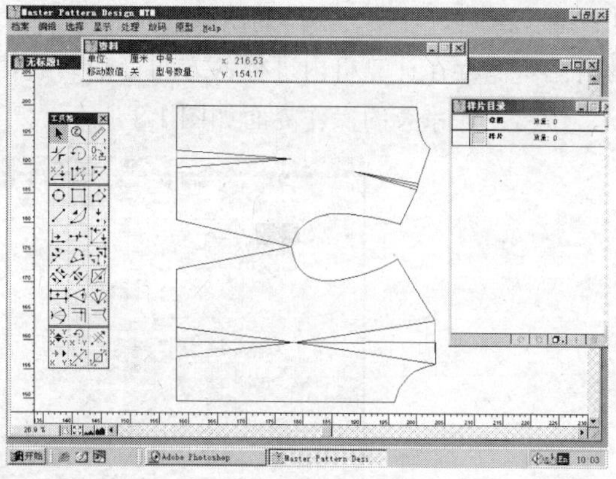

图1.6

3. 推板设计系统

推板设计系统也就是服装样板缩放，或称为放码。它是在基本衣片的基础上再完成其他各个号型样板的过程。其主要功能是：通过数字化仪或结构设计系统等途径输入基本衣片，再对输入的衣片进行修改或加缝份；按一定的放码规则对基本衣片进行缩放，生成各个号型的衣片；对衣片进行对称、旋转、分割、加缝边等处理；放码完成后，可以在绘图仪或打印机上按比例输出各个号型的衣片。

计算机推板的优势在于：比传统的手工放码节省时间，避免了人工放码的误差，放码资料可以作为长期资料存放于计算机内，方便管理。

推板设计系统的操作界面如图1.7所示。

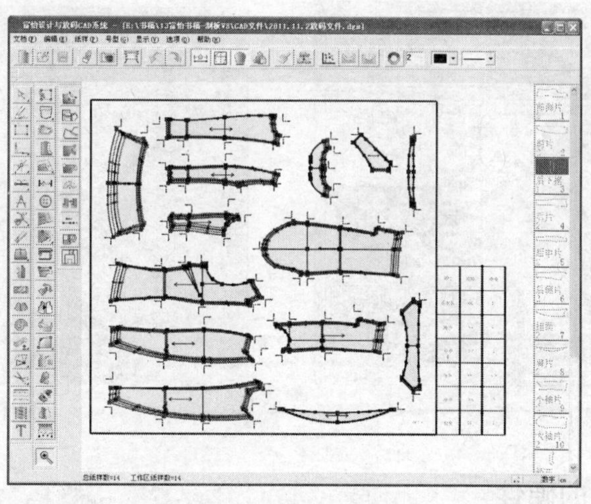

图1.7

4. 排料设计系统

计算机排料设计系统可分为交互排料与自动排料两类。交互排料是由操作者根据不同种类和不同型号的衣片，通过平移、旋转等方法来形成排料图。自动排料是计算机根据用户的设置，让衣片自动靠拢已排衣片或布边，寻找合适的位置。

计算机排料的优势在于：可多次试排，并精确计算各种排料方法的用布率，从而找出最优方法；减少漏排、重排、错排的次数；减轻排料人员来回走动的工作量；缩小排料占用的厂房面积；排料图可储存在计算机内进行各方面管理，或传输给电脑裁床直接裁剪。

排料设计系统的操作界面如图 1.8 所示。

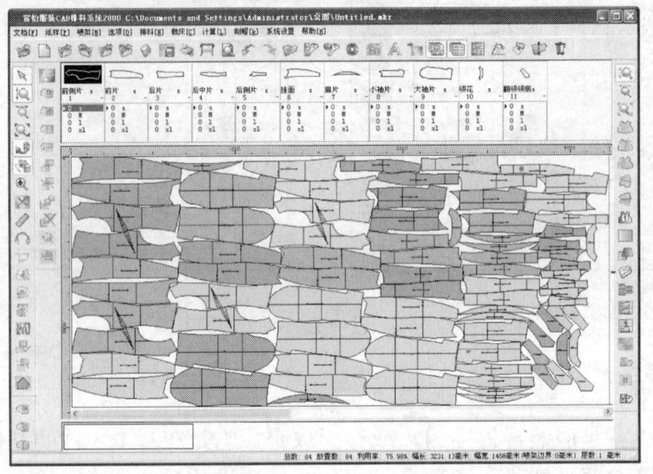

图 1.8

5. 试衣设计系统

计算机试衣系统是通过数码相机或连接在计算机上的摄像机，输入顾客的形象，然后将计算机内存储的服装效果图自动穿在顾客身上，显示出着装的效果。这样不需要提供真实的样衣，就能起到服装促销和导购的作用。试衣设计系统的操作界面如图 1.9、图 1.10 所示。

图 1.9

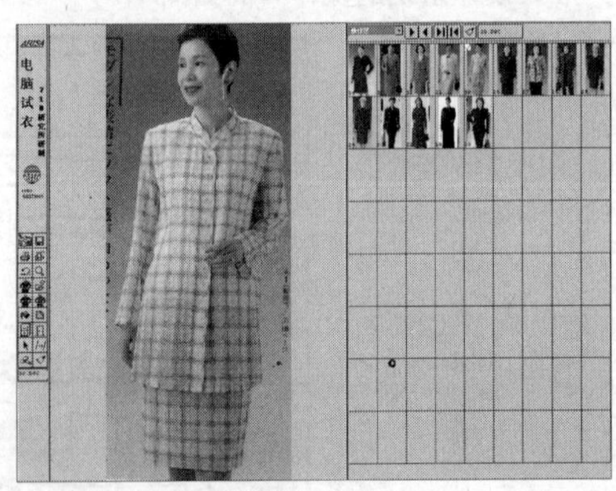

图 1.10

1.1.2 服装 CAD 的硬件

服装 CAD 系统是以计算机为核心，由软件和硬件两大部分组成。硬件包括计算机、数字化仪、扫描仪、摄像机、手写板、数码相机、绘图仪、打印机、计算机裁床等设备。其中，由计算机里的服装 CAD 软件起核心控制作用，其他的统称为计算机外部设备，分别执行输入、输出等特定的功能。

（1）计算机：包括主机、显示器、键盘、鼠标，操作系统要求是 Windows 98/Me/XP/2000。

显示器最好使用 17 英寸以上的纯平显示器，显示器的分辨率最好在 1024×768 像素以上。硬盘空间需 30～40GB，内存容量需 128MB 以上。

（2）数码相机、摄像机、扫描仪：用这些设备可以方便地输入图像。例如拍摄顾客、模特的外形，或者拍摄服装、布料、图案、零部件，并将图像资料输入计算机，准备进行款式设计。

（3）手写板：与鼠标的用途很相似，主要用于屏幕光标的快速定位。手写板的分辨率很高，十分精确，可用于结构设计中的数据输入等。

（4）数字化仪：是一种图形输入设备。在服装 CAD 系统中，往往采用大型数字化仪作为服装样板的输入工具，它可以迅速将企业纸样或成衣输入到计算机中，并可以修改、测量及添加各种工艺标识，读取方便、定位精确，如图 1.11 所示。

（5）打印机：可以打印彩色效果图、款式图，或者打印缩小比例的结构图、放码图、排料图。

（6）绘图仪：是一种输出 1:1 纸样和排料图的必备设施。大型的绘图仪有笔式、喷墨式、平板式和滚筒式。绘图仪可以根据不同的需要使用 90～220cm 不同宽幅的纸张。图 1.12 所示为喷墨式绘图仪。

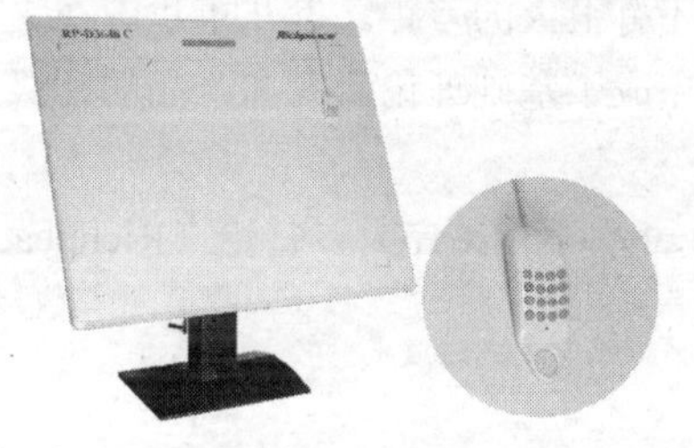

图 1.11

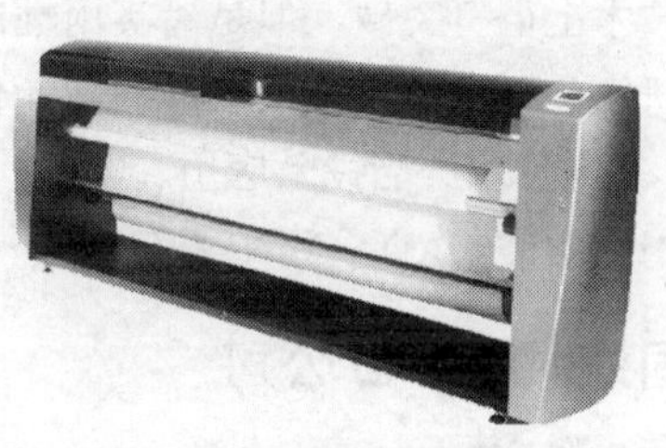

图 1.12

（7）电脑裁床：按照服装 CAD 排料系统的文件对布料进行自动裁切。可以最大限度地使用服装 CAD 的资料，实现高速度、高精度、高效率的自动切割，如图 1.13 所示。

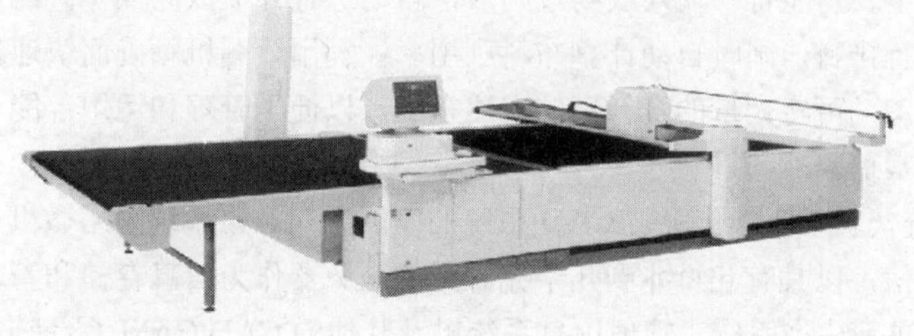

图 1.13

1.2 国内外服装 CAD 的发展状况

服装 CAD 是 20 世纪 60 年代初在美国发展起来的。到了 20 世纪 70 年代，亚洲纺织服装产品冲击西方市场，西方国家的纺织服装工业为了摆脱危机，在计算机技术的高度发展下，加快了服装 CAD 的研制和开发。作为现代化设计工具的服装 CAD，便是计算机技术与传统的服装行业相结合的产物。目前美国、日本等发达国家的服装 CAD 普及率已达到 90%以上。

国际上最早使用的服装 CAD 系统是美国 1972 年研制的 MARCON 系统。在此基础上，美国格柏（Gerber）公司研制出一系列服装 CAD 系统并推向国际市场，这在服装 CAD 领域引起了不错的反响，并引发了其他为数不少的公司对服装 CAD 系统的研制。短短的几年内，便有十多个国家几十套有影响的系统在世界范围内进行激烈的竞争。

现在，国际上知名的服装 CAD 公司主要有美国的格柏（Gerber）、法国的力克（Lectra）、西班牙的英维斯（Inves），这 3 家公司在国际服装 CAD/CAM 领域形成了三足鼎立之势。

我国的服装 CAD 技术起步较晚，在“六五”期间才开始研究服装 CAD 的应用技术；进入“七五”计划之后，服装 CAD 产品有了一定的雏形，但还只停留在院校的实验室和研究单位的攻关项目上；到“八五”后期才真正推出我国自己的商品化服装 CAD 产品。国内服装 CAD 产品虽然在开发应用的时间上比国外产品要晚，但发展速度是非常快的。目前，我国自行设计的服装 CAD 产品不仅能很好地满足服装企业生产和大专院校教学的需求，而且在产品的实用性、适用性、可维护性和更新反应速度等方面与国外产品相比都更具优势。

虽然国内服装 CAD 发展速度很快，但都还局限于二维技术的工具性应用。服装打板纸样的智能化和服装 CAD 的三维技术现已成为世界性课题，各个国家都处在研究开发阶段。国外先进国家在三维技术上已有突破，但是离实用性的需求还有很大的差距。近几年我国在这方面也投入了巨资进行研究和开发，在打板纸样的智能化上已完成了基础理论研究和产品的初级形式，现已有服装 CAD 三维技术产品投入应用。

目前，国内服装 CAD 公司主要有航天（Arisa）、爱科（ECHO）、富怡（Richpeace）等。

1.2.1 国外服装 CAD 公司

1. 美国格柏（Gerber）公司 GERBER

美国格柏公司推出了两套服装 CAD 系统，一套是以 HP 小型机为主机的 AM-5 系统，另一套是以 IBM PC 为主机的 Accumark 系统。

AM-5 系统的主要功能有：输入放码规则后，自动进行样板放码操作；能以人机交互的方式在计算机屏幕上进行排料，同时自动计算布料利用率；利用绘图机精确而快速地自动绘制各种比例的排料图和样板图；可将大量的资料存储在磁盘上，以便于管理和运用；能与电脑自动裁剪系统相连，进行精确裁剪。

Accumark 系统代表了新一代服装 CAD 系统的发展方向。该系统采用微机工作站结构，通过高速以太网相互通信，以具有几百兆到几千兆容量的服务器作为信息存储和管理中心，通过网络将自动裁床系统、单元生产系统、管理信息系统以及其他的 CAD/CAM 系统连接起来，形成计算机集成化制造系统（CIMS）。

2. 法国力克（Lectra）公司 Lectra

法国力克公司研制的“301+ / 303+”系统，将服装的概念创作、打板设计及排料结合在一起。该系统有以下特点：采用自动纸样扫描机可将任何形式的样板快速、自动地输入计算机，并在工作站的屏幕上显示；放码系统有 7 种不同的放码规则，5 种分割衣片的方式，可以对齐、翻转、旋转衣片，还有处理缝边、褶裥、曲线等功能；衣片设计系统有生产规划、估料、成本计算等功能。

该公司最新推出的 OPEN CAD 系统具有模块式和开放式的特点。它包含 5 种基本系统，即 M100、M200、X400、X400G+以及 X600S 系统。用户可根据速度、容量、显示、存储器等要求

进行选择。模块式包含了力克公司开发的功能模块以及 CAD/CAM 联机运行系统。最近，该公司又推出了 OPEN CAD 开放式模块软件，不仅在公司内自成系统，而且可以与非力克系统兼容。

另外，该公司还推出了许多高性能的硬件设备，如自动裁剪机、高速绘图仪等。

3. 艾斯特服装 CAD 公司（Assyst）assyst

该公司的服装 CAD 系统突出表现在应用人工智能和机器人等尖端技术方面：研制出"量身定做"系统；衣片设计系统具有一定的自动设计功能；排料系统应用积累经验方式来提高排料操作的速度和质量；应用机器人技术研制的 T-CAR 运送衣片机器人，形成单元生产系统；具有成本管理系统、缝制吊挂系统、仓储管理系统的综合系统，即服装 CIM。

4. 国外其他 CAD 系统公司

（1）美国 PGM 公司。

（2）加拿大派特服装 CAD（PAD）。

（3）日本东丽服装 CAD（Toray）。

1.2.2 国内服装 CAD 公司

1. 富怡控股有限公司（Richpeace）

该公司是从事开发、生产、销售、培训和咨询服务为一体的高科技服装设备专业公司，专门为纺织服装企业提供设计、生产和管理等全方位的计算机辅助设计系统、计算机信息管理系统、计算机辅助制造系统等系列产品。公司现有产品包括富怡款式设计系统、富怡服装开样（打板）系统、富怡服装放码（推板）系统、富怡服装排料系统、富怡服装 CAD 专用外围设备、富怡服装工艺单系统、服装企业管理软件，以及全自动电脑裁床等系列产品。其中款式设计系统又分为面料设计（机织面料设计、针织面料设计、印花图案设计等）系统和服装设计（服装效果图设计、服装结构图设计、立体贴图、三维设计与款式化）系统。

2. 杭州爱科电脑技术有限公司（ECHO）

爱科服装 CAD 软件由杭州爱科电脑技术有限公司开发，公司总部位于杭州国家级的高新软件园。该公司"九五"期间曾被列为省级服装 CAD 商品化推广应用项目，2000 年由中国服装集团公司控股并被确定为"纺织工业服装 CAD 推广应用分中心"，承担着国家对外的国际培训推广以及尖端产品的研发，同时也是 ISO9001：2000 版质量体系认证通过的企业。爱科公司现已通过国家版权局登记的自主软件产品有：服装 CAD、服装 CAPP、服装 CAI、服装 ERP、服装 PDM、三维服装 CAD、服装电子商务系统、远程教学系统等。公司主导产品 ECHO 一体化系统包括电脑试衣、款式设计、纸样结构设计、推档放码、排料、款式管理等软件功能。系统功能齐全、概念新颖、应用范围广、价格适中，市场占有率逐年增加，用户主要分布在江浙一带。

3. 北京航天工业公司 710 研究所（Arisa）

航天服装 CAD 系统是国内最早自行开发研制并商品化的服装 CAD 系统之一，在全国推广应用较多。功能模块有款式设计、样板设计、放码、排料、试衣等 5 大系统，并可按需组合，涵盖了服装设计和生产的全过程。该公司最新研发的衣片数码摄像输入、工艺单系统、三维人体测量系统。摄像输入设备通过数码相机获取衣片照片，并传输到计算机内，软件自动完成衣片的读入和轮廓线的识别，比传统的数字化仪用人工逐点读入速度更快。工艺单系统可以绘制出工艺单，并可以在 Word 或 Excel 里修改。该公司针对院校用于教学、专业人员的继续教育和培训，推出了教学和网络版本软件，至目前已协助 60 多所院校建立起服装 CAD 教学环境。

4. 国内其他服装 CAD 公司

（1）北京的布易科技公司推出了 ET2000 服装 CAD 软件，提供了三维服装设计系统。

（2）北京市日升天辰有限公司研制的服装 CAD 系统是在日本服装 CAD 技术的基础上发展起来的，较早地开发了生产管理系统，赢得了业内的认可。

1.3 服装生产流程

现代服装生产是一个成衣的生产过程。成衣是指按标准号型成批量生产的成品服装。现代服装生产在组织形式上分为产品设计、生产和销售 3 大部门。设计部门的工作是收集、分析市场信息，选用面料、辅料，设计单件成品，打出基本样板，制作样衣，进行成本分析，确定样板后再根据款式采用不同的号型规格，对基本样板进行样板缩放，把缩放后的每个样板排放在纸上，并画出排板图。生产部门的工作是按排板图铺布进行裁剪，将裁剪后的衣片分配到生产流水线的各个岗位。生产流水线又分为缝制、熨烫、检验、包装等工序。销售部门的工作是开展售前、售中、售后服务。

1.3.1 样板

样板即“纸样”、“板型”的意思。样板是以平面结构的形式表现服装的立体形态，是以服装结构制图为基础制作出来的。样板包括用于单件生产的定制服装样板和用于批量生产的工业样板。在现代服装生产中，往往采用不同的规格尺寸，批量生产同一款式的服装，因此要求服装工业样板要全面、准确、标准、系列化。

制板即制作服装工业样板，又称“打板”、“开样”。制板的方法有立体裁剪、平面制图等。平面制板的过程是参照款式图或者样衣，先绘制各个衣片和零部件的净样板，再加放缝份、贴边等，成为毛样板。这个毛样板称为“基础板”，又称为“头板”、“母板”或“标准板”。

1. 制板的程序

（1）根据效果图、平面款式图或样衣，分析服装的造型、放松度，分析服装各部位的轮廓线、分割线、零部件的形状和位置，分析服装的开合部位、缝制方法，选用面料和辅料。

（2）选择产品规格尺寸。内销产品可按照国家号型标准系列，外销产品可按销售目的国的号型系列。另外，还可以按客户的要求。

（3）绘制样板结构图。根据款式特点选用适宜的结构方法，有原型法、比例法、立体造型法等，绘制出衣片及各种零部件和辅料纸样。

（4）样板放缝。根据选用的面、辅料和缝制方法，给各个纸样加放缝份和贴边。

（5）加定位标记。定位标记有剪口、孔眼等。

2. 样板的说明

样板上还需要加上一些必要的文字和标注，如果是单片不对称的样板，其文字说明一律标注在实际部位的反面，使生产能更准确地进行。样板上的文字说明包括以下几点：

（1）产品编号及款式名称；

（2）号型规格；

（3）样板的结构、部件名称；

（4）标明面、里、衬、袋布等使用材料；

（5）左右不对称的产品，要在样板上标明左、右、上、下及正、反等区别；

（6）丝绺的方向，倒顺标记；

（7）标明裁剪的片数；

（8）其他必要的说明，例如，需要利用面料布边的位置。

1.3.2 推板

推板是制板的后续步骤。推板就是使用基础板，按照相应的号型系列规格，兼顾款式外形，对基础板进行缩放，再绘制出不同尺寸的系列样板，以满足不同体型顾客的需要。推板也称为"推档"、"放码"、"扩号"等。

推板的依据是产品的规格系列。推板的主要任务是根据样板的规格系列，找出各部位的档差，以基础板的各点为依据推移、缩放。推板后的样板与基础板的造型、款式必须相同或相近。因此，分析和计算各部位的档差是处理产品规格最重要的一环。

推板时要找两条互相垂直的基准线，各个号型的样板在推板时要与这两条线对齐。各个样板以这两条基准线的交点为坐标原点进行纵横平移。

推板后要核对领圈与领子、袖窿与袖山的大小是否一致，检验各弧线是否圆滑，有没有变形。

1. 基础板的选用

（1）一般以中心号型的样板为基础板，向小号型和大号型缩放，可以减少误差。

（2）将最大号和最小号的样板作为基础板，从样板中选定两条互相垂直的基准线，将最大号和最小号的样板分别重叠在一起，中间的样板用平行和等分的方法绘制出来。这种方法叫等分绘制法，最大特点是不用计算档差。

2. 基准线的选用

（1）选取主要部位的结构线。

（2）选取直线或曲率小的弧线。

（3）选取纵、横两条互相垂直的线。

（4）有利于推板后各号型样板的轮廓线拉开距离，避免各号型样板的轮廓线距离太近、重叠或交叉。

1.3.3 排料

排料就是在同一种布料上，用最小的面积摆放所有的样板。

排料是铺布、划样、裁剪的依据，通过排料可以知道用料的准确长度，避免材料的浪费。排料要根据款式要求和制作工艺决定每片样板的排列位置。

1. 样板的正反

面料分正反面，服装衣片多数是左右对称的。左右对称的两片样板只需要绘制其中一个，但在排料的时候要一正一反地排两次。如果是单片不对称的样板，其标注的文字说明应该与面料的反面在同一个方向。

2. 样板的方向

面料的经向挺拔垂直，不易伸长变形，适合用于服装上受力较大的方向，例如样板中衣长、袖长、裤长、裙长的方向，腰带、吊带等带状部件的长度方向，贴边、牵条、嵌条等零部件的长度方向。面料的纬向略有伸长，适合用于服装上需要较柔软的部位，例如样板中胸围、臀围等围度的方向，还有翻领、袋盖等零部件也常用横丝绺。面料斜向弹性较大，悬垂性好，有较大变形，适合用于服装上需要变形或有褶皱的部位，例如镶边、滚边等布条，另外，有时裙子、上衣、领子也用斜丝绺来制作。在摆放样板时，样板上的丝绺标记应该与面料的经向一致，倾斜误差不大于 1cm。

当产品使用起毛、起绒面料时，要注意样板的摆放方向要一致，不能首尾互换，因为面料的绒毛有倒顺方向，从不同的方向看面料时，色泽不同，手感也不同。面料倒毛时光泽暗，服装看起来新；面料顺毛时光泽亮，服装看起来旧，所以样板一般按倒毛的方向摆放。另外，当使用风景人物图案的面料时，也需要注意样板的倒顺一致，避免图案倒置。

3. 样板的位置

由于印染技术的问题，服装面料往往会存在色差。为了避免色差，在排板时，应该将同一件服装的各部件尽量靠近在一起，距离越大，色差可能越大。

当服装使用条格面料，并且条格大于 1cm 时，在排板时就要对条对格。对条对格要求按照款式设计，将两个样板上对应的部位摆放在条格对应的位置，使两个衣片相接后形成连贯的图案。对条对格使各个样板摆放的位置受到很大的限制，需要使用较多的面料。

4. 排料的原则

（1）先大后小。先排好主要的、较大的样板，再把较小的样板插放在空隙中。

（2）形状相对。样板的边线各不相同，排板时要根据样板的形状采取直对直、斜对斜、凹对凸的方法，尽量减少样板之间的空隙。

（3）合并缺口。有的样板有凹形缺口，但缺口太小放不下其他部件，造成面料的浪费。这时可以将两片样板的缺口合并在一起，使样板之间的空隙增大，可以摆放小的样板。

（4）大小搭配。将大小不同规格的样板互相搭配，统一排放，节约用料。

1.4 服装制版术语

（1）原型样板（basic pattern）：指上衣、袖子、裙子、裤子等基本样板，不加任何设计因素，一般不加放缝份。各个国家都有自己的原型样板。日本分为女装原型、男装原型和童装原型。美国还按年龄分为妇女原型、少女原型。英国按服装款式分为衬衣原型、外套原型、针织原型等。

（2）工业样板（production pattern）：指已经修改完善后的样板，包括完成整套服装的所有样片，并加有缝份、剪口等记号，用于推板和排料。

（3）推板（pattern grading）：按相应的规格系列尺寸，将标准板成比例地放大或缩小。

（4）排料图（pattern marker）：将同一次裁剪的所有样片排放在图纸上。

（5）省道（dart）：服装样板上将缝合或剪掉的楔形部分，这是使布料合体的方法。

（6）褶裥（pleat）：衣服要折进去的部位，与省道不同的是一端缝死，一端散开。

（7）覆势（yoke）：也叫过肩、覆肩、育克，连接前后衣片的肩部衣片。

（8）袖头（cuff）：也叫克夫，缝在袖口的部件。

（9）止口（front edge）：也叫门襟止口，是指成衣门襟的外边沿。

（10）缝份（seam allowance）：为了缝合两块布料在样板边缘加出的量。

（11）剪口（notch）：在缝份上加的切口，是缝合裁片时的吻合记号。

（12）孔眼（dot）：在样板上开一个小孔，表示省尖或袋位等标记。

1.5 服装的号型规格

在服装工业生产中，服装的规格与参考尺寸是很重要的，是制板和推板的依据。不同的国家和地区使用不同的服装规格。

1.5.1 女装规格

1. 我国女装规格

我国的女装规格用号型来表示。号指人体的身高，是服装长度的参考依据。型指人体的胸围或腰围，是服装围度的参考依据。我国在 1992 年公布了新的《服装号型标准》（GB1335.1～3—91），将成年男女体型分为 Y、A、B、C 这 4 种。以身高的数值为号，以胸围或腰围的数值为型。成衣号型的表示方法是用斜线把号与型分开，在型的后面加上体型代号，例如：女子 160/84A 表示号（身高）为 160cm，型（胸围）为 84cm，体型为 A 型，适合于身高在 157～163cm，胸围在 82～86cm 范围，且胸围与腰围差在 18～14cm 的 A 体型女子，适用于全身服装或上装。至于下装，型用腰围表示，例如：160/66A，这个号型适合身高为 157～163cm，腰围在 65～67cm 的 A 体型女子。

我国成年女子 4 种体型的区分如表 1.1 所示。

表 1.1　我国成年女子体型区分　单位：cm

体型分类代号	Y	A	B	C
胸围与腰围之差	24～19	18～14	13～9	8～4

新标准对服装设置了身高以 5cm 跳档，胸围以 4cm 分档的 5 • 4 系列。在 5 • 4 系列中，对 Y、B、C 这 3 种体型，1 个胸围搭配了两个数值的腰围；对 A 体型，1 个胸围搭配了 3 个数值的腰围，间隔为 2cm，因此下装就腰围数值而言，是以 2cm 跳档，从而形成了 5 • 2 系列。

我国成年女子各体型、各成衣号型系列表如表 1.2 至表 1.5 所示。

表 1.2　　我国成年女子 Y 体型 5 · 4/5 · 2 成衣号型系列　　单位：cm

身高 腰围 胸围	145		150		155		160		165		170		175	
72	50	52	50	52	50	52	50	52						
76	54	56	54	56	54	56	54	56	54	56				
80	58	60	58	60	58	60	58	60	58	60	58	60		
84	62	64	62	64	62	64	62	64	62	64	62	64	62	64
88	66	68	66	68	66	68	66	68	66	68	66	68	66	68
92			70	72	70	72	70	72	70	72	70	72	70	72
96					74	76	74	76	74	76	74	76	74	76

表 1.3　　我国成年女子 A 体型 5 · 4/5 · 2 成衣号型系列　　单位：cm

身高 腰围 胸围	145			150			155			160			165			170			175		
72				54	56	58	54	56	58	54	56	58									
76	58	60	62	58	60	62	58	60	62	58	60	62	58	60	62						
80	62	64	66	62	64	66	62	64	66	62	64	66	62	64	66	62	64	66			
84	66	68	70	66	68	70	66	68	70	66	68	70	66	68	70	66	68	70	66	68	70
88	70	72	74	70	72	74	70	72	74	70	72	74	70	72	74	70	72	74	70	72	74
92				74	76	78	74	76	78	74	76	78	74	76	78	74	76	78	74	76	78
96							78	80	82	78	80	82	78	80	80	78	80	82	78	80	82

表 1.4　　我国成年女子 B 体型 5 · 4/5 · 2 成衣号型系列　　单位：cm

身高 腰围 胸围	145		150		155		160		165		170		175	
68	56	58	56	58	56	58	56	58						
72	60	62	60	62	60	62	60	62	60	62				
76	64	66	64	66	64	66	64	66	64	66				
80	68	70	68	70	68	70	68	70	68	70	68	70		
84	72	74	72	74	72	74	72	74	72	74	72	74	72	74
88	76	78	76	78	76	78	76	78	76	78	76	78	76	78
92	80	82	80	82	80	82	80	82	80	82	80	82	80	82
96			84	86	84	86	84	86	84	86	84	86	84	86
100					88	90	88	90	88	90	88	90	88	90
104							92	94	92	94	92	94	92	94

表 1.5　　我国成年女子 C 体型 5·4/5·2 成衣号型系列　　单位：cm

身高 / 腰围 / 胸围	145		150		155		160		165		170		175	
68	60	62	60	62	60	62								
72	64	66	64	66	64	66	64	66						
76	68	70	68	70	68	70	68	70						
80	72	74	72	74	72	74	72	74	72	74				
84	76	78	76	78	76	78	76	78	76	78	76	78		
88	80	82	80	82	80	82	80	82	80	82	80	82		
92	84	86	84	86	84	86	84	86	84	86	84	86	84	86
96			88	90	88	90	88	90	88	90	88	90	88	90
100			92	94	92	94	92	94	92	94	92	94	92	94
104					96	98	96	98	96	98	96	98	96	98
108							100	102	100	102	100	102	100	102

2. 日本女装规格

日本女装规格是参照日本工业规格 JIS 制定的，JIS 的全称是 Japanese Industrial Standard，它的尺寸以身长、围度（胸围、腰围、臀围）来制定。

（1）胸围的分类如表 1.6 所示。

表 1.6　　胸围的分类

号　数	3	5	7	9	11	13	15	17	19	21
胸围（cm）	73	76	79	82	85	88	92	96	100	104

（2）体型的分类 A 体型：标准体型；Y 体型：臀围比 A 体型小 4cm；B 体型：臀围比 A 体型大 4cm。

（3）身长的分类如表 1.7 所示。

表 1.7　　身长的分类

身长（cm）	144～（148）～152	152～（156）～160	160～（164）～168
符　号	P(Petit)	R(Regular)	T(Tall)
含　义	矮的	普通的	高的

（4）日本成年女子体型与成衣号型如表 1.8 至表 1.10 所示。

表 1.8　　日本成年女子体型与成衣号型（1）　　单位：cm

型号	3AP	3AR	5AP	5AR	5AT	5YP	5YR	5BP	5BR	7AP	7AR	7AT	7YP	7YR	7BP	7BR
胸围	73		76							79						
身长	148	156	148	156	164	148	156	148	156	148	156	164	148	156	148	156
臀围	82	84	84	86	86	80	82	88	90	86	86	88	82	84	90	92
腰围	57	57	60	60	60	60	60	63	63	63	63	63	63	63	66	66

表 1.9　　日本成年女子体型与成衣号型（2）　　单位：cm

型号	9AP	9AR	9AT	9YP	9YR	9YT	9BP	9BR	9BT	11AP	11AR	11AT	11YP	11YR	11BP	11BR
胸围	82									85						
身长	148	156	164	148	156	164	148	156	164	148	156	164	148	156	148	156
臀围	88	90	90	84	86	86	92	94	94	90	92	92	86	88	94	96
腰围	66	66	66	63	63	63	69	69	69	69	69	69	66	66	69	69

表 1.10　　日本成年女子体型与成衣号型（3）　　单位：cm

型号	13AP	13AR	13YP	13YR	13BP	13BR	15AP	15AR	15YR	15BR	17AR	17YR	17BR	19AP	19BR	21BR
胸围	88						92				96			100		104
身长	148	156	148	156	148	156	148	156	156	156	156	156	156	148	156	156
臀围	92	94	88	90	96	98	94	96	92	100	98	94	102	98	105	108
腰围	72	72	72	69	72	72	76	76	72	80	80	80	84	84	88	92

3. 英国女装规格

英国女装规格采用了中等身高的女性（即身高为 160～170cm 的女性）的量体数值，这是占身高比例最多的欧洲女性身高。这个女装规格表适合英国和欧洲妇女。16 号是服装厂生产的中等规格，对于身材偏高或偏矮的女性，在个别尺寸上做调整如表 1.11 所示。

表 1.11　　英国女装规格　　单位：cm

规格 部位	8	10	12	14	16	18	20	22	24	26	28	30
胸围	80	84	88	92	97	102	107	112	117	122	127	132
腰围	60	64	68	72	77	82	87	92	97	102	107	112
臀围	85	89	93	97	102	107	112	117	122	127	132	137

4. 美国女装规格

美国女装规格将女性分成多种系列。

（1）女青年服装：适合于年轻的、苗条的、匀称的体型，她们比少女有更长的腰身和更丰满的胸部和臀部，但是没有发育成熟的妇女体型。

（2）妇女服装：比女青年有更成熟和发育更完全的体型，所有尺寸都较肥大。

（3）带有半号的女青年服装：具有发育完全、有女子气质的体型，三围比例类似于妇女的号型。

（4）少女服装：适合年轻的、矮小的体型，肩宽比女青年窄，胸部较高，腰围较细。

表 1.12 是前两种体型的女装规格：

表 1.12　　美国女装规格　　单位：cm

规格 部位	女青年					妇女				
	12	14	16	18	20	36	38	40	42	44
胸围	88.9	91.4	95.3	99.1	102.9	101.6	106.7	111.8	116.8	122
腰围	67.3	71.1	74.9	78.7	82.6	77.5	82.6	87.6	92.7	97.8
臀围	92.7	96.5	100.3	104.1	105.4	104.1	109.2	114.3	119.4	124.5

另外，美国女装规格表中的三围尺寸，已经包括了基本放松量，其中胸围加放了 6.4cm，腰围加放了 2.5cm，臀围加放了 5.1cm。

1.5.2 男装规格

1. 我国男装规格

我国男装规格和女装规格一样，也是用号型来表示。成衣号型的表示方法也是用斜线把号与型分开，型的后面加上体型代号，例如：男子 175/88A 表示号（身高）为 175cm，型（胸围）为 88cm，体型为 A 型，适合于身高在 173～177cm，胸围在 86～90cm 范围，且胸围与腰围差在 12～16cm 的 A 体型男子，适用于全身服装或上装。至于下装，型用腰围表示，例如：175/74A，这个号型适合身高为 173～177cm，腰围在 73～75cm 的 A 体型男子。

我国成年男子 4 种体型的区分如表 1.13 所示。

表 1.13　　我国成年男子体型区分　　单位：cm

体型分类代号	Y	A	B	C
胸围与腰围之差	22～17	16～12	11～7	6～2

（1）中间体的确定：根据大量实测的人体数据，通过计算，求出均值，即为中间体。在设定服装规格时必须以中间体为中心，按一定的分档数值，向上下、左右推档组成规格系列。另外，中心号型的设置应根据各地区的不同情况及产品的销售方向而定，如表 1.14 所示。

表 1.14　　我国男子基本部位中间体的确定　　单位：cm

体　型		Y	A	B	C
部位	身高	170	170	170	170
	胸围	88	88	92	96

我国男装常用分档数据如表 1.15 所示。

表 1.15　　我国男装常用分档数据　　单位：cm

体型	系列	中　间　体		分　档　数							人　体　数　值			
		上衣	裤子	衣长	胸围	袖长	领围	总肩宽	裤长	腰围	臀围	颈围	总肩宽	臀围
Y	5·4	170/88	170/70	2	4	1.5	1	1.2	3	4	3.2	36.4	44	90
	5·3	170/87	170/68	2	3	1.5	0.75	0.9	3	3	2.4	36.2	43.8	88.4
	5·2	170/88	170/70						3	2	1.6	36.4	44	90
A	5·4	170/88	170/74	2	4	1.5	1	1.2	3	4	3.2	36.8	43.6	90
	5·3	170/87	170/73	2	3	1.5	0.75	0.9	3	3	2.4	36.6	43.4	89.2
	5·2	170/88	170/74						3	2	1.6	36.8	43.6	90
B	5·4	170/92	470/84	2	4	1.5	1	1.2	3	4	2.8	38.2	44.4	95
	5·3	170/93	170/84	2	3	1.5	0.75	0.9	3	3	2.1	38.5	44.8	95
	5·2	170/92	170/84						3	2	1.4	38.2	44.4	95
C	5·4	170/96	170/92	2	4	1.5	1	1.2	3	4	2.8	39.6	45.2	97
	5·3	170/96	170/92	2	3	1.5	0.75	0.9	3	3	2.1	39.6	45.2	97
	5·2	170/96	170/92						3	2	1.4	39.6	45.2	97

（2）各类男装的规格系列表：在进行成衣规格设计时，首先要确定服装款式适合的体型，接着确定中间号型、分档数值、放松量，然后进行各个控制部位的规格设计，例如衣长、胸围、袖长、肩宽等，最后就可以组成所需的规格系列，如表 1.16~表 1.20 所示。

表 1.16　　中国男西裤规格系列表（5·2 系列，B 体型）　　单位：cm

部位 \ 成品规格 \ 型			62	64	66	68	70	72	74	76	78	80	82	84	86	88	90	92	94	96	98	100
腰围			64	66	68	70	72	74	76	78	80	82	84	86	88	90	92	94	96	98	100	102
臀围			90	91	92	94	95	97	98	99	101	102	104	105	106	108	109	111	112	113	115	116
号	150	裤长	92	92	92	92	92	92	92	92												
	155	裤长	95	95	95	95	95	95	95	95	95	95	95	95								
	160	裤长	98	98	98	98	98	98	98	98	98	98	98	98	98	98						
	165	裤长			101	101	101	101	101	101	101	101	101	101	101	101	101	101				
	170	裤长					104	104	104	104	104	104	104	104	104	104	104	104	104	104		
	175	裤长							107	107	107	107	107	107	107	107	107	107	107	107	107	107
	180	裤长									111	111	111	111	111	111	111	111	111	111	111	111
	185	裤长											114	114	114	114	114	114	114	114	114	114

备注：中间型号为 170/84B

表 1.17　　中国男西装规格系列表（5·4 系列）　　单位：cm

部位 \ 成品规格 \ 型			72				76				80				84			
体型分类			Y	A	B	C	Y	A	B	C	Y	A	B	C	Y	A	B	C
臀围				90	90		94	94	94	94	98	98	98	98	102	102	102	102
总肩宽				39.8	39.4		41.4	41.0	40.6	40.2	42.6	42.2	41.8	41.4	43.8	43.4	43.0	42.6
号	150	衣长			66				66				66	66			66	66
		袖长			53				53				53	53			53	53
	155	衣长			68			68	68	68	68	68	68	68	68	68	68	68
		袖长			54.5			54.5	54.5	54.5	54.5	54.5	54.5	54.5	54.5	54.5	54.5	54.5
	160	衣长		70	70		70	70	70	70	70	70	70	70	70	70	70	70
		袖长		56	56		56	56	56	56	56	56	56	56	56	56	56	56
	165	衣长		72			72	72	72	72	72	72	72	72	72	72	72	72
		袖长		57.5			57.5	57.5	57.5	57.5	57.5	57.5	57.5	57.5	57.5	57.5	57.5	57.5
	170	衣长					74	74			74	74	74	74	74	74	74	74
		袖长					59	59			59	59	59	59	59	59	59	59
	175	衣长									76	76			76	76	76	76
		袖长									60.5	60.5			60.5	60.5	60.5	60.5
	180	衣长													78	78		
		袖长													62	62		
	185	衣长																
		袖长																

说明：

1. 衣长=号×40%+6
2. 袖长=号×30%+8
3. 胸围=型+18
4. 总肩宽＝总肩宽（净体）+1

表 1.18　　中国男西装规格系列表（5·4系列）（续）　　单位：cm

		型 / 成品规格 / 部位	88				92				96				98			
		体型分类	Y	A	B	C	Y	A	B	C	Y	A	B	C	Y	A	B	C
		臀围	106	106	106	106	110	110	110	110	114	114	114	114	118	118	118	118
		总肩宽	45.0	44.6	44.2	43.8	46.2	45.8	45.4	45.0	47.4	47	46.6	46.2	48.6	48.2	47.8	47.4
号	150	衣长				66												
		袖长				53												
	155	衣长	68	68	68	68			68	68				68				
		袖长	54.5	54.5	54.5	54.5			54.5	54.5				54.5				
	160	衣长	70	70	70	70	70	70	70	70			70	70				70
		袖长	56	56	56	56	56	56	56	56			56	56				56
	165	衣长	72	72	72	72	72	72	72	72	72	72	72	72			72	72
		袖长	57.5	57.5	57.5	57.5	57.5	57.5	57.5	57.5	57.5	57.5	57.5	57.5			57.5	57.5
	170	衣长	74	74	74	74	74	74	74	74	74	74	74	74	74	74	74	74
		袖长	59	59	59	59	59	59	59	59	59	59	59	59	59	59	59	59
	175	衣长	76	76	76	76	76	76	76	76	76	76	76	76	76	76	76	76
		袖长	60.5	60.5	60.5	60.5	60.5	60.5	60.5	60.5	60.5	60.5	60.5	60.5	60.5	60.5	60.5	60.5
	180	衣长	78	78	78	78	78	78	78	78	78	78	78	78	78	78	78	78
		袖长	62	62	62	62	62	62	62	62	62	62	62	62	62	62	62	62
	185	衣长	80	80			80	80	80	80	80	80	80	80	80	80	80	80
		袖长	63.5	63.5			63.5	63.5	63.5	63.5	63.5	63.5	63.5	63.5	63.5	63.5	63.5	63.5

说明：

1. 衣长=号×40%+6
2. 袖长=号×30%+8
3. 胸围=型+18
4. 总肩宽=总肩宽（净体）+1

表 1.19　　中国男衬衫规格系列表（5·4系列）　　单位：cm

		型 / 成品规格 / 部位	72				76				80				84			
		体型分类	Y	A	B	C	Y	A	B	C	Y	A	B	C	Y	A	B	C
		胸围		92	92		96	96	96	96	100	100	100	100	104	104	104	104
		总肩宽		40.4	40		42	41.6	41.2	40.8	43.2	42.8	42.4	42	44.4	44	43.6	43.2
		领围		35	35		36	36	36	37	36	37	37	38	37	38	38	39
号	150	衣长			64				64				64	64			64	64
		袖长			52				52				52	52			52	52
	155	衣长			66			66	66	66	66	66	66	66	66	66	66	66
		袖长			53.5			53.5	53.5	53.5	53.5	53.5	53.5	53.5	53.5	53.5	53.5	53.5
	160	衣长		68	68		68	68	68	68	68	68	68	68	68	68	68	68
		袖长		55	55		55	55	55	55	55	55	55	55	55	55	55	55
	165	衣长		70			70	70	70	70	70	70	70	70	70	70	70	70
		袖长		56.5			56.5	56.5	56.5	56.5	56.5	56.5	56.5	56.5	56.5	56.5	56.5	56.5
	170	衣长					72	72		72	72	72	72	72	72	72	72	72
		袖长					58	58		58	58	58	58	58	58	58	58	58
	175	衣长									74	74			74	74	74	74
		袖长									59.5	59.5			59.5	59.5	59.5	59.5
	180	衣长													76	76		
		袖长													61	61		

续表

型 / 成品规格 / 部位			72				76				80				84			
	185	衣长																
		袖长																

说明：

1. 衣长=号×40%+4
2. 袖长=号×30%+7
3. 胸围=型+20
4. 总肩宽＝总肩宽（净体）+1.6
5. 领围=颈围+2

表 1.20　　中国男衬衫规格系列表（5·4系列）（续）　　单位：cm

型 / 成品规格 / 部位			88				92				96				100			
体型分类			Y	A	B	C	Y	A	B	C	Y	A	B	C	Y	A	B	C
胸围			108	108	108	108	112	112	112	112	116	116	116	116	120	120	120	120
总肩宽			45.6	45.2	44.8	44.4	46.8	46.4	46	45.6	48	47.6	47.2	46.8	49.2	48.8	48.4	48
领围			38	39	39	40	39	40	40	41	40	41	41	42	41	42	42	43
号	150	衣长				64												
		袖长				52												
	155	衣长	66	66	66	66			66	66				66				
		袖长	53.5	53.5	53.5	53.5			53.5	53.5				53.5				
	160	衣长	68	68	68	68	68	68	68	68			68	68				68
		袖长	55	55	55	55	55	55	55	55			55	55				55
	165	衣长	70	70	70	70	70	70	70	70	70	70	70	70			70	70
		袖长	56.5	56.5	56.5	56.5	56.5	56.5	56.5	56.5	56.5	56.5	56.5	56.5			56.5	56.5
	170	衣长	72	72	72	72	72	72	72	72	72	72	72	72	72	72	72	72
		袖长	58	58	58	58	58	58	58	58	58	58	58	58	58	58	58	58
	175	衣长	74	74	74	74	74	74	74	74	74	74	74	74	74	74	74	74
		袖长	59.5	59.5	59.5	59.5	59.5	59.5	59.5	59.5	59.5	59.5	59.5	59.5	59.5	59.5	59.5	59.5
	180	衣长	76	76	76	76	76	76	76	76	76	76	76	76	76	76	76	76
		袖长	61	61	61	61	61	61	61	61	61	61	61	61	61	61	61	61
	185	衣长	78	78			78	78	78	78	78	78	78	78	78	78	78	78
		袖长	62.5	62.5			62.5	62.5	62.5	62.5	62.5	62.5	62.5	62.5	62.5	62.5	62.5	62.5

说明：

1. 衣长=号×40%+4
2. 袖长=号×30%+7
3. 胸围=型+20
4. 总肩宽＝总肩宽（净体）+1.6
5. 领围=颈围+2

2. 日本男装规格

日本男装规格是参照日本工业规格 JIS 制定的，JIS 的全称是 Japanese Industrial Standard，它的尺寸以身长、围度（胸围、腰围、臀围）来制定。在日本，成年男子以胸腰差作为划分体型的依据，分为 Y、YA、A、AB、B、BE、E 七种体型，其中 A 体型为标准体。中国的 A 体型相当于日本的 Y、YA、A 体型，B 体型相当于日本的 AB、B 体型，C 体型相当于日本的 BE 体型。日本男装身高代号表如表 1.21 所示。日本男装的号型表示法是“胸围-体型-身高代号”，例如“92A5”是指胸围 92cm，A 体型，身高为 170cm。

表 1.21　　日本男装身高代号表　　单位：cm

代　号	1	2	3	4	5	6	7	8
身　高	150	155	160	165	170	175	180	185

3. 英国男装规格

英国男装尺寸采用了35岁以下、身高在170～178cm之间的男性的量体尺寸，身高分档数值为2cm，胸围分档数值为4cm，如表1.22所示。

表 1.22　　英国男装规格系列表　　单位：cm

身高 / 尺寸 / 部位	170	172	174	176	178	170	172	174	176	178
胸围	88	92	96	100	104	108	112	116	120	124
臀围	92	96	100	104	108	114	118	122	126	130
腰围	74	78	82	86	90	98	102	106	110	114
低腰围	77	81	85	89	93	100	104	108	112	116
半背宽	18.5	19	19.5	20	20.5	21	21.5	22	22.5	23
背长	43.4	43.8	44.2	44.6	45	45	45	45	45	45
领围	37	38	39	40	41	42	43	44	45	46
袖长	63.6	64.2	64.8	65.4	66	66	66	66	66	66
直裆	26.8	27.2	27.6	28	28.4	28.8	29.2	29.6	30	30.4
适用体型	35岁以下青年，运动型身材					35岁以上中年人，身材肥胖				
说明：低腰围是指腰围下4cm处。										

1.6 服装各部分线条名称

（1）上衣、裙子、西裤线条名称分别如图1.14、图1.15、图1.16所示。

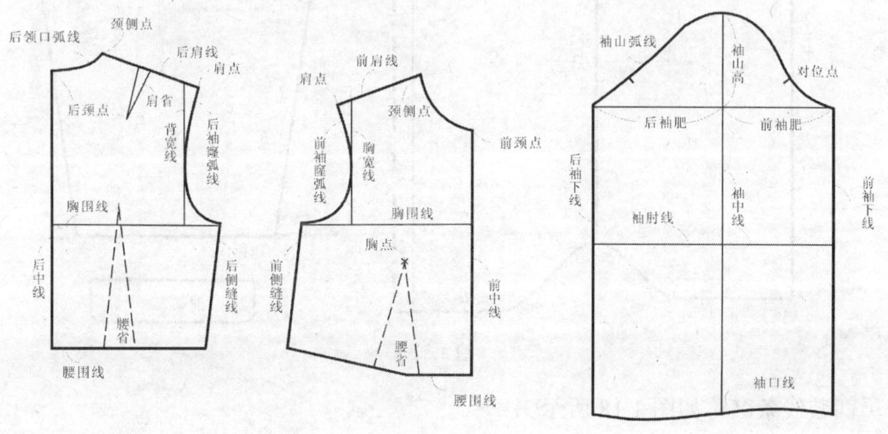

图 1.14

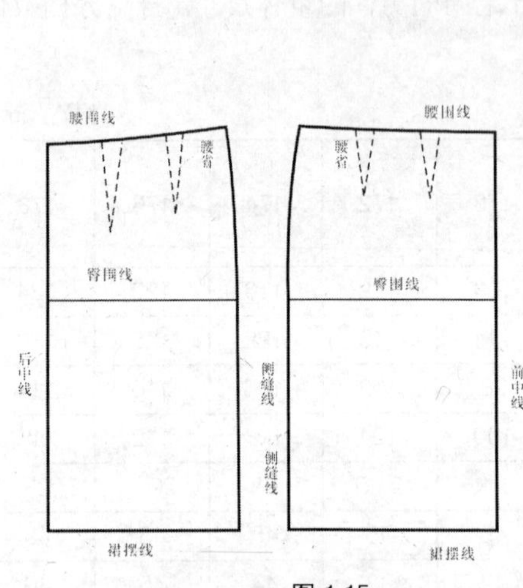

图 1.15

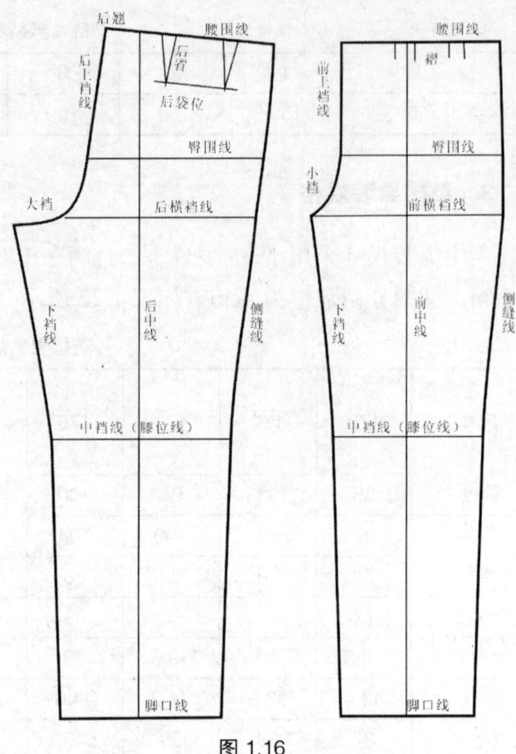

图 1.16

（2）男衬衫线条名称如图 1.17 所示。

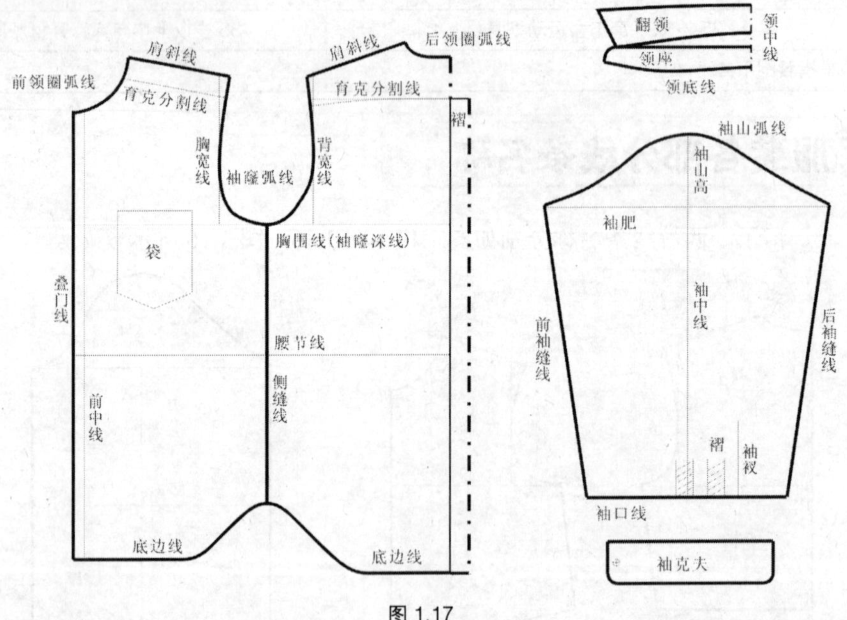

图 1.17

（3）男西装线条名称如图 1.18 所示。

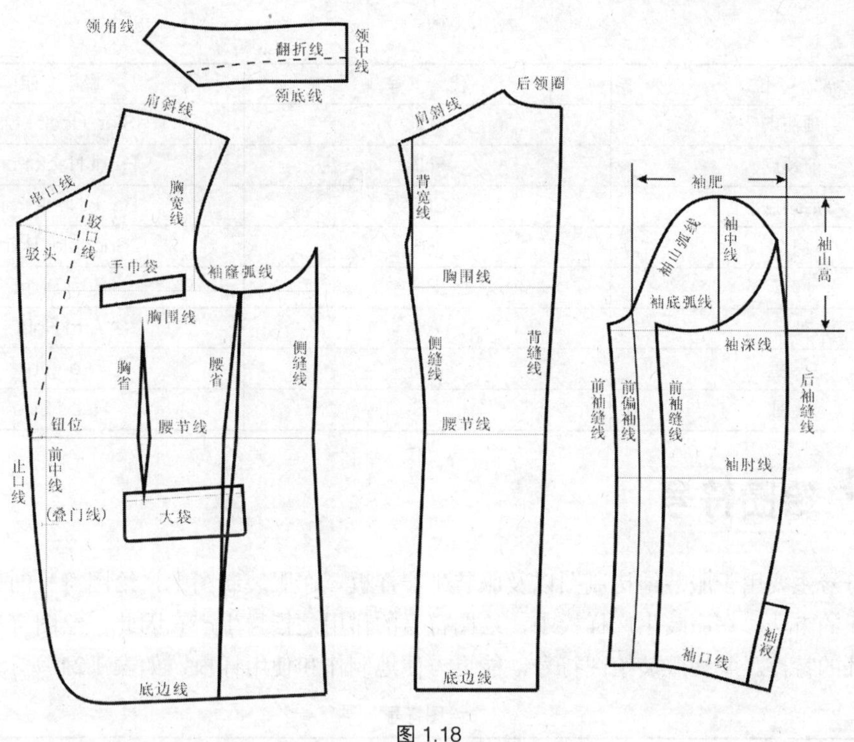

图 1.18

1.7 国际代号

在结构制图中使用的部位代号，主要是为了书写方便，同时，也为了制图画面的整洁。大部分的部位代号都是以相应的国际英文名词首位字母（或两个首位字母的组合）表示，如表 1.23 所示。

表 1.23　　服装结构制图中的国际代号

部　位	代　号	说　明
胸围	B	Bust
腰围	W	Waist
臀围	H	Hip
颈围	N	Neck
胸围线	BL	Bust Line
腰围线	WL	Waist Line
臀围线	HL	Hip Line
下胸围	UB	Under Bust
腹围	MH	Middle Hip
腹围线	MHL	Middle Hip Line
肘线	EL	Elbow Line
膝线	KL	Knee Line
肩线	S	Shoulder
前中线	FC	Front Center
后中线	BC	Back Center

续表

部　位	代　号	说　明
颈侧点	SNP	Side Neck Point
前颈点	FNP	Front Neck Point
后颈点	BNP	Back Neck Point
肩点	SP	Shoulder Point
胸点	BP	Bust Point
袖窿	AH	Arm Hole
长度	L	Length
头围	HS	Head Size

1.8 绘图符号

绘图符号主要用于服装结构制图以及服装生产样板。在服装制图中，绘图符号的作用是让读者理解打板的方法。在服装生产样板中，绘图符号的作用是指导生产。因此，绘图符号具有标准性、规范性的特点。掌握服装绘图符号，能更方便地制作和使用样板，如表 1.24 所示。

表 1.24　　绘图符号

线条形状	名　称	说　明
	轮廓线	样板净缝线
	辅助线	辅助线条
	对称线	表示双层折叠
	缝份线	在净样线以外表示应该加放的缝份
	等分线	将某一条线平均分成若干等份
▲●★	相等	相同符号的两条线段尺寸相等
	丝绺方向	在排料时样板的箭头方向与面料的经向一致
	顺毛方向	在排料时样板的箭头方向要与毛的倒向一致
	垂直	表示两条线相交成 90°
	交叉	表示两块样板中有交叉重叠部分
	省	面料上要缝去的部分
	褶	面料上要折叠的部分
	缩褶	通过缩缝制作的碎褶
	剪口	剪在样板的缝份上，起对位作用
	钮扣	表示钮扣的位置
	扣眼	表示钮扣眼的位置
	对接	表示两个纸样在该线对接连裁

思考题

1．服装CAD有哪些功能？
2．国内外的服装CAD软件有哪些？
3．服装CAD支持哪些硬件？
4．服装样板的制作有哪些要求？

作业及要求

1．访问国内外服装CAD软件的网站，了解服装CAD功能。
2．除了书上介绍的服装CAD软件，再去了解5个其他品牌的服装CAD软件。
3．参观服装生产企业，了解服装生产流程和服装CAD在企业中的运用。
4．学习服装结构、放码知识，为以后的内容做准备。

第2章 富怡服装CAD软件的使用方法

本书中使用的富怡服装CAD版本为：DGS（设计与放码系统）V8.0,GMS（排料系统）V8.0。该版本是富怡服装CAD的最新版本，工作界面与工具图标比以前的版本有些变化，更具个性化，更方便操作。使用者在掌握旧版本的操作之后，通过本书能很快地熟悉新的版本。即使从未使用过富怡服装CAD的读者，按照本书的介绍，结合软件操作，一步步地学习，也能够达到熟练的程度。本章主要介绍富怡服装CAD软件的操作界面以及各种工具的功能和操作方法，使读者能方便快速地进行查找应用。

本书中使用的计算机操作术语归纳如下。

（1）单击左键或单击：表示鼠标指针指向一个想要选择的对象，不移动鼠标，然后快速按下并释放鼠标左键。

（2）单击右键：表示鼠标指针指向一个想要选择的对象，不移动鼠标，然后快速按下并释放鼠标右键，用于切换某一快捷键，还表示某一命令的操作结束。

（3）双击：表示鼠标指针指向一个想要选择的对象，然后快速按下并释放鼠标左键两次。

（4）框选：表示在空白处单击并拖动鼠标，把所选内容框在一个矩形框内，再单击。

（5）拖拉：把鼠标移动到对象上，按下鼠标左键不松开，并且移动鼠标。

（6）【 】：凡是带有【 】的词语为专业命令词语。

2.1 [RP-DGS]设计与放码系统

[RP-DGS]设计与放码系统将旧版本的制板系统和放码系统放在一起，共设有两种制板方法：自由设计和公式法制图。打开设计与放码系统就会弹出【界面选择】对话框，会询问选用哪种制图方法，选定后即进入相应界面。

2.1.1 工作界面

设计与放码系统的工作界面包括菜单栏、快捷工具栏、衣片列表框、工具栏、状态栏和工作区等。工作区分为左工作区和右工作区。左工作区用于制板，右工作区用于放码，如图2.1所示。

1. 菜单栏

该栏是放置菜单命令的地方，且每个菜单的下拉菜单中又有各种子命令。单击一个菜单时，会弹出一个下拉式命令列表。菜单中的命令既可以用鼠标单击执行，也可以用键盘上的方向键【↑】或【↓】选择后，再在键盘上按菜单和命令后面括号中的字母执行。当读者熟悉了各菜单的命令后，就会发现对于一些常用的命令，使用命令的快捷键更为方便，熟记快捷键会大大提高工作效率。

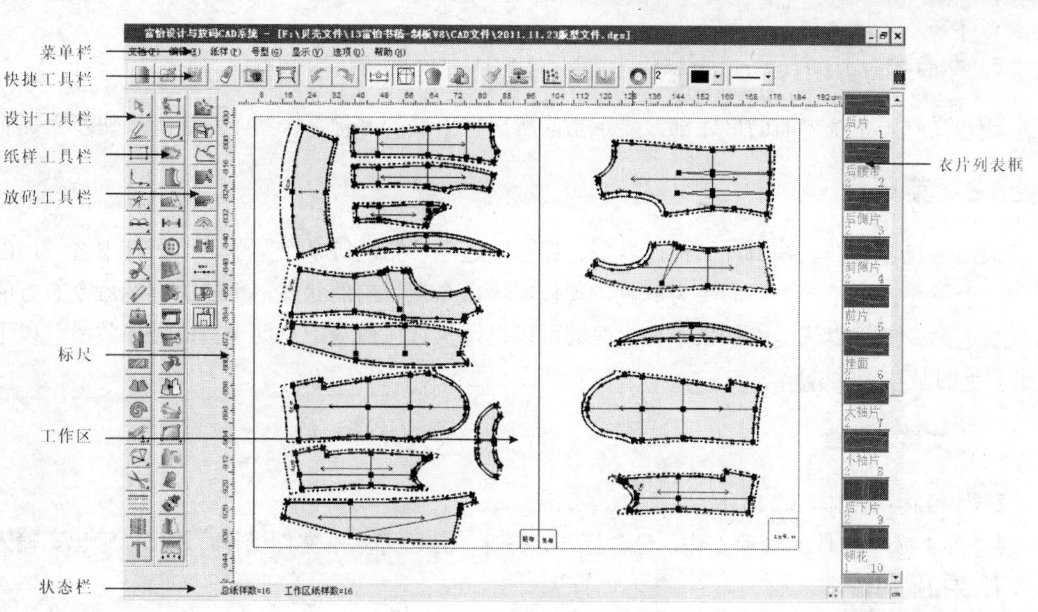

图 2.1　设计与放码系统的工作界面

2. 快捷工具栏

用于放置常用命令的快捷图标，为快速完成设计与放码工作提供了极大的方便。

3. 衣片列表框

该栏用于放置当前款式中纸样的裁片。每一个单独的纸样放置在一小格的纸样框中，纸样框的布局可以通过【选项】→【系统设置】→【界面设置】→【纸样列表框布局】改变其位置，并可通过单击拖动进行纸样顺序的调整。还可以在这里选中衣片通过用菜单命令对其进行复制、删除操作。

4. 设计工具栏

该栏存放绘制裁剪图用的基本工具,可以设计纸样断缝等分割线,还可以旋转、对称和复制纸样等。

5. 纸样工具栏

该栏存放的工具可对裁片进行加工，如加省、剪口、缝边、钻孔、缝份，调整布纹线等。

6. 放码工具栏

该栏存放着放码所要用到的一些工具，还可以对全部或部分号型进行调整修改。

7. 工作区

工作区就如一张带有坐标的无限大的纸，可以在此进行打板放码，工作区的下边缘及右边缘各有一个滑块和两个箭头，用于水平或垂直移动窗口中的内容。

8. 状态栏

状态栏位于系统界面的最底部，显示当前所选择工具的名称，一些工具还有操作步骤提示。

2.1.2 菜单栏

菜单栏包含文档、编辑、纸样、号型、显示、选项、帮助等 7 个菜单，单击其中之一，随即出现一个下拉式菜单，如果命令为灰色，则代表该命令在目前的状态下不能执行。命令右方的字母代表该命令的键盘快捷键，按下该快捷键可以迅速执行该命令，有助于提高操作效率。以下是 7 个菜单的基本用途介绍。

1.【文档】菜单

【文档】菜单如图 2.2 所示。

【功能】负责文件的管理工作，包含打开、保存、打印等基本文件操作，还可以输出、输入放码文件或扫描图像。

2.【编辑】菜单

【编辑】菜单如图 2.3 所示。

【功能】对选中的纸样进行复制、剪切、粘贴等操作。

新建(N)	Ctrl+N
打开(O)...	Ctrl+O
保存(S)	Ctrl+S
另存为(A)...	Ctrl+A
保存到图库(E)	
安全恢复...	
档案合并(U)...	
自动打板...	
取消文件加密	

图 2.2

剪切纸样(X)	Ctrl+X
复制纸样(C)	Ctrl+C
粘贴纸样(V)	Ctrl+V
辅助线点都变放码点(G)	
辅助线点都变非放码点(N)	
自动排列绘图区(A)	
记忆工作区纸样位置(S)	
恢复工作区纸样位置(R)	
复制位图(B)	

图 2.3

3.【纸样】菜单

【纸样】菜单如图 2.4 所示。

【功能】对款式的名称、介绍、客户名、订单号、布料、布纹等资料进行设定；对款式中的某一个纸样名称、说明、布料、布纹、号型、裁剪方法等资料进行设定；对纸样栏中的某一个纸样进行删除和复制；对纸样的布纹线重新定义等。

4.【号型】菜单

【号型】菜单如图 2.5 所示。

【功能】设定纸样各个部位的尺寸规格，设定纸样的大小号型变化，记录和修改在制图中出现的变量。

5.【显示】菜单

【显示】菜单如图 2.6 所示。

【功能】在系统操作窗口中选择某些工具栏的显示与隐藏，当选项前打“√”时，表示显示；如果选项前面没有标记，则表示隐藏。

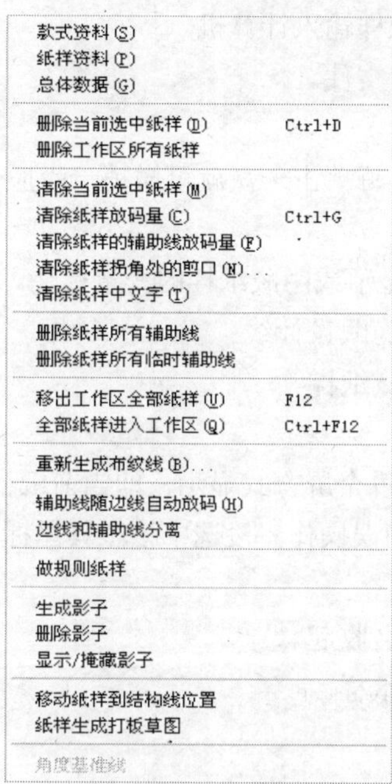

图 2.4

号型编辑(E) Ctrl+E
尺寸变量(V)

图 2.5

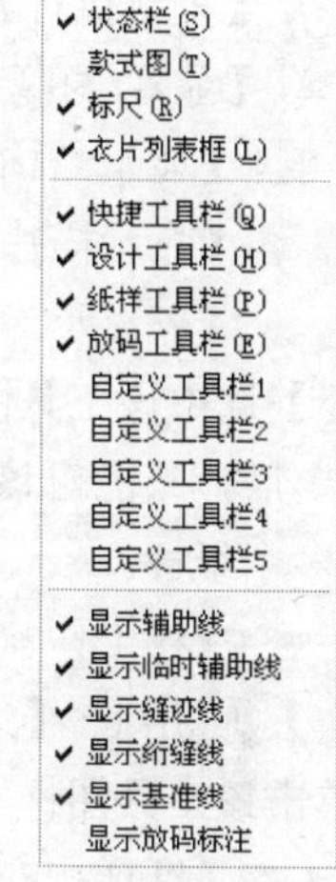

图 2.6

6.【选项】菜单

【选项】菜单如图 2.7 所示。

【功能】对操作系统的多种参数进行设置，对纸样、视窗的颜色进行设置，对纸样上的字体进行设置。

7.【帮助】菜单

【帮助】菜单如图 2.8 所示。

【功能】显示目前使用软件的版本。

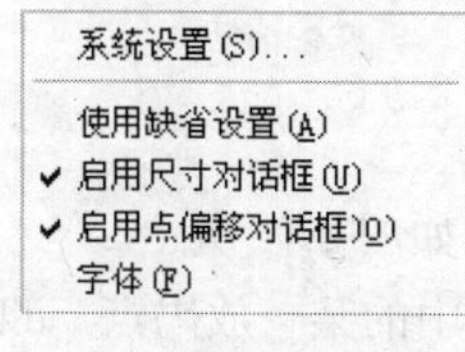

图 2.7

关于富怡DGS(A)...

图 2.8

2.1.3 快捷工具栏

快捷工具栏如图 2.9 所示。

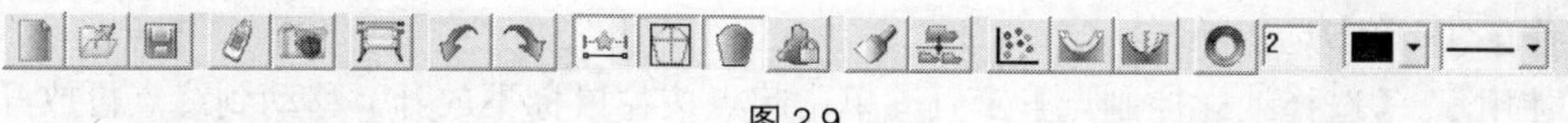

图 2.9

（1）【新建】：单击该工具图标，可新建一个空白文档。

（2）【打开】：单击该工具图标，打开一个保存过的文件。

（3）【保存】：保存文件。

（4）【读纸样】：借助数化板、鼠标，将手工做的纸样输入计算机。

（5）【数码输入】：打开用数码相片拍摄的纸样图片文件。

（6）【绘图】：按比例绘制纸样或结构图。

（7）【撤销】：该工具用于按顺序取消做过的操作，每单击一次就可撤销一步操作。

（8）【重新执行】：恢复撤销的操作。

（9）【显示/隐藏变量标注】：单击该工具图标，可显示或隐藏纸样的变量标注。

（10）【显示结构线】：单击该工具图标，可显示或隐藏设计线。

（11）【显示样片】：单击该工具图标，可显示或隐藏纸样。

（12）【仅显示一个纸样】。

【功能】选中该工具图标时，工作区只有一个纸样并且以全屏方式显示，即当前纸样被锁定。纸样被锁定后，只能对该纸样操作，可以防止对其他纸样的误操作。没选中该工具图标时，可以同时显示多个纸样。

（13）【将工作窗的纸样收起】：将选中纸样从工作区收起。

【操作】① 用【选择纸样控制点】选中需要收起的纸样。

② 单击该工具图标，则选中纸样被收起。

（14）【纸样按布料种类分类显示】。

【功能】按照布料名称把纸样窗的纸样放置在工作区中。

【操作】① 用鼠标单击该工具图标，弹出【按布料类型显示纸样】对话框，如图 2.10 所示。

② 选择需要放置在工作区的布料名称，单击【确定】按钮即可。

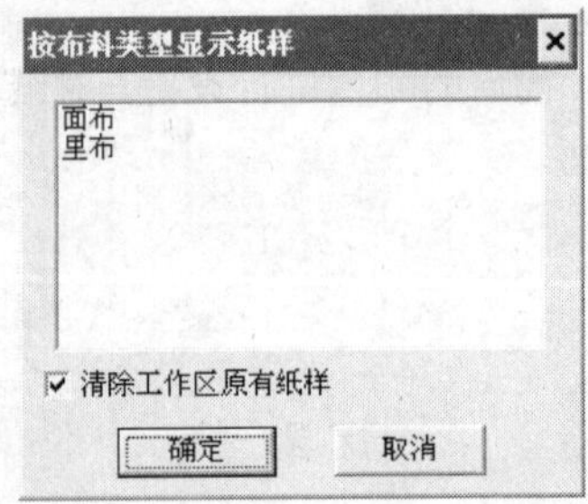

图 2.10

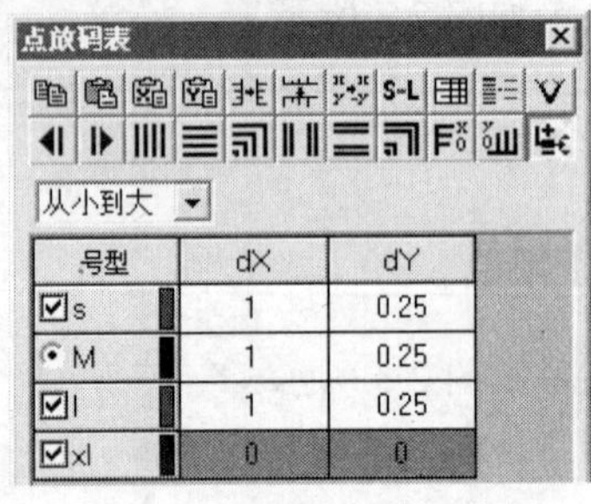

图 2.11

（15）【点放码表】：对纸样进行点放码。

【操作】① 单击该工具图标，弹出【点放码表】对话框，如图 2.11 所示。

② 单击【选择纸样控制点】工具图标，再单击工作区中的某一放码点，d*X*、d*Y* 栏变亮。

③ 分别单击最临近基码的小码文本框的 d*X*、d*Y* 栏，并输入放码档差（如果没有比基码小的码，则选最临近基码的大码）。

④ 再单击（*X* 相等）、（*Y* 相等）或（*XY* 相等）等放码按钮，即可完成该点的放码。

（16）【定型放码】：采用定型放码可以让其他码的曲线的弯曲程度与基码的一样。

【操作】① 单击选中纸样。

② 使用【选择纸样控制点】工具，单击起点按住鼠标不放开，移动到终点再放开鼠标，选中所要修改的线段。

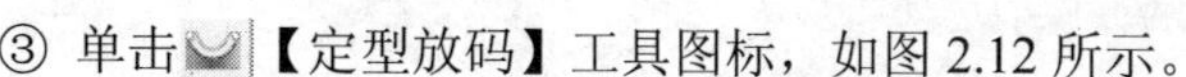

③ 单击【定型放码】工具图标，如图 2.12 所示。

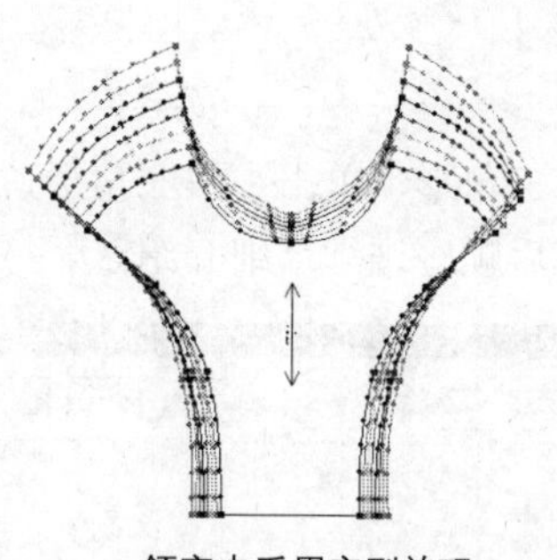

领窝未采用定型放码

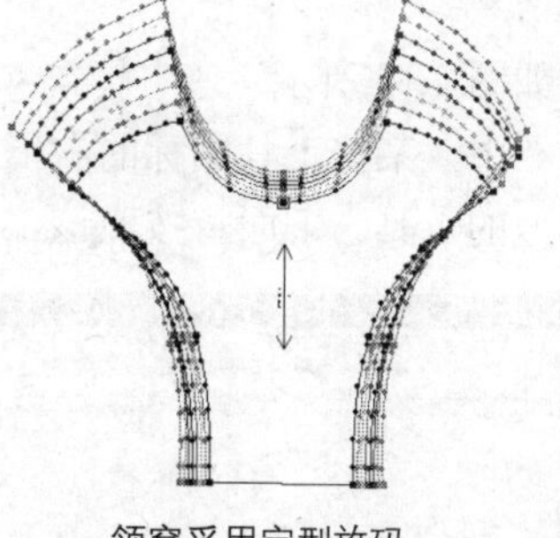

领窝采用定型放码

图 2.12

（17）【等辐高放码】：两个放码点之间的弧线按照等高的方式放码。

【操作】① 单击选中纸样。

② 使用【选择纸样控制点】工具，单击起点按住鼠标不放开，移动到终点再放开鼠标，选中所要修改的线段。

③ 单击【等辐高放码】工具图标，如图 2.13 所示。

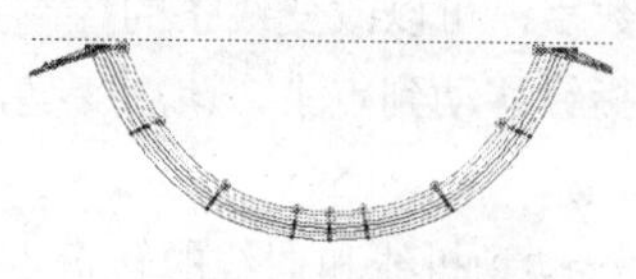

未采用等辐高放码

采用等辐高放码

图 2.13

（18）【颜色设置】。

单击该工具图标，会弹出【设置颜色】对话框，如图 2.14 所示，可修改视窗中的各种颜色设置。

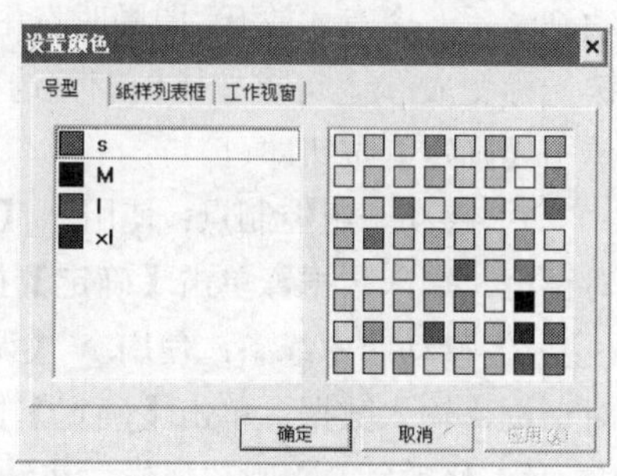

图 2.14

（19）【等份数】：结合【等份规】使用，显示的数字为等份数。

（20）【线颜色】：设置不同颜色的线条。

【操作】① 单击工具旁边的小三角形按钮，在弹出的下拉列表中选中颜色，这时用其他直线、曲线工具进行画图，即显示为选中的线颜色。

② 如果要改变已画线条的颜色，单击【线颜色】工具的下拉列表，再选中其中的颜色，单击【设置线的颜色类型】工具图标，在线上击右键或右键框选线即可。

（21）【线类型】：设置不同类型的线条。

【操作】① 单击工具旁边的小三角形按钮，在弹出的下拉列表中选中线类型，这时用其他直线、曲线工具进行画图，即为选中的线类型。

② 如果要改变画线条的类型，单击【线类型】工具的下拉列表，再选中其中的类型，单击【设置线的颜色类型】工具图标，再单击线即可。

中等职业教育数字艺术类规划教材

2.1.4 设计工具栏

设计工具栏如图 2.15 所示。

在这排工具栏中，某些工具图标的右下角有小黑三角形，单击小黑三角形，就会展开一组功能相似或类别相似的工具。下面将按照该工具栏的前后顺序进行详细介绍。

图 2.15

1.

（1）【调整工具】：用于调整曲线的形状，修改曲线上控制点的个数，曲线点与转折点的转换，改变钻孔、扣眼、省、褶的属性。

【操作】① 调整曲线形状：选中该工具，单击某一条线，这时该线段变成红色，表示被选中，再单击线上任意一处，拖动至满意，在空白处单击即可。

② 删除或增加曲线上的点：线条在选中状态下，把鼠标指针移动到要删除的点上，该点变亮，不要单击，按【Delete】键可删除该点。同样，线条在选中状态下，把鼠标指在要增加点的地方，按【Insert】键可以在该处增加一个点。单击键盘上的数字，可以改变线条的控制点数。

③ 转换曲线和折线：线条在选中状态下，把鼠标指针移动到点上，该点变亮，不要单击，按【shift】键可转换成折线或曲线。

④ 切线或圆顺：线条在选中状态下，把鼠标指针移动到折线和曲线的转折点上，单击右键，曲线会自动与折线相切圆顺。如果按【Ctrl】键，此时会在该点出现一条控制线，可以调整线条形状。

⑤ 调整多个控制点：线条在选中状态下，把鼠标指向要选的第一个点，按住鼠标不放开，移动到最后一个点才放开，即同时选中多个点，光标变成，可以平行移动选中线段。如果按【Shift】键光标变成，可以按比例调整选中线段。移动控制线条，弹出【移动量】对话框。输入数据或单击【确定】按钮即可。

⑥ 移动一组控制点：使用【调整工具】，用左键框选一组点，按【Enter】键，弹出【偏移】对话框，输入数据，单击【确定】按钮即可。

⑦ 移动选中线条：使用【调整工具】，用右键框选一组线，按【Enter】键，弹出【偏移】对话框，输入数据，单击【确定】按钮即可。

⑧ 修改钻孔、眼位属性：在钻孔、眼位、省褶位置上单击左键，弹出【移动量】对话框，输入数据，单击【确定】按钮即可。在钻孔、眼位、省褶位置上单击右键，会弹出相应的对话框，改变其属性。

（2）【合并调整】：将线段移动旋转后调整，常用于调整前后袖窿、下摆、省道、前后领口及肩点拼接处等位置的弧线，适用于纸样、结构线。

【操作】① 用鼠标左键依次单击曲线 A、B、C、D，单击右键。

② 依次单击要缝合的线条 1、2、3、4、5、6，单击右键，弹出【合并调整】对话框。

③ 弧线连接在一起，用左键可调整曲线上的控制点。如果调整公共点按【Shift】键，则该点在水平垂直方向移动，调整满意后，单击右键，如图 2.16 所示。

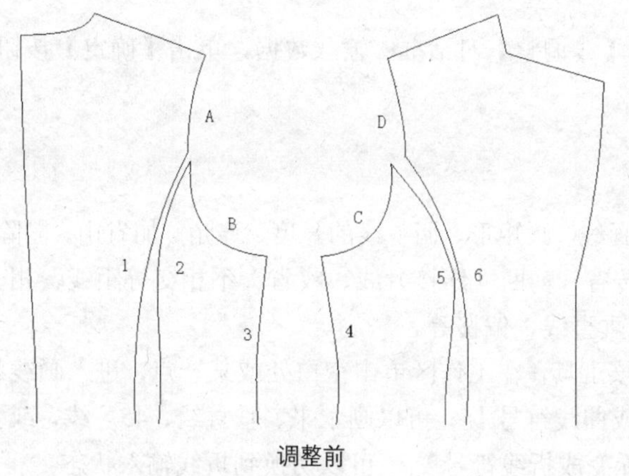

调整前

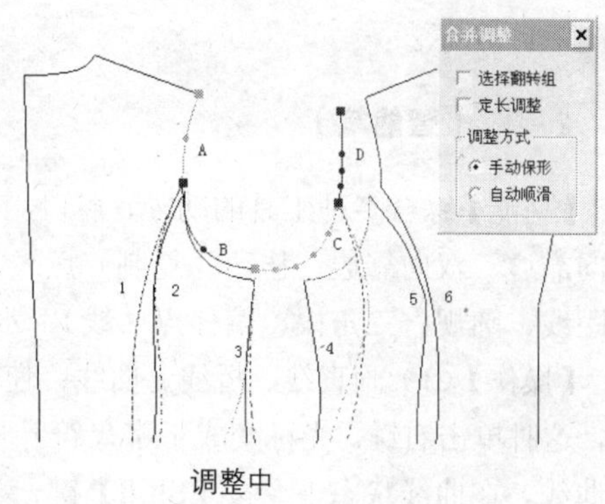

调整中

图 2.16

（3）【对称调整】：对纸样或结构线对称调整，常用于西装领的调整。

【操作】

① 单击对称轴。

② 依次单击要对称调整的线，单击右键。

③ 调整线条至满意，单击右键结束，如图 2.17 所示。

（4）【省褶合起调整】：把纸样上的省、褶合并起来调整，只适用于纸样。

【操作】用该工具依次单击省 1、 2，单击右键，如图 2.18 所示，调整省合并后的线条，满意后单击右键结束。

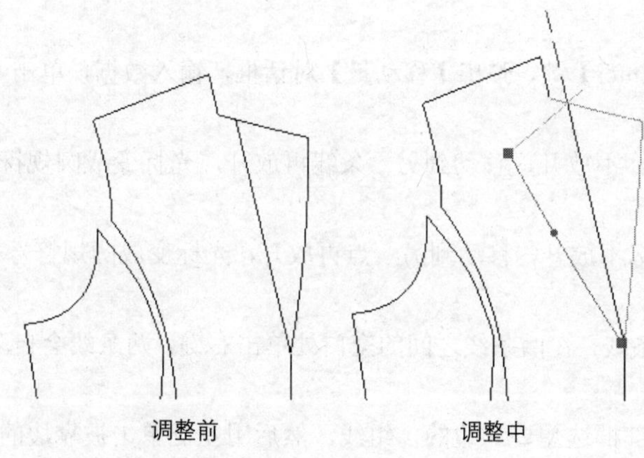

调整前　　调整中

图 2.17

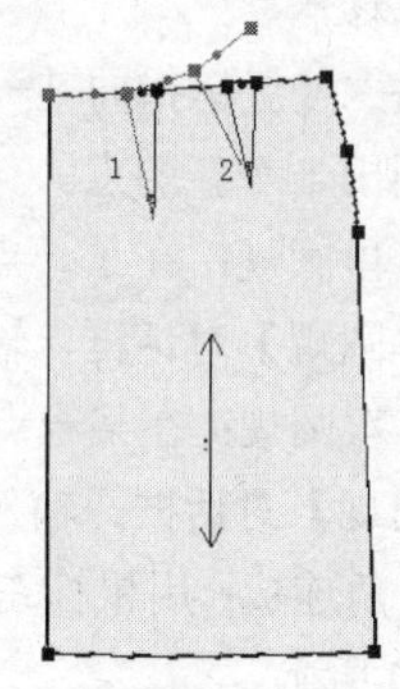

图 2.18

（5）【曲线定长调整】。

【功能】在曲线长度保持不变的情况下，调整其形状，对结构线、纸样均可操作。

【操作】用该工具单击曲线，曲线被选中，拖动控制点到满意位置再单击。

（6）【线调整】。

【功能】检查或调整两点间曲线的长度、两点间直度，也可以

线调整

号型	长度	增减量
s	36.45	0
M	37.89	0
l	39.32	0
xl	40.75	0

曲线调整
直度调整
端点偏移调整
复制　粘贴长度
确定(O)　取消(C)　均码　档差

图 2.19

对端点偏移调整结构线。

【操作】用该工具单击要调整的线，弹出【线调整】对话框，输入数据，单击【确定】按钮，如图 2.19 所示。

2. 【智能笔】

【功能】综合多种工具的功能，可以用来画线、画矩形、调整线的长度、连角、加省山、删除、单向靠边、双向靠边、移动（复制）点线、转省、剪断（连接）线、收省、不相交等距线、相交等距线、圆规、三角板、偏移点（线）、水平垂直线、偏移等。

【操作】(1) 画直线、折线、曲线：使用该工具，在工作区单击空白处或某一点，进入画线状态，这时单击右键，光标变成丁字尺符号或曲线符号，可以画水平、垂直线、45° 线，或者画曲线。在曲线状态下，按【Shift】键，光标变成折线符号，可以切换到折线输入状态。

(2) 画垂线、平行线、延长线：按住【Shift】键，用鼠标左键单击某线条的一点不放开，这时光标变成三角板符号，移动到另一点再放开，即选中这条线，任意单击一点，可以在这点作已选线条的垂线或平行线。

按住【Shift】键，用鼠标右键单击某线条（靠近端点处延长），这时弹出调整曲线长度对话框，在“长度增减”框里输入需要延长或缩短的量（减号代表缩短），单击【确定】按钮即可。

(3) 画矩形：在空白处拖拉左键，画出矩形框，弹出【矩形】对话框，输入数据即可。

(4) 水平垂直线：在某一点用右键拖拉，可以画出水平垂直线，光标变成，这时再单击鼠标右键可以切换水平垂直线的方向，单击另一点结束操作。

(5) 偏移：方法一：按住【Shift】键，在某一点用右键拖拉，可以画出偏移线，光标变成，单击左键弹出【偏移】对话框，输入数据即可。如果单击右键，光标变成，则不会画出偏移线，只画出偏移点。

方法二：鼠标指向某一点，按【Enter】键，弹出【移动量】对话框，输入数据，单击【确定】按钮后画出一个新的点。

(6) 单圆规：在某一点上单击鼠标不放开，移动到另一条线再放开，光标变成圆规符号，弹出【单圆规】对话框，输入数据即可。

(7) 双圆规：在某一点上单击鼠标不放开，移动到另一点再放开，光标变成圆规符号，弹出【双圆规】对话框，输入数据即可。

(8) 角连接：用鼠标左键框选两条线，在两条线之间的空白处单击右键，两条线会自动连接。如图 2.20 所示。

(9) 靠边：单向靠边：用鼠标左键框选想要靠边的一组线，然后用左键单击被靠边的基线，光标变成，在空白处单击鼠标右键即可，如图 2.21 所示。

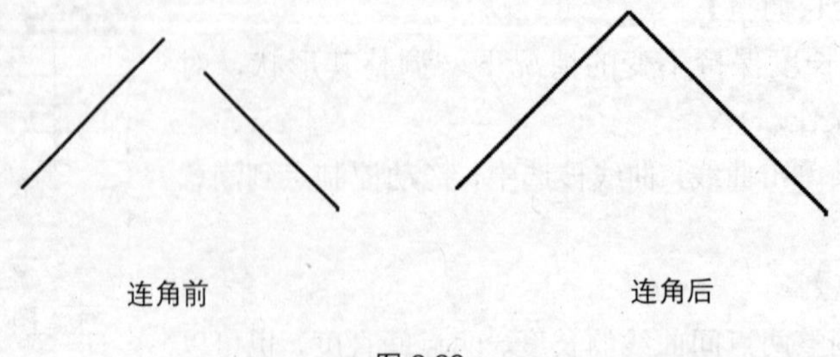

图 2.20

图 2.21

（10）框选、删除：用【智能笔】工具框选点、线，被框选部分会变成红色，按【Delete】键可以删除选中的点、线。

（11）调整：用【智能笔】工具在线上单击右键，切换到【调整工具】。按住【Shift】键，在线上单击右键，弹出【调整曲线长度】对话框，输入数据完成。

（12）移动、复制：按住【Shift】键，用左键框选线条，再单击右键，光标变成，单击所选线条的任意点，可以复制移动线条。

按住【Shift】键，用左键框选线条，再单击右键，光标变成，再次按【Shift】键，光标变成，单击所选线条的任意点，可以移动线条。

（13）转省：按住【Shift】键，用左键框选线条，在所选线条上单击左键，光标变成，切换到【转省】工具。

（14）剪断线：右键框选线条，光标变成，切换到【剪断线】工具。

（15）收省：按住【Shift】键，右键框选线条，光标变成，切换到【收省】工具。

（16）不相交等距线、相交等距线：用鼠标按住某条线拖动，光标会变成，进入【不相交等距线】功能，移动鼠标再单击，弹出【平行线】对话框，输入数据完成。

按住【Shift】键，用鼠标按住某条线拖动，光标会变成，进入【相交等距线】功能，移动鼠标再单击，弹出【平行线】对话框，输入数据完成。

3. 【矩形】

【功能】画矩形。

【操作】在某一点单击鼠标左键，移动鼠标，画出矩形，到另一点再单击左键，弹出【矩形】对话框，输入矩形的长和宽，单击【确定】按钮即可。

4.

（1）【圆角】的介绍。

【功能】在两条不平行的线上画圆角，用于制作西服前片底摆、圆角口袋，适用于纸样、结构线。

【操作】① 用该工具分别单击或框选要做圆角的两条线，光标变成。

② 在线上移动光标，再单击，弹出【顺滑连角】对话框，输入数据，单击【确定】按钮即可，切角被删除，如图 2.22 所示。

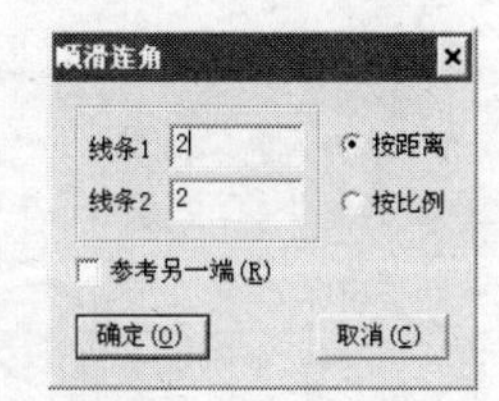

图 2.22

③ 在移动鼠标时，如果单击右键，光标变成，

可以保留切角。

（2）【三点弧线】：过三点可画一段圆弧线或画一个圆，适用于画结构线、纸样辅助线。

【操作】① 单击该工具图标，光标变成，任意单击三个点即可画一段圆弧。

② 按住【Shift】键，光标变成，任意单击三个点即可画一个圆。

（3）【CR 圆弧】：画圆弧、画圆，适用于画结构线、纸样辅助线。

【操作】① 单击该工具图标，光标变成，依次单击圆心、半径、圆边线，弹出【弧长】对话框，输入数据，可画一段圆弧。

② 按住【Shift】键，光标变成，依次单击圆心、半径、圆边线，弹出【半径】对话框，输入数据，可画一个圆。

（4）【椭圆】：画椭圆。

【操作】用该工具在工作区单击，移动画出椭圆再单击，弹出【椭圆】对话框，输入数据完成。

5.

（1）【角度线】：画角度线、切线。

【操作】① 使用该工具，光标变成，单击线，再单击线上一点，出现两条互相垂直的坐标线（绿色），按【Shift】键，切换两种不同角度的坐标线，如图 2.23 所示。

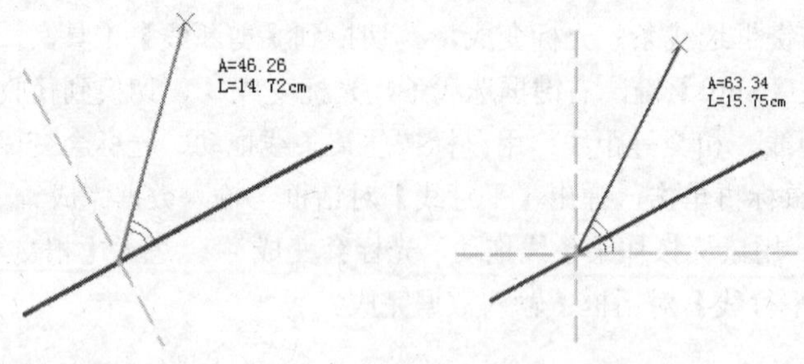

图 2.23

② 这时单击右键，切换不同的角度起始边，如图 2.24 所示。

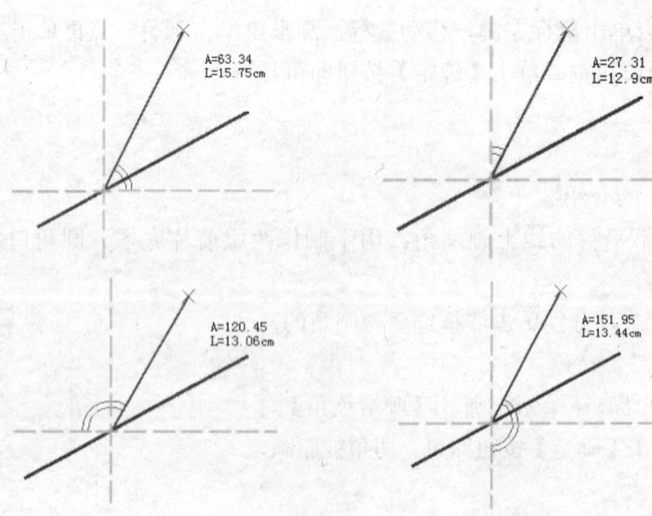

图 2.24

③ 单击弹出【角度线】对话框，输入数据，单击【确定】按钮，如图 2.25 所示。

④ 使用该工具时，按【Shift】键，光标变成，切换到画切线状态，单击弧线，再单击弧线上某一个点，移动鼠标可画出切线，再单击，弹出【长度】对话框，输入数据，单击【确定】按钮，如图 2.26 所示。

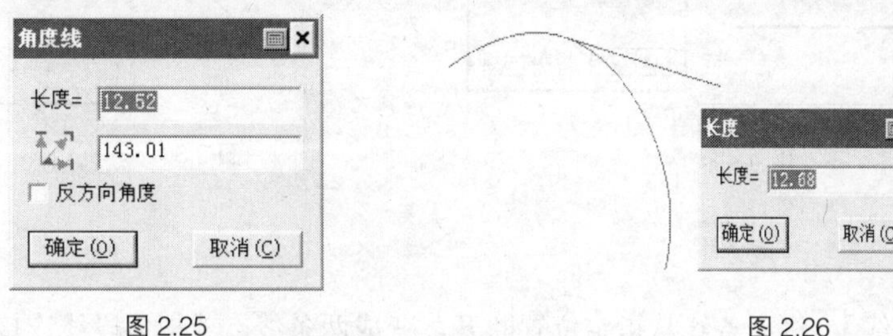

图 2.25　　图 2.26

（2）【点到圆或两圆之间的切线】。

【功能】画点到圆或两圆之间的切线，可在结构线上操作也可以在纸样的辅助线上操作。

【操作】单击点或圆，再单击另一个圆，可画出点到圆或两个圆之间的切线。

6.

（1）【等份规】等分直线或曲线。

【操作】① 在快捷工具栏输入等份数，鼠标单击要等分的线即可。

② 如果在线上单击右键，光标会变成或，表示线条等分后出现等份线或等份点，如图 2.27 所示。

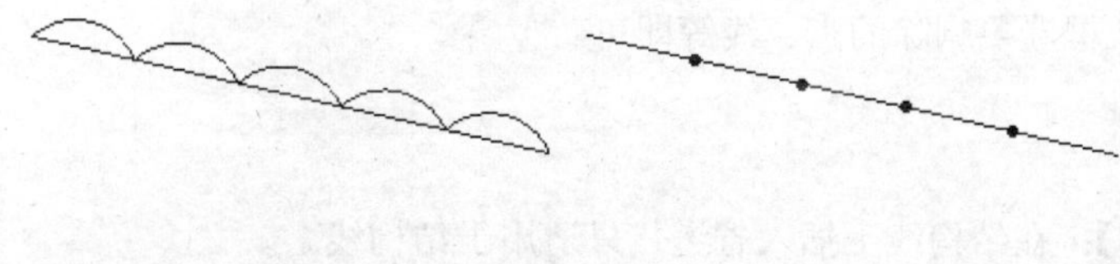

图 2.27

③ 按【Shift】键，光标变成，单击线上的某个点，移动鼠标出现两个对称点，单击，弹出【线上反向等分点】对话框，输入数据，可以画出两个等距点，如图 2.28 所示。

图 2.28

（2）【点】：在线上加点或空白处加点，适用于纸样、结构线。

【操作】在空白处单击，或者在线上单击，弹出【点的位置】对话框，输入数据，单击【确定】按钮即可。

7. 【圆规】

单圆规：作从某一点到一条线上的定长直线。常用于画肩斜线、袖窿深、裤子后腰、袖山斜线等。

双圆规：通过指定两点，画出两条指定长度的线。常用于画袖山斜线、西装驳头等。

【操作】① 单击某一点后，单击另一条线，弹出【单圆规】对话框，输入数据完成，如图 2.29

所示。

② 单击某一点后，单击另一个点，弹出【双圆规】对话框，输入数据完成，如图 2.30 所示。

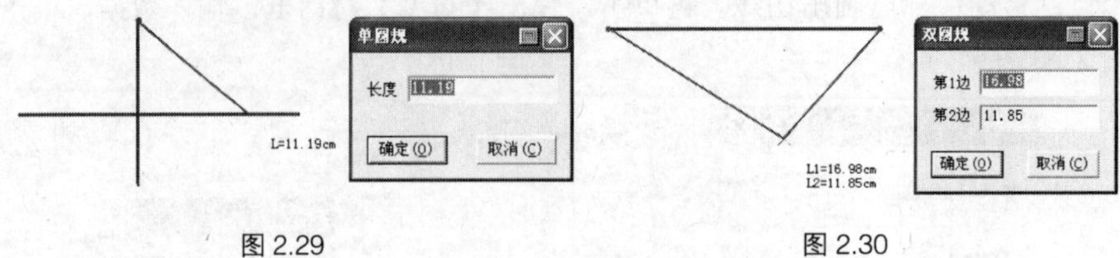

图 2.29　　图 2.30

8.

（1）【剪断线】：将一条线从指定位置断开，变成两条线，或把多段线连接成一条线。

【操作】① 剪断线：单击要剪断的线,单击要断开的点，弹出【点的位置】对话框，输入数据完成。

② 连接线：分别单击或框选要连接的线，单击右键即可。

（2）【关联/不关联】：端点相交的线在用调整时，使用过关联的两端点会一起调整，使用过不关联的两端点不会一起调整。端点相交的线默认为关联。

【操作】使用该工具时，按【Shift】键，切换到关联或不关联，光标显示为【关联】或【不关联】，单击两条线或框选两条线即可。

9. 【橡皮擦】

【功能】删除结构图上点、线，纸样上的辅助线、剪口、钻孔、省褶等。

【操作】单击或框选要删除的点、线等即可。

10.

（1）【收省】：在结构线上插入省道，只适用于结构线。

【操作】使用该工具，单击要收省的结构线，单击省线，弹出【省宽】对话框，输入数据完成，如图 2.31 所示。

（2）【加省山】：给省道上加省山，适用在结构线上操作。

【操作】依次单击线条 1、2、3、4，电脑自动加上省山。如果按顺序单击线条 4、3、2、1，加上的省山形状不同，与省的折叠方向有关，如图 2.32 所示。

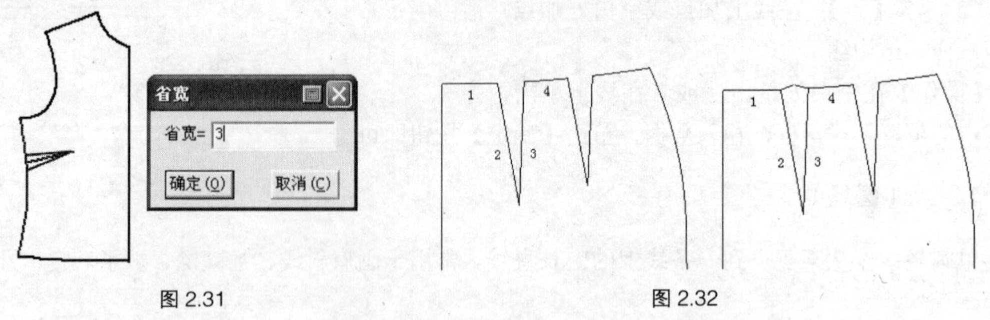

图 2.31　　图 2.32

（3）【插入省褶】：在选中的线段上插入省褶，纸样、结构线上均可操作，常用于制作泡泡袖，立体口袋等。

【操作】在袖山弧线上单击左键，在空白处单击右键，弹出【指定段的插入省】对话框，输入数据完成，如图 2.33 所示。

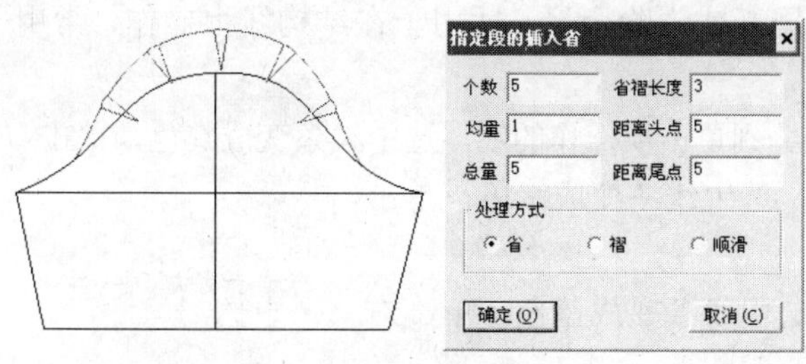

图 2.33

11. 【转省】

【功能】在结构线上转省。

【操作】① 框选要操作的结构线，被选中线条变成红色，单击右键结束选择。

② 分别单击或框选新省线，新省线变成绿色，单击右键结束选择。

③ 单击合并省的起始边，起始边变成蓝色。

④ 单击合并省的终止边，省道即可转移到新省位，如图 2.34 所示。

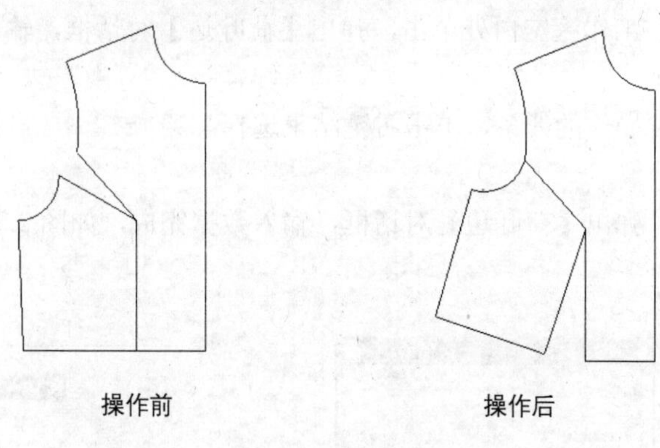

图 2.34

12. 【褶展开】

【功能】在结构线上增加工字褶或刀褶。

【操作】① 框选或分别单击要操作的线，单击右键结束选择，被选线条变成红色。

② 单击上段折线，选中线条变成绿色，单击右键结束选择。

③ 单击下段折线，选中线条变成蓝色，单击右键结束选择。

④ 单击展开线，如果没有展开线，可以直接单击右键结束选择。

⑤ 弹出【结构线 刀褶/工字褶展开】对话框，输入数据，单击【确定】按钮，如图 2.35 所示。

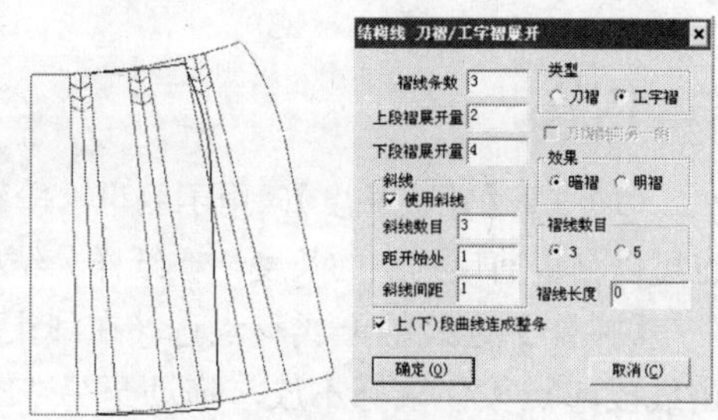

图 2.35

13. 【分割、展开、去除余量】

【功能】对一组线展开或去除余量，适用于在结构线上操作，常用于对领、荷叶边、大摆裙等的处理。

【操作】① 框选或分别单击要操作的线，选中线条变成红色，单击右键结束选择。

② 单击不伸缩线，选中线条变成绿色，单击右键结束选择。

③ 单击伸缩线，选中线条变成蓝色，单击右键结束选择。

④ 单击分割线，如果没有分割线，直接单击右键确定固定边。

⑤ 弹出【单向展开或去除余量】对话框，如图 2.36 所示，输入数据，单击【确定】按钮完成。当输入伸缩量为负数时，即可对结构线去除余量。

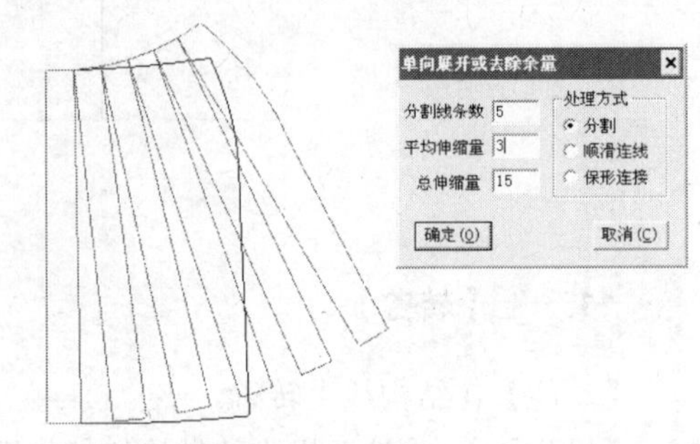

图 2.36

14. 【荷叶边】

【功能】画螺旋形荷叶边。

【操作】方法一：在工作区空白处单击，弹出【荷叶边】对话框，输入数据完成，如图 2.37 所示。

方法二：① 框选要操作的线条，单击右键结束选择。

② 单击上段折线。

③ 单击下段折线，弹出【荷叶边】对话框，输入数据完成，如图 2.38 所示。

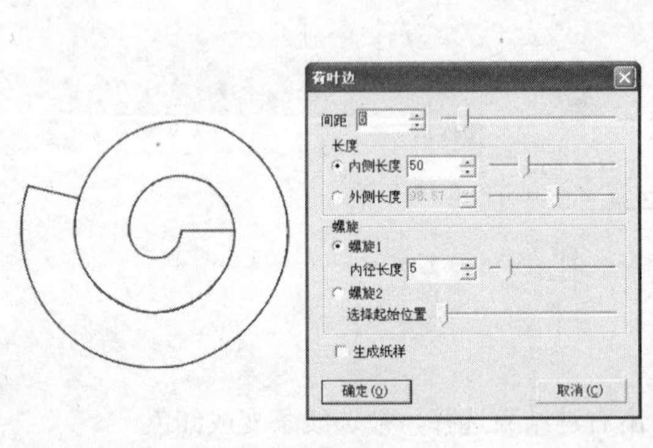

图 2.37

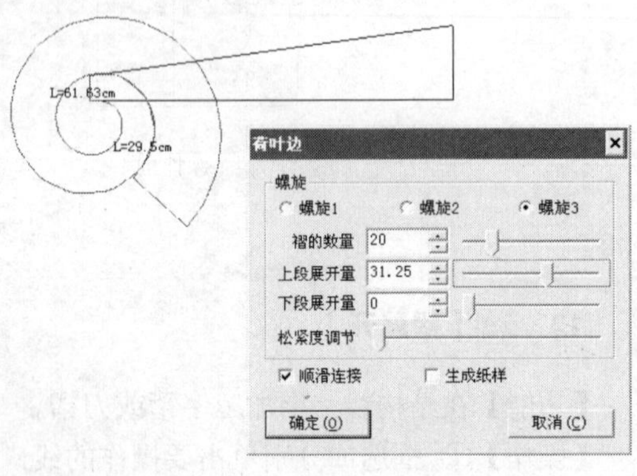

图 2.38

15.

（1）【比较长度】：用于测量一段线的长度、多段线相加所得总长，比较多段线的差值，也可以测量剪口到点的长度。在纸样、结构线上均可操作。

【操作】选线的方式有点选（在线上用左键单击）、框选（在线上用左键框选）、拖选（单击线段起点按住鼠标不放，拖动至另一个点）三种方式。

① 选中该工具，光标显示为，分别单击一组袖窿线，单击右键结束选择。再分别单

击一组袖山线，单击右键结束选择。在【长度比较】对话框显示出比较数据，如图 2.39 所示。

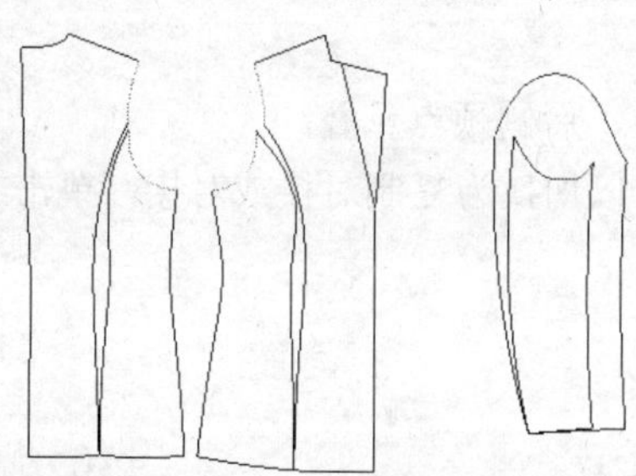

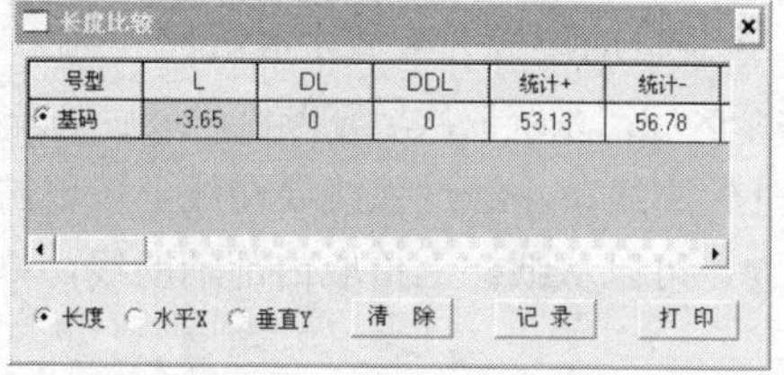

图 2.39

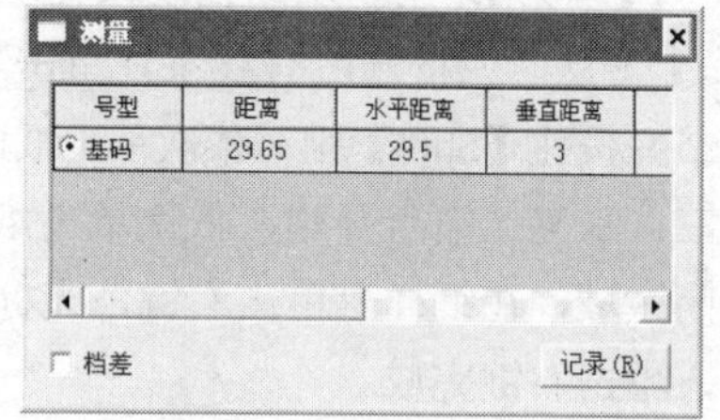

图 2.40

② 按【Shift】键，光标变成，切换到测量线功能。任意单击两点，弹出【测量】对话框，显示测量数据，并可以记录，如图 2.40 所示。

（2）【量角器】：测量角度，在结构线和纸样都可以操作。

【操作】① 测量一条线的角度：单击要测量的线，单击右键，弹出【角度测量】对话框，显示测量数据。

② 测量两条线的夹角：分别单击两条线，在两条线之间的空白处单击右键，弹出【角度测量】对话框，显示测量数据。

③ 测量三个点的形成的角度：依次单击省尖点、省边线点、另一省边线点，弹出【角度测量】对话框，显示测量数据。

④ 测量两个点形成的角度：按【Shift】键，分别单击两个点，弹出【角度测量】对话框，显示测量数据。

16.

（1）【旋转】：用于旋转复制或旋转一组点或线，适用于结构线与纸样辅助线。

【操作】① 单击或框选要旋转的线，此时按【Shift】键可以切换为复制旋转或旋转，光标为或，单击右键结束选择。

② 单击任意两个点作旋转中心和旋转起始点，移动鼠标即可旋转线条，再次单击完成。

（2）【对称】：用于对称复制或对称一组点或线，适用于结构线与纸样辅助线。

【操作】① 单击任意两个点作为对称轴。

② 单击或框选要对称的线，按【Shift】键可以切换为对称旋转或对称，光标为或，单击右键完成。

（3）【移动】：用于复制移动或移动一组点或线，适用于结构线与纸样辅助线。

【操作】① 单击或框选要对称的线，单击右键结束选择。

② 此时按【Shift】键可以切换为复制移动或移动，单击任意一个点，移动线条再单击。

（4）【对接】：用于把一组线和另一组线对接上，适用于结构线与纸样辅助线，常用于肩斜线等位置的对接。

【操作】① 单击后肩斜线，后侧颈点变亮。

② 单击前肩斜线，前侧颈点变亮，表示对接时前、后侧颈点重叠。

③ 分别单击要对接的线条，此时按【Shift】键可以切换为复制对接或对接，单击右键完成，如图 2.41 所示。

17.

（1）【剪刀】：用于从结构线或辅助线上拾取纸样。

【操作】方法一：框选所有线条，单击右键，系统自动按最大区域生成纸样。

方法二：按住【Shift】键，依次单击纸样的各个区域，系统依次填充颜色，最后单击右键完成。

方法三：从某一端点开始，依次单击纸样的外轮廓线条，经过弧线要在线上多单击一下，直至形成封闭区域，在纸样上单击右键，光标变成⁺，可以从纸样上拾取内部辅助线，单击纸样上的结构线，单击右键完成。

（2）【拾取内轮廓】：将纸样内某区域挖空。

【操作】① 在衣片列表框单击要挖空的纸样，纸样变色表示被选中。

② 单击要挖空的辅助线。

③ 在空白处单击右键，纸样即可被挖空，如图 2.42 所示。

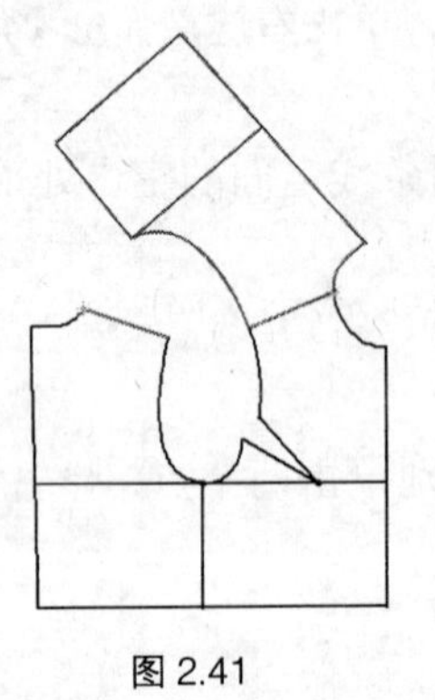

图 2.41

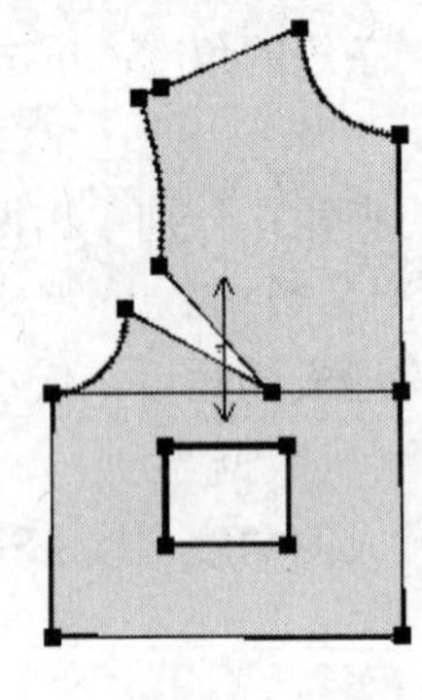

图 2.42

18. 【设置线的颜色类型】

【功能】用于修改结构线的颜色、线类型、纸样辅助线的线类型、输出类型。

【操作】选择该工具，在快捷工具栏上出现。

（1）：设置线条粗细、实线、虚线。

（2）：设置波浪线、折线等线类型。

（3）：设置线条绘制、切割、半刀切割。

设置好线条的类型，在工作区单击线条即可。要改变线条颜色，先设置颜色，再用右键框选线条即可。

19. 【加入/调整工艺图片】

【功能】① 与【文档】菜单的【保存到图库】命令配合制作工艺图片。

② 调出并调整工艺图片。

③ 可复制位图应用于办公软件中。

【操作】① 用鼠标框选一组线条，单击右键，线条周围显示虚线框，单击【文档】→【保存到图库】，可以保存工艺图片，如图 2.43 所示。

② 在工作区空白处单击，弹出【工艺图库】对话框，选择图片，单击【确定】按钮。在工作区可以移动图片，或者单击右键调整图片大小。

③ 用鼠标框选一组线条，单击右键，线条周围显示虚线框，单击【编辑】→【复制位图】，此时可以在 Word、Excel 等文件中粘贴。

20. 【加文字】

【功能】用于在结构图上或纸样上加文字、移动文字、修改或删除文字。

【操作】① 在需要加文字的工作区单击，弹出【文字】对话框，输入文字，设计大小，单击【确定】按钮，如图 2.44 所示。

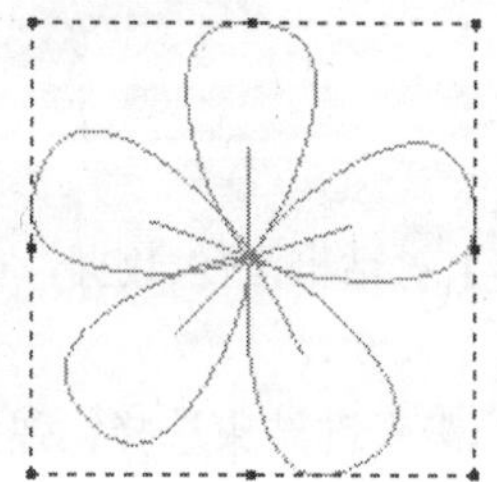

图 2.43

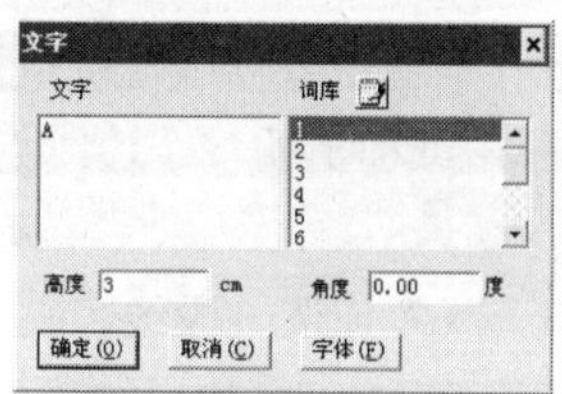

图 2.44

② 如需移动文字，则用该工具单击需要移动的文字即可选中并移动。

③ 在需要加文字的工作区单击并拖动鼠标，可画出一条斜线，弹出【文字】对话框，输入文字，可以根据斜线的方向显示。

2.1.5 纸样工具栏

纸样工具栏如图 2.45 所示。

图 2.45

1. 【选择纸样控制点】

【功能】在纸样上选择点、线并修改其属性。

【操作】① 选择一个点：单击欲选择的点，选中的点会有一个小方框。

② 选择一段线：单击欲选择线段的起点，按住鼠标沿顺时针方向拖到终点，再放开鼠标，选中的线段会出现很多控制点。

③ 选择多个不连续点：单击一个点，按住【Ctrl】键再依次单击另外的点，选中的点会有一个小方框。

④ 取消选择：单击空白处或按【Esc】键。

⑤ 修改点属性：双击纸样上的边线点，弹出【点属性】对话框，在对话框内更改点的属性，单击【确定】按钮，如图 2.46 所示。

2.

（1）【缝迹线】：在纸样边线上加缝迹线、修改缝迹线。

【操作】单击纸样边线上的一个点，或者拖动鼠标选择一段边线，弹出【缝迹线】对话框，输入数据完成。

用【橡皮擦】工具可以删除缝迹线。

（2）【绗缝线】：在纸样上添加绗缝线、修改绗缝线。

【操作】单击一个纸样，或者依次单击纸样的三个边线点，弹出【绗缝线】对话框，输入数据，就可以在选中的区域添加绗缝线。

在绗缝线上单击右键可以修改已有的绗缝线。

用【橡皮擦】工具可以删除绗缝线。

3. 【加缝份】

【功能】给纸样加缝份或修改缝份量及缝份形状。

【操作】① 单击纸样上的一个边线点，弹出【衣片缝份】对话框,输入数据，可以给整个衣片统一加缝份。

② 单击边线，或者拖选一段线，或者分别框选边线，单击右键结束选择，弹出【加缝份】对话框，输入数据，可以给一段边线加缝份。

③ 在某一个边线点单击右键，弹出【拐角缝份类型】对话框,可以修改缝份形状，如图 2.47 所示。

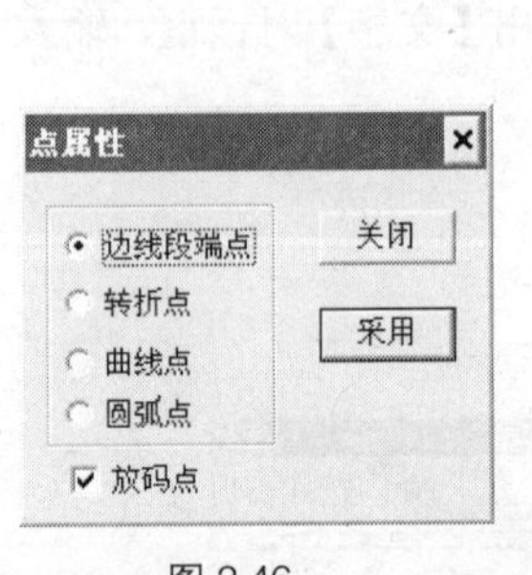

图 2.46

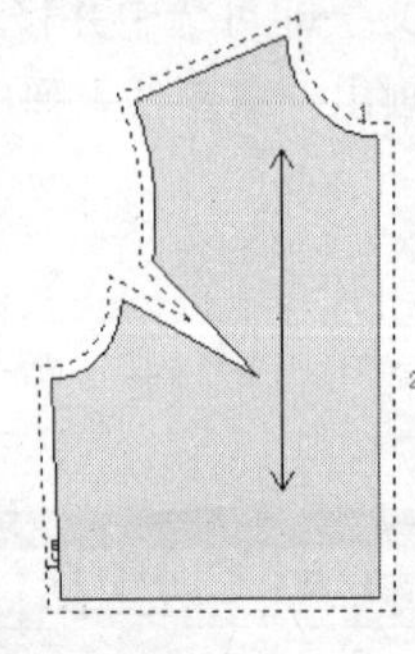

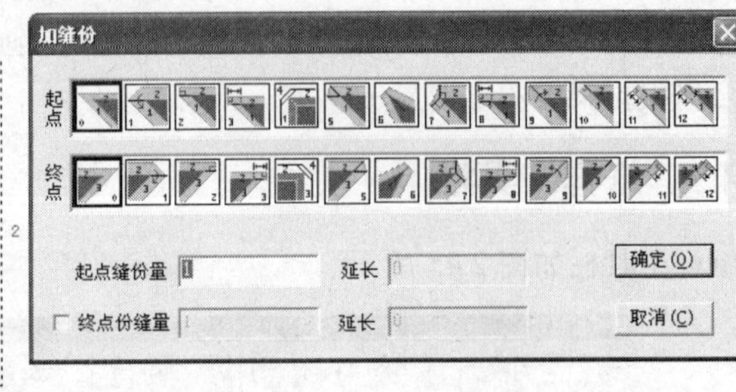

图 2.47

4. 【做衬】

【功能】在纸样上做粘合衬。

【操作】单击纸样上的一条边线，或者框选多条线再单击右键，又或者单击某个纸样，弹出【衬】对话框，输入数据，单击【确定】按钮完成，如图 2.48 所示。

5.

（1）【剪口】：在纸样边线上加剪口、拐角处加剪口以及辅助线指向边线的位置加剪口，调整剪口的方向，对剪口放码、修改剪口的定位尺寸及属性。

【操作】① 选择该工具，光标显示为，单击纸样上边线上的一个点，或者单击一条线，弹

出【剪口属性】对话框，输入数据，单击【确定】按钮，可以在该位置加剪口，如图 2.49 所示。

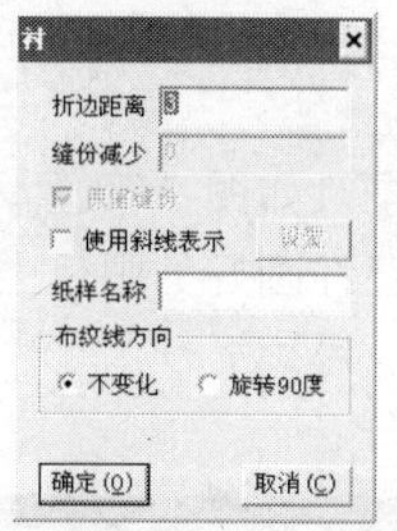

图 2.48

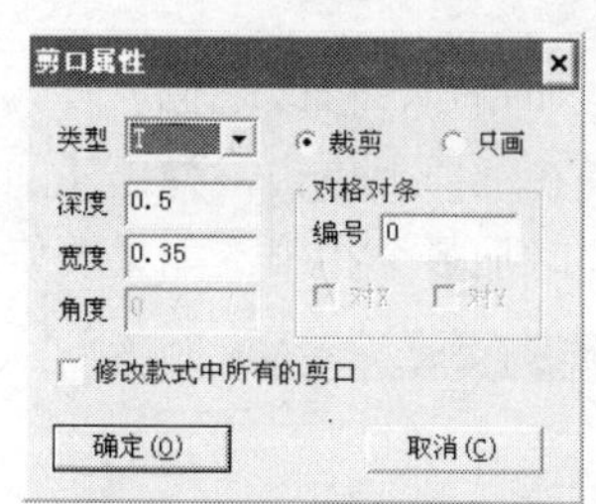

图 2.49

② 在一个边线点单击，拖动鼠标到另一个边线点再放开，选择一段边线，弹出【比例剪口，等分剪口】对话框，输入数据，可以在这段线上平均加几个剪口，如图 2.50 所示。

③ 按【Shift】键，光标变成⁺卌，可以在拐角加剪口，单击纸样上的拐角点，弹出【拐角剪口】对话框，输入数据，单击【确定】按钮，如图 2.51 所示。

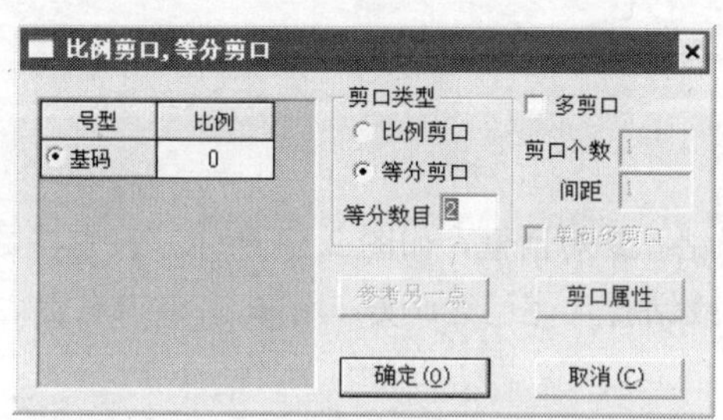

图 2.50

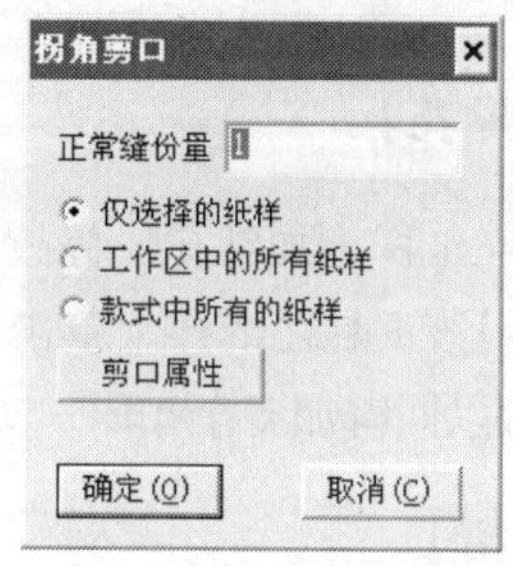

图 2.51

④ 在某个剪口上单击并拖动鼠标，会拉出一条辅助线，移动辅助线，可以改变已有剪口的方向。

⑤ 用【橡皮擦】工具可以删除已画剪口。

（2）【袖对刀】：在袖笼与袖山上同时打剪口，并且前袖笼、前袖山打单剪口，后袖笼、后袖山打双剪口。

【操作】① 分别单击前袖窿弧线 AB、CD，单击右键结束选择。

② 分别单击前袖山弧线 A'B'、C'D'，单击右键结束选择。

③ 分别单击后袖窿弧线 EF、FG，单击右键结束选择。

④ 分别单击后袖山弧线 D'E'、F'A'，单击右键结束选择。

⑤ 弹出【袖对刀】对话框，单击【确定】按钮，如图 2.52 所示。

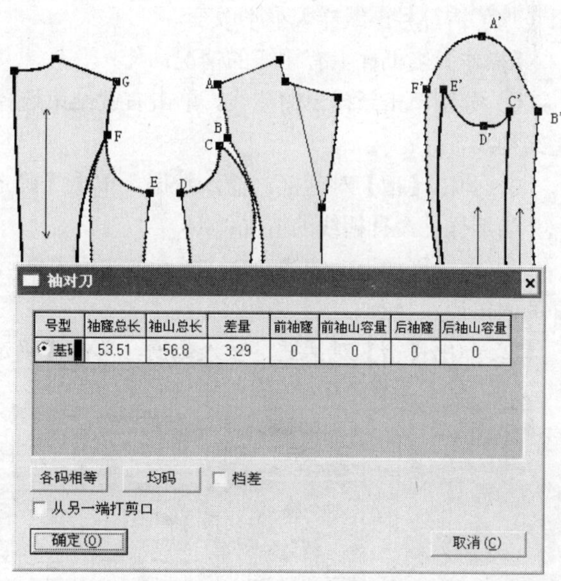

图 2.52

6. 【眼位】

【功能】在纸样上加扣眼、修改眼位。

【操作】用该工具在纸样上单击，弹出【加扣眼】对话框，如图 2.53 所示，设置参数，单击【确定】按钮，可以同时加多个扣眼。如果要修改扣眼，在已经画好的眼位上单击右键。

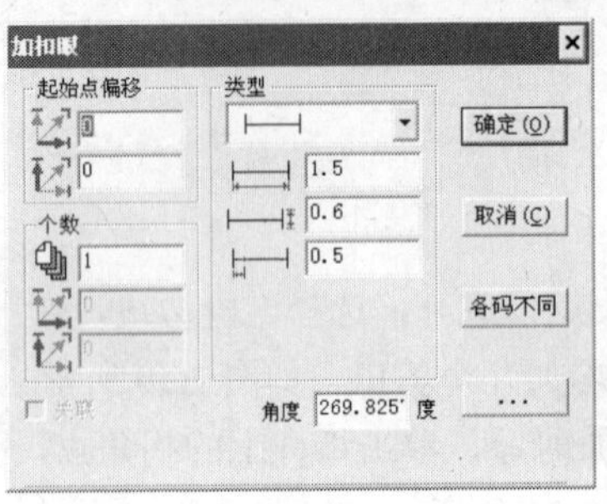

图 2.53

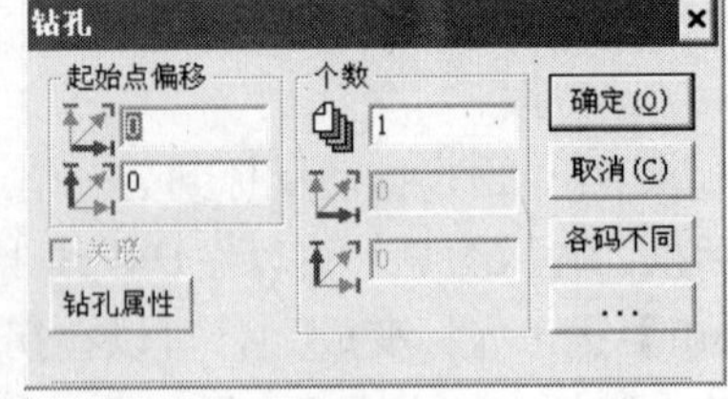

图 2.54

7. 【钻孔】

【功能】在纸样上加钻孔、修改钻孔。

【操作】用该工具在纸样上单击，弹出【钻孔】对话框，如图 2.54 所示，设置参数，单击【确定】按钮，可以同时加多个扣眼。如果要修改钻孔，在已经画好的钻孔上单击右键。

8. 【褶】

【功能】在纸样边线上增加或修改刀褶、工字褶，也可以把在结构线上加的褶用该工具变成纸样上的褶图元。做通褶时在原纸样上会把褶量加进去，纸样大小会发生变化。如果加的是半褶，只是加了褶符号，纸样大小不改变。

【操作】当纸样上有褶线的情况：

① 分别单击纸样上的褶线，单击右键结束选择。注意：褶线是已经加在纸样上的辅助线，不是结构线。

② 弹出【褶】对话框，输入数据，单击【确定】按钮完成，如图 2.55 所示。

当纸样上没有褶线的情况：

① 单击纸样上的边线 AB，再单击边线 CD，单击右键。注意：单击右键的位置决定纸样展开的固定边。

② 弹出【褶】对话框，输入数据，单击【确定】按钮完成，如图 2.56 所示。

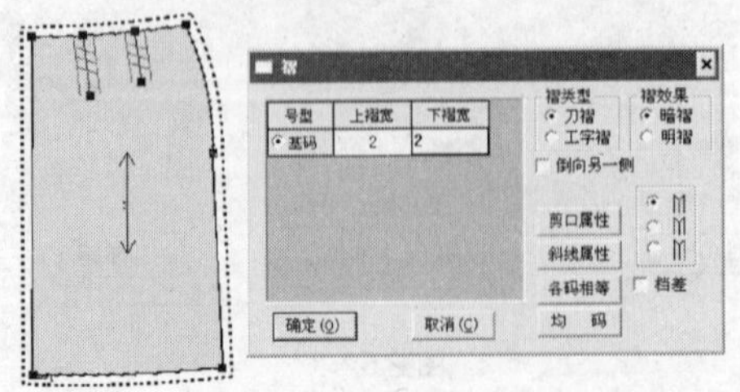

图 2.55

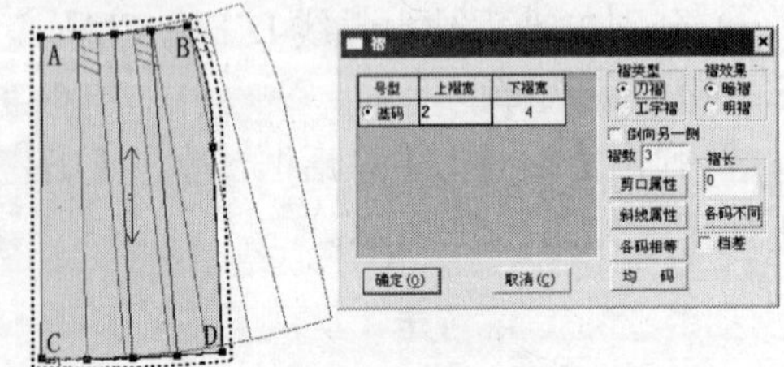

图 2.56

修改褶：鼠标指向画好的褶，褶线变色，单击右键，弹出【褶】对话框，可以修改已设置的参数。

9.

（1）【V 型省】：在纸样边线上增加或修改 V 型省。

【操作】① 在纸样边线上单击，确定省中线的位置，移动鼠标画出省中线再单击。（如果纸样上已经有省中线，直接在线上单击。）

② 弹出【尖省】对话框，输入数据，单击【确定】按钮，如图 2.57 所示。

③ 调整省边线，单击右键完成，如图 2.58 所示。

④ 如需修改省，在省上单击右键。

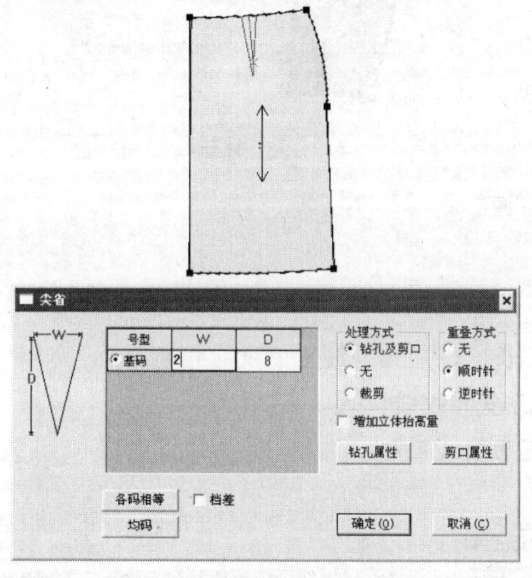

图 2.57

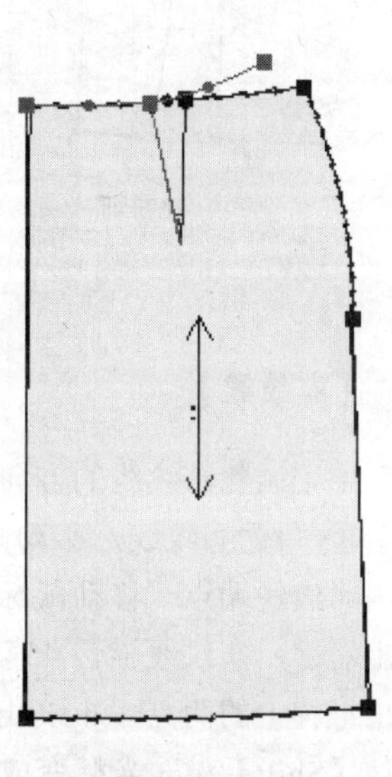

图 2.58

（2）【锥型省】：在纸样边线上增加或修改锥型省。

【操作】在纸样上依次单击点 1、2、3，弹出【锥形省】对话框，输入数据，单击【确定】按钮，如图 2.59 所示。

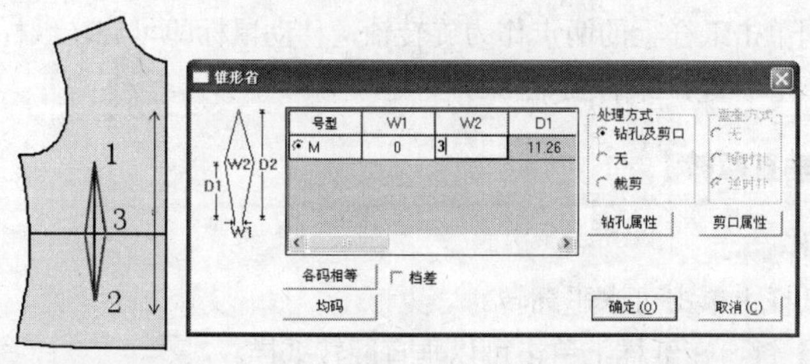

图 2.59

10. 【比拼行走】

【功能】一个纸样的边线在另一个纸样的边线上行走，可调整内部线对接是否准确或圆顺，也可以加剪口。

【操作】① 单击对应点 A、B，两个纸样拼在一起，弹出【行走比拼】对话框，按【Ctrl】键可以切换不同的边线。

② 单击拼接的边线，纸样会根据拼接线移动，这时可以加剪口，或者调整辅助线，如图 2.60 所示。

③ 单击右键结束。

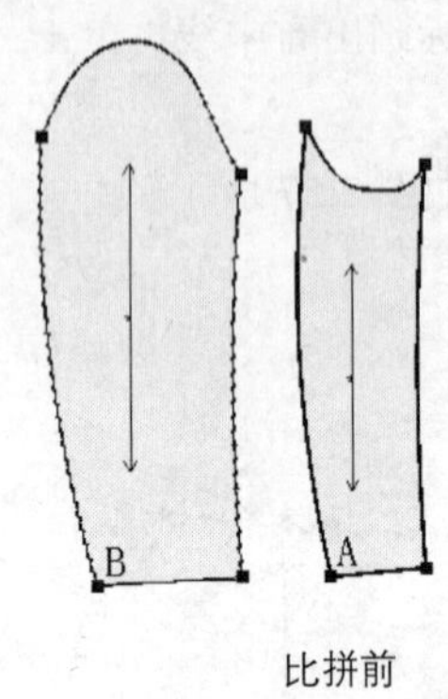

比拼前

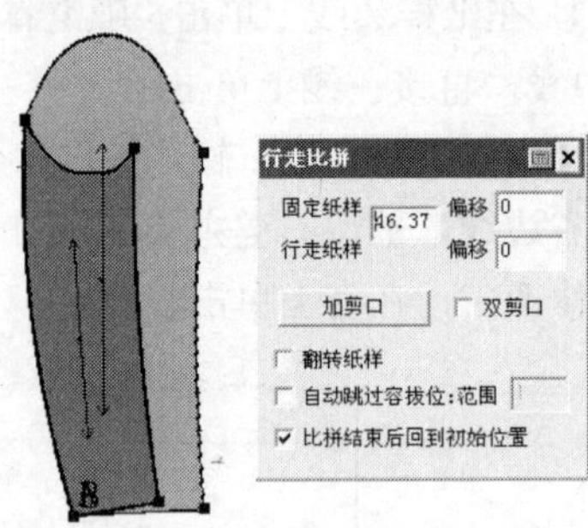

比拼时

图 2.60

11. 【布纹线】

【功能】用于调整布纹线的方向、位置、长度以及布纹线上的文字信息。

【操作】① 单击布纹线，移动鼠标可以改变布纹线位置。

② 单击布纹线端点，移动鼠标可以改变布纹线长短。

③ 单击右键，布纹线旋转 45°。

④ 单击纸样上的两点，布纹线与指定两点平行。

⑤ 按住【Shift】键，光标变成“T”，单击右键，布纹线上的文字旋转 90°。如果用鼠标左键单击任意两点，文字方向会跟着改变。

12. 【旋转衣片】

【功能】旋转纸样。

【操作】① 分别单击纸样上的两点作为旋转轴，移动鼠标即可旋转纸样。

② 在纸样上单击右键，纸样旋转 90°。

13. 【水平垂直翻转】

【功能】翻转纸样。

【操作】① 在纸样上单击可水平翻转。

② 按住【Shift】键，在纸样上单击可以垂直翻转纸样。

14. 【水平/垂直校正】

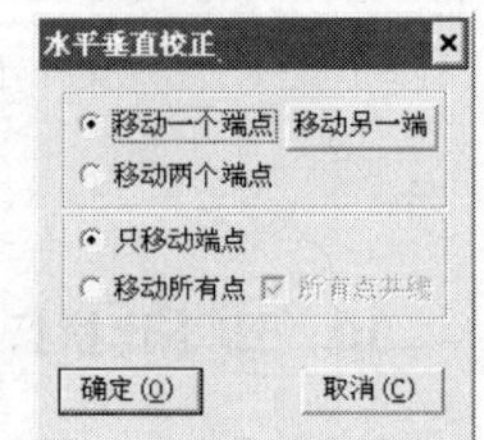

图 2.61

【功能】将一段线校正成水平或垂直状态，常用于校正读图纸样，只适合微调。

【操作】① 按【Shift】键切换水平或垂直状态，注意光标变化。

② 选择纸样上的一段线，或分别单击两个端点，弹出【水平垂直校正】对话框，如图 2.61 所示，设置参数，单击【确定】按钮，这两点会水平或垂直对齐。

15.

（1）【重新顺滑曲线】：用于调整曲线并且关键点的位置不变，常用于处理通过读图仪读入的纸样。

【操作】在纸样上用该工具单击需要调整的曲线，会自动生成一条新的曲线。单击原曲线上的控制点，新的曲线会移动到控制点，再单击控制点，曲线又会脱离控制点。

（2）【曲线替换】：纸样间的曲线替换，或者将结构线变成纸样边线，也可以将纸样上的辅助线变成边线。

【操作】① 纸样间的曲线替换：单击或框选曲线 A（可以选择多条线），这时单击右键可以变换选中线条的方向，再单击要改变的曲线 B，如图 2.62 所示。

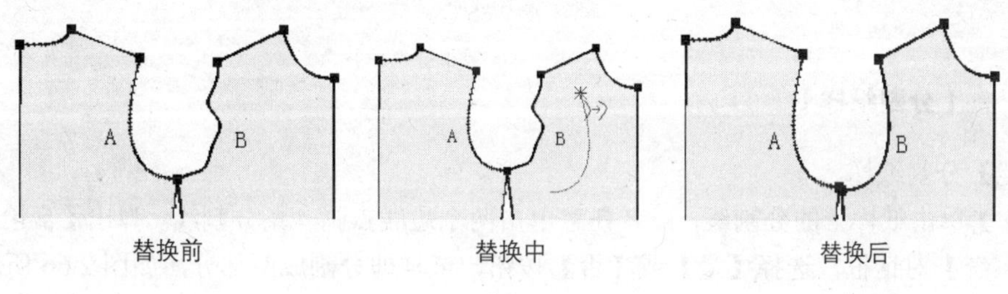

图 2.62

② 结构线变成纸样边线：单击结构线上的曲线 A，选中曲线 A，这时单击右键变换曲线的方向，单击纸样上的点 1，按住鼠标到点 2 再放开，曲线就会替换到纸样上变成边线，如图 2.63 所示。

图 2.63

③ 纸样上的辅助线变成边线：单击纸样上的辅助线 A，再单击右键，如图 2.64 所示。

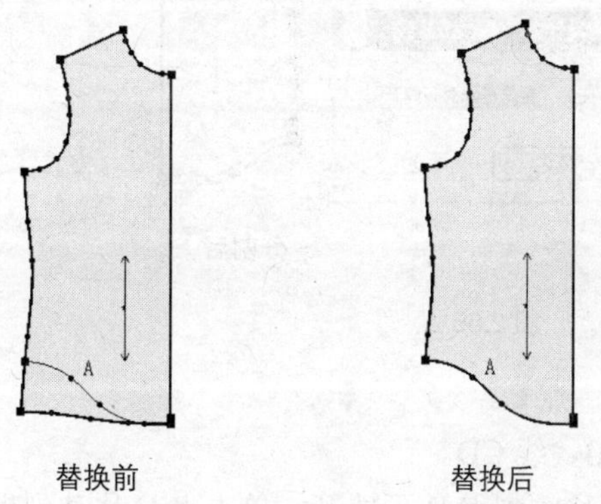

图 2.64

16. 【纸样变闭合辅助线】

【功能】将一个纸样的边线变为另一个纸样的闭合辅助线。

【操作】① 单击口袋纸样上的点 1，不放开鼠标移动到点 2 再放开。

② 单击衣片纸样上的点 1，不放开鼠标，移动到点 2 再放开，如图 2.65 所示。

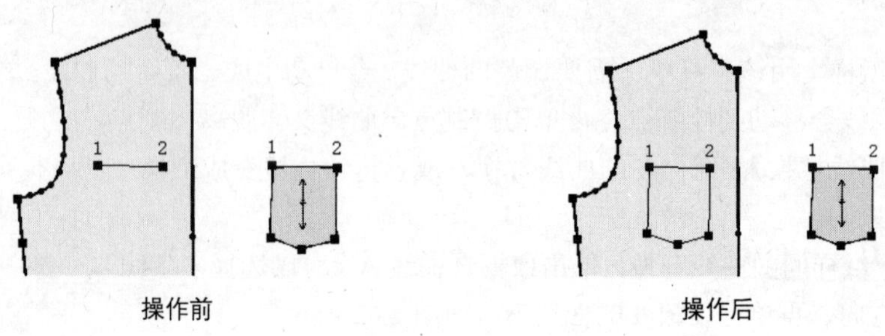

图 2.65

17. 【分割纸样】

【功能】分割纸样。

【操作】单击纸样上的分割线，或者任意单击两个边线点画一条分割线，弹出【富怡设计与放码 CAD 系统】对话框，选择【是】或【否】按钮，纸样即分割成两部分，如图 2.66 所示。

18. 【合并纸样】

【功能】将两个纸样合并成一个纸样，新的纸样可以包含原来的省量或消除省量。

【操作】使用该工具时光标有四种变化，第一组是：、，第二组是：、，按【Shift】键可以在第一组和第二组之间切换，单击以后，再按【Shift】键可以在同一组的两个光标之间切换。

每个光标代表一种功能，每种功能都有四种操作方法，如图 2.67 所示。

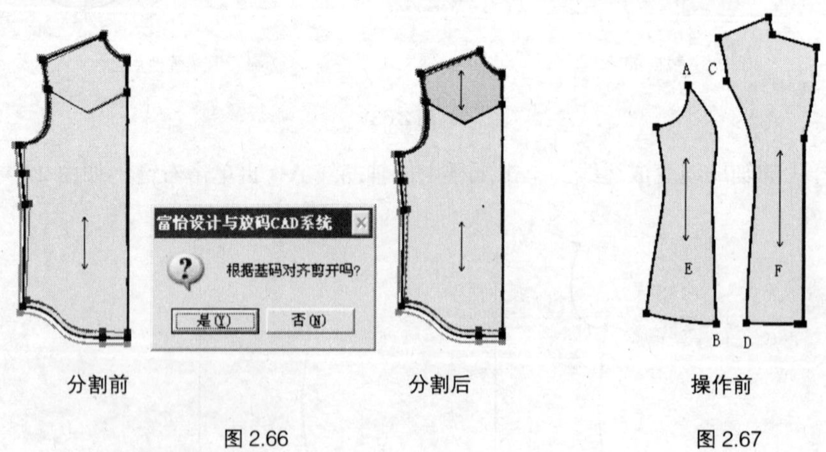

图 2.66 图 2.67

方法一：分别单击点 A、点 C。

方法二：分别单击线 AB、线 CD。

方法三：单击点 A 按住移动到点 B 再放开，单击点 C 移动到点 D 再放开。

方法四：分别单击纸样空白处 E、F。

用不同的功能得出的结果，如表 2.1 所示。

表 2.1

光标显示				
功能	合并纸样， 包含原来的省量， 不显示辅助线	合并纸样， 包含原来的省量， 显示辅助线	合并纸样， 消除省量， 不显示辅助线	合并纸样， 消除省量， 显示辅助线
操作效果				

19. 【纸样对称】

【功能】对称复制纸样。

【操作】使用这个工具有两种光标变化，按【Shift】键分别切换为或，代表两种功能。单击纸样上的对称轴，或者分别单击对称轴的两个端点，纸样对称复制，如表 2.2 所示。

表 2.2

光标显示		
功能	关联纸样	不关联纸样
操作效果		

20. 【缩水】

【功能】预留纸样缩水率。

【操作】① 选择该工具，在工作区空白处单击，弹出【缩水】对话框，如图 2.68 所示，选择对应的纸样名，输入数据，单击【确定】按钮即可。

② 如果单击某一条边线，再单击右键，会弹出【局部缩水】对话框，如图 2.69 所示，输入数据，单击【确定】按钮即可。

缩水（单位:%）

序号	1	2	3	4	5	6
纸样名	领脚	上领	前门襟	袖	后	袖头
旧纬向缩水率	0	0	0	0	0	0
旧经向缩水率	0	0	0	0	0	0
水量前的纬向	47.19	47.2	2.5	47.6	66.6	26.4
水量前的经向	3.76	9	60.69	62.01	67.81	3
新纬向缩水率	0	0	0	0	0	0
新经向缩水率	0	0	0	0	0	0
纬向缩放	0	0	0	0	0	0

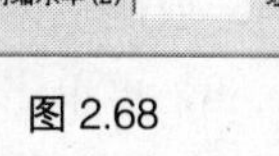

图 2.68

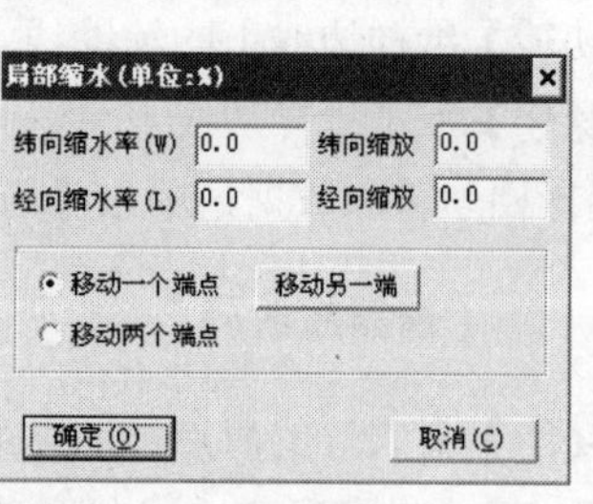

图 2.69

2.1.6 放码工具栏

放码工具栏如图 2.70 所示。

图 2.70

1. 【平行交点】

【功能】用于纸样边线的放码，使放码点与其相交的两边分别平行放码，常用于西服领口的放码。

【操作】使用该工具，单击点 A，如图 2.71 所示。

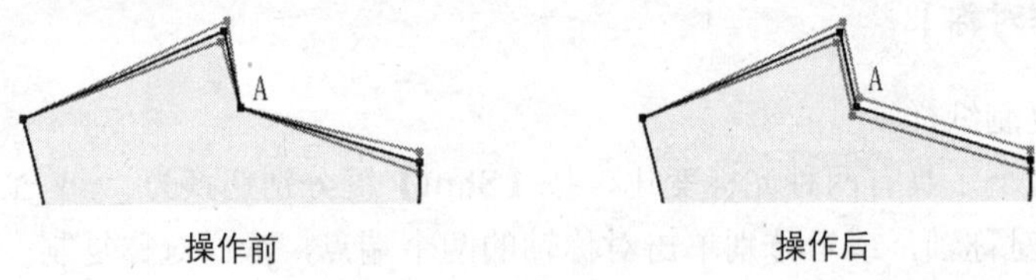

图 2.71

2. 【辅助线平行放码】

【功能】纸样内部线放码，用该工具后，内部辅助线会平行放码且与边线相交。

【操作】单击辅助线，单击要平行放码的边线，如图 2.72 所示。

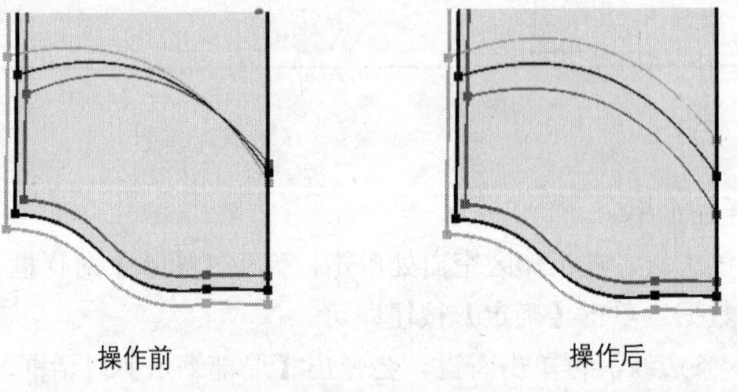

图 2.72

3. 【辅助线放码】

【功能】纸样边线上的辅助线端点按照到边线指定点的长度来放码。

【操作】双击纸样边线点 A，弹出【辅助线点放码】对话框，选择定位方式，或更改定位点，可以选择档差输入数据，单击【应用】按钮，如图 2.73 所示。

4. 【肩斜线放码】

【功能】将衣片的肩点按照总肩宽的一半进行放码，放码后的肩线是平行的。

【操作】使用该工具，分别单击纸样后中线的点 A、B，再单击肩点 C，弹出【肩斜线放码】对

话框，在对话框内输入数值，单击【确定】按钮即可，如图 2.74 所示。

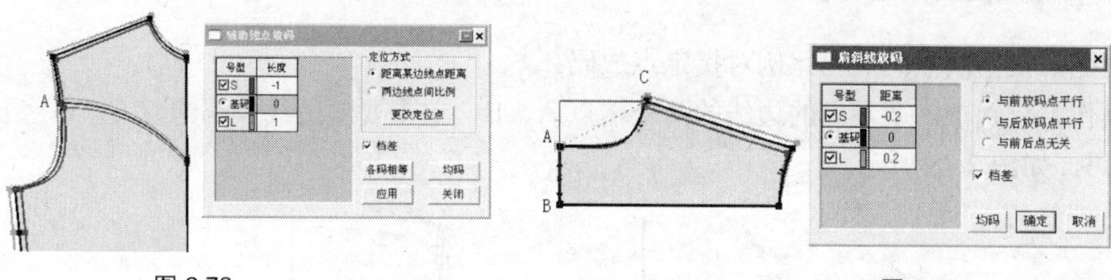

图 2.73　　图 2.74

5. 【各码对齐】

【功能】将各码按点或剪口（扣位、眼位）线对齐或恢复原状。

【操作】单击纸样上的一个点，各码纸样按这个点对齐，如图 2.75 所示。

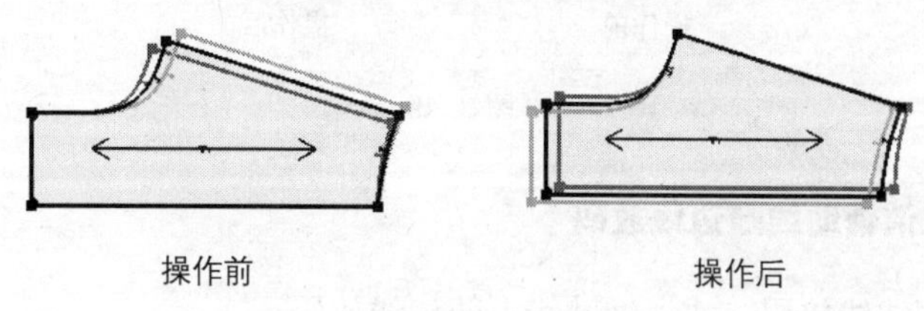

操作前　　操作后

图 2.75

6. 【圆弧放码】

【功能】根据圆弧的角度、半径、弧长来放码。

【操作】使用该工具，单击纸样上的圆弧，工作区上自动显示出圆心，弹出【圆弧放码】对话框，可以选择档差，输入半径数据，单击【应用】按钮，如图 2.76 所示。

7. 【拷贝点放码量】

【功能】复制某一点的放码量，粘贴到另一点。

【操作】选择该工具时，光标显示 ⁺┆←，会弹出【拷贝放码量】对话框，选择要粘贴放码量的类型，如图 2.77 所示。

① 拷贝单个点的放码量：单击已放码的点，光标变成⁺▦→2，再单击要放码的点。

② 拷贝多个点的放码量：框选多个已放码的点，再框选多个未放码的点。

③ 将一个点的放码量拷贝到多个点上：单击已放码的点，按住【Ctrl】键，分别单击要放码的点。

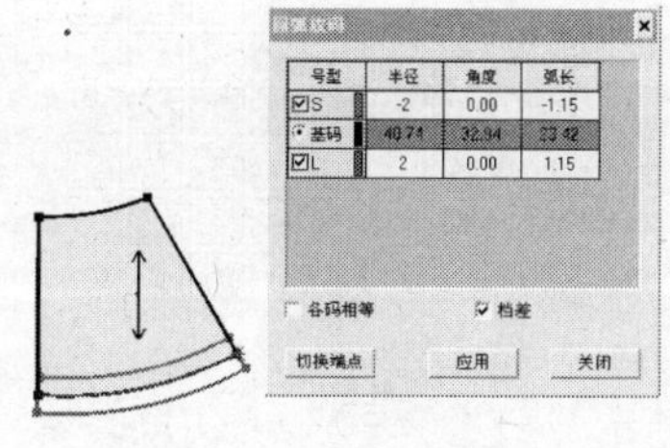

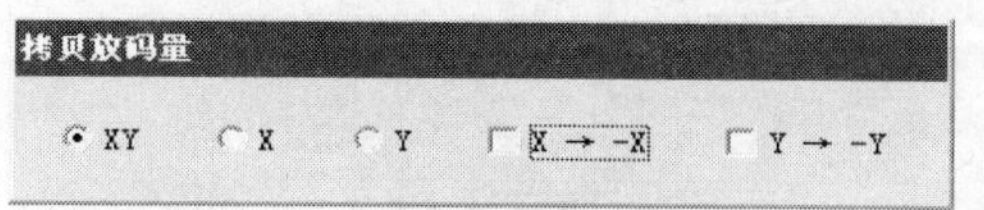

图 2.76　　图 2.77

8. 【点随线段放码】

【功能】根据两点的放码比例对指定点放码。

【操作】分别单击要参考的边线的两个端点 A、B，单击要随边线放码的点 C，C 点自动按照边线放码，如图 2.78 所示。

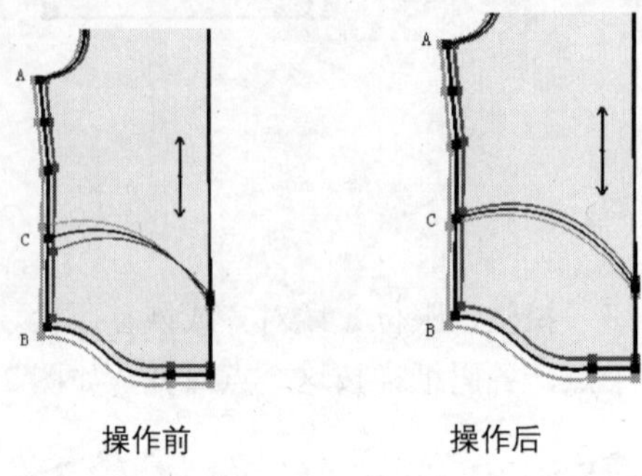

图 2.78

9. 【设定/取消辅助线随边线放码】

【功能】辅助线随边线放码，或者辅助线不随边线放码。

【操作】选择该工具后，按【Shift】键，光标可切换为 或者 。 表示辅助线随边线放码， 表示辅助线不随边线放码。单击辅助线的中间或一端即可实现所需功能。

10. 【平行放码】

【功能】对纸样边线、纸样辅助线平行放码，常用于文胸放码。

【操作】选择该工具后，单击或框选需要平行放码的线段，单击右键，弹出【平行放码】对话框，输入数据，单击【确定】按钮即可。

2.1.7 隐藏工具

设计与放码系统中还有一些隐藏工具，依次单击菜单中的【选项】→【系统设置】，弹出【系统设置】对话框，如图 2.79 所示。在【界面设置】选项，单击【工具栏配置】，弹出【设置自定义工具栏】对话框，可以选择相应的按钮，添加到右键或自定义工具栏，如图 2.80 所示。

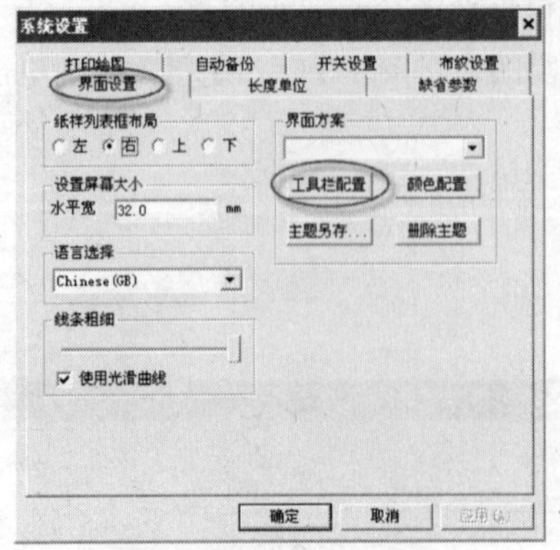

图 2.79

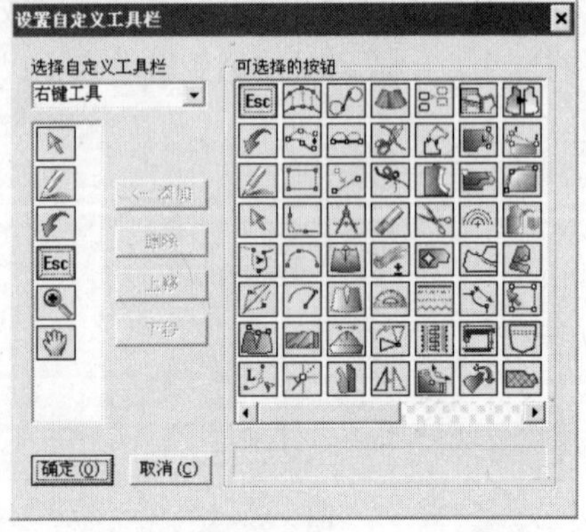

图 2.80

1. 【放大缩小】

【功能】放大或缩小显示工作区的结构线和纸样。

【操作】① 按住空格键，滚动鼠标滑轮，工作区放大或缩小显示。

② 按住【Shift】键，滚动鼠标滑轮，工作区向左或向右移动。

③ 按住【Ctrl】键，滚动鼠标滑轮，工作区向上或向下移动。

④ 单击鼠标右键，工作区最大化显示。

2. 【移动纸样】

【功能】移动纸样。

【操作】单击纸样，移动鼠标到合适位置再单击。

2.2 [RP-GMS]排料系统

排料系统专门用于排唛架，它能够进行全自动、手动或人机交互排料，还能自动计算用料长度、利用率、纸样总数、放置数。另外，它还可以对不同布料的唛架自动分床，并具有对格对条等功能。排料系统使用方便，能极大地提高生产效率。

2.2.1 工作界面

排料系统的工作界面包括菜单栏、主工具匣、纸样窗、尺码列表框、唛架工具匣、唛架区、状态栏等，如图 2.81 所示。

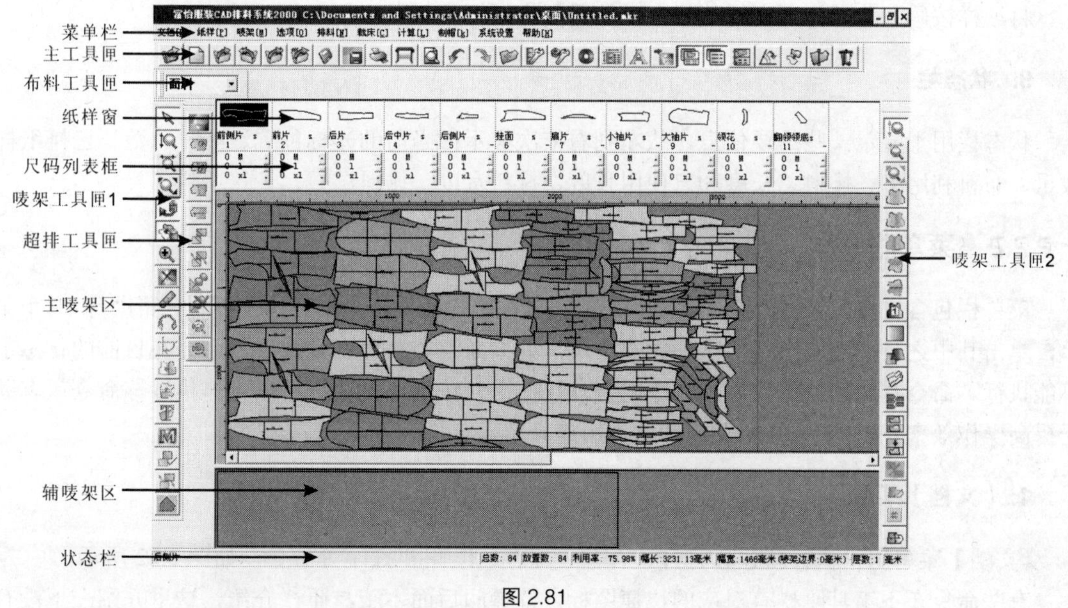

图 2.81

1. 菜单栏

菜单栏用于显示命令列，命令旁边有快捷键，有些命令可在工具栏中找到相应图标，可以通过按快捷键或单击相应的图标执行命令。

2. 主工具匣

主工具匣用于放置常用命令，可以完成文档的建立、打开、存储、打印等操作。

3. 布料工具匣

布料工具匣用于显示当前排料文件中使用不同布料的纸样。

4. 纸样窗

纸样窗中放置着文件中的所有纸样。

5. 尺码列表框

尺码表中显示着纸样的所有号型和每个号型对应的纸样数量。

6. 唛架工具匣、超排工具匣

这三个工具匣存放着许多工具图标，可以对唛架上的纸样进行多种操作。

7. 主唛架区

工作区内放置唛架，在唛架上，可以任意排列纸样，以取得最节省布料的排料方式。

8. 辅唛架区

将纸样按码数分开排列在辅唛架上，按需要将纸样调入主唛架工作区排料。

9. 状态栏

状态栏用于显示一些重要信息，从左到右依次显示：当前的光标位置、纸样总数、已排纸样数量、布料利用率、排料总长度和已使用长度、排料宽度、排料层数、计算单位。

2.2.2 菜单栏

菜单栏包含文档、纸样、唛架、选项、排料、裁床、计算、制帽、系统设置、帮助等 10 个菜单，单击其中之一，随即出现一个下拉式菜单，如果命令为灰色，则代表该命令在目前的状态下不能执行。命令右边的字母代表该命令的键盘快捷键，按下该快捷键可以迅速执行该命令，有助于提高操作效率。以下是 10 个菜单的基本用途介绍。

1.【文档】菜单

【文档】菜单用于执行新建、打开、合并、保存、绘图和打印等命令，如图 2.82 所示。

有些命令在主工具匣栏有对应的快捷图标，请参阅后面主工具匣栏介绍，这里介绍一下没有快捷图标的菜单。

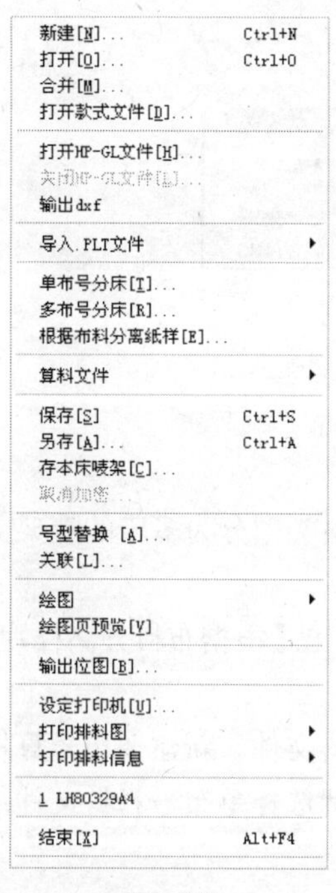

图 2.82

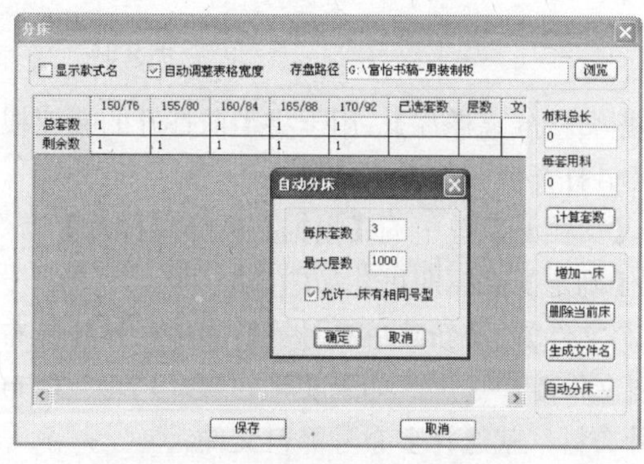

图 2.83

（1）【打开 HP-GL 文件】：用于打开 HP-GL 文件（其他 CAD 软件输出的 HP-GL 格式的绘图文件）。

（2）【关闭 HP-GL 文件】：用于关闭已打开的 HP-GL 文件。

（3）【单布号分床】：用于将当前已经打开的唛架，根据号型分为多床的唛架文件保存。

【操作】① 单击【文档】菜单中的【新建】命令，设定唛架、选定、载入文件。

② 单击【文档】菜单中的【单布号分床】命令，弹出【分床】命令对话框。

③ 单击【自动分床】按钮，弹出【自动分床】对话框，根据需要设定内容，单击【确定】按钮，系统即可自动分好床。

④ 如果需要手动分床，单击【分床】对话框中的【增加一床】按钮，在号型栏下单击输入本床要放入的每一种号型的数量，还可再继续增加，直至分床完毕。

⑤ 单击【生成文件名】按钮，则系统自动生成文件名。

⑥ 单击【浏览】按钮，弹出【浏览】对话框，选定存盘路径，单击【确定】按钮。

⑦ 单击【保存】按钮即完成分床，如图 2.83 所示。

（4）【多布号分床】用于将当前打开的唛架根据布料颜色、以套为单位，分为多床的唛架文件保存。

【操作】① 打开或新建一个排料文件。

② 单击【文档】菜单中的【多布号分床】命令，弹出【多布号分床】对话框。

③ 单击【增加布号】按钮，有几种布料就单击几次，输入每一个布号上所需排放的号型套数。

④ 单击【自动分床】按钮，弹出【自动分床】对话框，根据需要设定内容，单击【确定】按钮，系统即自动分好床。

⑤ 单击【生成文件名】按钮，系统自动生成文件名。

⑥ 单击【浏览】按钮，弹出【浏览】对话框，选定存盘路径，单击【确定】按钮。

⑦ 单击【保存】按钮，如图 2.84 所示。

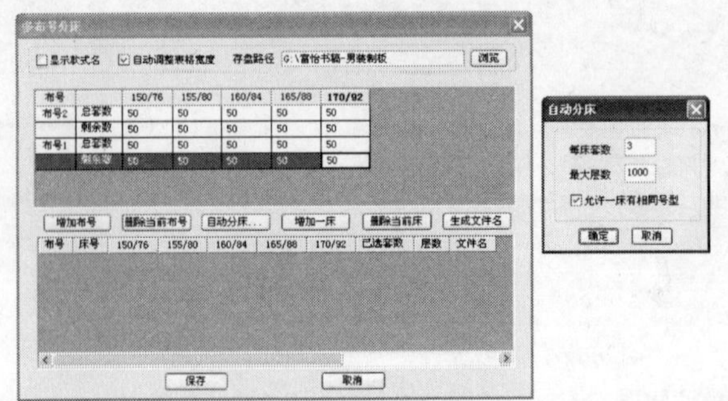

图 2.84

(5)【根据布料分离样片】：用于将当前打开的唛架根据布料类型分为多床的唛架文件保存。

【操作】① 打开或新建一个排料文件。

② 单击【文档】菜单中的【根据布料分离样片】命令，弹出【根据布料分离样片】对话框。

③ 单击【确定】按钮即可，如图 2.85 所示。

(6)【算料文件】：有新建单布号算料文件、打开单布号算料文件、新建多布号算料文件、打开多布号算料文件 4 个选项。如果要排的款式只有一种布料，就选择单布号算料文件；如果要排的款式有多种布料，就选择多布号算料文件。

【操作】① 单击【文档】菜单中的【算料文件】命令，选择【新建单布号算料文件】命令。

② 弹出【选择算料文件名】对话框，在【文件名】栏内输入文件名，单击【保存】按钮，如图 2.86 所示。

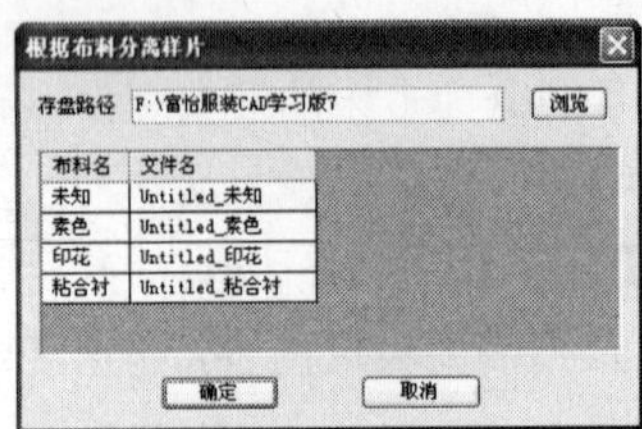

图 2.85

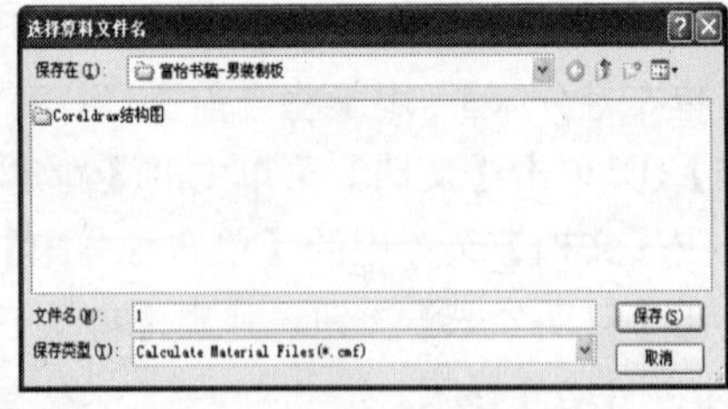

图 2.86

③ 弹出【创建算料文件】对话框，在【总套数】栏内输入所需各码的套数。

④ 单击【自动分床】按钮。

⑤ 弹出【自动分床】对话框，输入每床需要摆放的套数，及最大层数，选择一床内是否允许有相同号型，单击【确定】按钮，如图 2.87 所示。

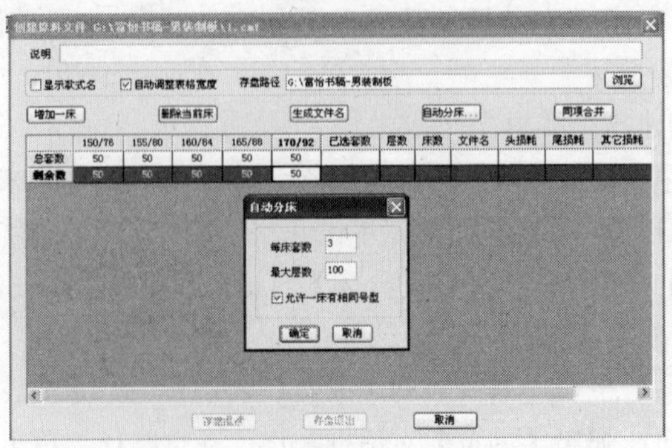

图 2.87

⑥ 回到【创建算料文件】对话框，单击【生成文件名】按钮，并为各床输入【头损耗】、【尾损耗】、【其他损耗】以及【损耗率】，单击【存盘继续】按钮。

⑦ 弹出【算料】对话框，单击【自动排料】按钮即可算出各床的用布量，如图 2.88 所示。

⑧ 最后单击【保存】按钮即可。

（7）【号型替换】：将文件中的部分号型替换成其他号型。

【操作】① 单击【文档】菜单中的【号型替换】命令。

② 弹出【号型替换】对话框，在【替换号型】栏下单击，弹出下拉菜单，选择要替换的号型，单击【确定】按钮即可，如图 2.89 所示。

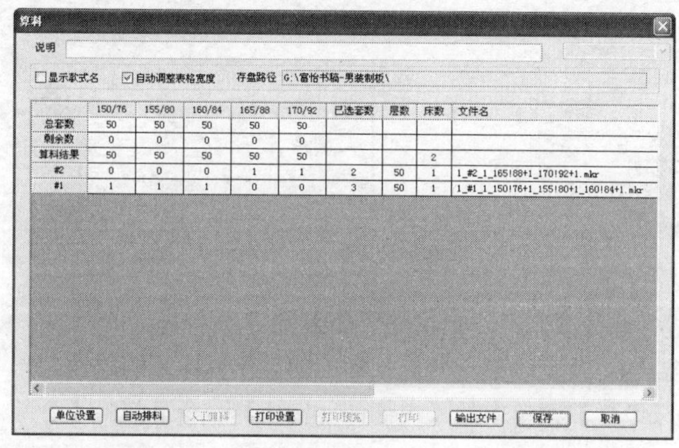

图 2.88

（8）【关联】：将已经排好的样片和设计与放码系统中的文件相关联，应用关联可以对已排好的唛架纸样自动更新，不需要重新排料。

【操作】① 单击【文档】菜单中的【关联】命令，弹出【关联】对话框，如图 2.90 所示。

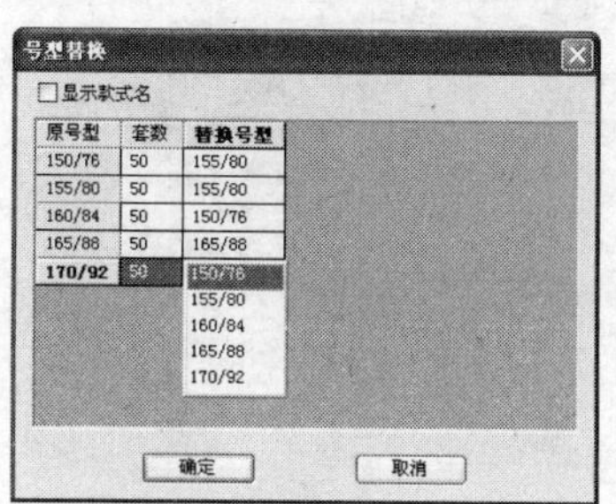

图 2.89

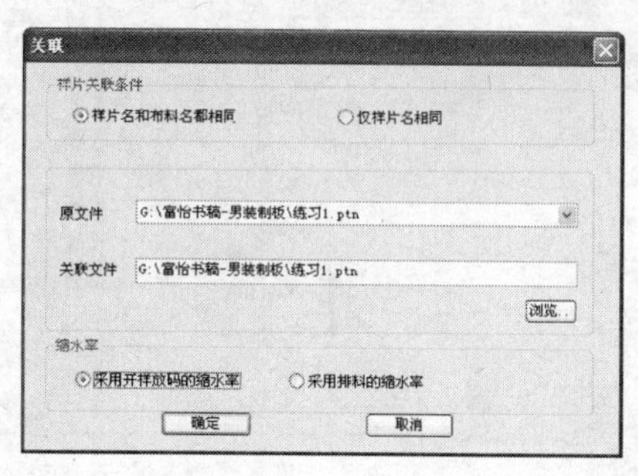

图 2.90

② 选择原文件以及要关联的文件，单击【确定】按钮完成。

（9）【输出位图】：用于将整张唛架输出为.bmp 格式文件，并附上一些唛架信息。

【操作】① 单击【文档】菜单中的【输出位图】命令。

② 弹出【输出位图】对话框，输入位图的宽度、高度，单击【确定】按钮即可，如图 2.91 所示。

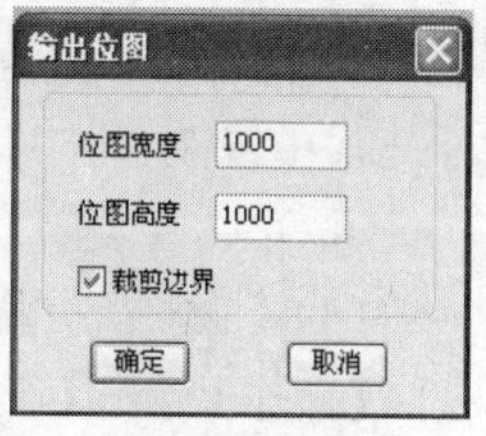

图 2.91

2.【纸样】菜单

【纸样】菜单放置与纸样操作有直接关系的一些命令，如图 2.92 所示。

有些命令在工具匣有对应的快捷图标，请参阅后面工具匣介绍，这里介绍没有快捷图标的菜单。

(1)【内部图元参数】：修改一个纸样内部的剪口、钻孔等标记。

【操作】① 单击唛架上的一个纸样。

② 单击【纸样】菜单中的【内部图元参数】命令，弹出【内部图元】对话框，如图 2.93 所示。

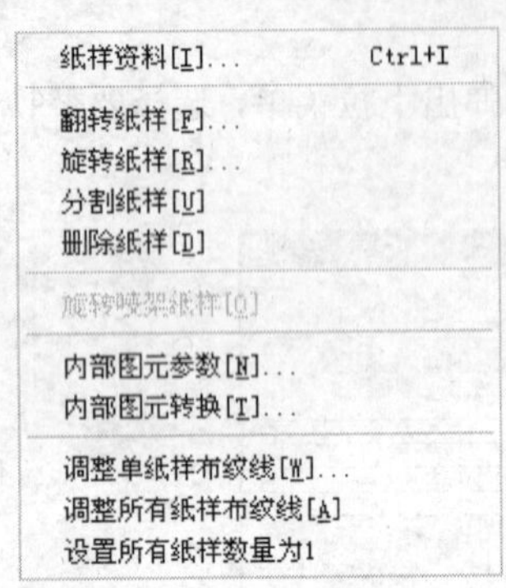

图 2.92

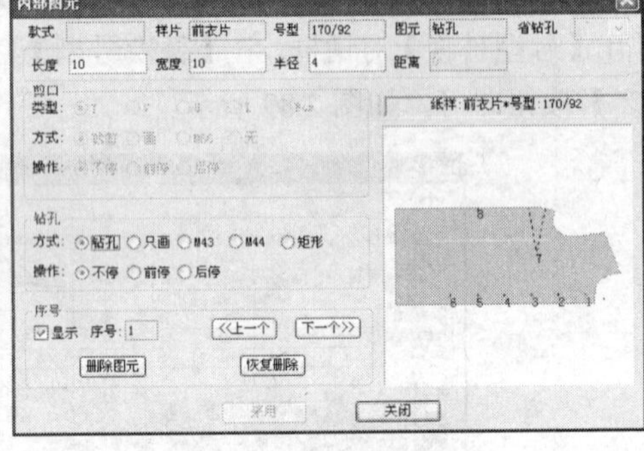

图 2.93

③ 在对话框中进行选择或修改，单击【关闭】按钮。

(2)【内部图元转换】：改变唛架上所有纸样中的某一种标记的属性。

【操作】① 单击【纸样】菜单中的【内部图元转换】命令，弹出【全部内部元素转换】对话框，如图 2.94 所示。

② 在对话框中进行选择或修改，单击【关闭】按钮。

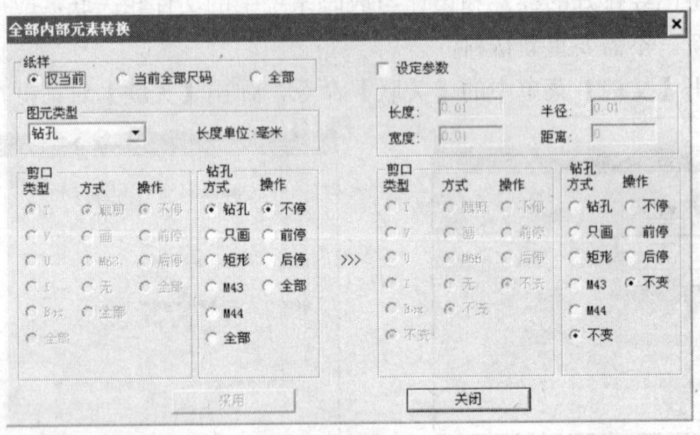

图 2.94

(3)【调整单样片布纹线】：调整一个纸样的布纹线。

【操作】① 单击【纸样】菜单中的【调整单样片布纹线】命令。

② 弹出【布纹线调整】对话框，单击上、下、左、右 4 个箭头可以移动布纹线的位置，单击【加长】、【缩短】按钮可以改变布纹线的长短，单击【上下居中】、【左右居中】按钮可以让布纹线上下居中或左右居中。调整好后单击【应用】按钮，如图 2.95 所示。

③ 单击【关闭】按钮。

(4)【调整所有样片布纹线】：调整所有纸样的布纹线。

【操作】单击【纸样】菜单中的【调整所有样片布纹线】命令，弹出【调整所有样片的布纹线】对话框。勾选【上下居中】、【水平居中】选项可以让所有样片的布纹线上下居中或水平居中，如

图 2.96 所示。

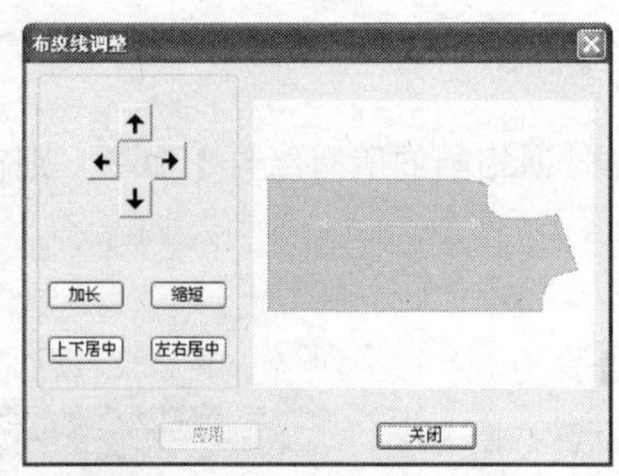

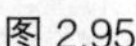
图 2.95

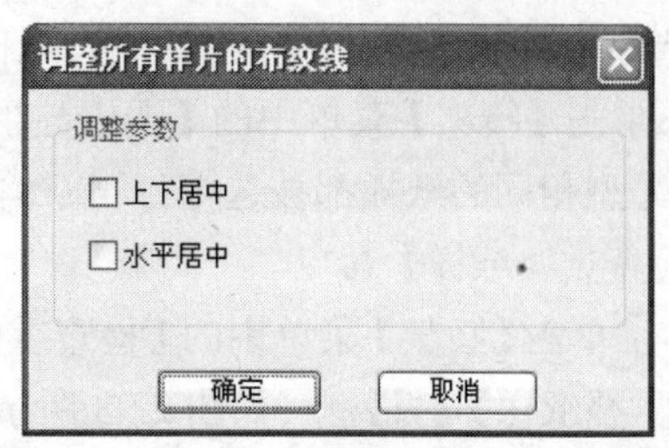

图 2.96

（5）【设置所有样片数量为 1】：将所有样片的数量改为 1。

【操作】单击【纸样】菜单中的【设置所有样片数量为 1】命令,纸样窗里所有样片的数量都变成 1。

如果要改回以前的数量，做如下操作：

① 单击 【打开款式文件】工具图标。

② 弹出【选取款式】对话框，单击文件名，再单击【查看】按钮。

③ 弹出【纸样制单】对话框，单击【确定】按钮，返回上一个对话框，单击【确定】按钮，就可以恢复以前的设定了。

3.【唛架】菜单

该菜单包含了与唛架和排料有关的命令，可以指定唛架尺寸、清除唛架、往唛架上放置纸样、从唛架上移除纸样和检查重叠纸样等操作，如图 2.97 所示。

有些命令在工具匣栏有对应的快捷图标，请参阅后面工具匣栏介绍，这里介绍一下没有快捷图标的菜单。

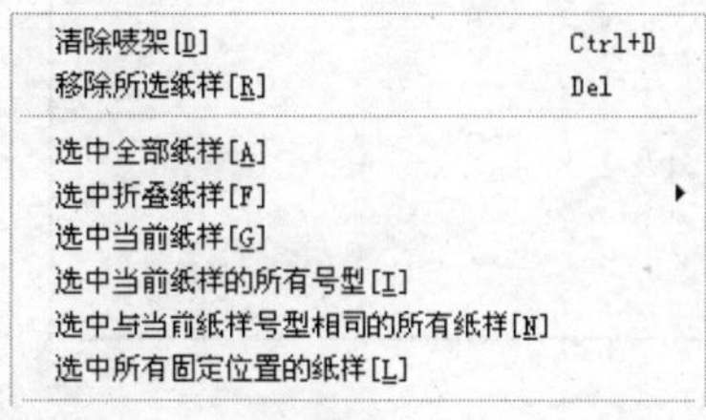

图 2.97

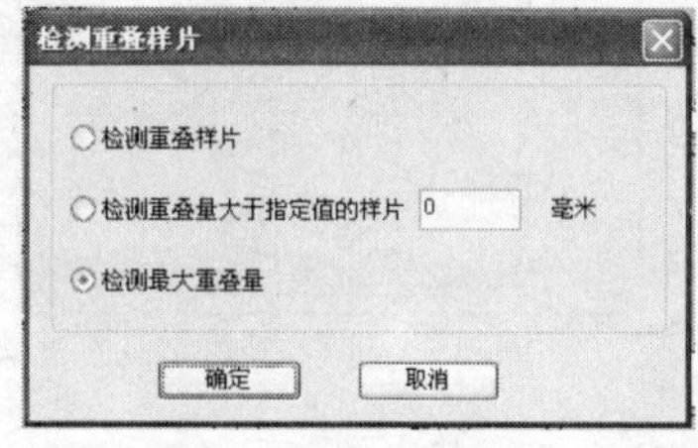

图 2.98

（1）【选中全部纸样】命令。

【操作】单击【唛架】菜单中的【选中全部纸样】命令，则唛架区域内所有的纸样将被选中。

（2）【选中折叠样片】命令。

【操作】该命令包括了 4 个选项：折叠在唛架上端、折叠在唛架下端、折叠在唛架左端、折叠在唛架右端。单击【唛架】→【选中折叠样片】→【折叠在唛架上端】命令，则唛架区域内所有在唛架上端的折叠样片将被选中。其他几个命令同样操作。

（3）【选中当前纸样】命令。

【操作】单击【唛架】菜单中的【选中当前纸样】命令，则在唛架中当前纸样被选中。

（4）【选中当前纸样的所有号型】命令。

【操作】单击【唛架】菜单中的【选中当前纸样的所有号型】命令，则在唛架中与当前纸样号型的纸样都被选中。

（5）【选中与当前纸样号型相同的所有纸样】命令。

【操作】单击【唛架】菜单中的【选中与当前纸样号型相同的所有纸样】命令，则在唛架中与当前纸样的号型相同的纸样都被选中。

（6）【检查重叠纸样】命令。

【操作】①单击【唛架】菜单中的【检查重叠纸样】命令，弹出【检测重叠纸样】对话框，如图 2.98 所示。②勾选检测项目，单击【确定】按钮，弹出检查结果。

（7）【检查排料结果】命令。

【操作】单击【唛架】菜单中的【检查排料结果】命令，弹出【排料结果检查】对话框，如图 2.99 所示，看完后单击【关闭】按钮。

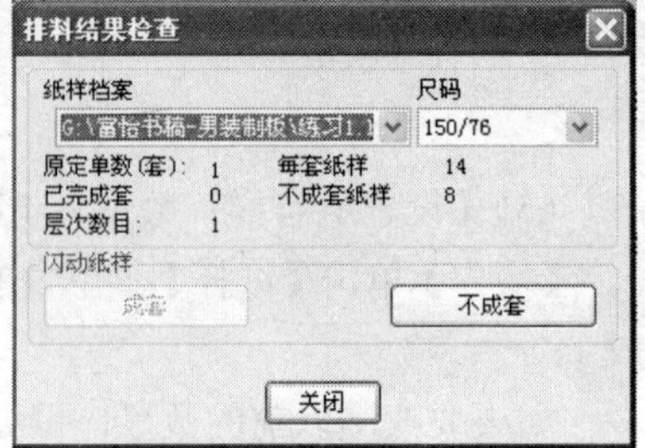

图 2.99

（8）【设定唛架布料图样】：显示唛架布料图案。

【操作】① 先单击【选项】菜单中的【显示唛架布料图样】命令。

② 单击【唛架】菜单中的【设定唛架布料图样】命令。

③ 弹出【唛架布料图样】对话框，单击【选择图样】按钮。

④ 弹出【打开】对话框，选择布料图案，单击【打开】按钮。

⑤ 单击【唛架布料图样】对话框中的【确定】按钮，如图 2.100 所示。

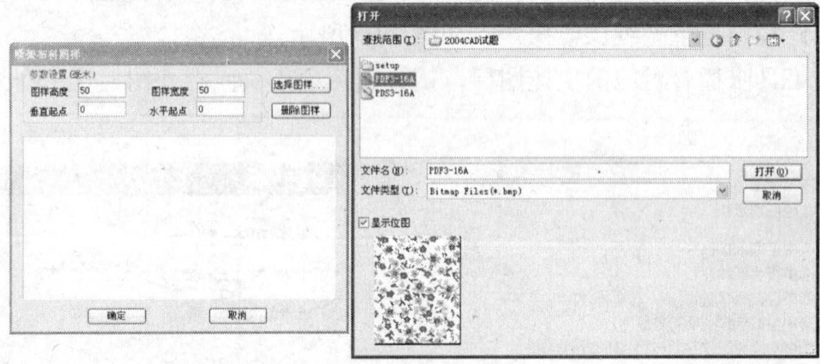

图 2.100

（9）【固定唛架长度】：固定唛架的长度。

【操作】单击【唛架】菜单中的【固定唛架长】命令，唛架长度就会以当前样片排列的长度计算。

要改变唛架的长度，单击【定义唛架】工具图标，弹出【唛架设定】对话框，在对话框里修改唛架的长度，单击【确定】按钮。

（10）【定义基准线】：用于在唛架上做上标记线，可做排料时的参考线，也可使纸样以该线对齐。

【操作】① 单击【唛架】菜单中的【定义基准线】命令。

② 弹出【编辑基准线】对话框，在【水平线】、【垂直线】栏下，单击【增加】按钮可在位置栏下弹出一个文本框，用键盘输入数值可确定一条基准线的位置，选中后单击【删除】按钮可删除该线。

③ 完成后单击【确定】按钮即可，如图 2.101 所示。

注意：一定要勾选【选项】菜单下的【显示基准线】命令，否则不显示。

（11）【排列样片】命令。

【功能】可以将唛架上的样片以各种形式对齐。

【操作】① 选中唛架上要对齐的样片。

② 单击【唛架】菜单中的【排列样片】命令，弹出子菜单，包括【左对齐】、【右对齐】、【上对齐】、【下对齐】、【中点水平对齐】、【中点垂直对齐】6 个选择，单击其中一项，唛架上的样片就会以选择的对齐方式作出相应的变化。

（12）【排列辅唛架样片】命令。

【操作】单击【唛架】菜单中的【排列辅唛架样片】命令，辅唛架上原有的样片会自动按号型排列。

注意：此工具只有在辅唛架上有样片时才能用。

（13）【刷新】

【功能】该工具用于清除在程序运行过程中出现的残留点，这些点会影响页面的整洁性。

【操作】单击【唛架】菜单中的【刷新】命令即可。

4.【选项】菜单

【选项】菜单包括了一些常用开、关命令，如图 2.102 所示。

有些命令在工具匣栏有对应的快捷图标，请参阅后面工具匣栏介绍，这里介绍一下没有快捷图标的菜单。

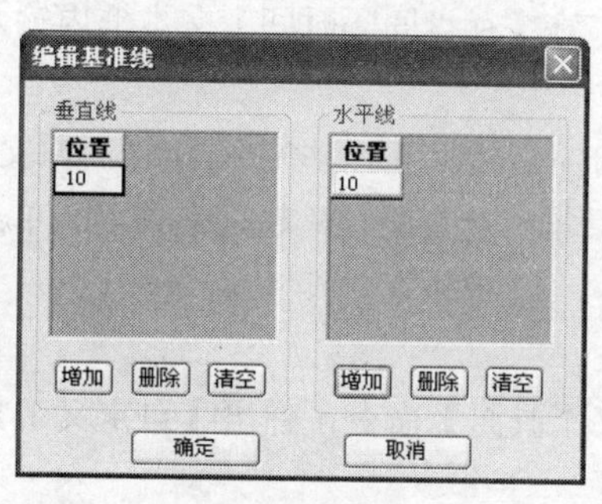

图 2.101

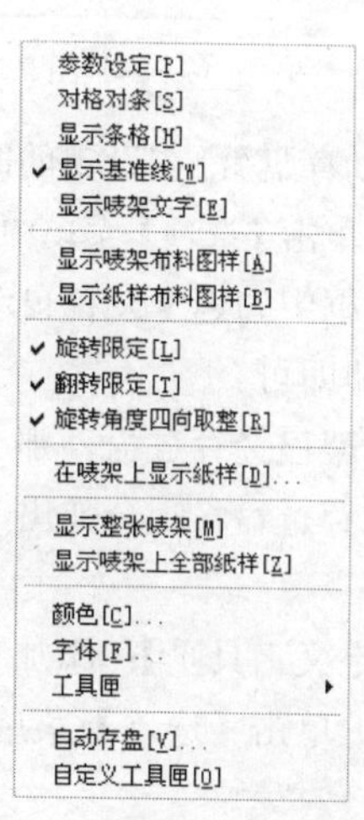

图 2.102

（1）【对格对条】：勾选这项命令，在排料时必须按面料的条格花纹对位。

注意：与【唛架】菜单中【定义条格】命令结合使用。

（2）【显示条格】：勾选这项命令，在工作区显示已经设定的布料条格花纹。

（3）【显示基准线】：勾选这项命令，在工作区显示已经设定的基准线。

（4）【显示唛架文字】：勾选这项命令，在工作区显示唛架文字。

（5）【显示唛架布料图样】：勾选这项命令，在工作区显示已经设定的布料图案。

（6）【显示样片布料图样】：勾选这项命令，在工作区的纸样上显示已经设定的布料图案。

（7）【旋转角度四向取整】：控制旋转纸样的角度。

【操作】勾选这项命令时，当纸样被旋转到靠近 0°、90°、180°、270° 这 4 个方向附近（左右 6 度范围）时，旋转角度将自动靠近这 4 个方向之中最接近的角度。

（8）【在唛架上显示纸样】：在唛架上选择显示纸样的不同信息。

【操作】① 单击【选项】菜单中的【在唛架上显示纸样】命令，弹出【显示唛架纸样】对话框，如图 2.103 所示。

② 选择所需选项。选项左边如果有“√”标记，表示该选项被选中，单击【确定】按钮，选中的选项将显示在屏幕上并随档案输出。

（9）【显示整张唛架】：勾选这项命令显示整个唛架。

（10）【显示唛架上全部纸样】：勾选这项命令显示唛架上的全部纸样。

（11）【工具匣】：这项命令包括多个选项，如图 2.104 所示，勾选不同的选项，则显示相应的工具匣。

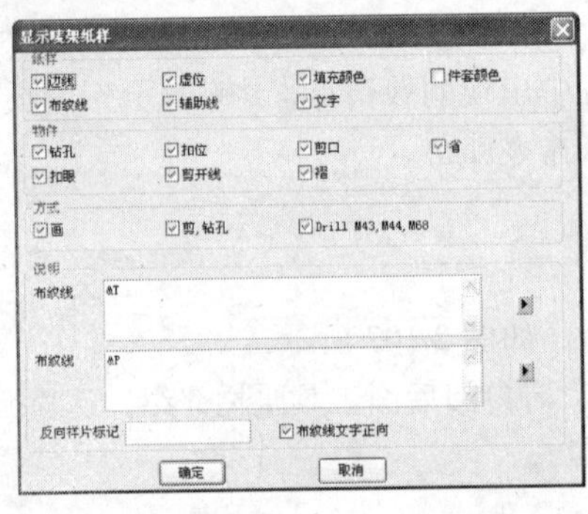

图 2.103

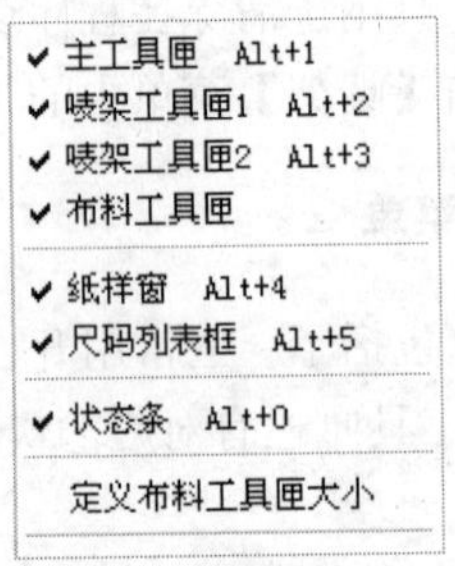

图 2.104

（12）【自动存盘】：在设定的时间内帮助用户保存文件。

【操作】① 单击【选项】菜单中的【自动存盘】命令，弹出【自动存盘】对话框，如图 2.105 所示。

② 在对话框中勾选【设置自动存盘】选项，在【存盘间隔时间】文本框内输入存盘时间，单击【确定】按钮即可。

③ 如果唛架已经存过盘，那么，自动存盘时间一到，唛架将按原路径，原文件名保存。

④ 如果没存过盘，则会弹出【另存为】对话框，选定路径，起好文件名，单击【保存】按钮即可。

（13）【自定义工具匣】：添加自定义工具栏。

【操作】① 单击【选项】菜单中的【自定义工具匣】命令，弹出【自定义工具】对话框，如图 2.106 所示。

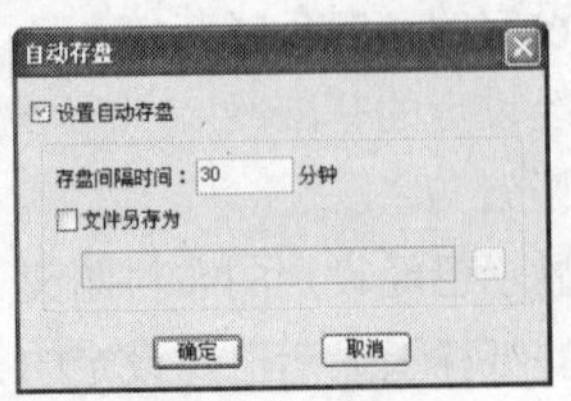

图 2.105

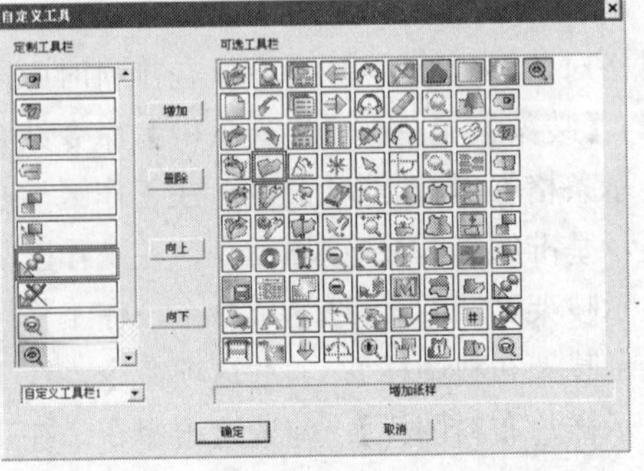

图 2.106

② 单击对话框左下角的三角形按钮，选择要设置的自定义工具栏。

③ 在右边的【可选工具栏】列表里选择要添加的工具图标，单击【增加】按钮，该工具图标就会出现在左边的【定制工具栏】里，单击【向上】、【向下】按钮，可以让当前选中的工具图标向上或向下移动位置。

④ 单击【确定】按钮。

⑤ 设置好自定义工具栏后，还要在系统工具栏的空白处单击鼠标右键，弹出下拉菜单，勾选刚才设定的自定义工具栏，才能显示出来，如图 2.107 所示。

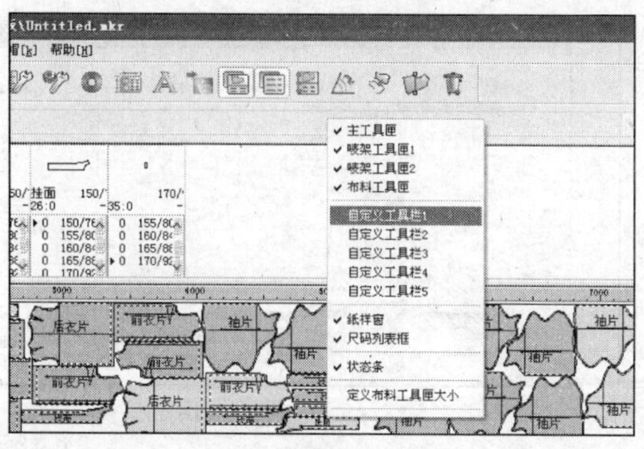

图 2.107

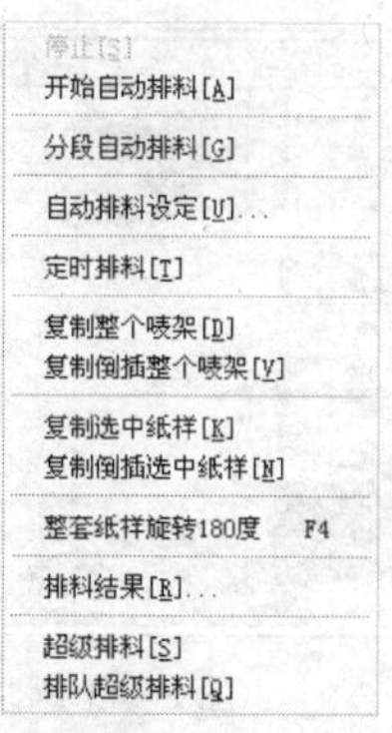

图 2.108

5.【排料】菜单

包括一些与自动排料有关的命令，如图 2.108 所示。

（1）【停止】：单击该命令停止自动排料。

（2）【开始自动排料】：单击该命令开始自动排料。

（3）【自动排料设定】：设定自动排料的速度。

【操作】单击该命令，弹出【自动排料设置】对话框，设置排料速度，单击【确定】按钮，如图 2.109 所示。

（4）【定时排料】：设定自动排料的时间。

【操作】单击该命令，弹出【限时自动排料】对话框，设置排料时间，单击【确定】按钮，如图 2.110 所示。

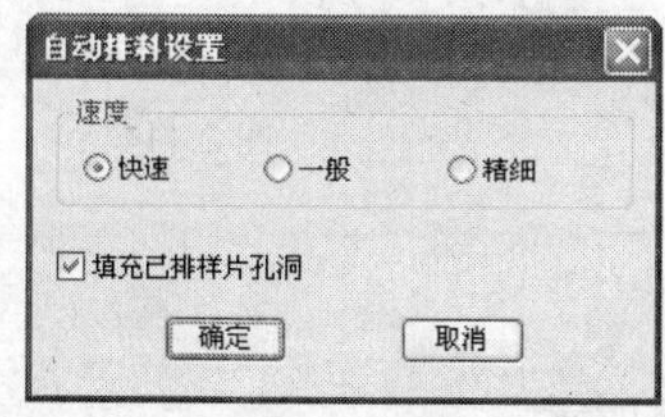

图 2.109

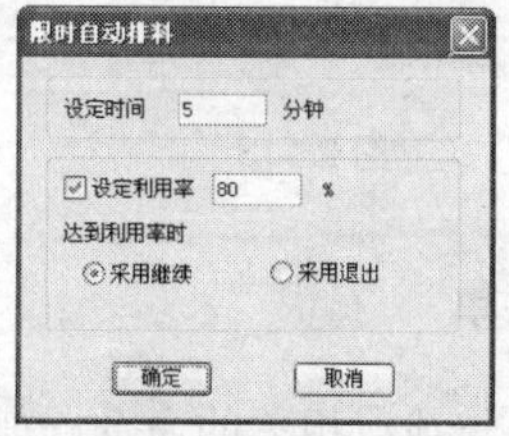

图 2.110

（5）【复制整个唛架】：单击该命令，复制整个唛架上已经排放的纸样，剩下的未排纸样按已经排好的位置排列。

（6）【复制倒插整个唛架】：单击该命令，使剩余的纸样按照已排好的纸样排列方式并旋转 180 度排放，如图 2.111 所示。

（7）【复制选中样片】：单击该命令，使选中样片剩余的纸样按照已排好的纸样的排列方式继续排列。

（8）【复制倒插选中样片】：单击该命令，使选中样片剩余的纸样，按照已排好的纸样的排列方式，旋转 180 度排放。

（9）【整套样片旋转 180 度】：单击该命令，使选中纸样的整套样片做 180 度旋转。

（10）【排料结果】：显示排料结果。

【操作】单击该命令，弹出【排料结果】对话框，看完后单击【确定】按钮即可，如图 2.112 所示。

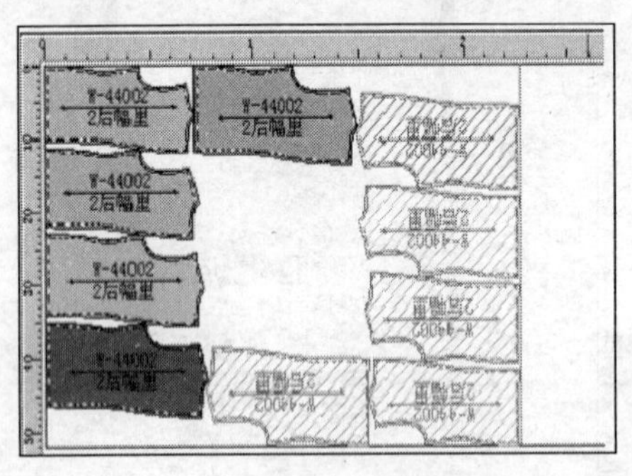

图 2.111

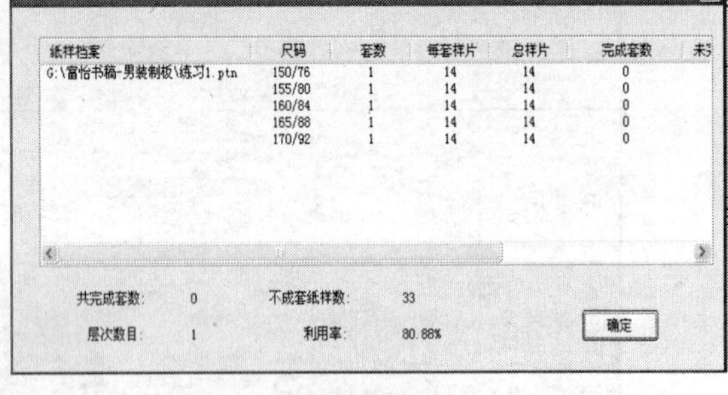

图 2.112

（11）【超级排料】：在短时间内排料的利用率比手工排料的利用率高。

【操作】单击该命令，弹出【设置超级排料】对话框，设定时间为 3~10min，单击【确定】按钮即可，如图 2.113 所示。

（12）【排队超级排料】：在一个排料界面中排队超排。

【操作】单击该命令，弹出【排队超排】对话框，单击【添加】按钮即可，从电脑中选择多个要排料的文件，单击【开始排料】，如图 2.114 所示。

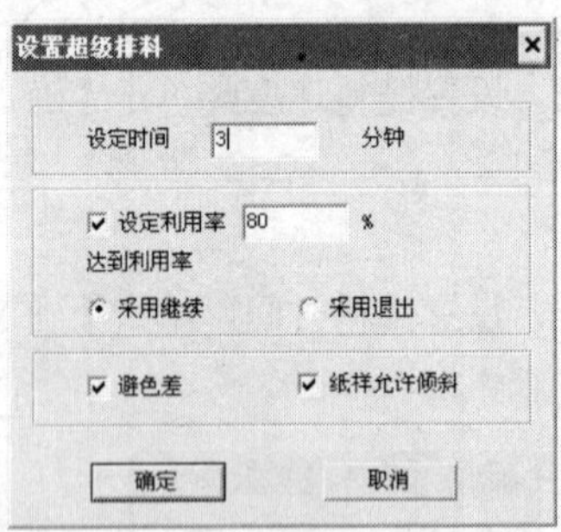

图 2.113

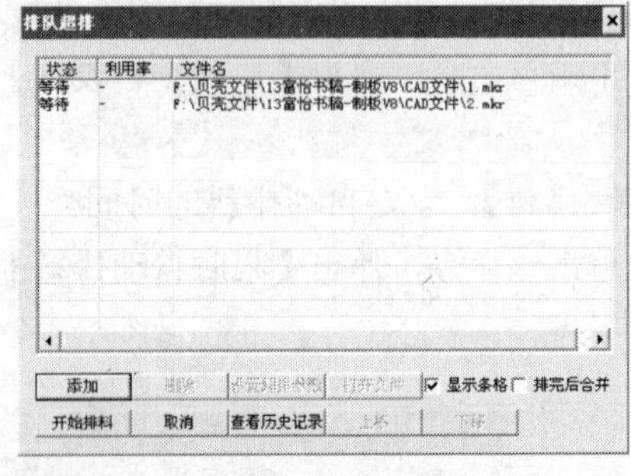

图 2.114

6.【裁床】菜单

该菜单放置了与裁剪相关的命令，如图 2.115 所示。

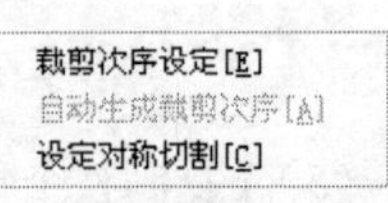

图 2.115

（1）【裁剪次序设定】：单击该命令可进行裁剪顺序的编辑，快捷工具为【裁剪次序设定】，可参考其使用方法。

（2）【自动生成裁剪次序】：单击该命令则自动生成裁剪次序。

（3）【设定对称切割】：设定纸样对称切割。

【操作】单击该命令，弹出【设置对称切割纸样】对话框，如图 2.116 所示，按需要设置后单击【确定】按钮。

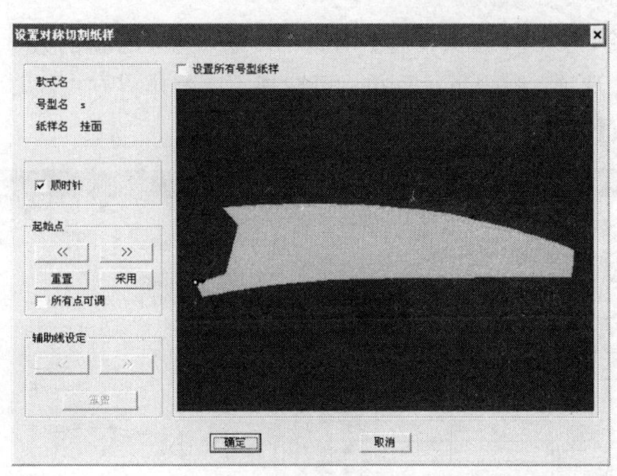

图 2.116

7.【计算】菜单

该菜单放置了与排料计算相关的命令，如图 2.117 所示。

(1)【计算布料重量】：计算所用布料的重量。

【操作】单击该命令，弹出【计算布料重量】对话框，输入【单位重量】，计算机自动算出布料重量（布宽×布长×层数×单位重量），如图 2.118 所示。

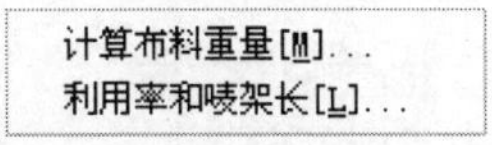

计算布料重量[M]...
利用率和唛架长[L]...

图 2.117

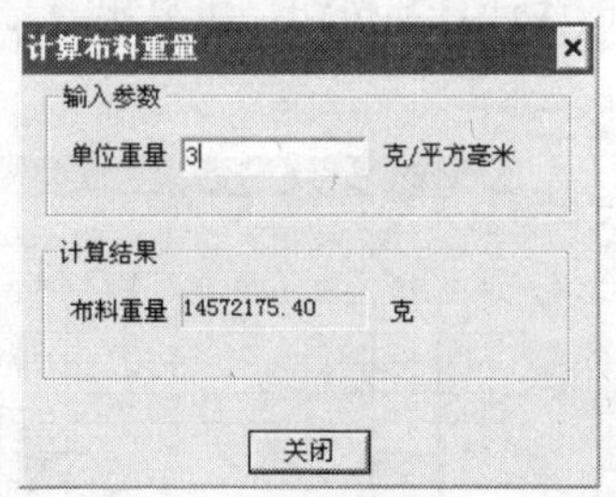

图 2.118

(2)【利用率和唛架长】：计算利用率和唛架长。

【操作】单击该命令，弹出【计算利用率和唛架长】对话框，输入【利用率】，计算机会自动算出布料长度，如图 2.119 所示。

8.【制帽】菜单

该菜单放置了与制帽排料相关的命令，如图 2.120 所示。

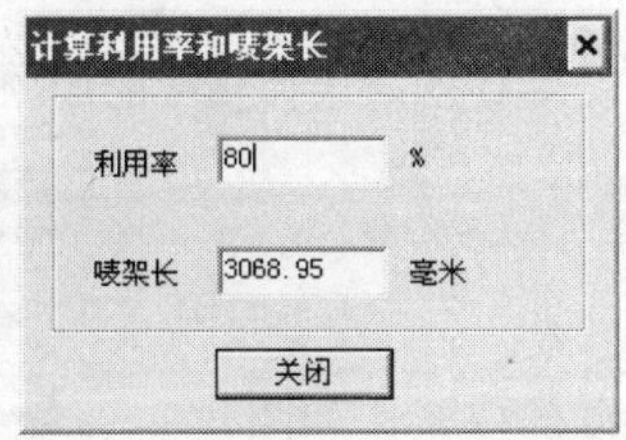

图 2.119

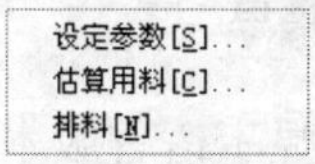

设定参数[S]...
估算用料[C]...
排料[X]...

图 2.120

(1)【设定参数】：设定制帽排料的参数。

【操作】单击该命令，弹出【参数设置】对话框，输入每个号型的数量或单位数量套数，双击【方式】栏下的“正常”选项，弹出下拉菜单，可选择不同的排料方式，如：正常、倒插、交错等。如图 2.121 所示，单击【确定】按钮。

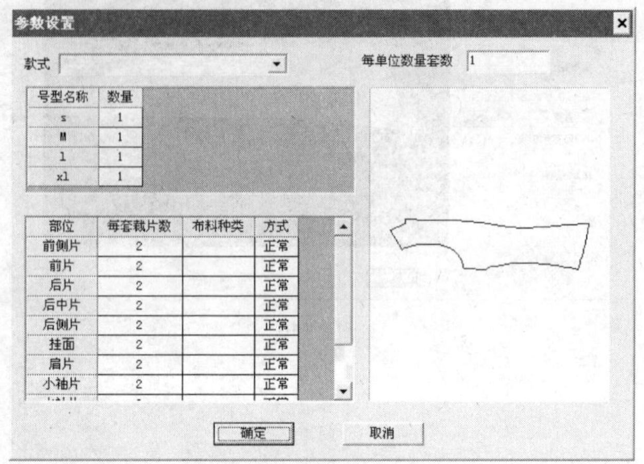

图 2.121

（2）【估算用料】：估算用布量。

【操作】单击该命令，弹出【估料】对话框，在对话框内单击【设置】按钮，可设定单位及损耗量，完成后单击【计算】按钮，可算出各号型的样片用布量。完成后单击【关闭】按钮，如图 2.122 所示。

估料

说明

款式	数量	布料	幅宽(毫米)	部位	方式	取刀数	长(毫米)	宽(毫米)	用量(毫米)	损耗(%)	用布
s	1		1468							0	
				前侧片	正常						
				前片	正常						
				后片	正常						
				后中片	正常						
				后侧片	正常						
				挂面	正常						
				肩片	正常						
				小袖片	正常						
				大袖片	正常						
				领花	正常						
				翻领领底	正常						
M	1		1468							0	
				前侧片	正常						
				前片	正常						
				后片	正常						
				后中片	正常						
				后侧片	正常						

计算 平均用料 设置 打印设置 打印预览 打印 输出文件 关闭

图 2.122

（3）【排料】：自动排料。

【操作】单击该命令，弹出【排料】对话框，在对话框内选择相应的选项。完成后单击【确定】按钮，系统会自动排料，如图 2.123 所示。

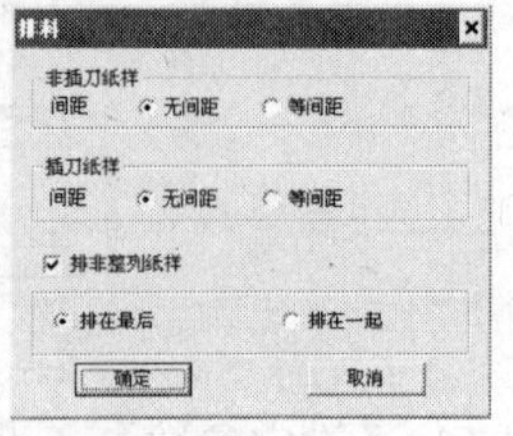

图 2.123

9.【系统设置】菜单

本菜单的作用是显示语言版本，记住对话框的位置，如图 2.124 所示。

（1）【语言】：切换不同的语言版本。

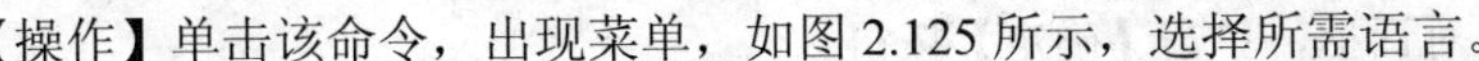

【操作】单击该命令，出现菜单，如图 2.125 所示，选择所需语言。

(2)【记住对话框的位置】：勾选时记住上次对话框打开时的位置，再次打开时对话框在上次的位置。

10.【帮助】菜单

该菜单显示本系统使用方法及版本信息，如图 2.126 所示。

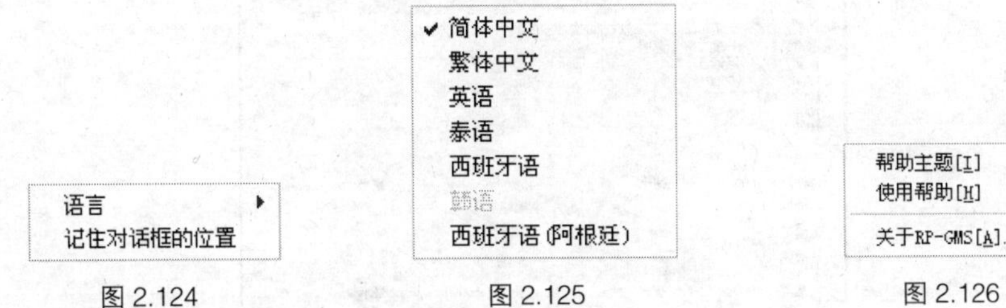

图 2.124　　图 2.125　　图 2.126

2.2.3　主工具匣

主工具匣如图 2.127 所示。下面将分别进行介绍。

图 2.127

(1) 【打开款式文件】。

【功能】用该命令产生一个新的唛架，也可以向当前的唛架文档添加一个或几个款式。

【操作】① 单击该工具图标，弹出【选取款式】对话框，如图 2.128 所示。

② 单击【载入】按钮，弹出【选取款式文档】对话框，单击要选择的文档，再单击【打开】按钮。

③ 弹出【纸样制单】对话框，如图 2.129 所示。在相应的文本框填入文字，设置相应选项，单击【确定】按钮。

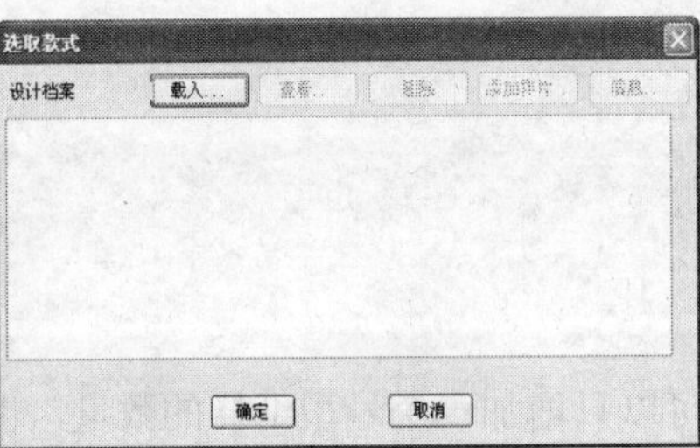

图 2.128

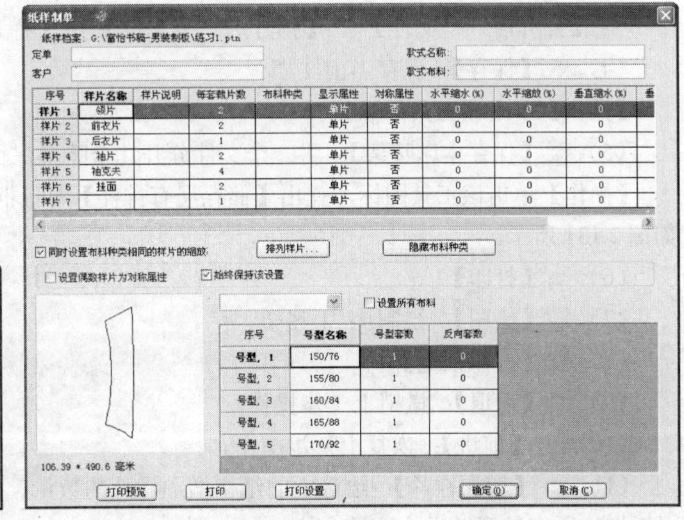

序号	样片名称	样片说明	每套裁片数	布料种类	显示属性	对称属性	水平缩水(%)	水平缩放(%)	垂直缩水(%)
样片 1	领片		2		单片	否	0	0	0
样片 2	前衣片		2		单片	否	0	0	0
样片 3	后衣片		1		单片	否	0	0	0
样片 4	袖片		2		单片	否	0	0	0
样片 5	袖克夫		4		单片	否	0	0	0
样片 6	挂面		2		单片	否	0	0	0
样片 7			1		单片	否	0	0	0

序号	号型名称	号型套数	反向套数
号型，1	150/76	1	0
号型，2	155/80	1	0
号型，3	160/84	1	0
号型，4	165/88	1	0
号型，5	170/92	1	0

图 2.129

④ 回到【选取款式】对话框，单击【确定】按钮。

⑤ 如要删除已添加的款式，可在【选取款式】对话框架中选择要删除的款式，并单击【删除】按钮，再单击【确定】按钮。

（2）【新建】：产生新的唛架文件。

【操作】① 单击该工具图标，弹出【唛架设定】对话框，如图 2.130 所示。

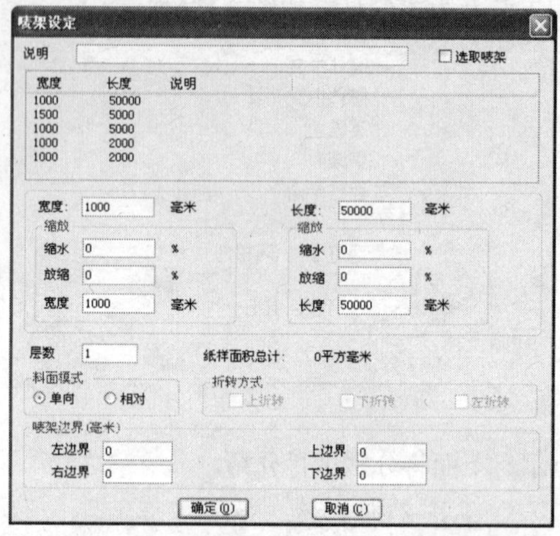

图 2.130

② 按需要修改选项，单击【确定】按钮。

③ 弹出【选取款式】对话框。

④ 单击【载入】按钮，弹出【选取款式文档】对话框，单击选中的文件，单击【打开】按钮。

⑤ 弹出【纸样制单】对话框，按照需要进行设置，单击【确定】按钮。

⑥ 回到【选取款式】对话框，单击【确定】按钮即可。

（3）【打开】：打开一个已经保存的唛架文档。

【操作】① 单击该工具图标，弹出【开启唛架文档】对话框。

② 选择一个已有的唛架文档（唛架文档都有“. mkr”扩展名），单击【打开】按钮即可。

【打开前一个文件】【打开后一个文件】【打开原文件】

（4）【保存】：保存当前文档。

【操作】单击该工具图标。

（5）【保存本床唛架】：将一个文件分开几个唛架保存。

【操作】单击该工具图标，弹出【储存现有排样】对话框，输入文件名，单击【确定】按钮，如图 2.131 所示。

（6）【打印】

（7）【绘图】：绘制 1：1 唛架。

（8）【打印预览】

（9）【后退】：撤销上一步操作。

（10）【前进】：恢复上一步操作。

（11）【增加样片】：给选中的纸样增加样片的数量，可以只增加一个号型纸样的数量，也可以增加所有号型纸样的数量。

【操作】① 在尺码表选择要增加的纸样号型。

② 单击该工具图标，弹出【增加样片】对话框，在对话框内输入增加样片数量，单击【确定】按钮，如图 2.132 所示。

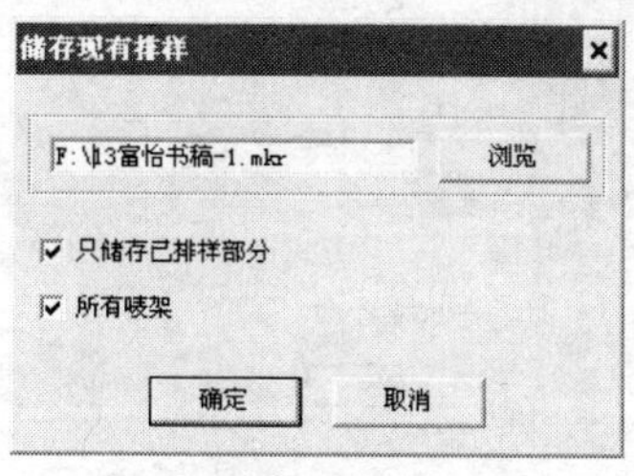

图 2.131

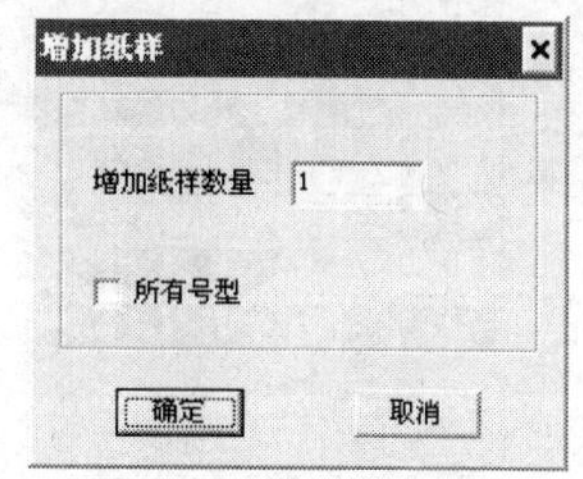

图 2.132

（12）【选择单位】：设定唛架的单位。

【操作】单击该工具图标，弹出【量度单位】对话框，设置需要的单位，单击【确定】按钮，如图 2.133 所示。

（13）【参数选择】：改变系统一些命令的默认设置，包括【排料参数】、【样片参数】、【显示参数】、【绘图打印】及【档案目录】5 个选项。

【操作】① 单击该工具图标，弹出【参数设定】对话框，如图 2.134 所示。

② 修改完后单击【应用】按钮，单击另一个选项卡进行修改，全部修改后再单击【确定】按钮。

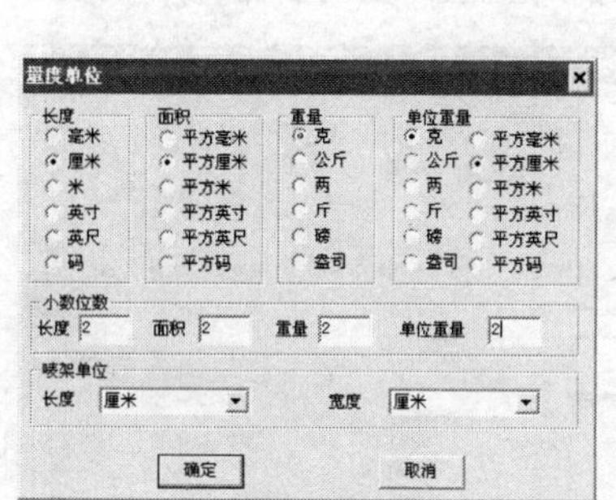

图 2.133

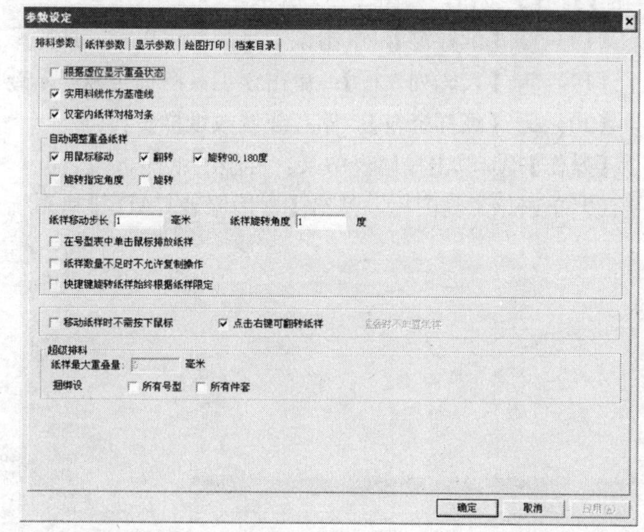

图 2.134

（14）【颜色设定】：改变本系统界面、纸样的颜色。

【操作】单击该工具图标，弹出【选色】对话框，按需要选择颜色，单击【确认】按钮，如图 2.135 所示。

（15）【定义唛架】：设置唛架长度与宽度等参数。

【操作】单击该工具图标，弹出【唛架设定】对话框，按需要修改数据，单击【确定】按钮。

（16）【字体设定】：设定唛架显示的字体。

【操作】① 单击该工具图标，弹出【选择字体】对话框，如图 2.136 所示。

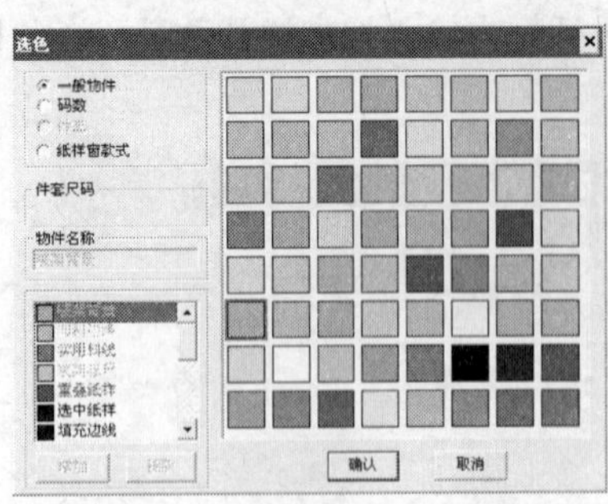

图 2.135

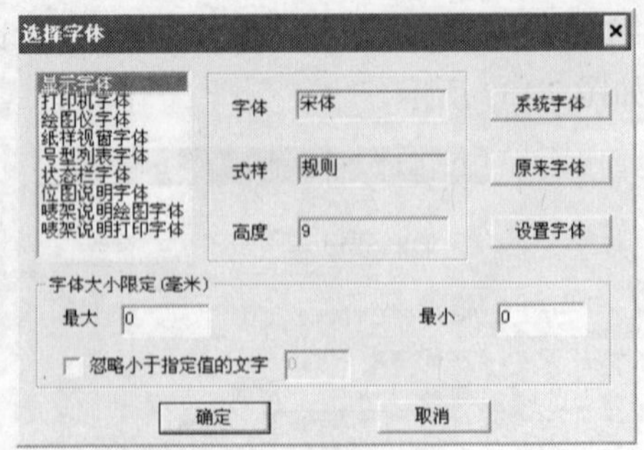

图 2.136

② 在左边的选框里选择要设置字体的选项，单击右边的【设置字体】按钮，弹出【字体】对话框，设置所需的字体，单击【确定】按钮。

③ 在【字体大小限定】下面输入字体的大小，单击【确定】按钮即可。

④ 如果单击【系统字体】，系统会选择默认的宋体、规则、9 号。

（17）【参考唛架】：打开一个已经排列好的唛架作为参考。

【操作】① 单击该工具图标，弹出【参考唛架】对话框。

② 单击对话框中的工具图标，弹出【开启唛架文档】对话框，在对话框里选择文件，单击【打开】按钮，如图 2.137 所示。

（18）【纸样窗】：单击该工具图标可以显示或隐藏纸样窗。

（19）【尺码列表框】：单击该工具图标可以显示或隐藏尺码列表。

（20）【纸样资料】：储存或修改纸样资料。

【操作】① 单击尺码表中某一号型的纸样。

② 单击该工具图标，弹出【富怡服装 CAD 排料系统 2000】对话框，如图 2.138 所示。

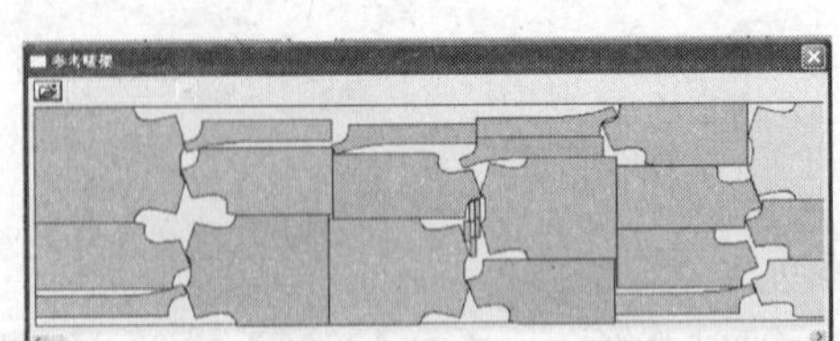

图 2.137

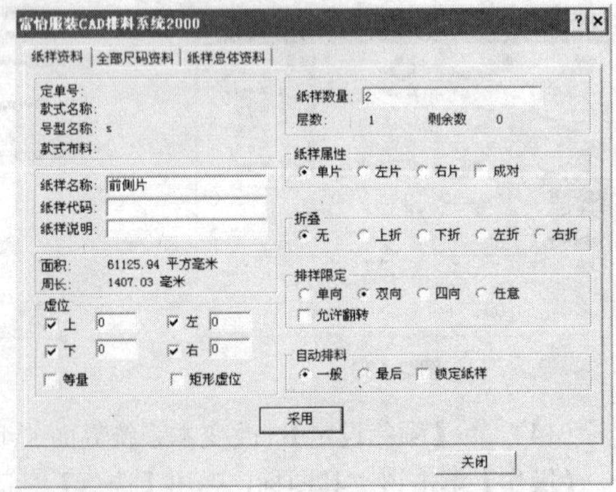

图 2.138

③ 单击相应的选项卡，按需要修改内容，单击【采用】按钮。

④ 在 3 个选项卡都修改完后，单击【关闭】按钮。

（21）【旋转纸样】：旋转所选纸样。

【操作】① 在尺码栏选择要旋转纸样的号型。

② 单击该工具图标，弹出【依角旋转纸样】对话框，如图 2.139 所示。

③ 选择【纸样复制】选项，输入旋转的角度，选择旋转的方向，单击【确定】按钮完成，即

在纸样列表栏增加一个旋转的纸样。

（22）【翻转纸样】：翻转所选纸样。

【操作】① 在尺码栏选择要翻转纸样的号型。

② 单击该工具图标，弹出【翻转纸样】对话框，如图 2.140 所示。

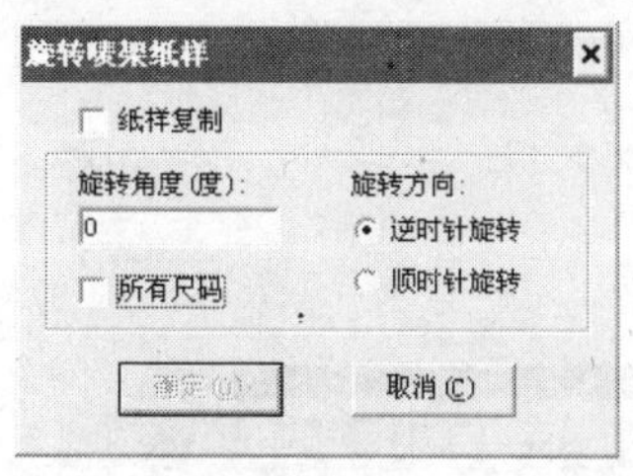

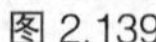
图 2.139

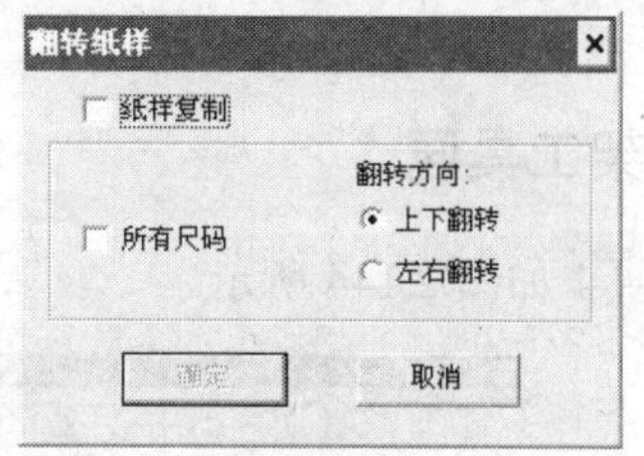

图 2.140

③ 选择【纸样复制】选项，选择翻转方向，单击【确定】按钮完成，即在纸样列表栏增加一个翻转的纸样。

（23）【分割纸样】：分割并复制所选纸样。

【操作】① 在尺码栏选择要分割纸样的号型。

② 单击该工具图标，弹出【剪开复制纸样】对话框，如图 2.141 所示。

③ 按需要选择水平或垂直分割，单击【确定】按钮完成，即在纸样列表栏增加一个分割的纸样。

（24）【删除纸样】：删除纸样窗中的纸样。

【操作】① 单击尺码表中要删除的纸样号型。

② 单击该工具图标，弹出【富怡服装 CAD 排料系统 2000】对话框，问“包括其它尺码吗？”，选择【是】或【否】按钮，如图 2.142 所示。

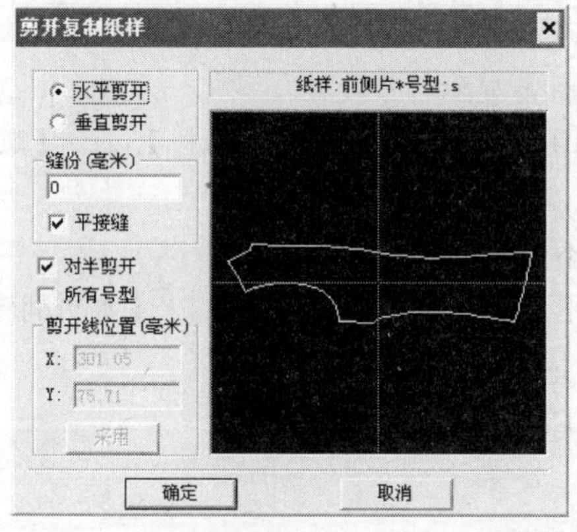

图 2.141

图 2.142

2.2.4 布料工具匣

布料工具匣如图 2.143 所示。

【功能】选择显示当前排料文件中使用不同布料的纸样。

【操作】单击右边的三角形按钮，出现排料文件中所有布料的种类，选择其中一个，纸样窗里就会对应出现所有使用这种布料的纸样。

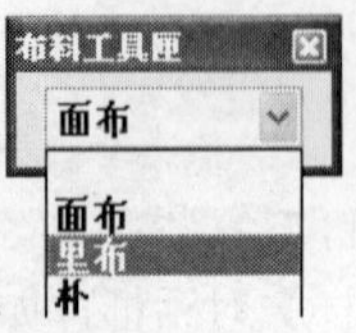

图 2.143

2.2.5 唛架工具匣 1

唛架工具匣 1 如图 2.144 所示。

图 2.144

用该工具栏或以对主唛架的纸样进行选择、移动、旋转、翻转、放大、缩小、测量以及添加文字等操作。

（1）【纸样选择】：选取及移动衣片。

【操作】该工具有以下几种使用方法。

① 选取一个纸样：单击该工具图标，再单击某一个衣片。

② 选取多个纸样：在唛架区，按住【Ctrl】键，用鼠标逐个单击所选纸样。

③ 框选多个纸样：在唛架的空白处，单击并移动鼠标指针形成一个虚线矩形框，选中多个纸样，然后释放鼠标。

④ 移动纸样：单击衣片，按住鼠标移动到需要位置再松开。

⑤ 将工作区的纸样放回纸样窗：双击工作区的纸样，纸样自动回到纸样窗。

（2）【唛架宽度显示】：单击该工具图标，按屏幕上唛架区的最大宽度显示唛架。

（3）【显示唛架上全部纸样】：单击该工具图标，显示唛架上的所有纸样。

（4）【显示整张唛架】：单击该工具图标，显示整张唛架。

（5）【旋转限定】：限制旋转工具的使用，例如【旋转唛架纸样】、【顺时针 90° 旋转】工具不能使用。

【操作】单击该图标，当陷下时旋转工具不能使用。

（6）【翻转限定】：限制翻转工具的使用，例如【垂直翻转】、【水平翻转】和【翻转纸样】工具不能使用。

【操作】单击该工具图标，当陷下时翻转工具不能使用。

（7）【放大显示】：放大指定区域。

【操作】① 单击该工具图标。

② 在要进行放大的区域上单击或框选，然后释放鼠标。

③ 在放大状态下，单击右键可缩小到上一步状态。

（8）【清除唛架】：清除唛架上的所有纸样，返回到纸样窗。

【操作】单击该工具图标，弹出【提示】对话框，单击【是】按钮则清除唛架上所有纸样，反之则选【否】按钮。

（9）【尺寸测量】：测量唛架上任意两点间的距离。

【操作】① 单击测量工具图标。

② 在唛架上，单击起点，再单击终点。

③ 测量结果显示在状态栏中，【Dx】为水平距离、【Dy】为垂直距离、【D】为直线距离。

（10）【旋转唛架纸样】：对选中纸样设置旋转的度数和方向（当【旋转限定】工具凸起时才能用）。

【操作】单击工作区的纸样，再单击该工具，弹出【旋转选中样片】对话框。输入旋转的角度，单击旋转方向，单击【关闭】按钮，如图 2.145 所示。

（11）【顺时针 90 度旋转】：对唛架上的选中纸样进行顺时针 90 度旋转（当【旋转限定】工具凸起时才能用）。

【操作】在工作区选中纸样，单击该工具图标。

（12）【水平翻转】：对唛架上的选中纸样进行水平翻转（当【旋转限定】工具凸起时才能用）。

【操作】在工作区选中纸样；单击该工具图标。

（13）【垂直翻转】：对唛架上的选中纸样进行垂直翻转（当【旋转限定】工具凸起时才能用）。

【操作】在工作区选中纸样，单击该工具图标。

（14）【纸样文字】：给唛架上的纸样添加文字。

【操作】① 单击该工具图标。

② 在唛架区单击一个纸样。

③ 弹出【文字编辑】对话框，如图 2.146 所示。输入要添加的文字、大小，选择文字的位置，单击【确定】按钮。

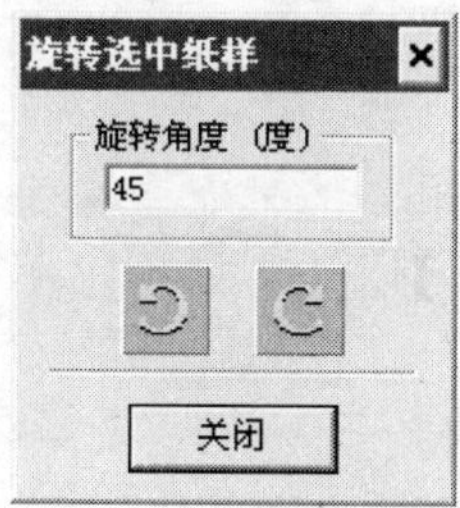

图 2.145

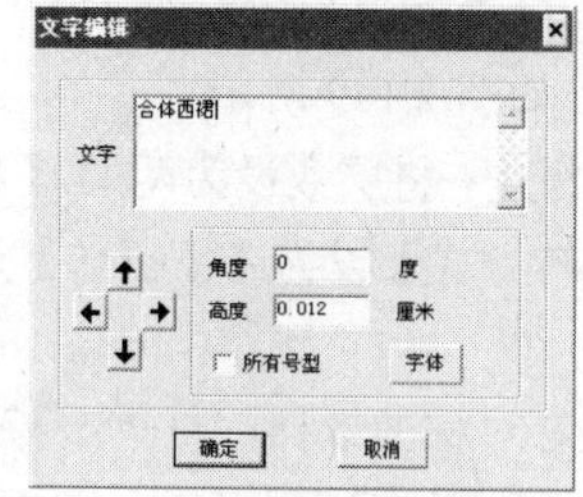

图 2.146

（15）【唛架文字】：在唛架上打字。

【操作】① 单击该工具图标。

② 单击唛架空白处。

③ 弹出【文字编辑】对话框。

④ 在弹出的对话框中输入文字，单击【确定】按钮。

注意：一定要勾选【选项】菜单下的【显示唛架文字】，否则不显示。

（16）【成组】：组合两个或两个以上的样片。

【操作】① 用左键框选两个或两个以上的样片，样片显示斜线填充，表示选中状态。

② 单击该工具图标，样片自动成组，移动时可以将成组的样片一起移动。

（17）【拆组】：拆开纸样组合。

【操作】选中成组的样片，单击该工具图标，成组的样片自动拆开。

（18）【设置选中纸样虚位】：在唛架区给选中纸样加虚位。

【操作】选中需要设置虚位的纸样，单击该工具图标，弹出【设置选中纸样的虚位】对话框，如图 2.147 所示，输入数据，单击【采用】按钮。

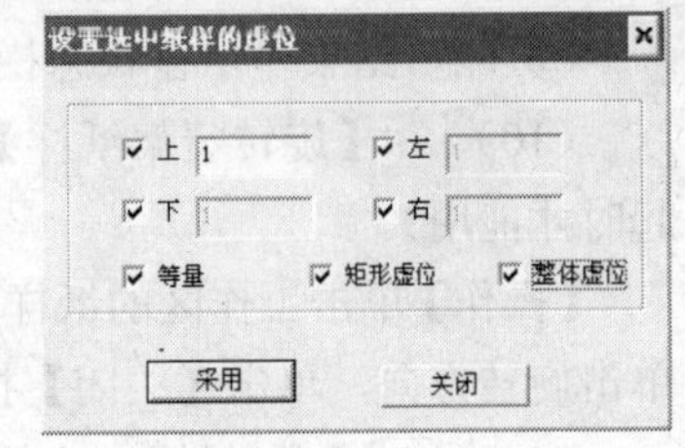

图 2.147

2.2.6 唛架工具匣 2

唛架工具匣 2 如图 2.148 所示。

图 2.148

该工具匣可对辅唛架上的纸样进行折叠、展开等操作。

（1）【显示辅唛架宽度】：单击该工具，按辅唛架宽度显示。

（2）【显示辅唛架所有样片】：单击该工具，显示辅助唛架上所有样片。

（3）【显示整个辅唛架】：单击该工具，显示整个辅唛架。

（4）【展开折叠纸样】：将折叠的纸样展开。

【操作】选中一个样片，单击该工具，即可看到纸样被展开。

（5）纸样折叠：【纸样上折】【纸样下折】【纸样右折】【纸样左折】。

【功能】可将对称的纸样折叠。

【操作】① 单击【定义唛架】工具图标，弹出【唛架设定】对话框，如图 2.149 所示。

② 在对话框中，将层数设为两层，【料面模式】设为【相对】选项，【折转方式】设为【下折转】选项，单击【确定】按钮。

③ 单击左右对称的纸样，再单击【纸样上折】工具图标，即可看到纸样被折叠成一半，并靠于唛架相应的折叠边，如图 2.150 所示。

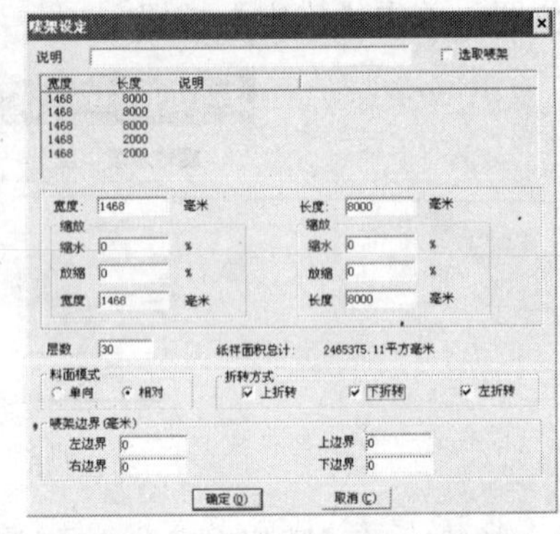

图 2.149

（6）【裁剪次序设定】：设定自动裁床裁剪衣片时的顺序。

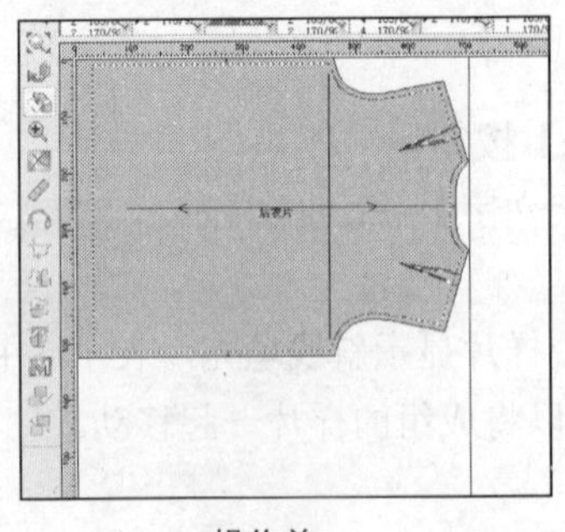

操作前

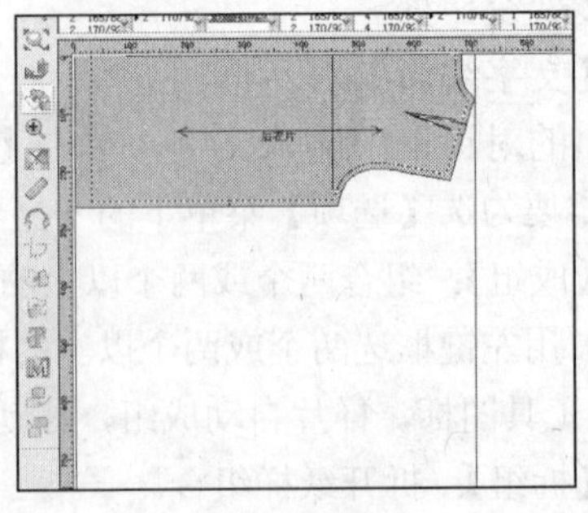

操作后

图 2.150

【操作】① 单击该工具图标，即可看到自动设定的裁剪顺序，如图 2.151 所示。

② 按住【Ctrl】键，单击裁片，弹出【裁剪参数设定】对话框，如图 2.152 所示。

③ 在【裁剪序号】内输入数值，可改变裁片的裁剪次序。

④ 在【起始点】栏内单击 « 或 » 按钮，可改变该纸样的切入起始点。

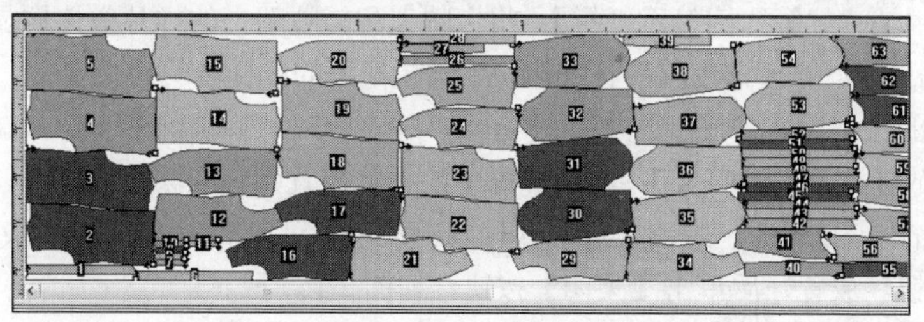

图 2.151

（7）【画矩形】：画矩形参考线，可随排料图一起打印或绘图。

【操作】① 单击鼠标，移动鼠标后再单击，即可画一个临时的矩形框。

② 单击【样片选择】工具图标，将鼠标指针移至矩形边线，指针变成双向箭头时，单击右键，出现【删除】，单击【删除】就可以将刚才画的矩形删除了，如图 2.153 所示。

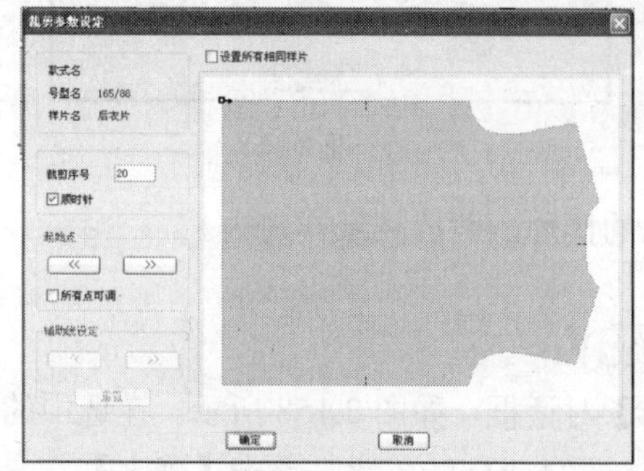

图 2.152

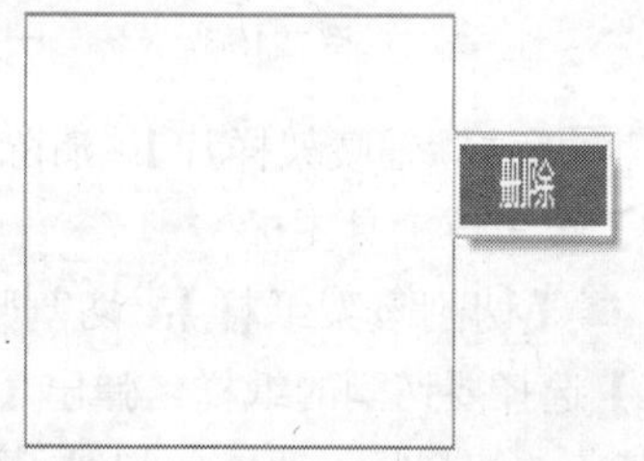

图 2.153

（8）【重叠检查】：检查纸样的重叠量。

【操作】① 单击该工具图标，使该工具图标凹陷。

② 单击重叠的纸样就会显示重叠量，如图 2.154 所示。

（9）【设定层】：排料时如需要其中两个样片的部分重叠，则要给这两个样片的重叠部分进行舍取设置。

【操作】① 单击该工具图标。

② 要将整个样片绘出来的样片设为 1（上一层），将不要重叠部分的样片设为 2（下一层），绘图时，设为 1 的样片可以完整绘出来，而设为 2 的样片跟 1 样片重叠的部分（下图显示灰色的线段），可选择不绘出来或绘成虚线，如图 2.155 所示，数字小的层数覆盖数字大的层数。

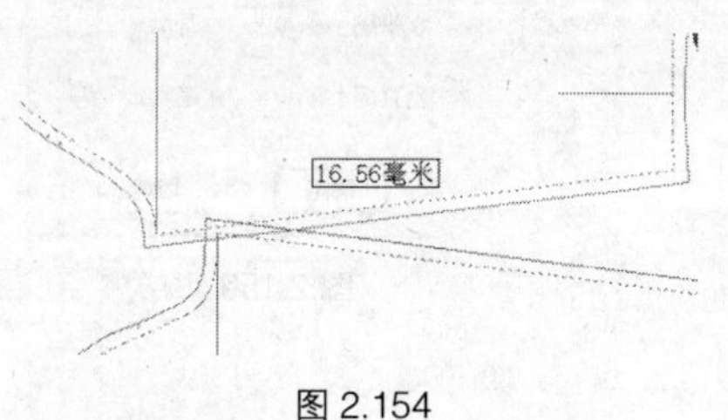

图 2.154

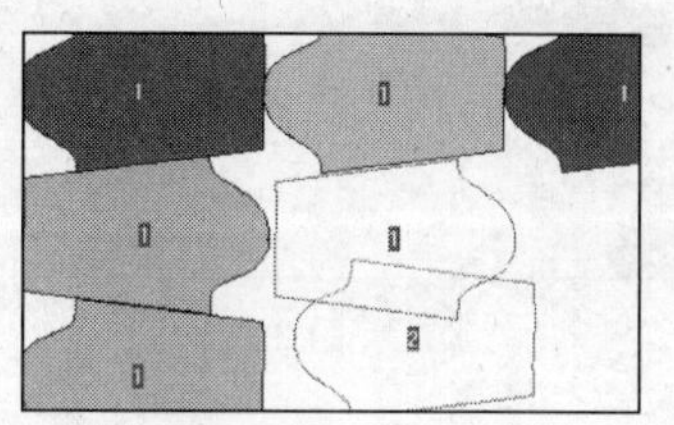

图 2.155

（10）【制帽排料】：确定样片的排列方式，如：正常、交错、倒插等。

【操作】① 选中一个样片，单击该工具图标。

② 弹出【制帽单样片排料】对话框。

③ 在【排料方式】中设定样片排料方式，单击【确定】按钮，如图 2.156 所示。

（11）【主辅唛架等比例显示纸样】：将主唛架和辅唛架上的样片等比例显示出来。

【操作】单击该工具，使该工具图标凹陷，主辅唛架上的纸样会等比例显示；再单击该工具图标，可回到以前的比例。

（12）【放置样片到辅唛架】：将纸样窗中的样片放置到辅唛架。

【操作】单击该工具图标，弹出【放置样片到辅唛架】对话框，可按款式名或号型选择样片，单击【放置】按钮。放置好后单击【关闭】按钮，如图 2.157 所示。

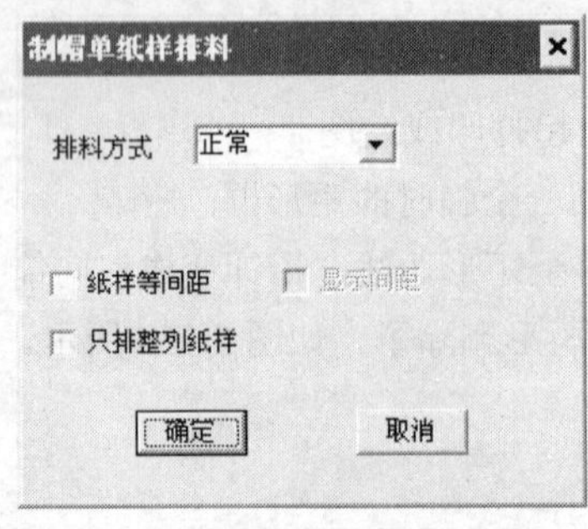

图 2.156

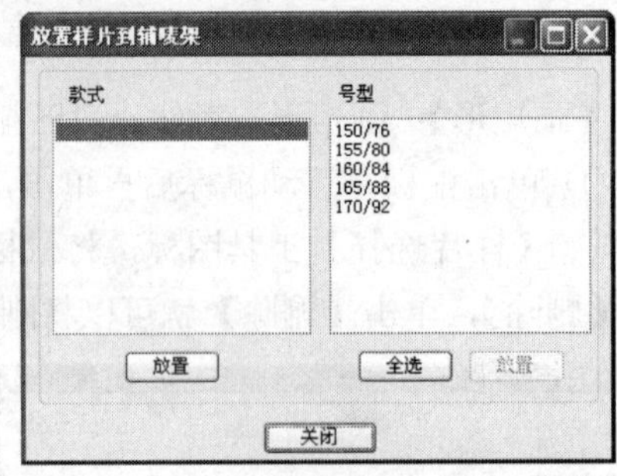

图 2.157

（13）【清除辅唛架样片】：清除辅唛架上的样片，并放回纸样窗内。

【操作】单击该工具图标。

（14）【切割唛架纸样】：切割唛架上的纸样。

【操作】选择要切割的纸样，弹出【剪开纸样】对话框，如图 2.158 所示。在选中的纸样上显示着一条蓝色的切割线，调整切割线，可以水平、垂直或旋转放置，单击【确定】。

（15）【裁床对格设置】：对纸样设置对条格后，单击该工具图标，则工作区中已经对条对格的纸样就会以橙色显示，没有设置对条对格的纸样以灰色显示。

（16）【缩放纸样】：放大或缩小纸样。

【操作】用该工具在纸样上单击，弹出【放缩纸样】对话框，输正数原纸样会缩小，输负数原纸样会放大，如图 2.159 所示。

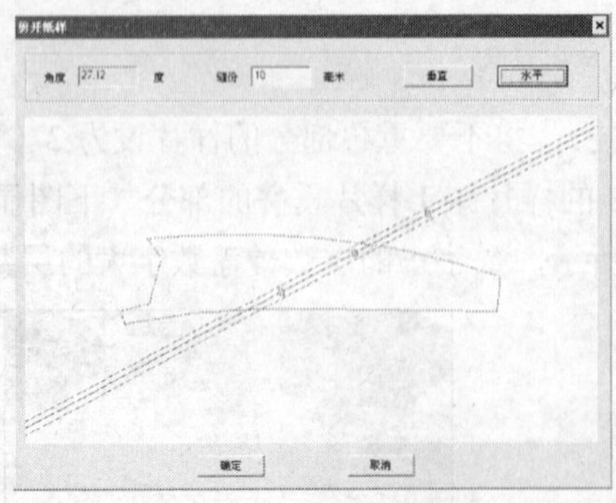

图 2.158

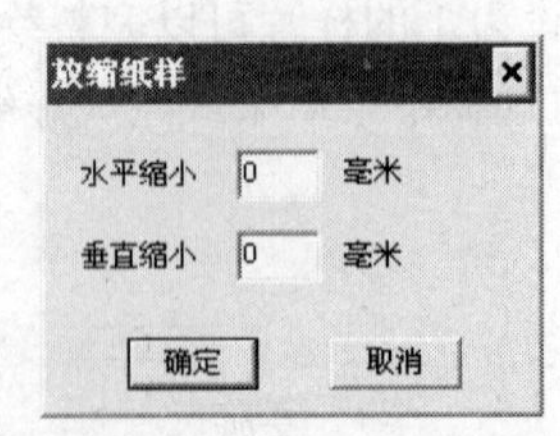

图 2.159

2.2.7 隐藏工具

隐藏工具如图 2.160 所示。

图 2.160

单击【选项】菜单中的【自定义工具匣】，可以将隐藏的 16 个工具图标用自定义工具栏的方式显示出来。

（1）【向上滑动】：将选中样片向上移动。

（2）【向下滑动】：将选中样片向下移动。

（3）【向左滑动】：将选中样片向左移动。

（4）【向右滑动】：将选中样片向右移动。

（5）【清除选中】：将选中的样片放回纸样窗。

【操作】选中要清除的样片，单击该工具图标即可。

（6）【四向整取】：功能与操作同【选项】菜单中的【旋转角度四向取整】。

（7）【开关标尺】：单击该工具图标，可以显示或隐藏唛架标尺。

（8）【合并】：在当前唛架添加一个已有的唛架文档。

【操作】① 单击该工具图标，弹出【合并唛架文档】对话框，如图 2.161 所示。

② 单击要合并的“mkr”文件，单击【打开】按钮，打开的唛架将被添加到当前唛架后面。

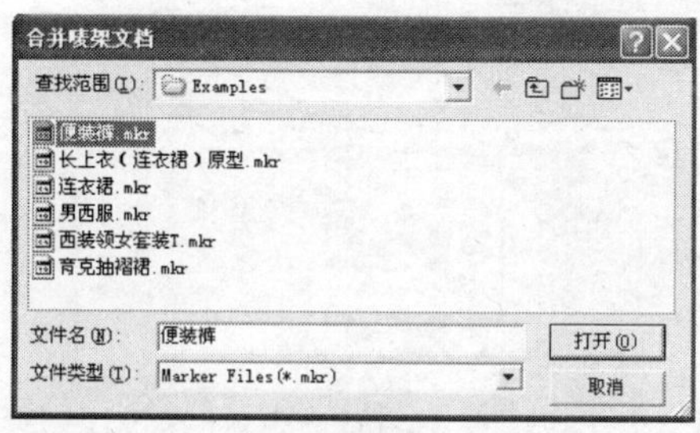

图 2.161

（9）【缩小显示】：使主唛架上的样片缩小显示。

【操作】单击该工具图标，每单击一次主唛架区缩小一次。

（10）【辅唛架缩小显示】：使辅唛架上的样片缩小显示。

【操作】单击该工具图标，每单击一次辅唛架区缩小一次。

（11）【逆时针 90 度旋转】：对唛架上的选中纸样进行逆时针 90 度旋转。（当【旋转限定】工具凸起时才能用）。

【操作】在工作区选中纸样，单击该工具图标（当【四向整取】工具下陷时，只能在 4 个角度之间旋转）。

（12）【180 度旋转】：对唛架上的选中纸样进行 180 度旋转（当【旋转限定】工具凸起时才能用）。

【操作】在工作区选中纸样，单击该工具图标（当【四向整取】工具下陷时，只能在 4 个角度之间旋转）。

（13）【边点旋转】：以单击点为中心旋转纸样（当【旋转限定】工具凸起时才能用）。

【操作】① 选择要旋转的纸样。

② 单击该工具图标。

③ 单击纸样，按住鼠标不放开，旋转纸样到合适位置再单击（当【四向整取】工具下陷时，只能在 4 个角度之间旋转）。

（14）【中点旋转】：以纸样中心为轴心旋转纸样。

【操作】① 选择要旋转的纸样。

② 单击该工具图标。

③ 单击纸样，按住鼠标不放开，旋转纸样到合适位置再单击（当【四向整取】工具下陷时，只能在 4 个角度之间旋转）。

（15）【关于本系统】：同【帮助】菜单中的【关于 RP—GMS】。

（16）【上下文帮助】：同【帮助】菜单中的【使用帮助】。

思考题

1．设计与放码系统的左、右工作区各有哪些功能？

2．排料系统有哪些功能？

3．在设计与放码系统中，如何设置线条的样式和颜色？

4．怎样进行省道转移？

作业及要求

1．熟练运用各种工具。

2．熟练掌握快捷键。

第3章 比例法开样、放码和排料操作实例

比例法制图是结构制图中的基本方法，是被采用最多的一种制图方法。比例法是利用经验公式进行计算并制图。本章采用比例法对常见结构中的基本造型裙子、裤子、衬衫进行详细地介绍，并从样板制作、放码、排料整个过程来进行操作讲解。

3.1 女西裙

女西裙是裙子中的基本型，合体裁剪，后中装拉链、开衩，腰上共收 4 个省道，效果图如图 3.1 所示。

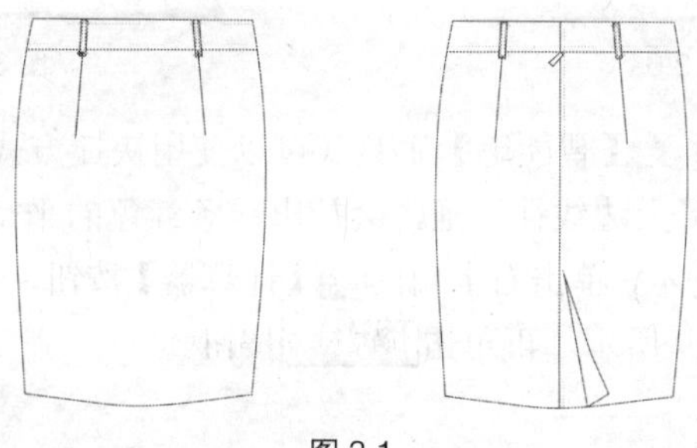

图 3.1

3.1.1 女西裙样板制作

绘制女西裙的操作步骤如下。号型为 165/72B。

步骤 1 定出规格表。双击打开桌面 [RP-DGS] 上图标，进入设计与放码系统的工作界面，单击菜单【号型】→【号型编辑】，弹出【设置号型规格表】对话框，输入部位名称、尺寸数据，如图 3.2 所示，单击【确定】按钮，单击【保存】工具图标，保存为“女西裙”。

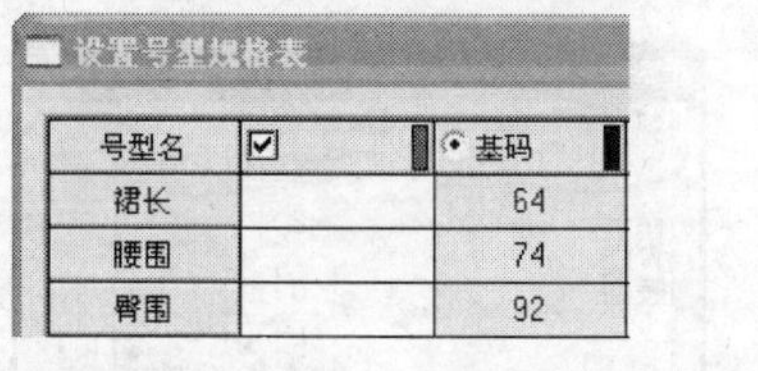

设置号型规格表

号型名	☑	⊙基码
裙长		64
腰围		74
臀围		92

图 3.2

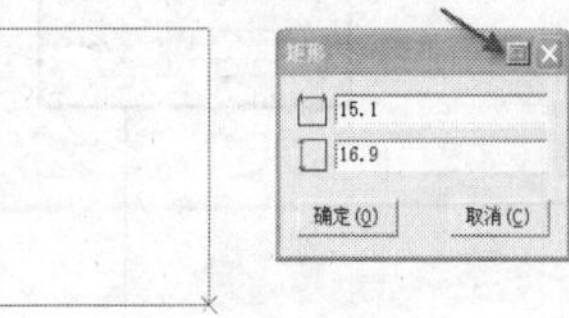

图 3.3

步骤 2 使用【矩形】工具画出一个长方形，弹出【矩形】对话框如图 3.3 所示，单击右上角的【计算器】按钮，弹出【计算器】对话框，如图 3.4 所示，双击“臀围”后输入比例公式“臀围/4”，系统会自动计算出结果为 23 厘米，单击 OK 按钮后返回【矩形】对话框，把光标移到竖向箭头处，如图 3.5 所示，单击右上角的【计算器】按钮，双击“裙长”，输入裙长公式“裙长-3”（腰宽 3 厘米），如图 3.6 所示，得到结果 61 厘米，单击 OK 按钮后，再

单击 确定(O) 按钮，如图 3.7 所示，就会得到一个宽度 23 厘米、长度 61 厘米的矩形，作为前裙片的基本框架。如果显示矩形大小不合适，可以用键盘的【+】放大，【-】缩小和方向键【↑】、【↓】、【←】、【→】调节上下左右位置，使得裙片位于屏幕中间。

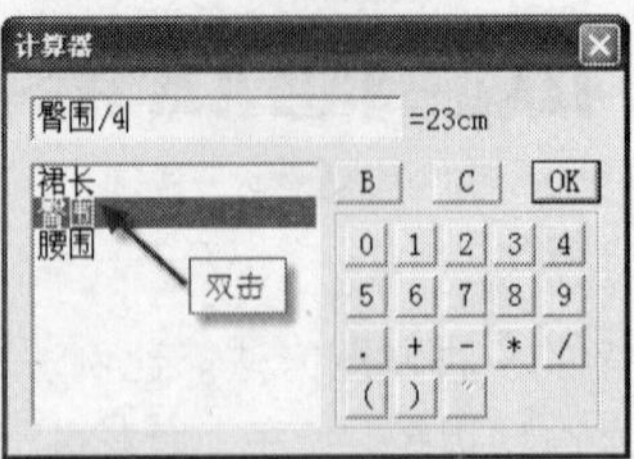

图 3.4

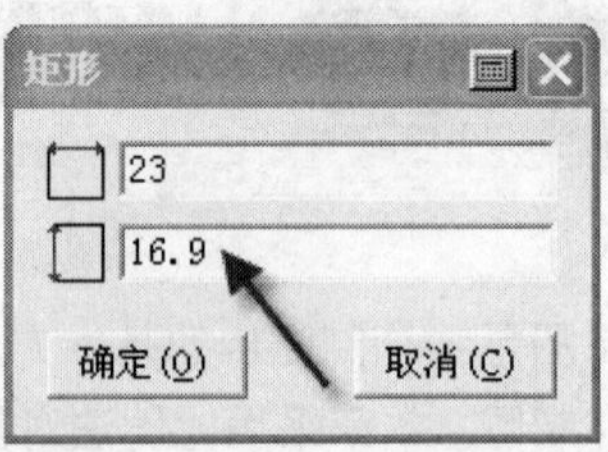

图 3.5

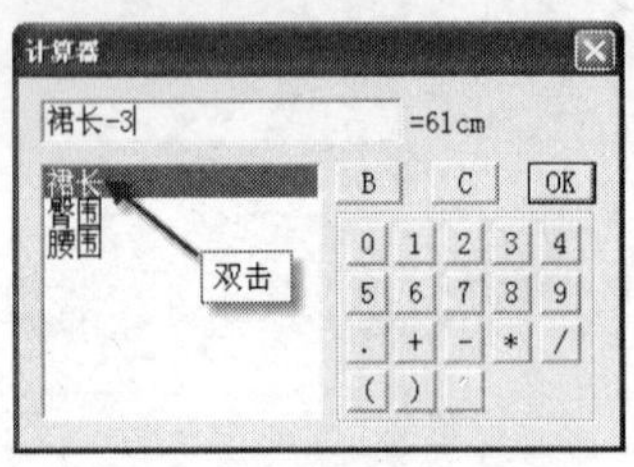

图 3.6

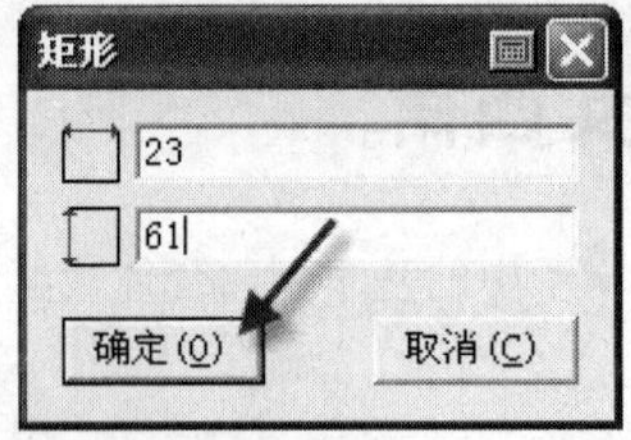

图 3.7

步骤 3 画出臀围线。使用【智能笔】工具（可以使用快捷方式，在屏幕空白处单击右键，选择工具），按住矩形上边线往下拖，会拉出一条红色的平行线，单击确认后弹出【平行线】对话框，如图 3.8 所示，单击右上角的【计算器】按钮，输入臀高公式“0.1*身高+1”，算出 17.5 厘米，如图 3.9 所示。再单击 确定(O) 按钮。

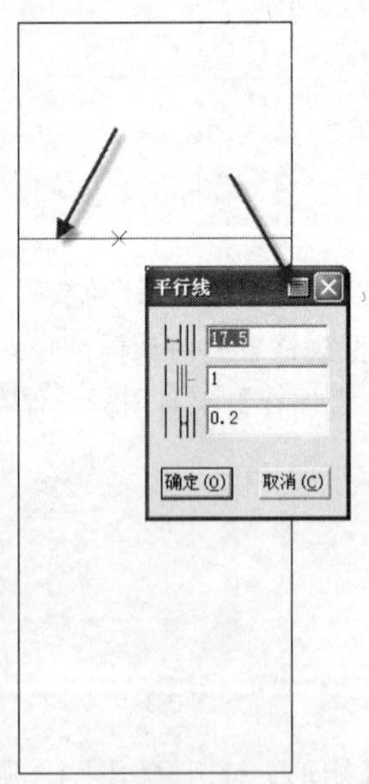

图 3.8

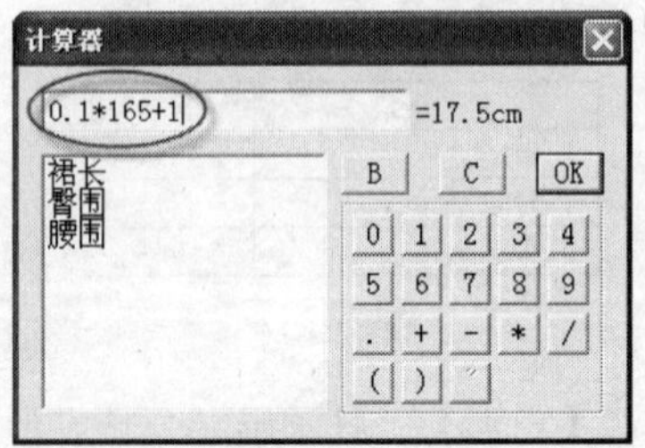

图 3.9

步骤 4 做腰线和侧缝弧线。使用【智能笔】工具，在矩形上边的水平线上单击，会出现一个点（星点）和点（太阳点），并弹出【点的位置】对话框，如图 3.10 所示，单击右上角的【计算器】按钮，双击“腰围”，输入腰围公式“腰围/4+2”（一个省道的大小 2 厘米）

算出 20.5 厘米，如图 3.11 所示，单击 OK 按钮，再单击 确定(O) 按钮，这样就确定了腰围点的位置。然后做向上的抬高 0.7 厘米，如图 3.12 所示，注意光标带“T”的是丁字尺，如果出现带“S”曲线符号，则单击右键转换，最后单击 确定(O) 按钮，如图 3.13 所示。

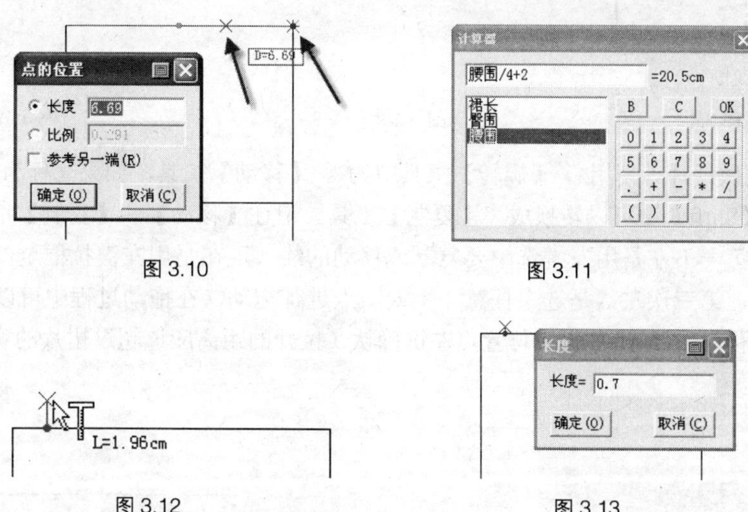

图 3.10　图 3.11

图 3.12　图 3.13

使用快捷键，按住空格键转换成【放大缩小】工具，放大腰线部位（这样就不用经常单击切换工具，可加快制图速度，建议使用），使用【智能笔】工具，单击右键转换成曲线，分别画出腰弧线和侧缝弧线（弧线最少 3 点以上），在点中间点的时候因为距离比较近系统会自动粘合到直线上去，要按住【Ctrl】键，两个端点则不用按【Ctrl】键，让它自动粘合到端点去，画完弧线后按右键结束，如图 3.14 所示。

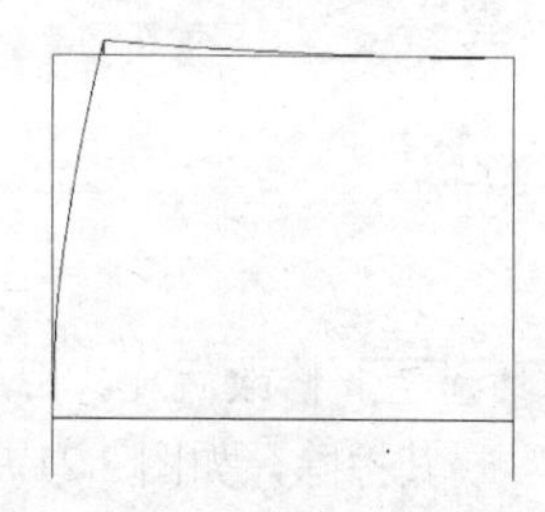

图 3.14

步骤 5 做省道。使用【等分规】工具，直接点在线上可以等分该线，如图 3.15 所示。现在不需要等分的弧线，则单击右键，然后用鼠标指着腰线，会自动显示等分点，单击左键确认，如图 3.16 所示。

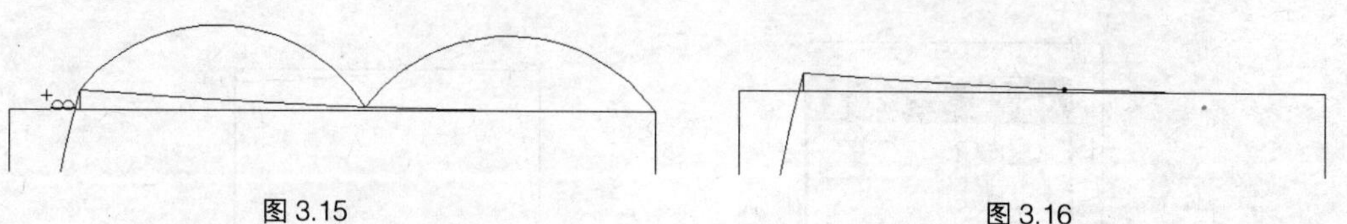

图 3.15　图 3.16

使用【智能笔】工具，按住【Shift】键，单击腰围弧线左端点 A 不放开，拖动到中点 B 再放开，这时光标变成三角板符号，单击等分点，向下移动画出垂直线后再单击，弹出【长度】对话框，输入数据“10”完成，如图 3.17 所示。使用【等分规】工具，按【Shift】键，光标变成【线上反向等分点】工具，单击 B 点后向两边拉开 D、E 点，在单向长度中输入“1”，单击 确定(O) 按钮，如图 3.18 所示。使用【智能笔】工具连接 DC、EC，完成省道制作，如图 3.19 所示。

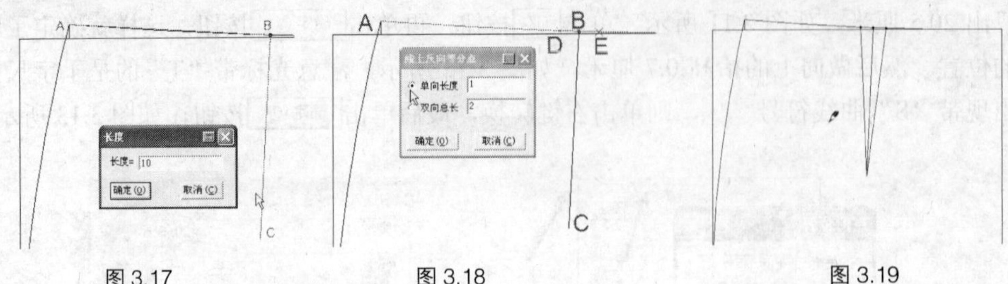

图 3.17　　图 3.18　　图 3.19

步骤 6 复制做后片。使用【旋转】工具中的【移动】工具，如果光标为是【移动】工具，按【Shift】键可以转换成【复制】工具。记住【移动】和【复制】都是“左右左左”的顺序，第一下左是用左键选中要复制或移动的线（现在是用左键拉框全部选红前片），然后按右键，第三次左键是选中任意一个太阳点进行拖动（在拖动过程中可以按住【Ctrl】键保证水平移动），最后在相应位置点左键确认（拉开的距离应该超过裙片的宽度），如图 3.20 所示。

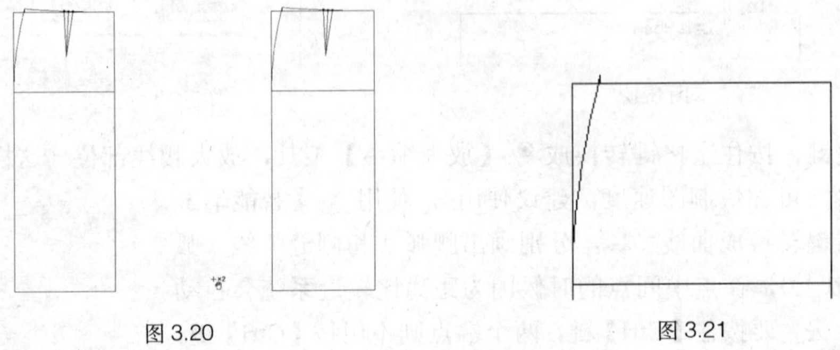

图 3.20　　图 3.21

步骤 7 修改后片。后片中心需下降 1 厘米，使用【橡皮擦】工具，单击腰弧线、省道线将其擦除，如图 3.21 所示。

步骤 8 画后腰弧线。使用【智能笔】工具，在后中线上单击找点，弹出【点的位置】对话框，在长度框中输入“1”，如图 3.22 所示，单击确定(O)按钮，然后和腰侧点 A 圆顺连接，如图 3.23 所示。

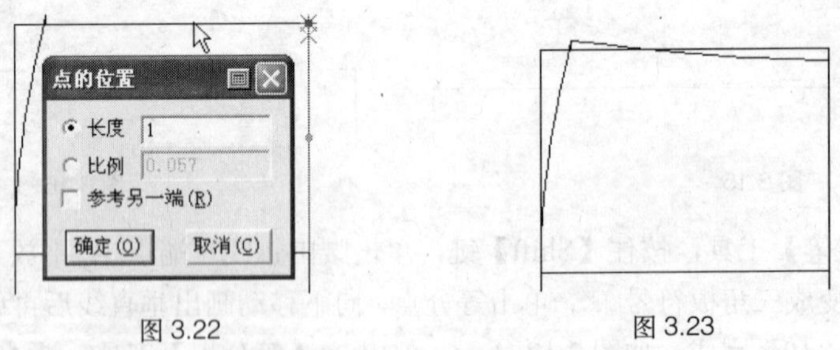

图 3.22　　图 3.23

步骤 9 做后腰省道。使用【等分规】工具，然后用鼠标指着腰线，会自动显示等分点，单击左键确认，如不能自动显示点，则单击右键转换，如图 3.16 所示。使用【智能笔】工具，按住【Shift】键，单击腰围弧线左端点 A 不放开，拖动到中点 B 再放开，这时光标变成三角板符号，单击等分点 B，向下移动画出垂直线后再单击，弹出【长度】对话框，输入数据“10”，完成省中线 BC。使用【等分规】工具，按【Shift】键，光标变成【线上反向等分点】工具，单击 B 点后向两边拉开 D、E 点，在单向长度中输入“1”，单击确定(O)

按钮，如图 3.24 所示，使用【智能笔】工具连接 DC、EC，完成省道制作。

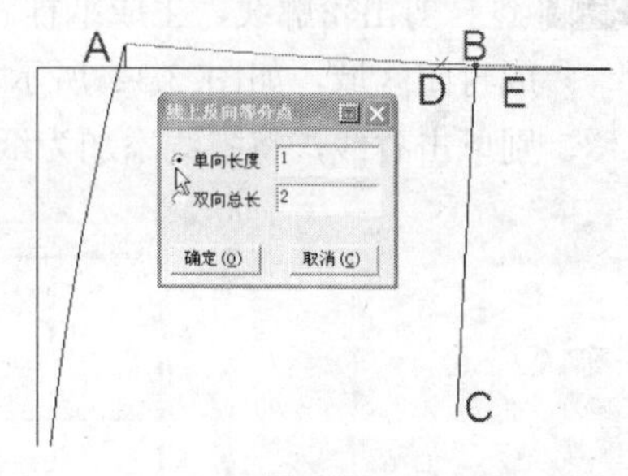

图 3.24

步骤 10 展开前片。使用【旋转】工具中的【对称】工具，如果光标为是【对称移动】工具，按【Shift】键可以转换成【对称复制】工具。对称的操作顺序是先单击对称轴线的两点 X、Y，然后单击或框选要对称的部分，如图 3.25 所示。此时对称的线还是红色，需要单击右键确认，确认后变成黑色，才完成操作。

步骤 11 做后片裙衩。使用【剪断线】工具，单击后中线，再单击 H 点。使用【智能笔】工具，在后中线上单击找点，注意此时太阳点 H 和星点 K 的位置如图 3.26 所示，弹出【点的位置】对话框，在长度框中输入“23”（臀围线下 23 厘米作为开衩位置），单击确定(O)按钮，然后用“T”型【智能笔】工具向右画 3.5 厘米宽度，如图 3.27 所示。使用【矩形】工具，单击 J、K 点完成矩形，如图 3.28 所示。

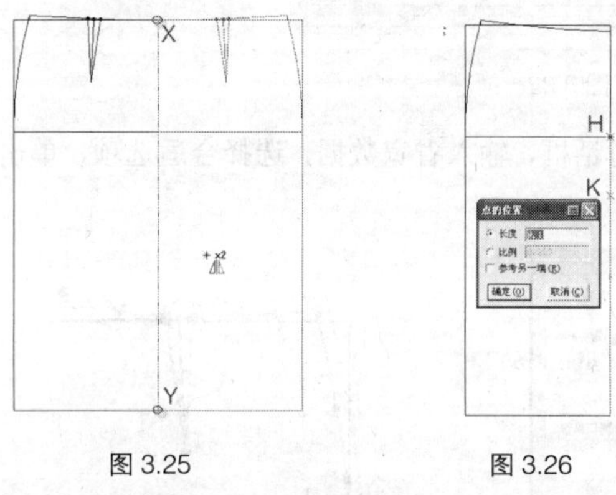

图 3.25　　图 3.26

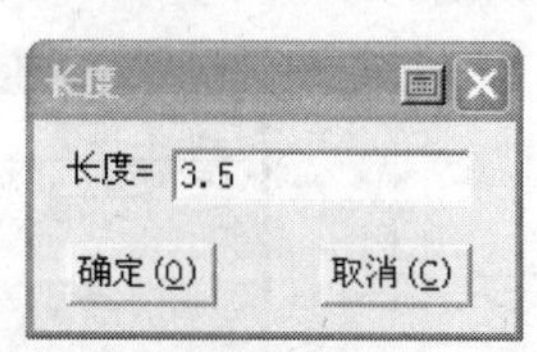

图 3.27

步骤 12 做腰头。使用【矩形】工具，如图 3.29 所示，弹出【矩形】对话框，单击右上角的【计算器】按钮，横向长度输入“腰围+3”，算出结果为 77 厘米，如图 3.30 所示，竖向长度输入“3”，如图 3.31 所示。

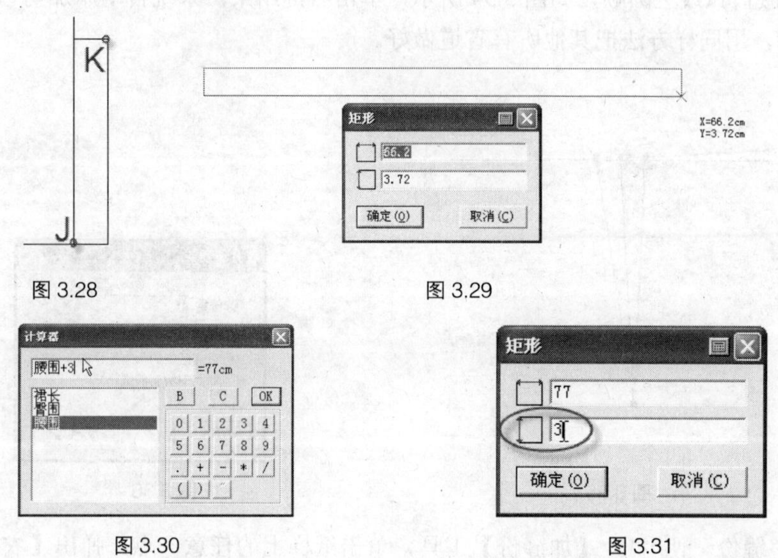

图 3.28　　图 3.29

图 3.30　　图 3.31

步骤 13 剪出轮廓线，生成纸样。使用【剪刀】工具，依次单击纸样的外轮廓线条，直至形成封闭区域，如图 3.32 所示，生成前片、后片和腰头的纸样。单击右键，光标变成⁺，分别单击省线，将省线添加为纸样辅助线，单击右键结束。

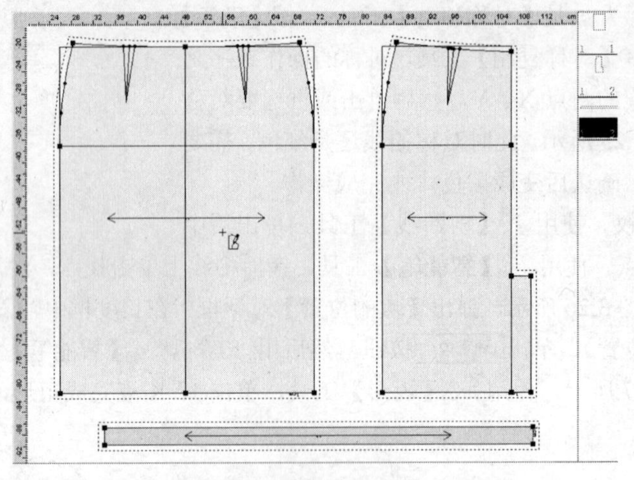

图 3.32

使用【V 型省】工具，弹出【尖省】对话框，输入省宽数据，选择合适选项，单击【确定】按钮，如图 3.33 所示。

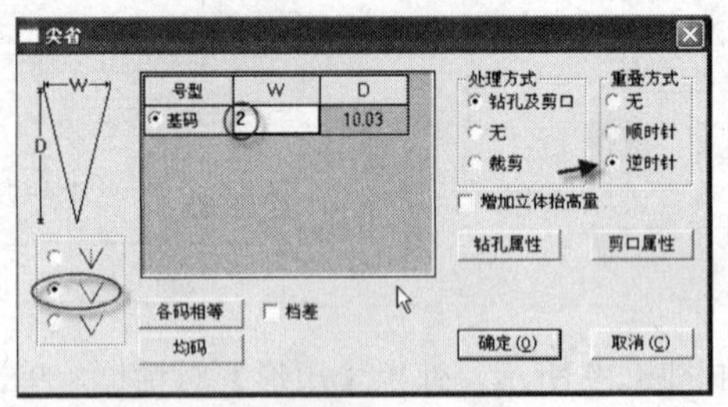

图 3.33

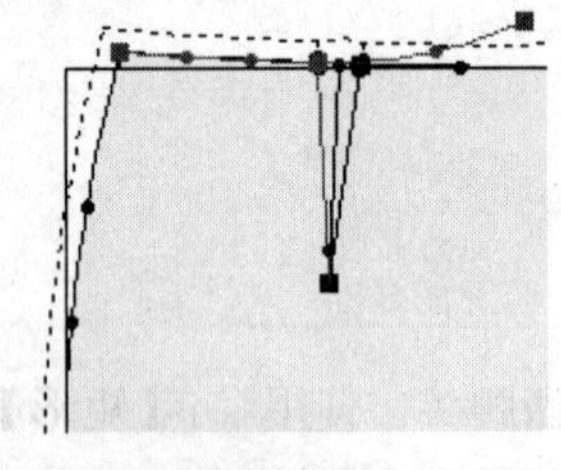

图 3.34

调整红色腰口弧线至圆顺，如图 3.34 所示，单击右键结束，系统自动添加剪口和钻孔标记，如图 3.35 所示，用同样方法把其他所有省道做好。

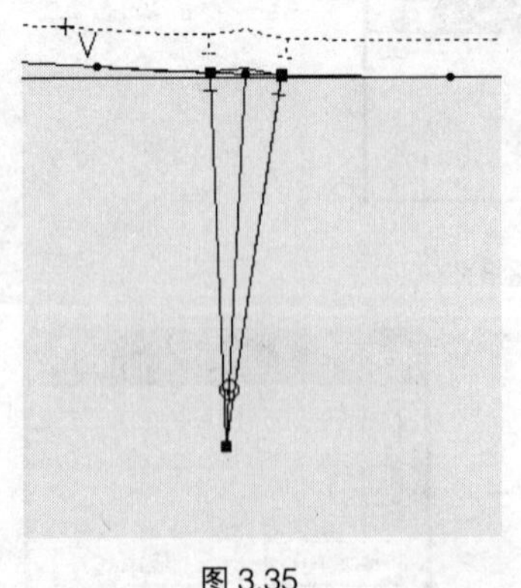

图 3.35

图 3.36

步骤 14 调整缝份。使用【加缝份】工具，单击纸样上的任意一点，弹出【衣片缝份】对话

框，选中“工作区中的所有纸样”，输入缝份“1”，可以把三个纸样的缝份都设置为 1,如图 3.36 所示。底边的缝份为 3 厘米，使用【加缝份】工具，前片按顺时针方向在 M 点按住鼠标拖动到 N 点，放开后，弹出【加缝份】对话框，起点缝份量输入“3”，选择第二种加缝份的方式，如图 3.37 所示，再单击确定(O)按钮。后片方法相同，在 P 点按住鼠标拖动到 Q 点，结果如图 3.38 所示。

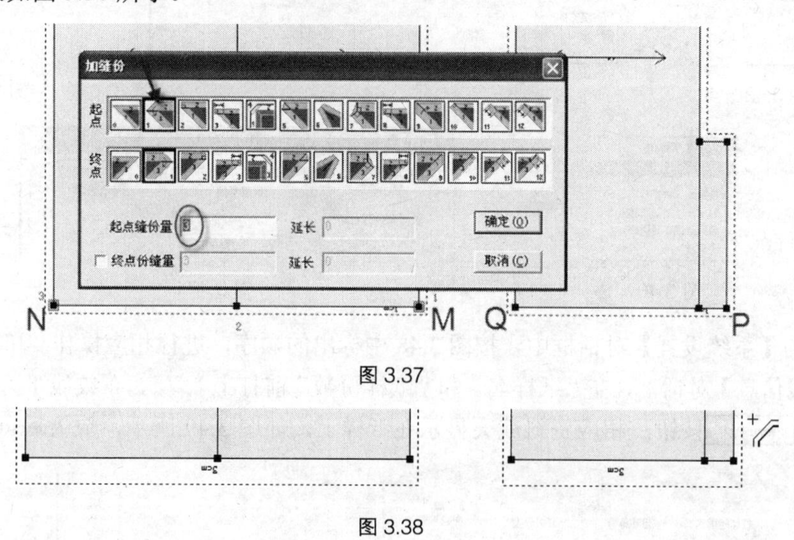

图 3.37

图 3.38

步骤 15 调整布纹线。使用【布纹线】工具，在布纹线的中心处单击右键，每单击一次旋转 45 度，如图 3.39 所示，直到调整到合适位置，如图 3.40 所示。

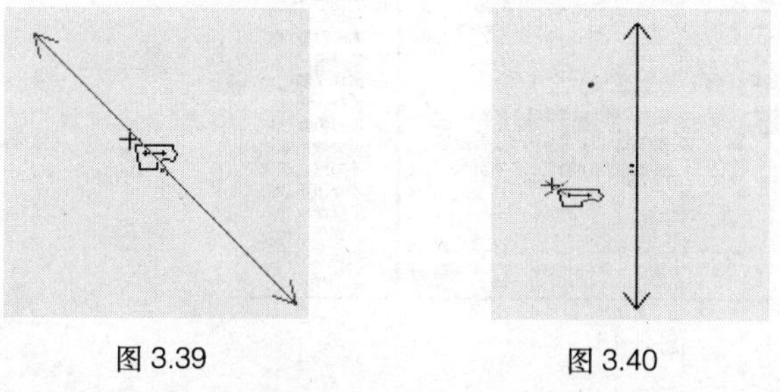

图 3.39　　图 3.40

步骤 16 输入纸样资料并显示。单击【纸样】菜单，选择【款式资料】命令，如图 3.41 所示，弹出【款式信息框】对话框，如图 3.42 所示，在款式名中输入“女西裙”（一个款式只需输入一次），单击确定(O)按钮。

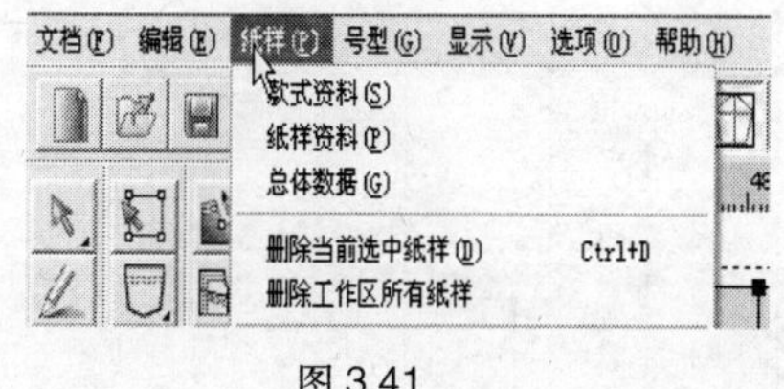

图 3.41

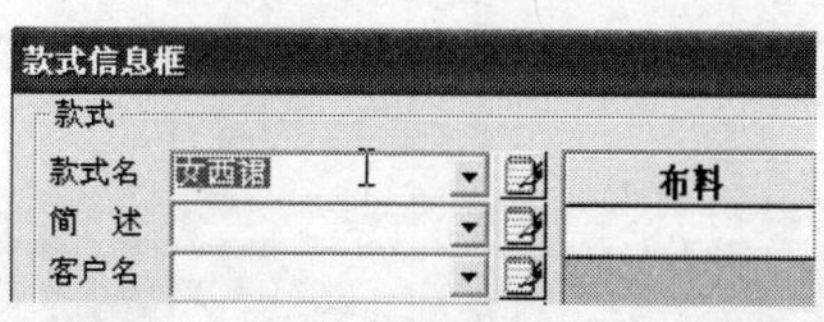

图 3.42

纸样资料可以在屏幕右上方的纸样陈列栏中双击，如图 3.43 所示，弹出【纸样资料】对话框，如图 3.44 所示，输入名称和份数，单击应用按钮。分别输入前片、后片和腰头的资料，则会显示如图 3.45 所示，要在布纹线上显示出相应的纸样资料，单击上方菜单栏中【选项】菜单，选择【系统设置】命令，如图 3.46 所示，弹出【系统设置】对话框，如图 3.47 所示，选择【布纹设置】选

项卡。

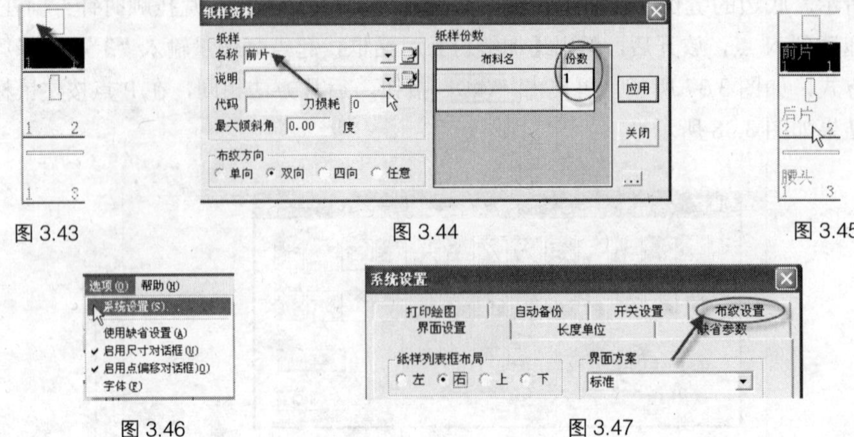

图 3.43　　图 3.44　　图 3.45

图 3.46　　图 3.47

在弹出的【系统设置】对话框中，按图 3.48 中标出的顺序，进行相应操作。单击黑色三角会弹出【布纹线信息】对话框，在"纸样名"和"纸样份数"前打上"√"，布纹线下方的选择是"款式名"，单击 确定(O) 按钮，相应资料就会显示在纸样上，如图 3.49 所示，放大后可以看清楚。

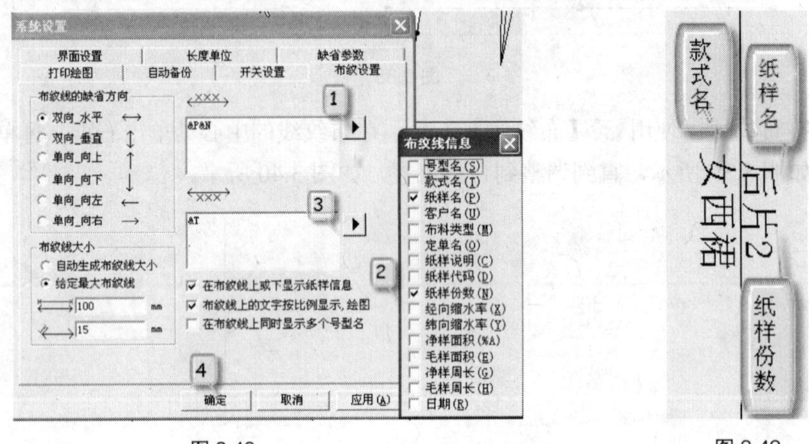

图 3.48　　图 3.49

全部做好之后效果如图 3.50 所示。

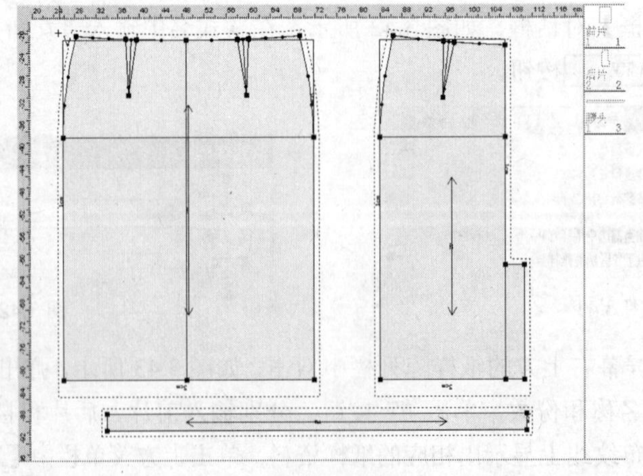

图 3.50

3.1.2 女西裙放码

富怡 V8.0 版本的放码和结构设计是在同一个系统中操作的，所以在纸样基础上继续进行放码操作。裙子的放码参数如图 3.51 所示。

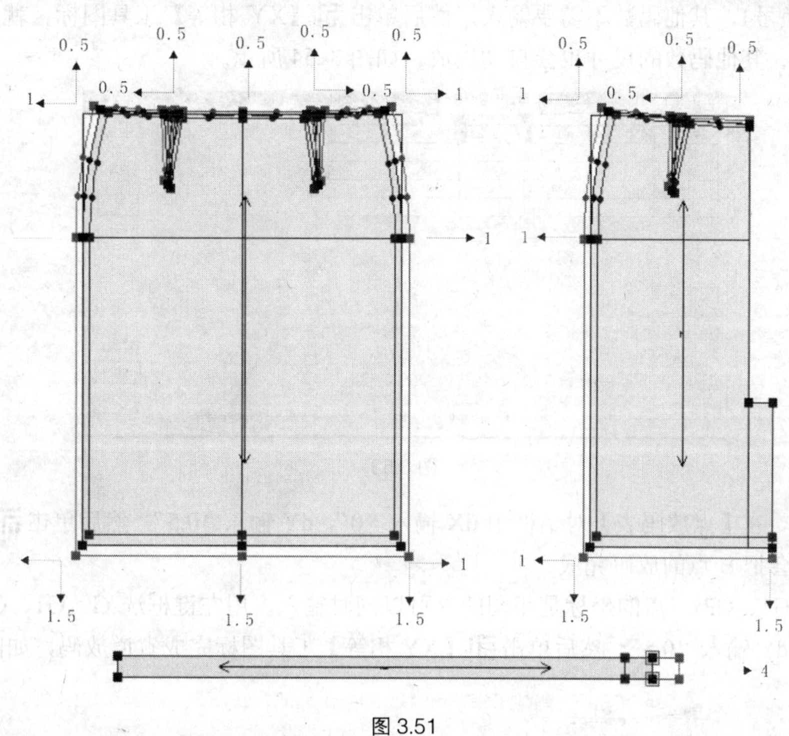

图 3.51

为了方便描述，裙片上的每个点都标上相应的字母，相应的坐标如下：A(−1，0.5) 、A1(1，0.5) 、B(0，0.5) 、G\G1\G2(−0.5，0.5) 、G3/G4/G5(0.5，0.5) 、C(0，0) 、D(−1，0) 、D1(1，0) 、E(−1，−1.5) 、E1(1，−1.5) 、F/F1(0，−1.5) 、H/H1(4，0) ，如图 3.52 所示。

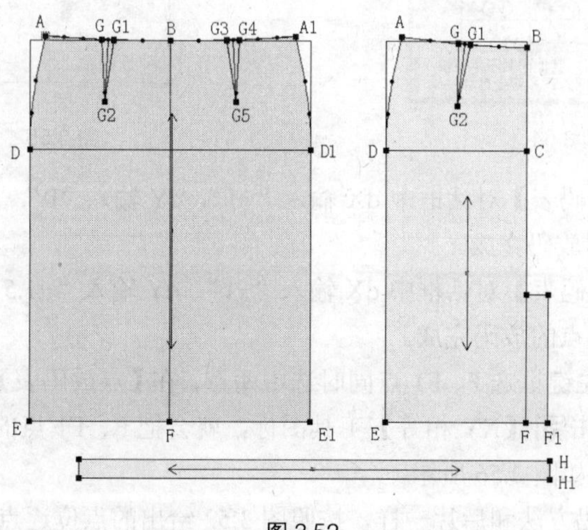

图 3.52

步骤 1 单击【号型】菜单中的【号型编辑】命令，弹出【设置号型规格表】对话框。输入号型名称、部位尺寸、数据，同时给不同码数设置不同颜色，完成后单击【确定】按钮，如图 3.53

所示。可以把最小码设置为基码，单击【清除空白行列】按钮可以精简规格表。

步骤 2 以后片为例放码。使用【点放码表】工具，弹出【点放码表】对话框，使用【选择纸样控制点】工具，单击 A 点，弹出【点放码表】对话框，单击【自动判断放码量正负】工具图标将其关闭，在除了基码外的最小码处输入放码量，dX 输入“-1”，dY 输入“0.5”（注意正负号），其他码数不需要输入，然后单击【XY 相等】工具图标，就会把 A 点的放码完成，其他码数的尺寸也会自动生成，如图 3.54 所示。

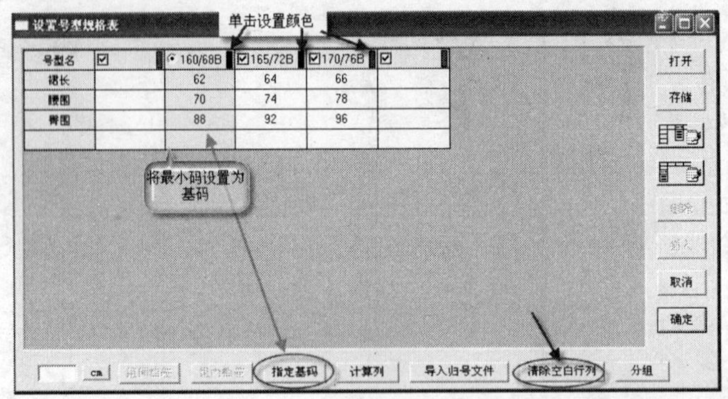

图 3.53

单击 B 点，在【点放码表】对话框中 dX 输入“0”，dY 输入“0.5”，然后单击【XY 相等】工具图标，就会把 B 点的放码完成。

省道 G、G1、G2 三点的坐标是相同的，可以同时输入，用左键框选 G、G1、G2 三点，dX 输入“-0.5”，dY 输入“0.5”，然后单击【XY 相等】工具图标完成省道放码，如图 3.55 所示。

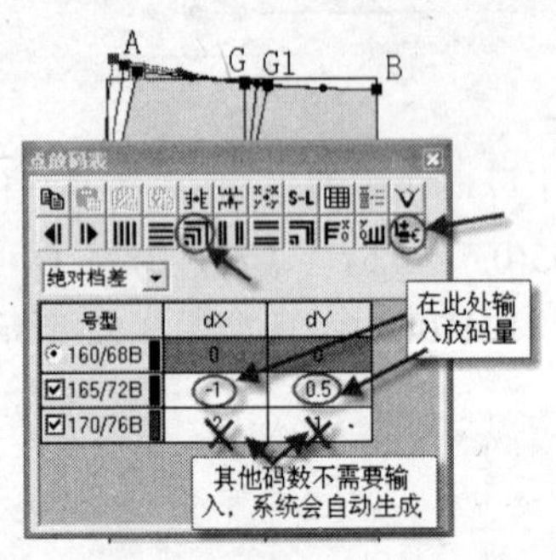

图 3.54

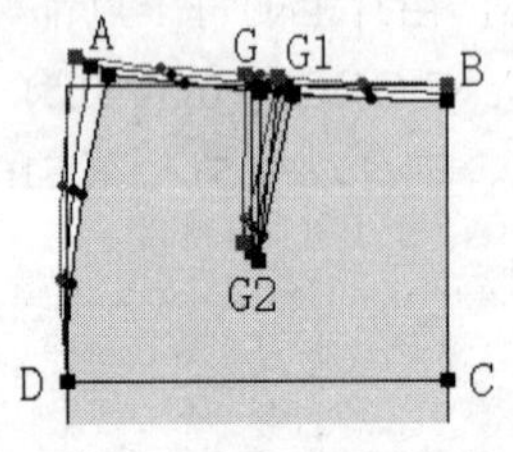

图 3.55

单击 D 点，在【点放码表】对话框中 dX 输入“-1”，dY 输入“0”，然后单击【XY 相等】工具图标，就会把 D 点的放码完成。

单击 E 点，在【点放码表】对话框中 dX 输入“-1”，dY 输入“-1.5”，然后单击【XY 相等】工具图标，就会把 E 点的放码完成。

F、F1 点坐标相同，左键框选 F、F1 点同时选中两点，在【点放码表】对话框中 dX 输入“0”，dY 输入“-1.5”，然后单击【XY 相等】工具图标，就会把 F、F1 点的放码完成。

后片完成的放码图，如图 3.56 所示。

步骤 3 前片和腰头放码方法和后片一样，按照图 3.52 给出的点位逐点输入相应坐标，单击【XY 相等】工具图标放码即可。如果两点的坐标数值相同，比如前片的 A 点和后片的 A 点，可以先单击后片 A 点，在【点放码表】对话框中单击【复制放码量】工具图标，然后再

单击前片的A点，在【点放码表】对话框中单击【粘贴XY】工具图标，就会直接把前片A点放好，如图3.57所示。

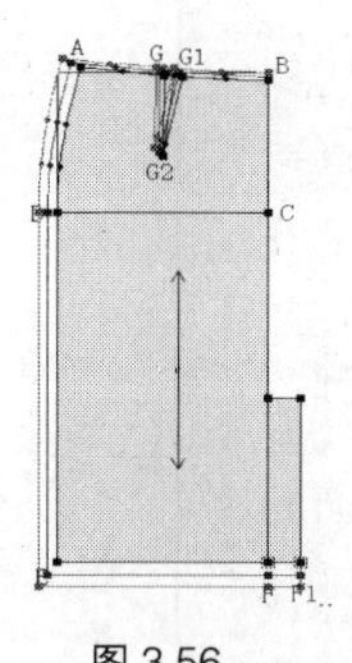

图3.56

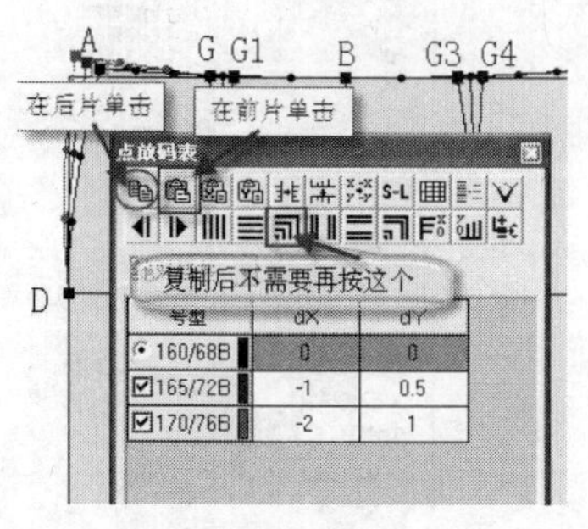

图3.57

A1点和A点坐标数值相同，X值正负相反，继续单击A1点，在【点放码表】对话框中单击【粘贴XY】工具图标（此时刚才复制的数值还在剪贴板中，无需重新复制），再单击【X取反】工具图标，如图3.58所示，完成A1点放码，如图3.59所示。

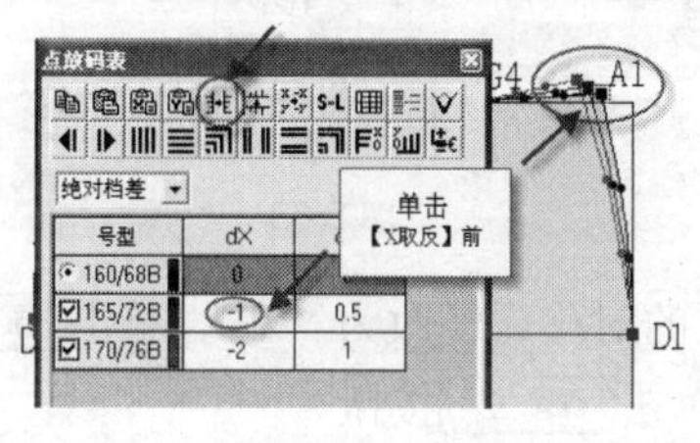

图3.58

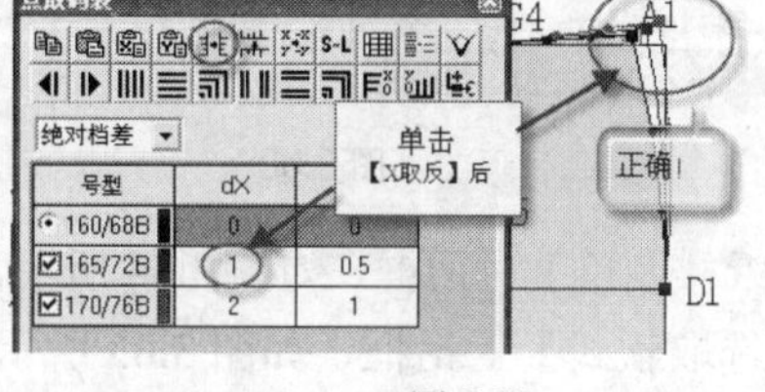

图3.59

前片和腰头按要求放好后的效果如图3.51所示。完成后把文件另存为“女西裙放码”（不另存的话也可以，就以“女西裙”为名同时保存设计和放码图，文件后缀都为“.DGS”）。

3.1.3 女西裙排料

步骤 1 双击打开[RP-GSM]排料软件，单击【唛架】菜单中的【单位选择】命令，弹出【量度单位】对话框，如图3.60所示，把单位由毫米改成厘米。再次单击【唛架】菜单中的【定义唛架】命令，弹出【唛架设定】对话框，在【说明】处输入“女西裙排料图”，【宽度】处输入面料幅宽“120”厘米，【长度】输入面料的长度“300”厘米（暂定），如图3.61所示。

步骤 2 单击【文档】菜单中的【打开款式文件】命令，弹出【选取款式】对话框，如图3.62所示，单击【载入】按钮，在保存文件的位置双击打开“女西裙放码.dgs”，如图3.63所示。

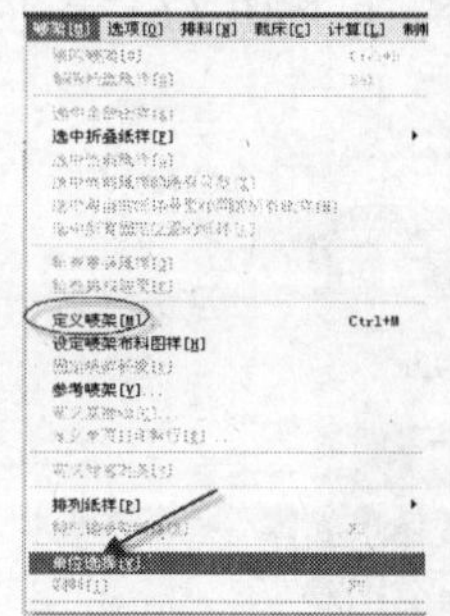

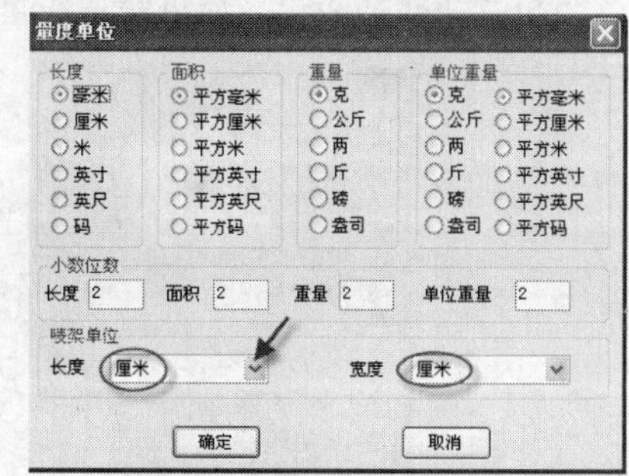

图3.60

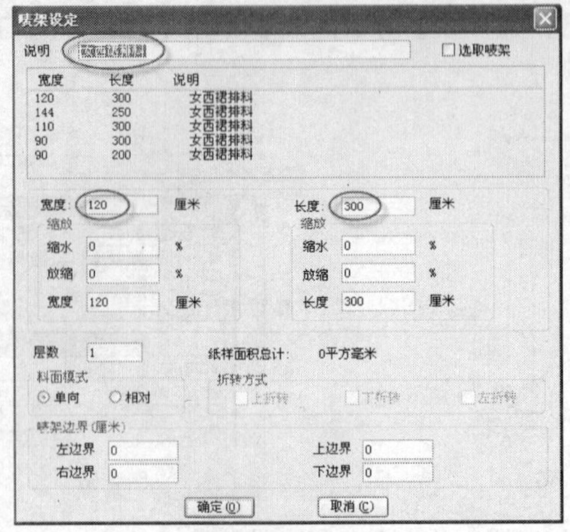

图 3.61

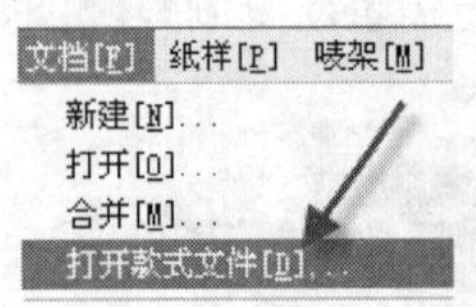

图 3.62

图 3.63

弹出【纸样制单】对话框，如图 3.64 所示，将后片的对称属性改为“是”，单击 确定(O) 按钮。进入【选取款式】对话框，如图 3.65 所示，继续单击 确定(O) 按钮。

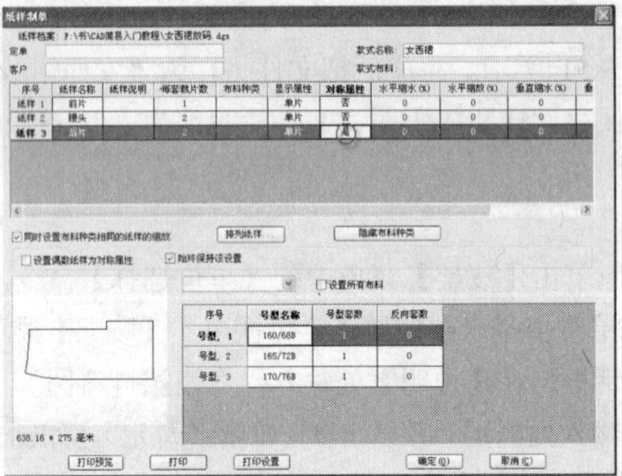

图 3.64

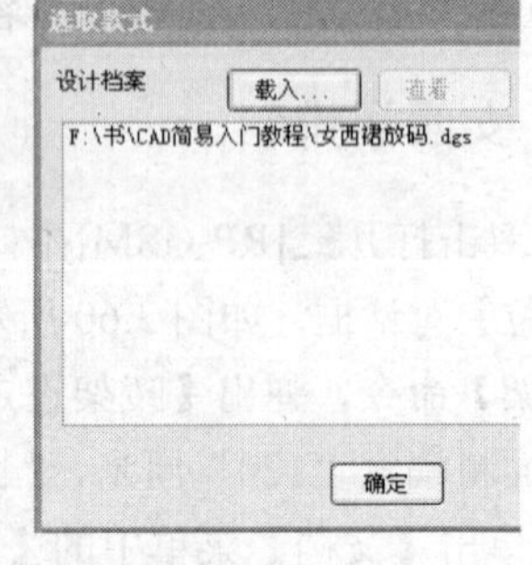

图 3.65

排料可以采用自动和手动两种方式，如果裁片数量较少，可按图 3.66 手动排料。

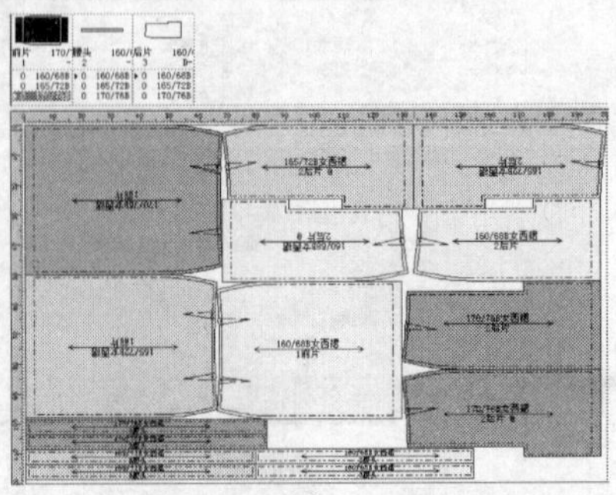

图 3.66

CHAPTER 3

3.2 男西裤

男西裤是裤子中的基本型，前片打褶，后片收省，侧面斜插袋，效果图如图 3.67 所示。

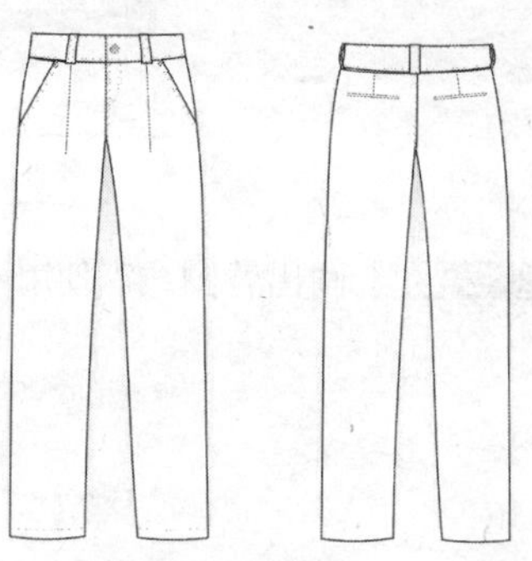

图 3.67

3.2.1 男西裤样板制作

绘制男西裤的操作步骤如下。号型为 175/80A。

步骤 1 定出规格表。双击打开桌面上 [RP-DGS]图标，进入设计与放码系统的工作界面，单击菜单【号型】→【号型编辑】，弹出【设置号型规格表】对话框，输入部位名称、尺寸数据，如图 3.68 所示，单击【确定】按钮，单击【保存】工具图标，保存为“男西裤”。

设置号型规格表

号型名	☑	175/80A	☑
裤长		102	
臀围		100	
腰围		82	
直档		25	
脚口		21	

图 3.68

步骤 2 使用【矩形】工具画出一个长方形，弹出【矩形】对话框如图 3.69 所示，单击右上角的【计算器】按钮，弹出【计算器】对话框，如图 3.70 所示，双击“臀围”后输入比例公式“臀围/4”，系统会自动计算出结果为 25 厘米，单击OK按钮后返回【矩形】对话框。把光标移到竖向箭头处，如图图 3.71 所示，单击右上角的【计算器】按钮，双击“直档”，如图 3.72 所示，得到 25 厘米。单击OK按钮后，再单击确定(O)按钮，如图 3.73 所示，就会得到一个宽度 25 厘米、长度 25 厘米的矩形，作为前裤片的上部。

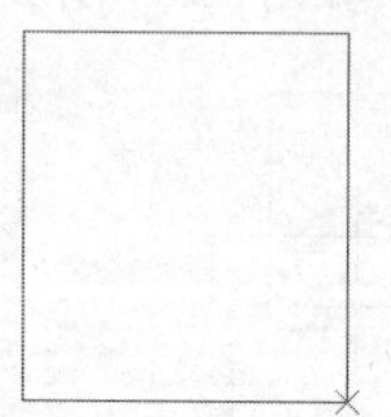

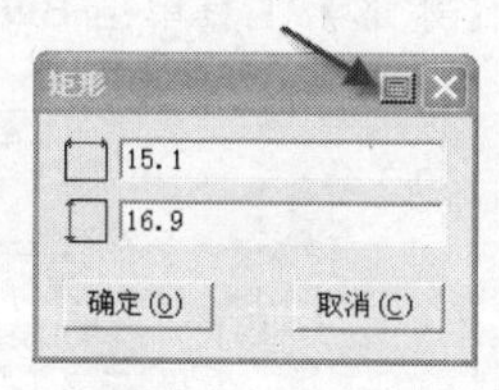

图 3.69

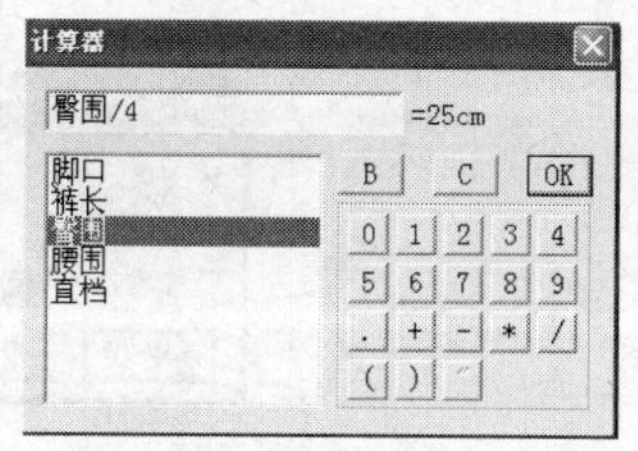

图 3.70

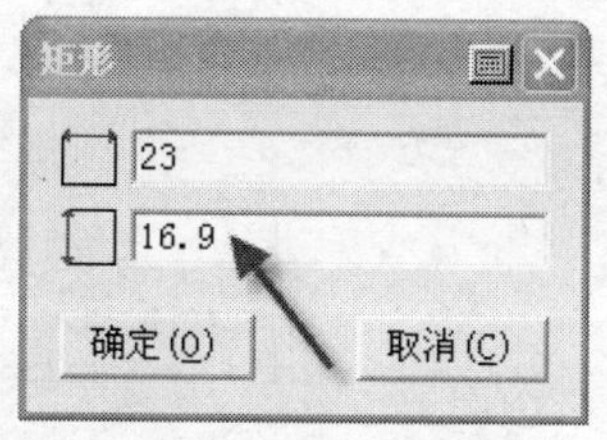

图 3.71

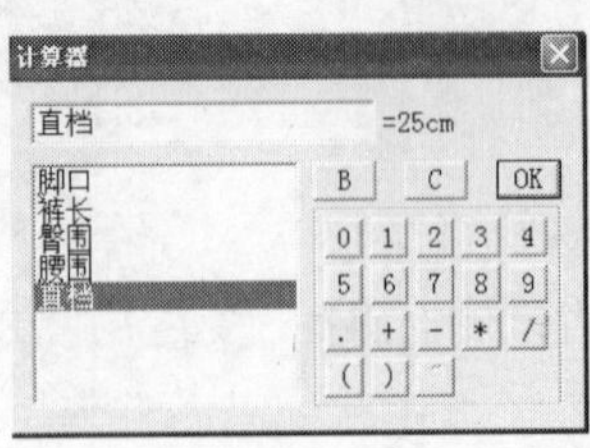

图 3.72

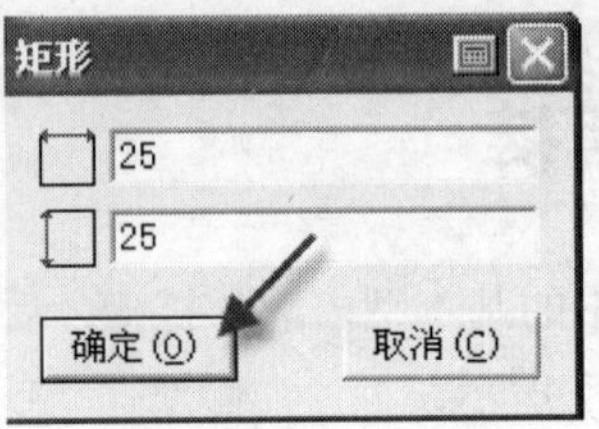

图 3.73

步骤 3 画出臀围线。使用【等分规】工具，在上方工具栏把等分数改为“3”，如图 3.74 所示。

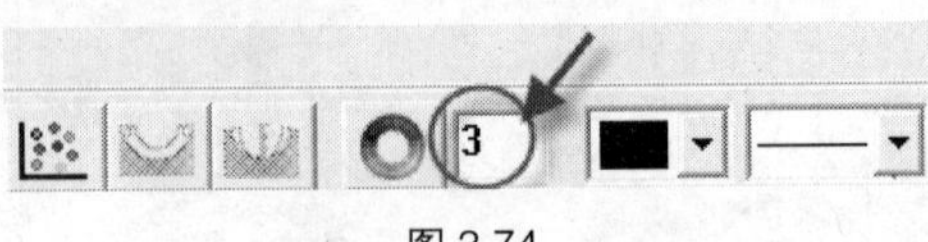

图 3.74

使用【智能笔】工具（带“T”的丁字尺），做一条水平线和右边相交，如图 3.75 所示。

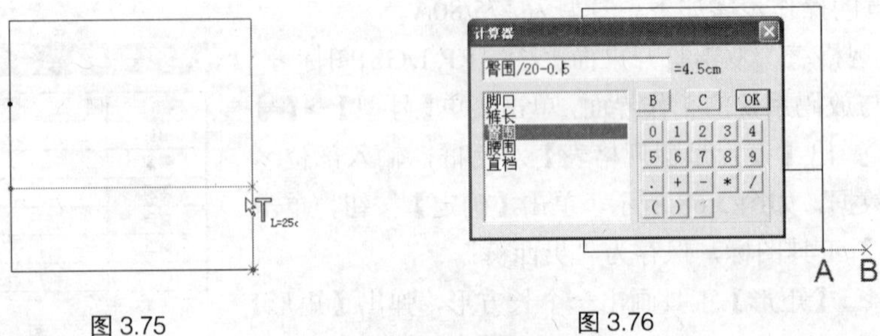

图 3.75 图 3.76

步骤 4 做前档宽。继续使用【智能笔】工具，画出【前档宽】线段 AB，单击右上角的【计算器】按钮，输入前档宽公式“臀围/20-0.5”，如图 3.76 所示，单击 OK 按钮，再单击 确定(O) 按钮。

步骤 5 做裤长。使用【智能笔】工具，画出【裤长】线段 CD，单击右上角的【计算器】按钮，输入裤长公式“裤长-4”，如图 3.77 所示，得到结果 98 厘米，单击 OK 按钮，再单击 确定(O) 按钮。使用【矩形】工具单击 BD，如图 3.78 所示。

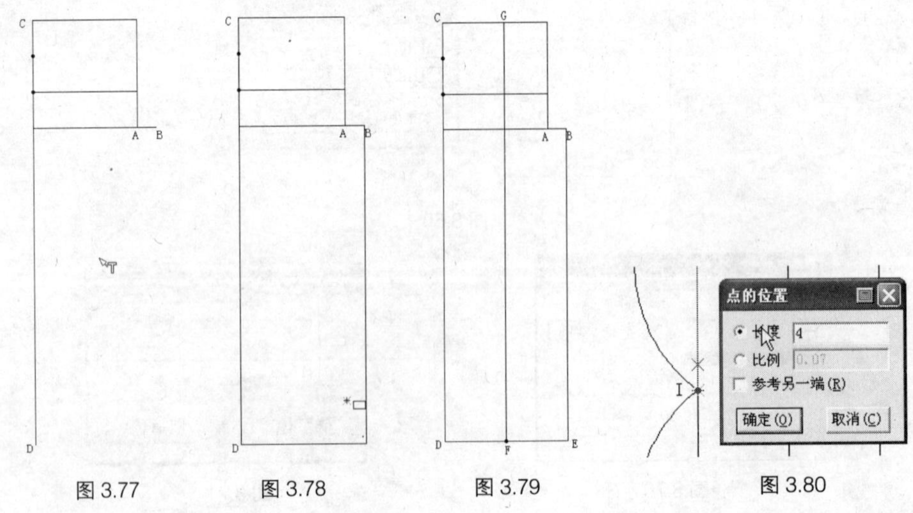

图 3.77 图 3.78 图 3.79 图 3.80

步骤 6 做裤中线。使用【等分规】工具，把脚口 DE 两等分，得到中点 F，使用【智能

笔】工具，画出裤中线线段 FG，如图 3.79 所示。

步骤 7 做中档线。使用【等分规】工具，把臀围到脚口的线段 HD 两等分，得到中点 I，使用【剪断线】工具，把线段 JD 在 I 处剪断，使用【智能笔】工具，比 I 点抬高 4 厘米，如图 3.80 所示，画出中档线线段 KL，如图 3.81 所示。

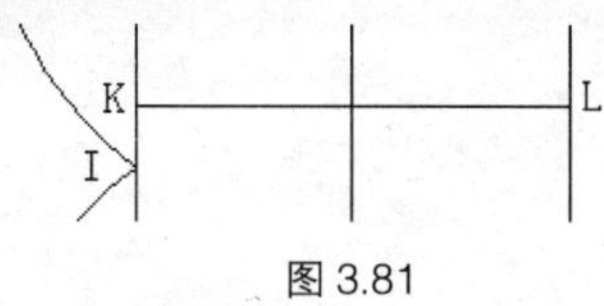

图 3.81

步骤 8 计算前片腰围。使用【智能笔】工具，以 M 点为参考点，在腰线 MC 上单击，单击右上角的【计算器】按钮，输入腰围公式“腰围/4+3”，如图 3.82 所示，单击 OK 按钮，再单击 确定(O) 按钮，得到腰围点 P，单击右键切换状态，光标显示为，圆顺连接 PH，如图 3.83 所示。

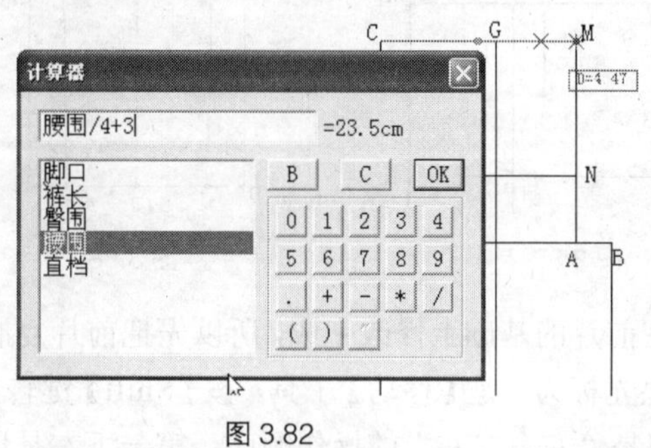

图 3.82

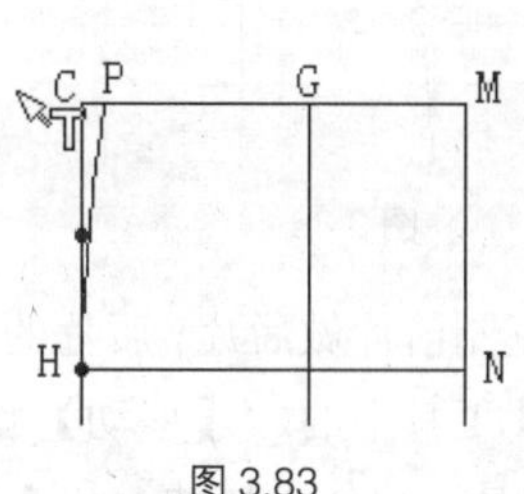

图 3.83

步骤 9 做脚口。使用【等分规】工具，按【Shift】键，光标变成【线上反向等分点】工具，单击 F 点后向两边拉开 Q、R 点，光标停在单向长度中，单击右上角的【计算器】按钮，输入脚口计算公式“(脚口-2)/2”，得到结果 9.5 厘米，单击 确定(O) 按钮，如图 3.84 所示。

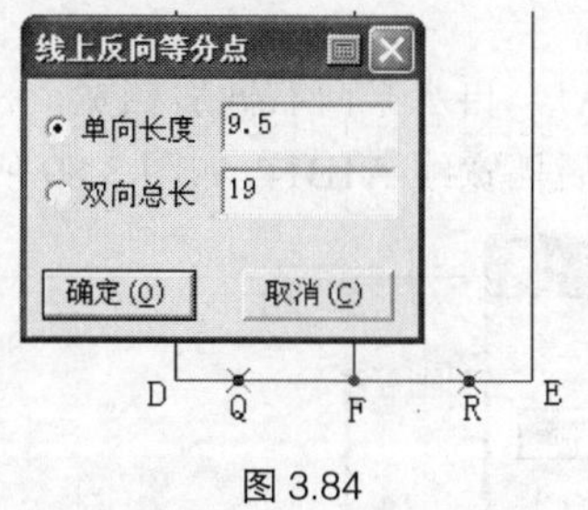

图 3.84

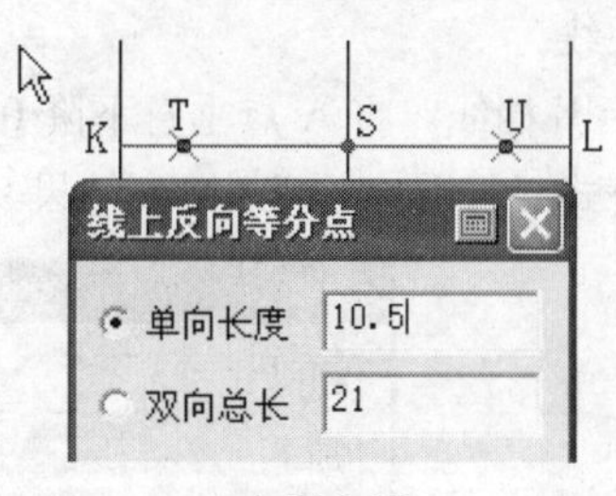

图 3.85

步骤 10 做中档宽。使用【等分规】工具，切换到【线上反向等分点】工具，单击 S 点后向两边拉开 T、U 点，在单向长度中，输入脚口大小“9.5+1”，得到结果 10.5 厘米，单击 确定(O) 按钮，如图 3.85 所示。

步骤 11 连接轮廓。使用【智能笔】工具，先直线连接 TQ、UR，再圆顺连接前档弧线 MNB，最后连接两边侧缝弧线 HT、BU。如果弧线不是太圆顺，可以使用【调整工具】，单击要调整的弧线，拖动线条中间显示的点就可以达到调整目的，调整结束后在空白处单击左键即可。

步骤 12 画出前片褶位。使用【剪断线】工具，把腰线 PM 在 G 处剪断，使用【智能笔】工具，在 G 点往侧缝 3 厘米找点后往下做 10 厘米垂直线长，如图 3.86 所示。

步骤 13 画出前片袋位。使用【智能笔】工具，在腰线上距离 C 点 5 厘米处找点后连接臀围

H 点，如图 3.87 所示。

步骤 14 做好的男西裤前片如图 3.88 所示。

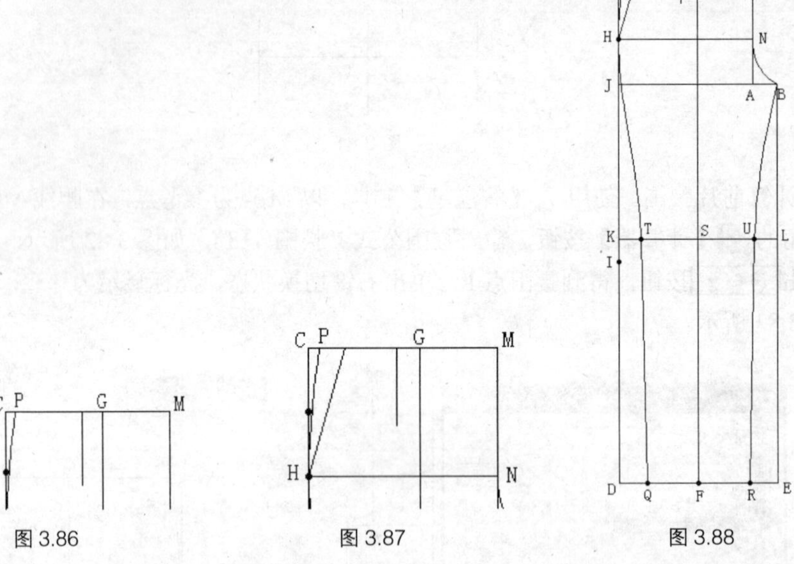

图 3.86　图 3.87　图 3.88

步骤 15 复制前片做后片。后片的做法是在前片的基础上修改完成，所以先把前片复制，使用【旋转】工具中的【移动】工具，如果光标为是【移动】工具，按【Shift】键转换成【复制】工具。记住【移动】和【复制】都是“左右左左”的操作顺序，第一下左是用左键选中要复制或移动的线，（现在是用左键拉框全部选红前片），然后按右键，第三次左键是选中任意一个太阳点进行拖动（在拖动过程中可以按住【Ctrl】键保证水平移动），最后在相应位置点左键确认（拉开的距离应该超过裤片的宽度）。使用【橡皮擦】工具删除复制后的袋口线和褶位线。

步骤 16 做后片档线。将 A 点垂直下降 0.7 厘米得到 A1，再水平向右做后档宽，在【计算器】中输入公式“臀围/10-1”，得到结果 9 厘米，做出后档宽线 A1B1，如图 3.89 所示。

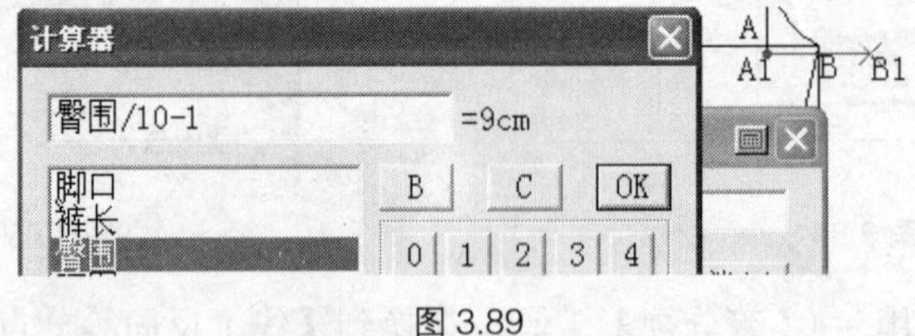

图 3.89

步骤 17 做后档弧线。使用【智能笔】工具，在后片腰线 MC 上单击找点（太阳点在 M 上），弹出【点的位置】对话框，在长度框中输入“4”，得到 M1 点，如图 3.90 所示，单击确定(O)按钮，然后 A1 点直线连接，如图 3.91 所示。使用【调整工具】中的【线调整】工具，光标变成，单击 M1A1（点的时候应靠近 M1 点，太阳点会出现在 M1 点上），弹出【线调整】对话框，选择【直度调整】，调整模式选择第三种，【增减量】输入“2.5”，如图 3.92 所示，单击确定(O)按钮，M1 点会延长 2.5 厘米，如图 3.93 所示。

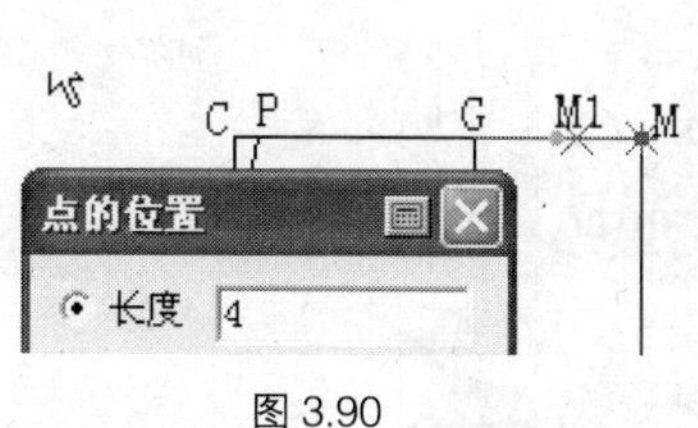
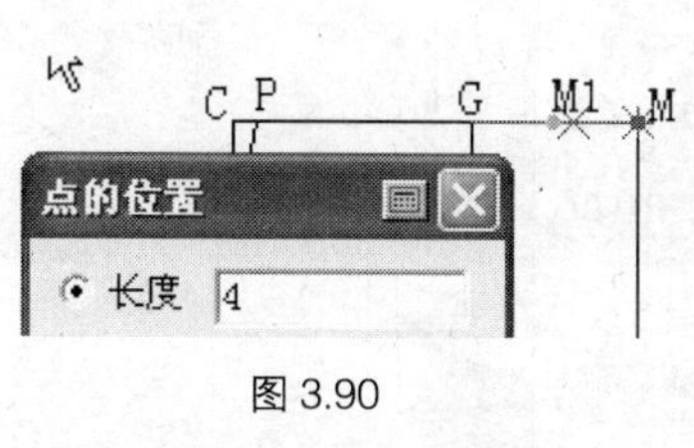

图 3.90

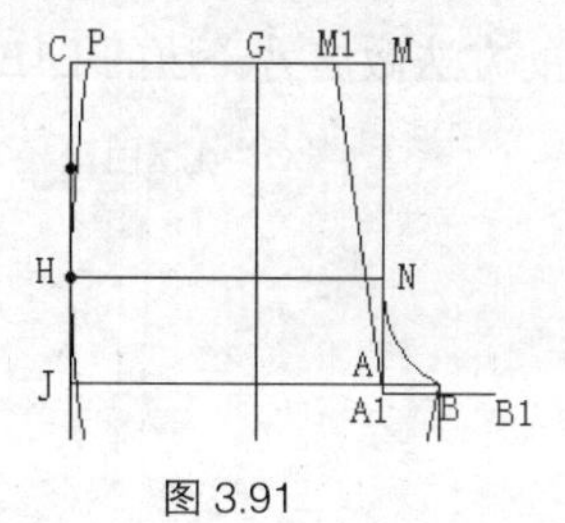

图 3.91

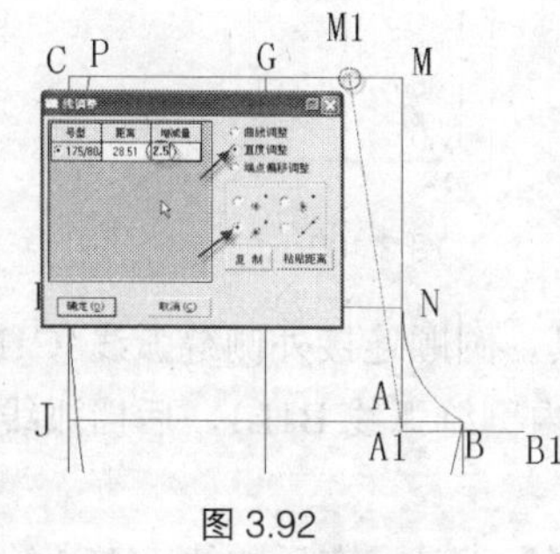

图 3.92

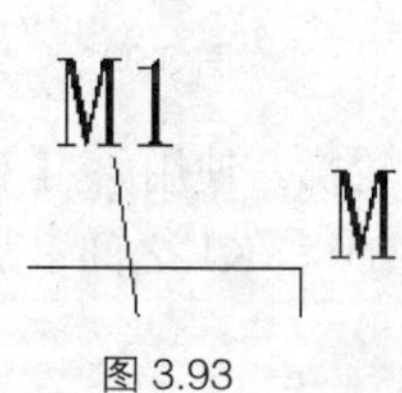

图 3.93

步骤 18 画后腰线。使用【圆规】工具，单击 M1 点，然后再 MC 上找任意一点单击，弹出【单圆规】对话框，单击右上角的【计算器】按钮，输入腰围计算公式“腰围/4+1.5”，得到结果 22 厘米，单击 确定(O) 按钮，如图 3.94 所示，得到的 C1 点超出了 MC（这个点位在 C 点左右都是允许的，但偏差不要大于 2 厘米），如图 3.95 所示。

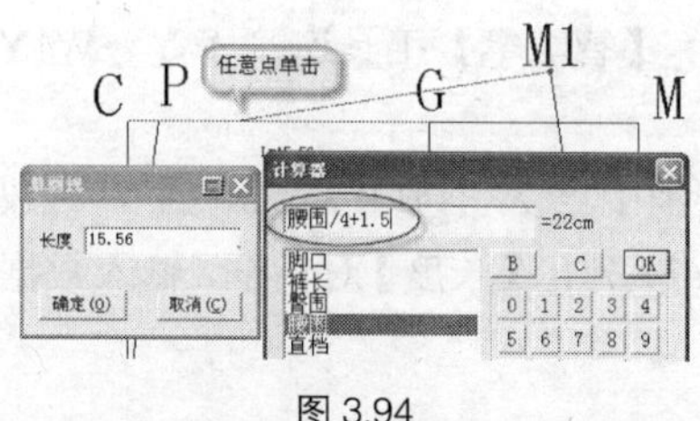

图 3.94

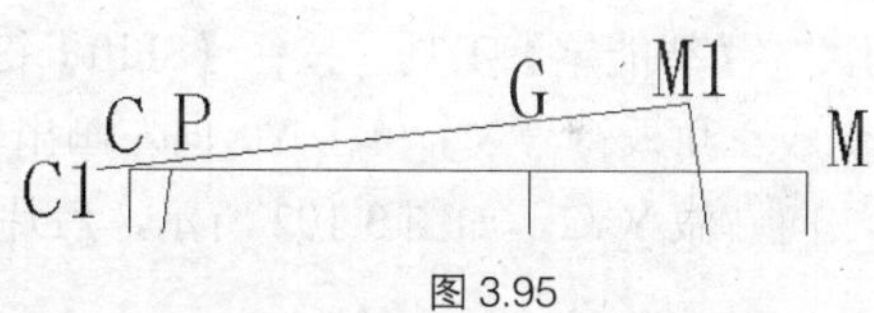

图 3.95

步骤 19 做后臀围。使用【智能笔】工具，从 M1A1 和臀围 HN 的交点 N1 开始，做一条水平线，在【计算器】中输入后臀围公式“臀围/4”，得到结果 25 厘米，单击 确定(O) 按钮，落点为 H1，如图 3.96 所示。

步骤 20 做后片脚口宽和中档宽。使用【智能笔】工具，单击脚口线上的 D1 点，距离前脚口 Q 点 2 厘米，如图 3.97 所示，得到 D1 点之后继续单击中档线上的 K1 点，距离 T 点距离为 2 厘米，如图 3.98 所示，单击右键结束后做好了后片的 K1D1 线，如图 3.99 所示。

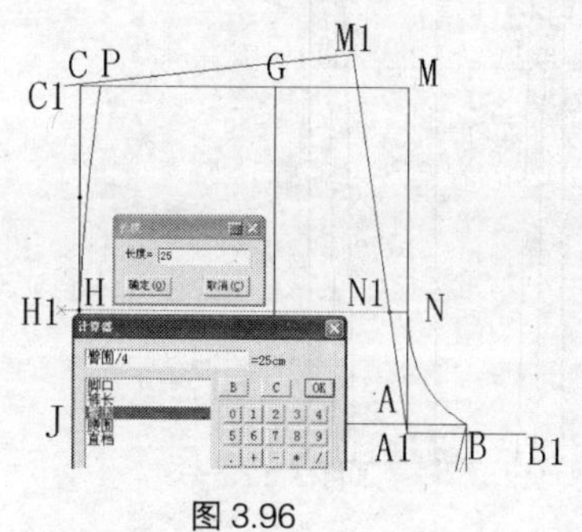

图 3.96

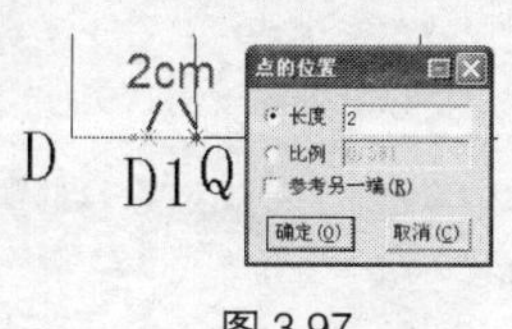

图 3.97

图 3.98

按同样的方法做出另一边的 L1E1 线，如图 3.100 所示。

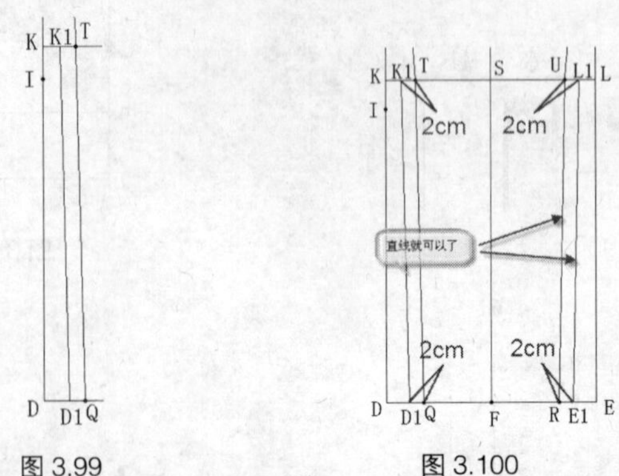

图 3.99　　图 3.100

步骤 21　连接后片轮廓。使用【智能笔】工具，圆顺连接外侧缝弧线 C1H1K1（为了是线条圆顺，可以在 H1 和 K1 之间多加一个点），内侧缝弧线 B1L1，后档弧线 N1B1，如图 3.101 所示。

步骤 22　做后片省道和后袋线。使用【等分规】工具，在后腰线 M1C1 上找到等份点 X，使用【智能笔】工具，按住【Shift】键，单击腰围弧线左端点 C1 不放开，拖动到中点 X 再放开，这时光标变成三角板符号，单击等份点 X，向下移动画出垂直线后再单击，弹出【长度】对话框，输入数据“8”完成省中线 XY。使用【等分规】工具，按【Shift】键，光标变成【线上反向等分点】工具，单击 X 点后向两边拉开 W、W1 点，在单向长度中输入“0.75”，单击 确定(O) 按钮，如图 3.102，使用【智能笔】工具连接 WY、W1Y，完成省道制作。

使用【智能笔】工具，按住【Shift】键，单击腰围中点 X 不放开，拖动到 Y 再放开，这时光标变成三角板符号，单击 Y，向左画出垂直线 YY1，弹出【长度】对话框，输入数据“6.5”，同样方法向右做 YY2，如图 3.102 所示，后片完成。

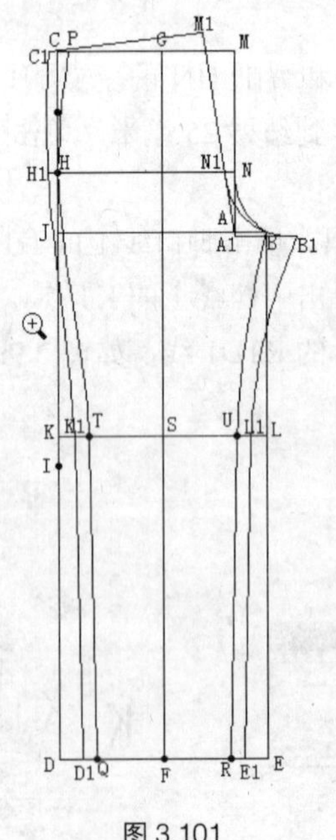

图 3.101

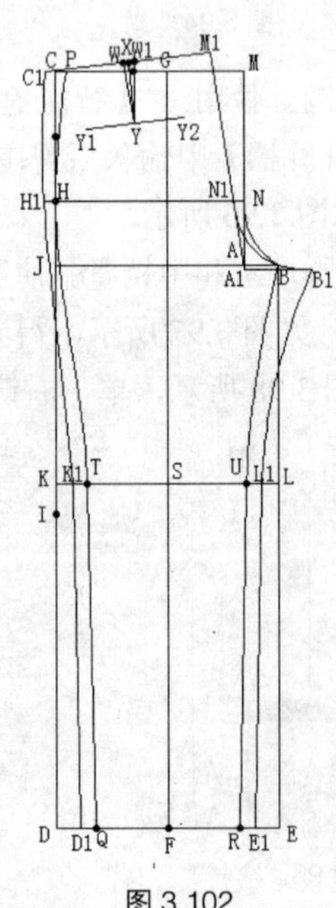

图 3.102

步骤 23 做腰头。使用【矩形】工具，弹出【矩形】对话框，单击右上角的【计算器】按钮，横向长度输入“腰围+5”，算出结果为87厘米，竖向长度输入“4”，如图3.103所示。

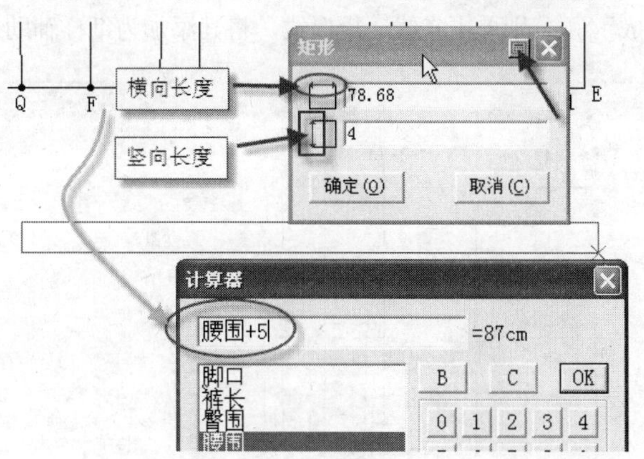

图3.103

步骤 24 做门襟、前贴袋布和里襟。使用【旋转】工具中的【移动】工具，如果光标为是【移动】工具， 按【Shift】键转换成【复制】工具，按照“左右左左”的操作顺序，复制前片的上部分（档线以上），如图3.104所示。使用【智能笔】工具，距离M点左边4厘米处做点M2，做垂直线往下和臀围线相交为N2，在弧线NB上距离N点2.5厘米处找点B2，用弧线和N2M2圆顺连接相切于N3。

使用【智能笔】工具，在距离P1点3厘米处开始找点P2做弧线到H点往下3厘米处的H2点，如图3.105所示。

使用【剪断线】工具，单击弧线NB，在B2处剪断，单击MN，在N处剪断MN，单击MC，在M2、P、P2处剪断，单击M2N2，在N3处剪断，单击H2H，在H2处剪断。使用【橡皮擦】工具删除不用的线条，得到门襟和前贴袋布的形状，如图3.106所示。

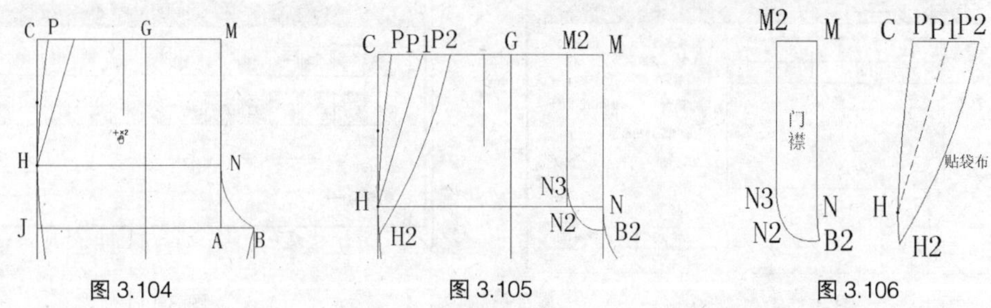

图3.104　　图3.105　　图3.106

使用【矩形】工具，弹出【矩形】对话框，单击右上角的【计算器】按钮，横向长度输入“5”，竖向长度输入“20”，单击 确定(O) 按钮，得到里襟，如图3.107所示。

步骤 25 做后袋口和后袋贴。使用【矩形】工具，弹出【矩形】对话框，单击右上角的【计算器】按钮，后袋口尺寸为16*5，后袋贴尺寸16*7，单击 确定(O) 按钮，如图3.108所示。

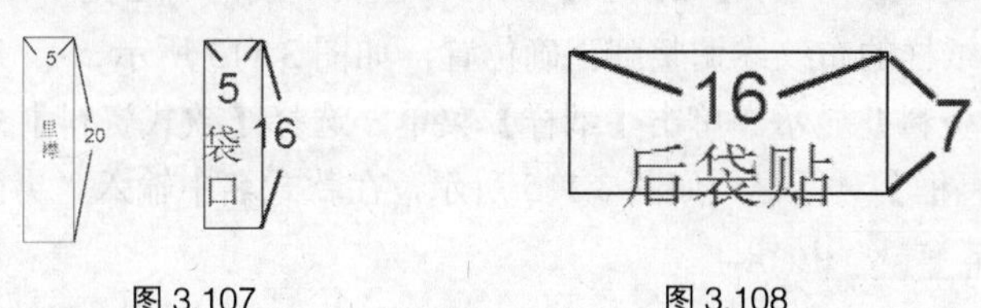

图3.107　　图3.108

步骤 26 剪出轮廓线，生成纸样。使用【剪刀】工具，依次单击纸样的外轮廓线条，直至形成封闭区域，如图 3.109 所示，生成前片、后片、腰头和门襟、里襟、前袋贴、后袋贴的纸样。单击右键，光标变成⁺，分别单击省线、袋口线，将其添加为纸样辅助线，单击右键结束。

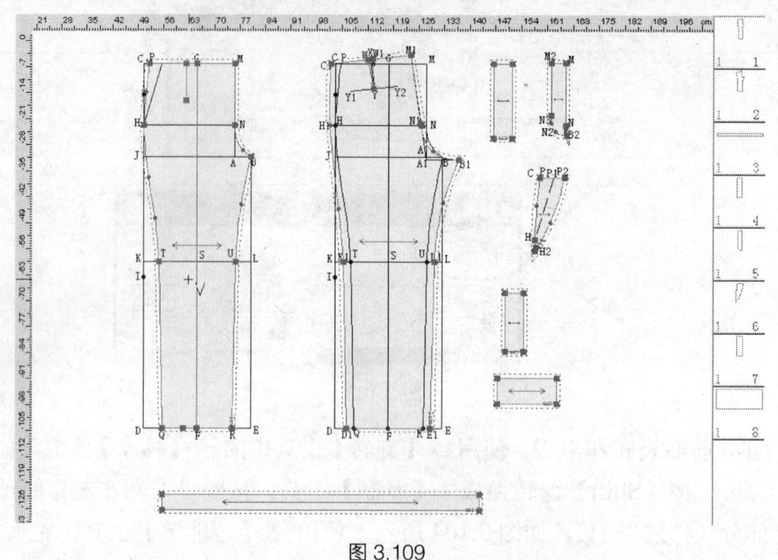

图 3.109

使用【V 型省】工具，弹出【尖省】对话框，输入省宽数据，选择合适选项，单击【确定】按钮，如图 3.110 所示。调整红色腰口弧线至圆顺，单击右键结束，系统自动添加剪口和钻孔标记。

步骤 27 调整缝份。系统已经自动放缝 1 厘米，将脚口的缝份改为 3 厘米，使用【加缝份】工具，前片按顺时针方向在 R 点按住鼠标拖动到 Q 点，放开后，弹出【加缝份】对话框，起点缝份量输入“3”，选择第二种加缝份的方式，如图 3.111 所示，再单击 确定(O) 按钮。后片方法相同，在 E1 点按住鼠标拖动到 D1 点，结果如图 3.112 所示。

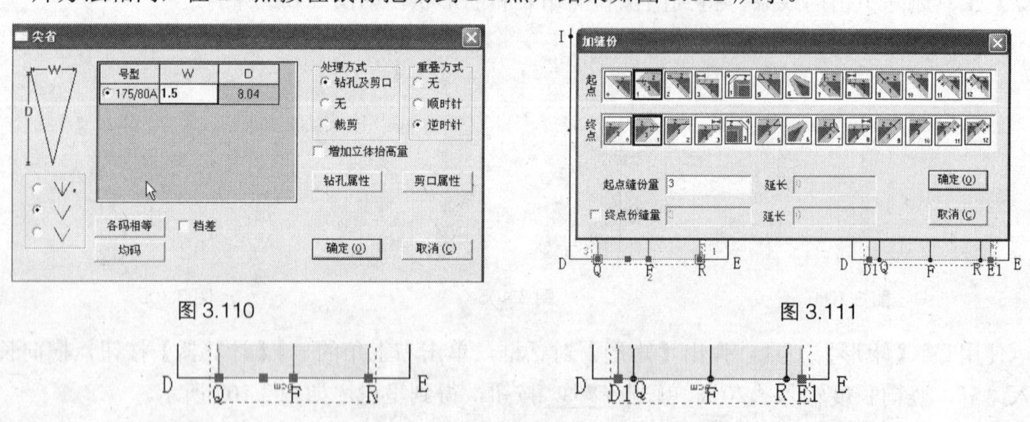

图 3.110

图 3.111

图 3.112

步骤 28 调整布纹线。使用【布纹线】工具，在布纹线的中心处单击右键，每单击一次旋转 45 度，将所有纸样的布纹线调整到正确位置，如图 3.113 所示。

步骤 29 输入纸样资料并显示。单击【纸样】菜单，选择【款式资料】命令，如图 3.114 所示，弹出【款式信息框】对话框，如图 3.115 所示，在款式名中输入“男西裤”（一个款式只需输入一次），单击 确定(O) 按钮。

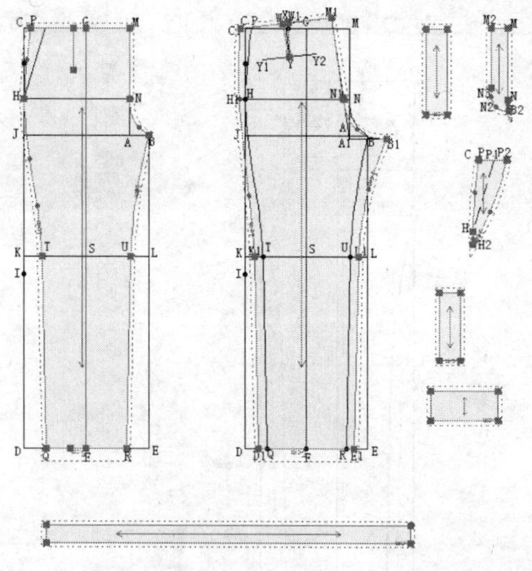

图 3.113

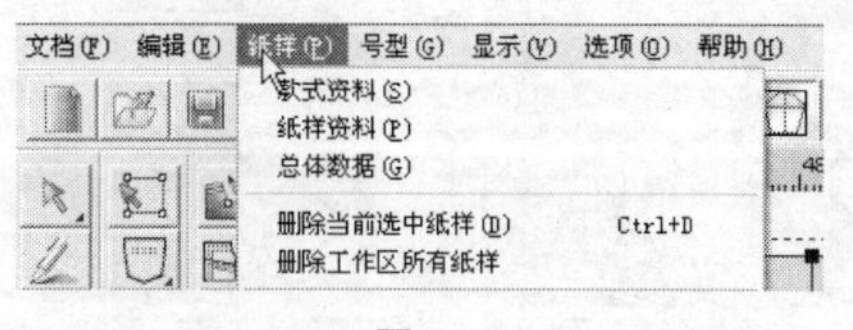

图 3.114

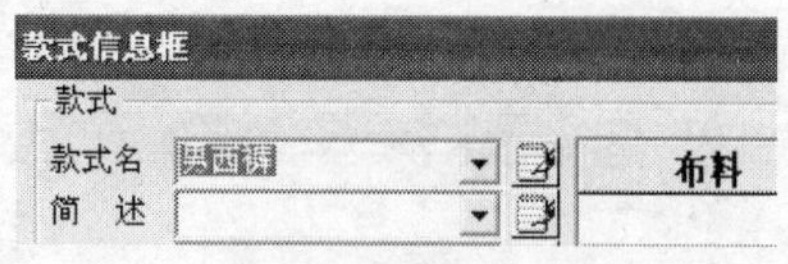

图 3.115

纸样资料可以在屏幕右上方的纸样陈列栏中双击，弹出【纸样资料】对话框，如图 3.116 所示，输入名称和份数，单击应用按钮。分别输入前片、后片、腰头和门襟、里襟、前袋贴、后袋贴的资料，要在布纹线上显示出相应的纸样资料，单击上方菜单栏中【选项】菜单，选择【系统设置】命令，如图 3.117 所示，弹出【系统设置】对话框，如图 3.118 所示，选择【布纹设置】选项卡。

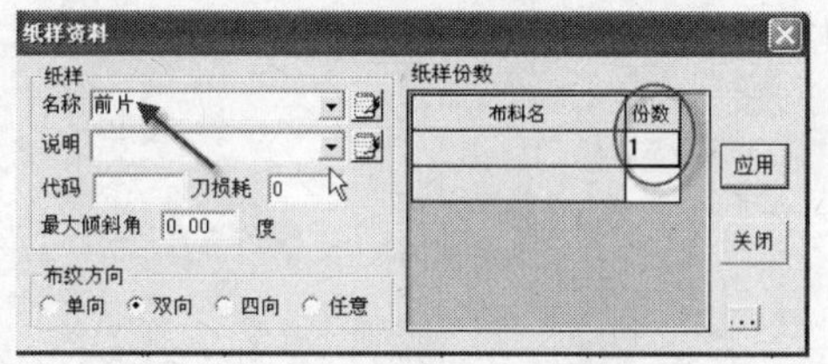

图 3.116

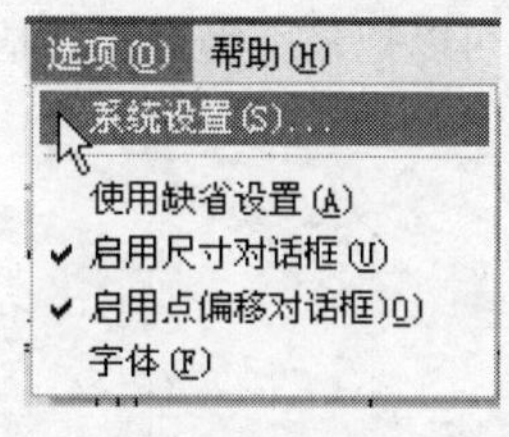

图 3.117

在弹出的【系统设置】对话框中，单击黑色三角会弹出【布纹线信息】对话框，在“纸样名”和“纸样份数”前打上“√”，布纹线下方的选择是“款式名”和“号型名”，单击确定(O)按钮，相应资料就会显示在纸样上，如图 3.119 所示，放大后可以看清楚。

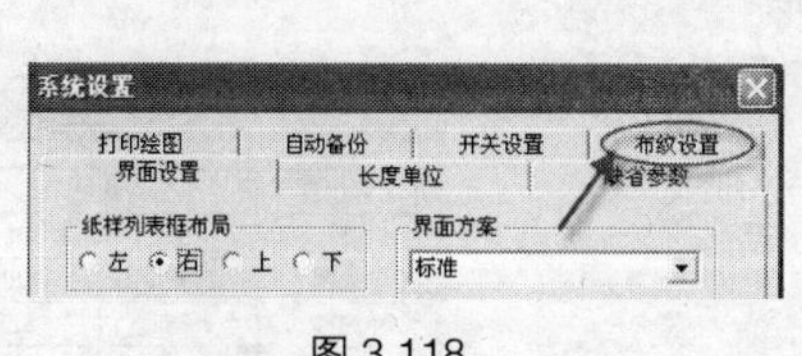

图 3.118

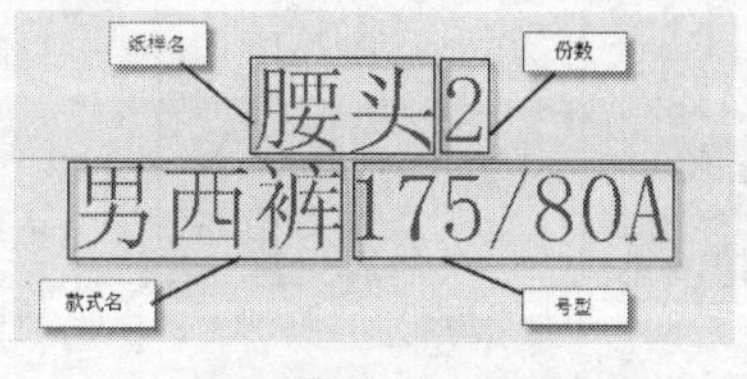

图 3.119

全部做好之后效果如图 3.120 所示。

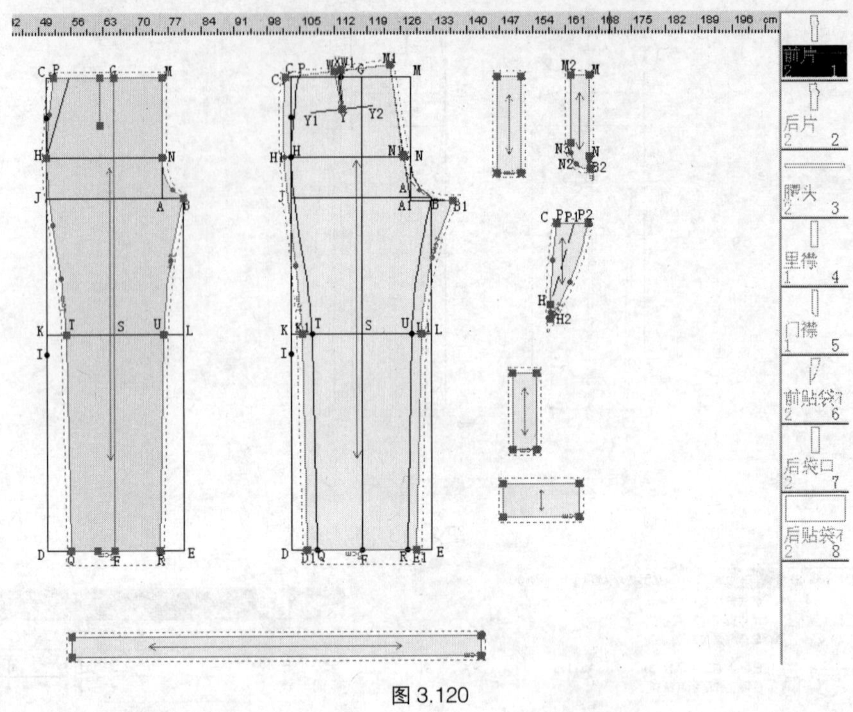

图 3.120

3.2.2 男西裤放码

富怡 V8.0 版本的放码和结构设计是在同一个系统中操作的，所以在纸样基础上继续进行放码操作。男西裤的放码参数如图 3.121 所示（后袋口和后贴袋布是均码，所以不用放）。

步骤 1 单击【号型】菜单中的【号型编辑】命令，弹出【设置号型规格表】对话框。输入号型名称、部位尺寸、数据，同时给不同码数设置不同颜色，完成后单击【确定】按钮，如图 3.122 所示。可以把最小码设置为基码，单击【清除空白行列】按钮可以精简规格表。

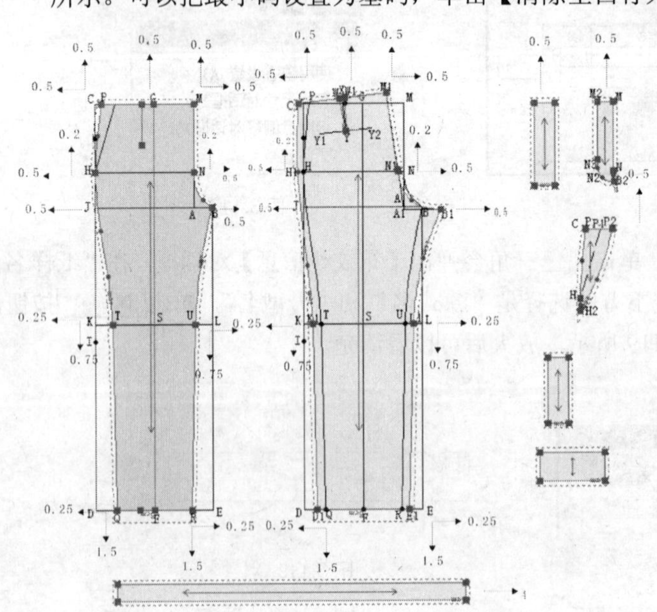

图 3.121

设置号型规格表

号型名	170/76A	175/80A	180/84A
裤长	98	102	106
臀围	96	100	104
腰围	78	82	86
直裆	24.5	25	25.5
脚口	20.5	21	21.5

图 3.122

步骤 2 以前片为例放码。为了视图清晰，先删除了不是放码点的英文标识（放码点是黑色实心点），然后按【F7】键关闭缝份。使用【点放码表】工具，弹出【点放码表】对话框，使用【选择纸样控制点】工具，单击 M 点，弹出【点放码表】对话框，单击【自动判断放码量正负】工具图标将其关闭，在除了基码外的最小码处输入放码量（查看图 3.121 所给出的参数图），dX 输入“0.5”，dY 输入“0.5”（注意正负号），其他码数不需要输入，然后单击【XY 相等】工具图标，就会把 M 点的放码完成，其他码数的尺寸也会自动生成，如图 3.123 所示。

步骤 3 P、P2 两点的坐标是相同的，可以同时输入，在【点放码表】对话框中单击【复制放码量】工具图标，把 M 点的坐标复制，然后按键盘左上角的【Esc】键（注意：这步如果不做，会把 P、P2、M 同时选中），再用左键同时框选 P、P2 点，在【点放码表】对话框中单击【粘贴 XY】工具图标，这时【点放码表】对话框中 dX 和 dY 的值就是刚才复制的（0.5，0.5），然后单击【X 取反】工具图标，dX 和 dY 的值变成（-0.5，0.5），就会把 P、P2 点的放码完成，如图 3.124 所示。

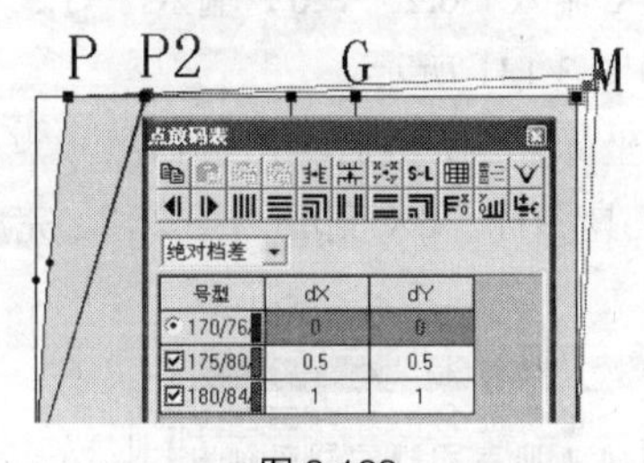

图 3.123

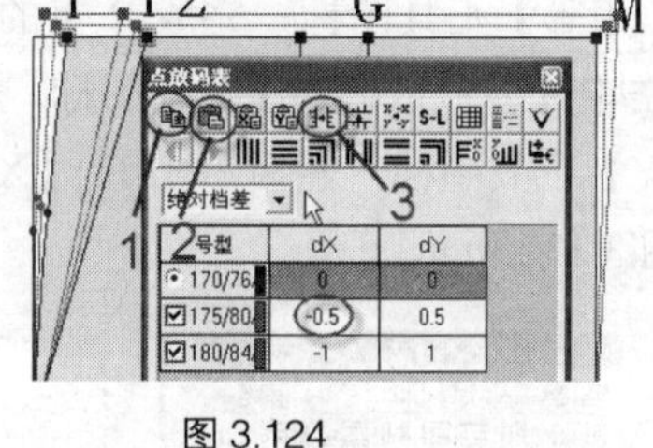

图 3.124

步骤 4 褶位 G、G1 点的坐标是相同的，可以同时输入，先按键盘左上角的【Esc】键（凡是选多点同时放码之前和之后就需要这步操作），然后用左键框选 G、G1 点，dX 输入“0”，dY 输入“0.5”，然后单击【XY 相等】工具图标完成褶位放码，如图 3.125 所示。

步骤 5 按键盘左上角的【Esc】键，框选臀围 H 点（因为 H 点同时还是袋点），在【点放码表】对话框中 dX 输入“-0.5”，dY 输入“0.2”，然后单击【XY 相等】工具图标，完成 H 点的放码，如图 3.126 所示。

步骤 6 单击【复制放码量】工具图标，把 H 点的坐标复制，按键盘左上角的【Esc】键，单击臀围 N 点，单击【粘贴 XY】工具图标，然后单击【X 取反】工具图标，dX 变成“0.5”，完成 N 点的放码，如图 3.127 所示。

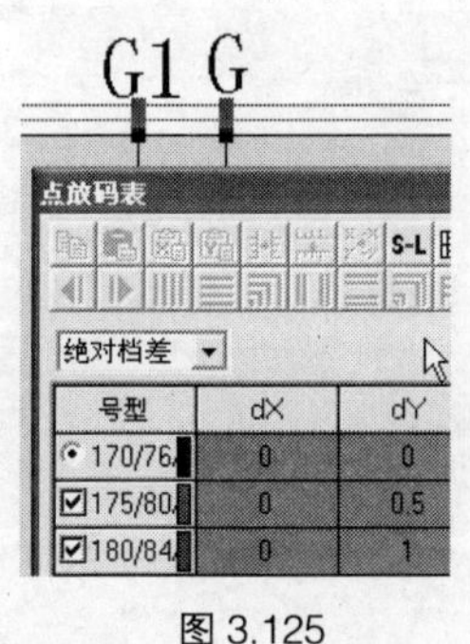

图 3.125

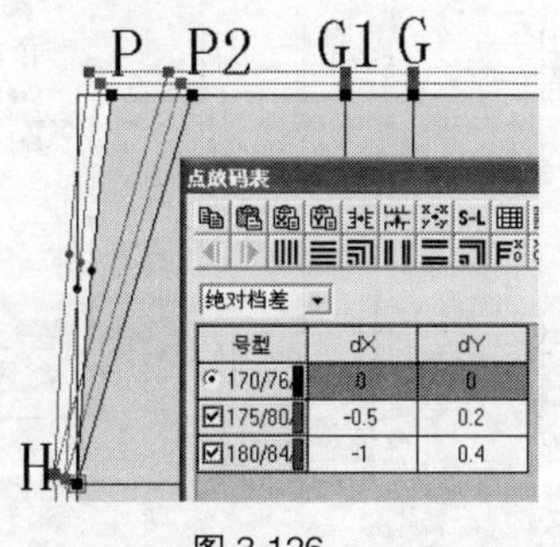

图 3.126

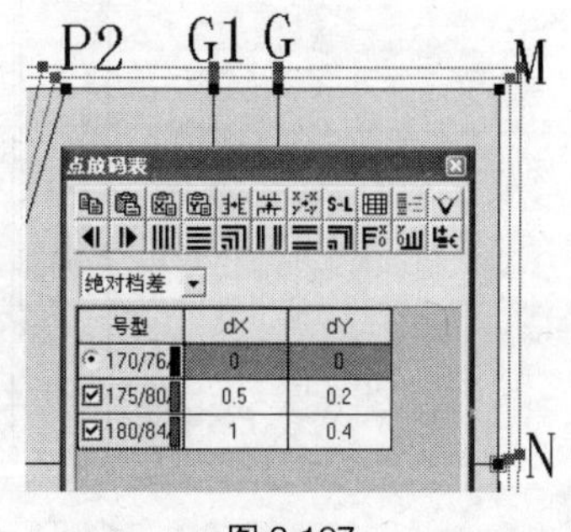

图 3.127

步骤 7 单击前档宽 B 点，在【点放码表】对话框中 dX 输入“0.5”，dY 为“0”（就是不用输入），然后单击【XY 相等】工具图标，完成 B 点的放码，如图 3.128 所示。

步骤 8 单击中档宽 U 点，在【点放码表】对话框中 dX 输入“0.25”，dY 输入“-0.75”，然后单击【XY 相等】工具图标，完成 U 点的放码，如图 3.129 所示。

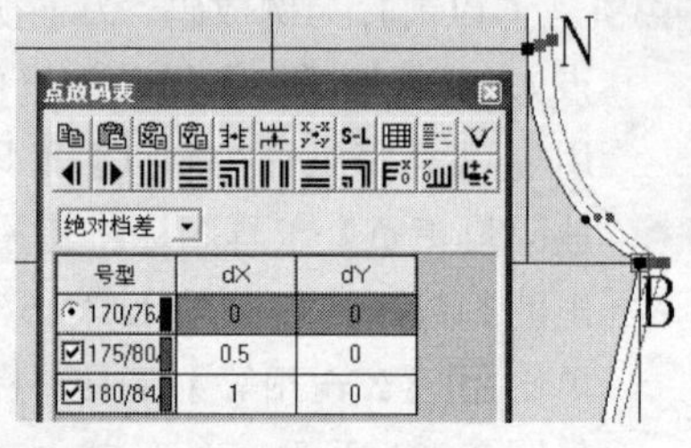

号型	dX	dY
170/76	0	0
175/80	0.5	0
180/84	1	0

图 3.128

步骤 9 单击【复制放码量】工具图标，把 U 点的坐标复制，然后单击中档宽另一点 T，单击【粘贴 XY】工具图标，然后单击【X 取反】工具图标，dX 变成“-0.25”，完成 T 点的放码，如图 3.130 所示。

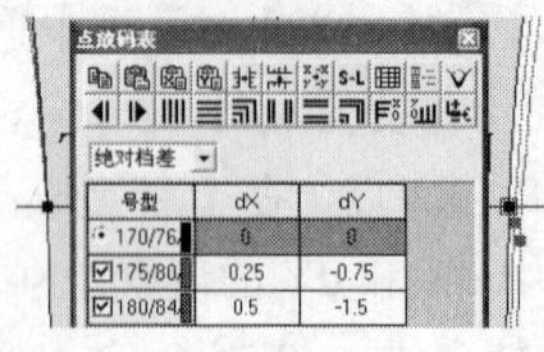

号型	dX	dY
170/76	0	0
175/80	0.25	-0.75
180/84	0.5	-1.5

图 3.129

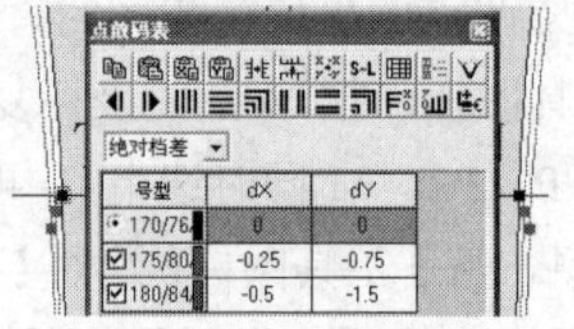

号型	dX	dY
170/76	0	0
175/80	-0.25	-0.75
180/84	-0.5	-1.5

图 3.130

步骤 10 单击脚口 R 点，在【点放码表】对话框中 dX 输入“0.25”，dY 输入“-1.5”，然后单击【XY 相等】工具图标，完成 R 点的放码，如图 3.131 所示。

步骤 11 单击【复制放码量】工具图标，把 R 点的坐标复制，然后单击脚口另一点 Q，单击【粘贴 XY】工具图标，然后单击【X 取反】工具图标，dX 变成“-0.25”，完成 Q 点的放码，如图 3.132 所示。

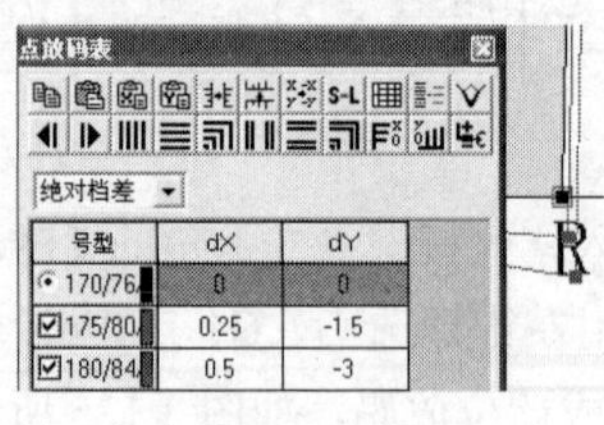

号型	dX	dY
170/76	0	0
175/80	0.25	-1.5
180/84	0.5	-3

图 3.131

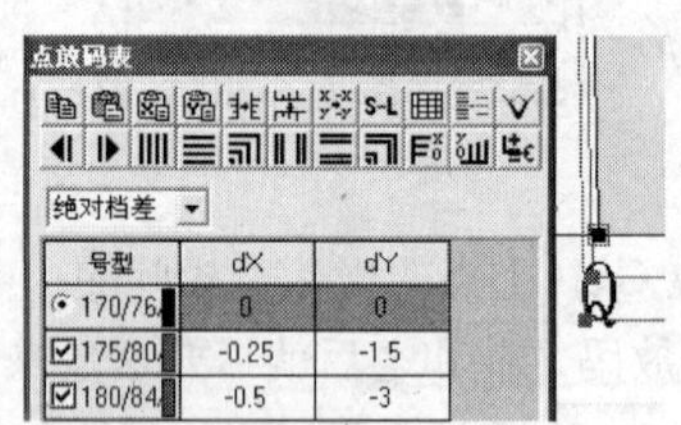

号型	dX	dY
170/76	0	0
175/80	-0.25	-1.5
180/84	-0.5	-3

图 3.132

步骤 12 按前片的放码顺序和方法把后片和其他零部件放码，按照图 3.121 给出的点位逐点输入相应坐标，单击【XY 相等】工具图标放码即可。如图 3.133 所示。

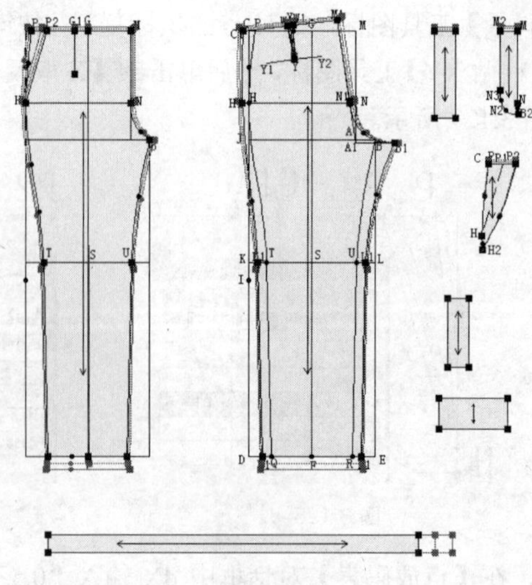

图 3.133

完成后把文件另存为“男西裤放码”。

3.2.3 男西裤排料

步骤 1 双击打开[RP-GSM]排料软件，先单击【唛架】菜单中的【单位选择】命令，弹出【量度单位】对话框，如图 3.134 所示，把长度和宽度的单位由毫米改成厘米。再次单击【唛架】菜单中的【定义唛架】命令，弹出【唛架设定】对话框，在【说明】处输入“男西裤排料图”，【宽度】处输入面料的幅宽“144”厘米，【长度】输入面料的长度“400”厘米（暂定），如图 3.135 所示。

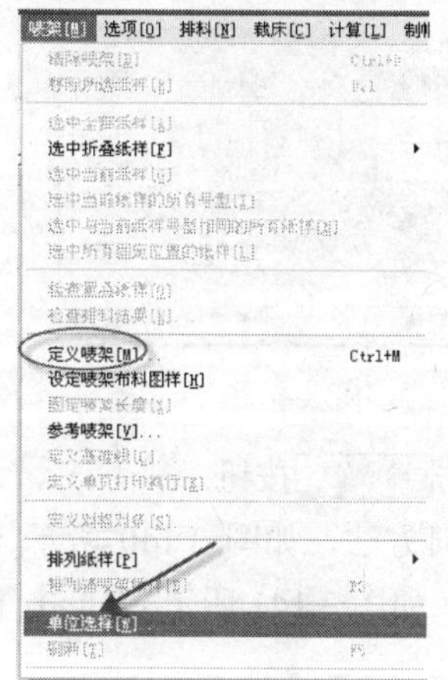

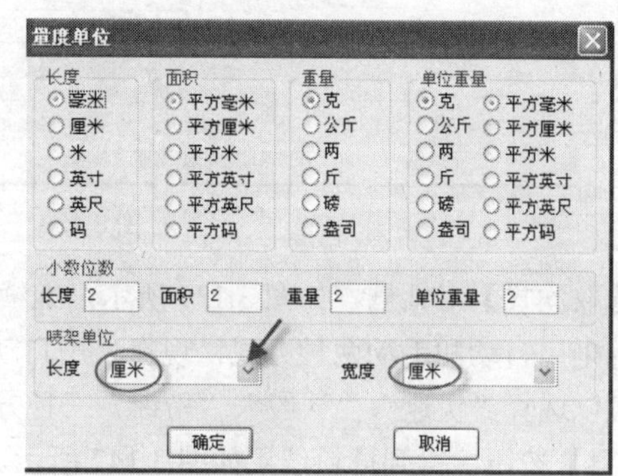

图 3.134

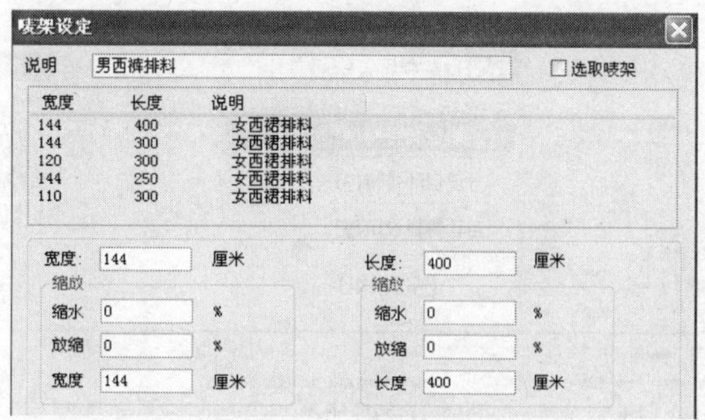

图 3.135

步骤 2 单击【文档】菜单中的【打开款式文件】命令，弹出【选取款式】对话框，如图 3.136 所示，单击【载入】按钮，在保存文件的位置双击打开“男西裤放码.dgs”，如图 3.137 所示。

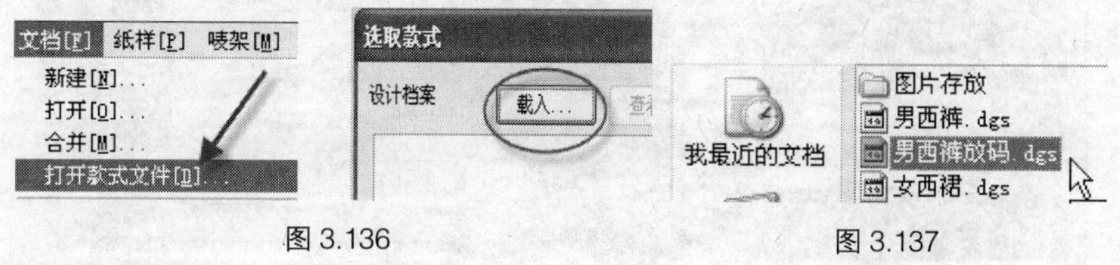

图 3.136　　图 3.137

弹出【纸样制单】对话框，如图 3.138 所示，将【设置偶数纸样为对称属性】前面打上“√”，单击 确定(O) 按钮。

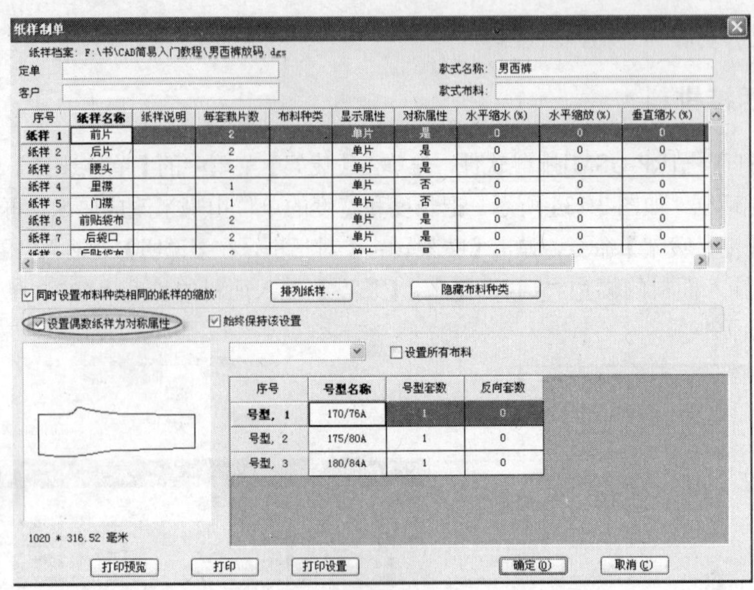

图 3.138

进入【选取款式】对话框，如图 3.139 所示，继续单击 确定(O) 按钮。

排料可以采用自动和手动两种方式，现在采用自动排料方法，如图 3.140 所示（在【自动排料设置】中可以选择“快速”、“一般”、“精细”三种方式，如图 3.141 所示），单击【排料】中的【开始自动排料】按钮，得到排料结果如图 3.142 所示。

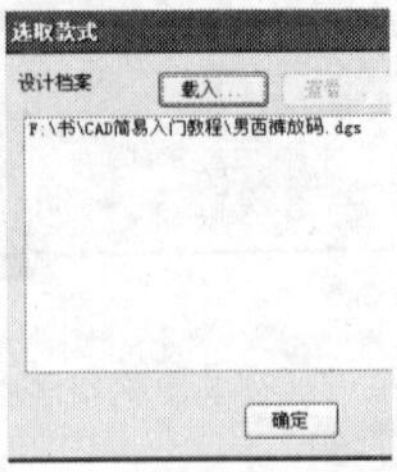

图 3.139　　图 3.140　　图 3.141

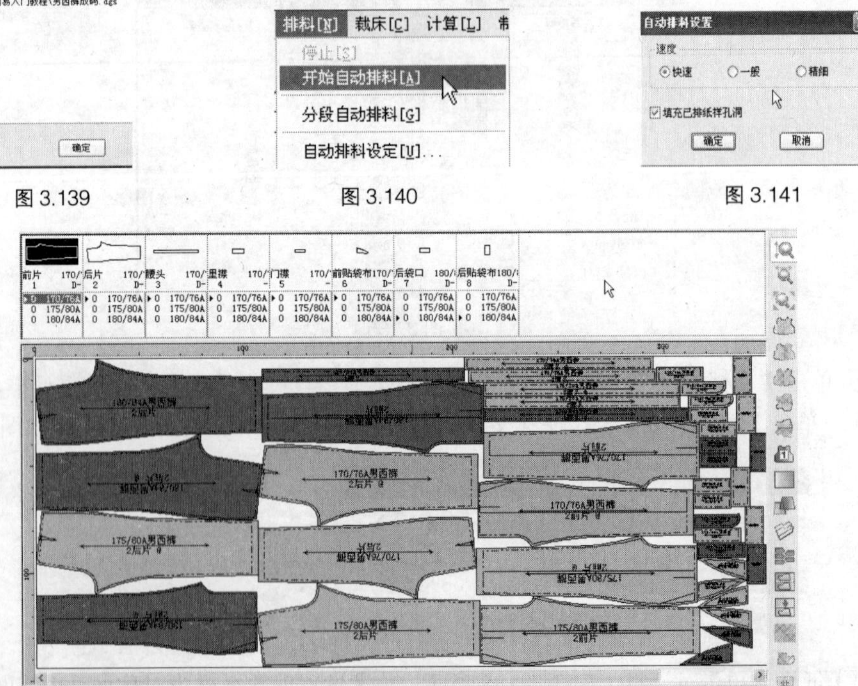

图 3.142

3.3 女衬衫

女衬衫是上衣中的基本型，前后片各收一个省，效果图如图 3.143 所示。

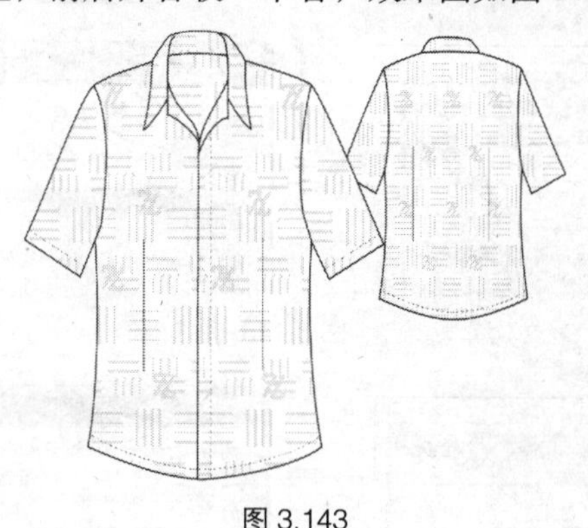

图 3.143

3.3.1 女衬衫样板制作

绘制女衬衫的操作步骤如下。号型为 M。

步骤 1 定出规格表。双击打开桌面上 [RP-DGS] 图标，进入设计与放码系统的工作界面，单击菜单【号型】→【号型编辑】，弹出【设置号型规格表】对话框，输入部位名称、尺寸数据，如图 3.144 所示，单击【确定】按钮，单击【保存】工具图标，保存为“女衬衫”。

步骤 2 使用【矩形】工具画出一个长方形，弹出【矩形】对话框如图 3.145 所示，单击右上角的【计算器】按钮，弹出【计算器】对话框，如图 3.146 所示，横向长度输入比例公式“胸围/4”，系统会自动计算出结果为 23 厘米，单击OK按钮后返回【矩形】对话框。把光标移到竖向箭头处，如图 3.147 所示，单击右上角的【计算器】按钮，双击“衣长”，得到 60 厘米，单击OK按钮后，再单击确定(O)按钮，得到一个宽度 23 厘米、长度 60 厘米的矩形，作为前衣片的上部。

设置号型规格表

号型名	☑	◉M
衣长		60
胸围		92
肩宽		36
领围		35
袖长		18
袖口		30

图 3.144

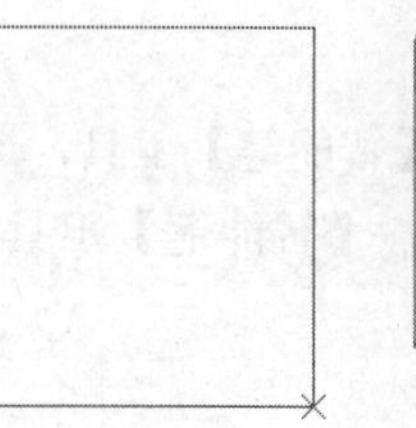

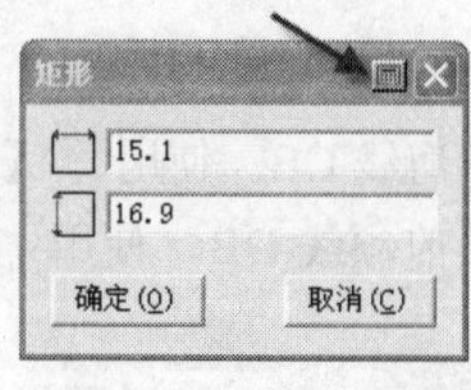

图 3.145

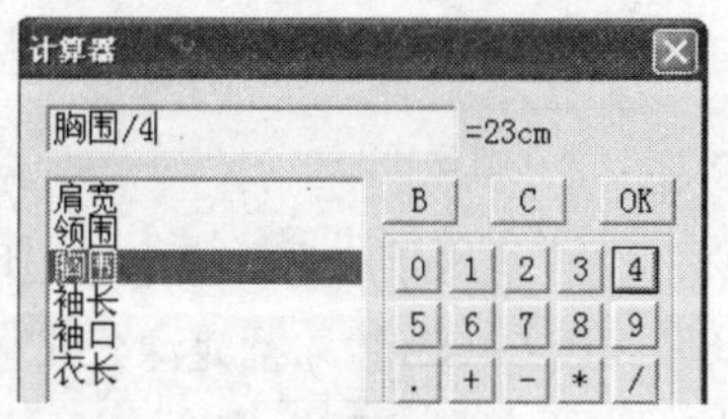

图 3.146

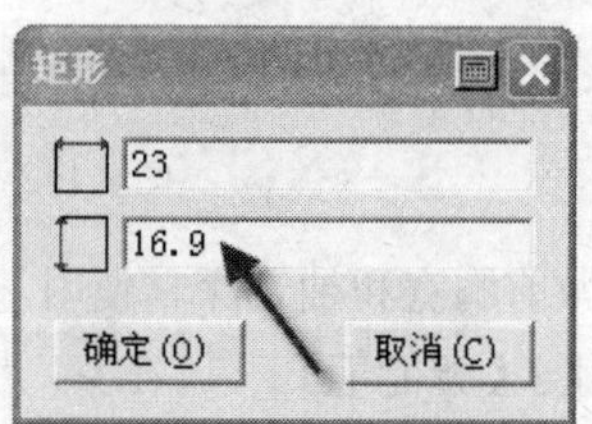

图 3.147

步骤 3 画出领围。使用【矩形】工具画出一个长方形，弹出【矩形】对话框如图 3.148 所示，单击右上角的【计算器】按钮，在横向长度中输入领宽公式“领围/5-0.3”，得到结果 6.7 厘米，单击 OK 按钮，然后把光标移到竖向箭头处，输入领深公式“领围/5”，得到结果 7 厘米，如图 3.149 所示，单击 OK 按钮后再单击 确定(O) 按钮。

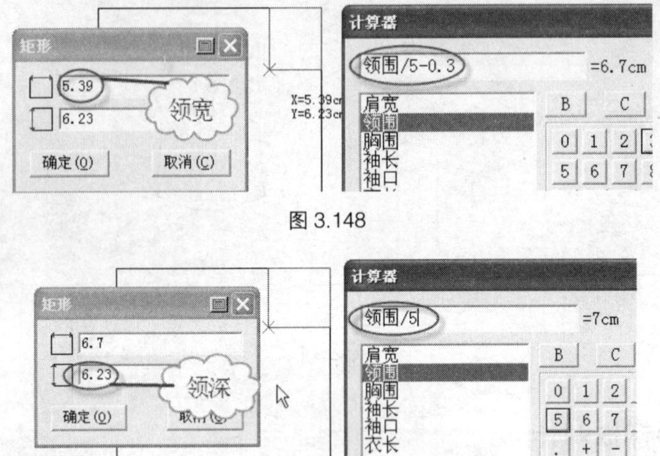

图 3.148

图 3.149

步骤 4 做肩斜。使用【智能笔】工具，在矩形上边线做点（注意太阳点的位置），单击右上角的【计算器】按钮，输入肩宽公式“肩宽/2-0.5”，得到结果 17.5 厘米，如图 3.150 所示，单击 OK 按钮，再单击 确定(O) 按钮得到肩宽点 A。继续使用【智能笔】工具（带“T”的丁字尺），垂直往下做直线，公式“胸围/20-0.5”，得到结果 4.1 厘米，如图 3.151 所示。

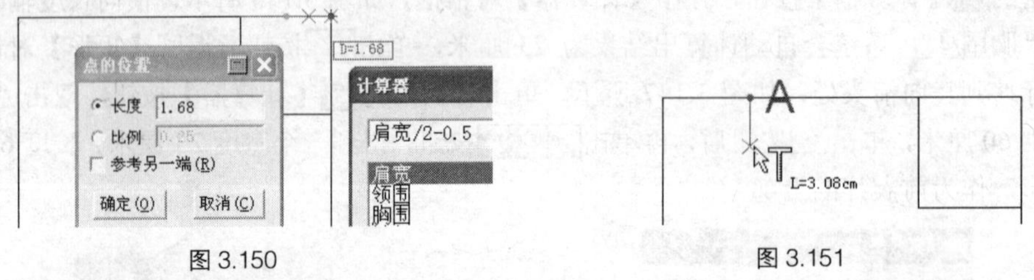

图 3.150

图 3.151

步骤 5 连接肩线 CB。使用【智能笔】工具，连接肩点 C 和领宽点 B，如图 3.152 所示。

步骤 6 连接前领线 DB。使用【智能笔】工具，连接前领深点 D 和领宽点 B，如图 3.153 所示。

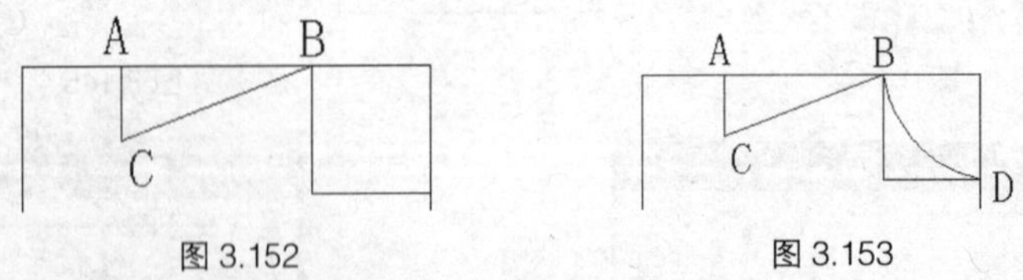

图 3.152

图 3.153

步骤 7 做前胸宽和袖笼深。使用【智能笔】工具，在 C 点水平往右 2 厘米做线段 CC1。继续使用【智能笔】工具，在 C1 点垂直往下 2 厘米做线段 C1C2，输入袖笼深公式“胸围/6+2”，得到结果 17.3 厘米，如图 3.154 所示，单击 OK 按钮，再单击 确定(O) 按钮。

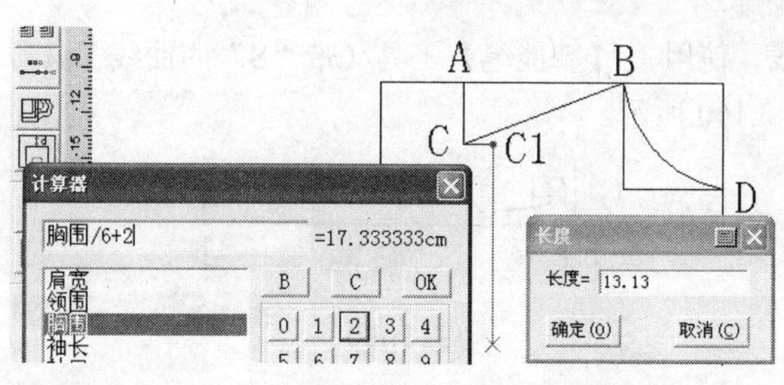

图 3.154

步骤 8 做胸围线。使用【智能笔】工具（带"T"的丁字尺），从 C2 点分别往左右两边做水平线 C2E 和 C2F，如图 3.155 所示。

步骤 9 做袖笼弧线。使用【智能笔】工具（带"S"的曲线工具），从 C 点开始和 C1C2 相切后圆顺连接 E 点，如图 3.156 所示。

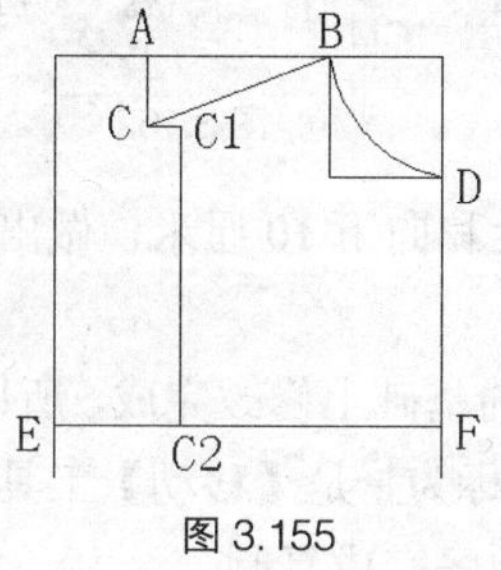

图 3.155

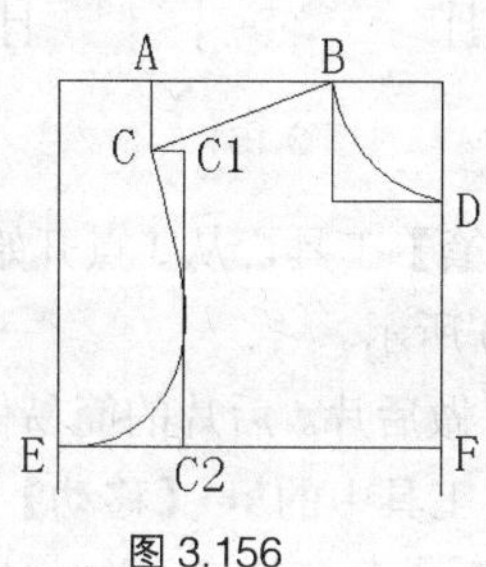

图 3.156

步骤 10 做腰节线。使用【智能笔】工具，按住矩形上边线 AB 往下拖，会拉出一条红色的平行线，单击确认后弹出平行线窗口，如图 3.157 所示，输入前腰节长"39"厘米，再单击 确定(O) 按钮。

步骤 11 做下摆。使用【智能笔】工具（带"T"的丁字尺），在距离下摆 E1 点往上 1.5 厘米的 G1 点做水平线往左 1 厘米得到线段 GG1，如图 3.158 所示。

步骤 12 连接侧缝弧线。使用【智能笔】工具（带"S"的曲线工具），从 E 点开始，到腰节线上的 H 点（比原侧缝线收进 1.5 厘米），最后连接 G 点，如图 3.159 所示，注意弧度 HG 是向外弧，所以在 HG 中间需要加多一点。

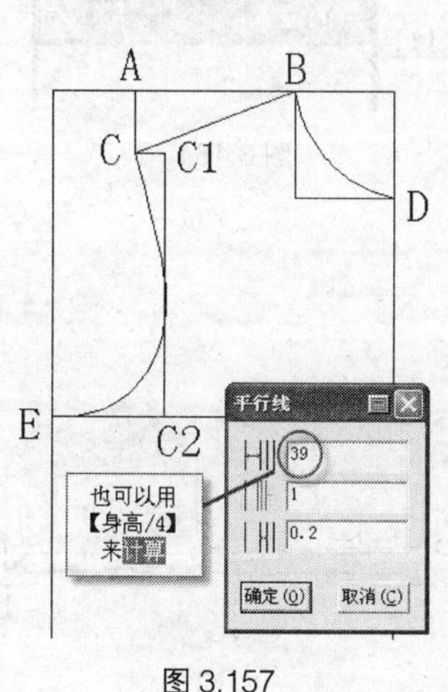

图 3.157

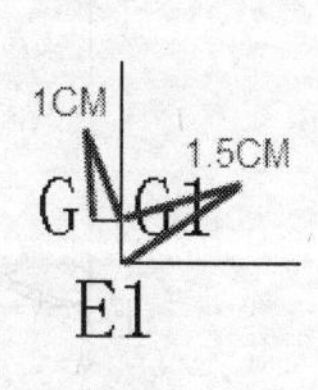

图 3.158

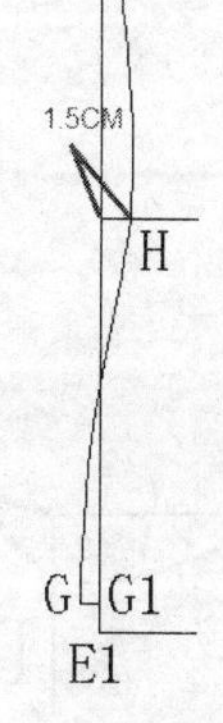

图 3.159

步骤 13 连接底摆弧线。使用【智能笔】工具（带“S”的曲线工具），从 G 点开始，圆顺连接中心 I 点，如图 3.160 所示。

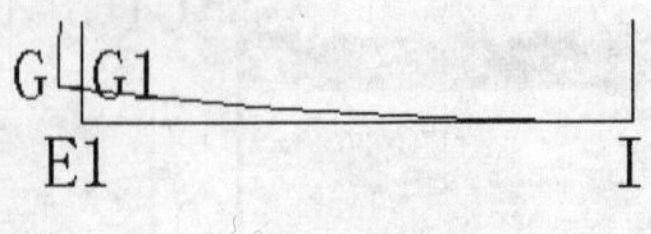

图 3.160

步骤 14 做省道。使用【等分规】工具，把腰线 HH1 两等分，得到中点 J，如图 3.161 所示。使用【等分规】工具，按【Shift】键，光标变成【线上反向等分点】工具，单击 J 点后向两边拉开 J1、J2 点，在单向长度中输入“1”，单击 确定(O) 按钮，如图 3.162 所示。

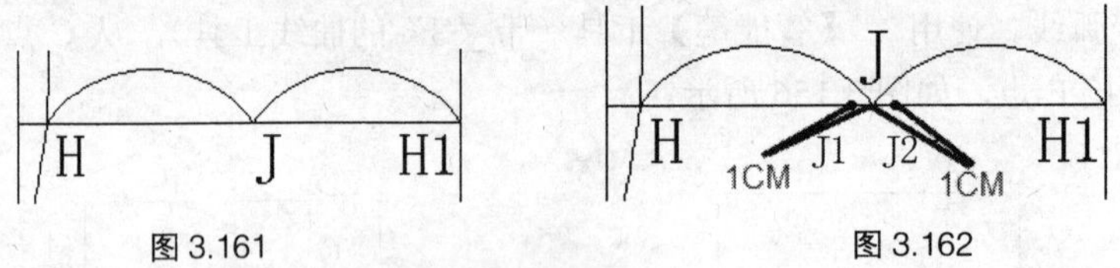

图 3.161 图 3.162

使用【智能笔】工具，从 J 点开始分别垂直向上和向下 10 厘米，做出 K、K1 点，再连接省道线，如图 3.163 所示。

步骤 15 复制前片做后片。后片的简易做法是在前片的基础上修改完成，所以先把前片复制，使用【旋转】工具中的【移动】工具。如果光标为是【移动】工具，按【Shift】键切换成【复制】工具，按照“左右左左”的操作顺序完成复制。

步骤 16 修正后片。使用【橡皮擦】工具删除复制后的领口线，使用【智能笔】工具，在后中下降 2 厘米，得到 D1 点，如图 3.164 所示，重新画后领弧线 BD1，如图 3.165 所示。重新连接后袖笼弧线，弧度比前袖笼往外出 0.7 厘米左右，如图 3.166 所示。把下摆 I 点抬高 1 厘米，重新连接下摆弧线，如图 3.167 所示。

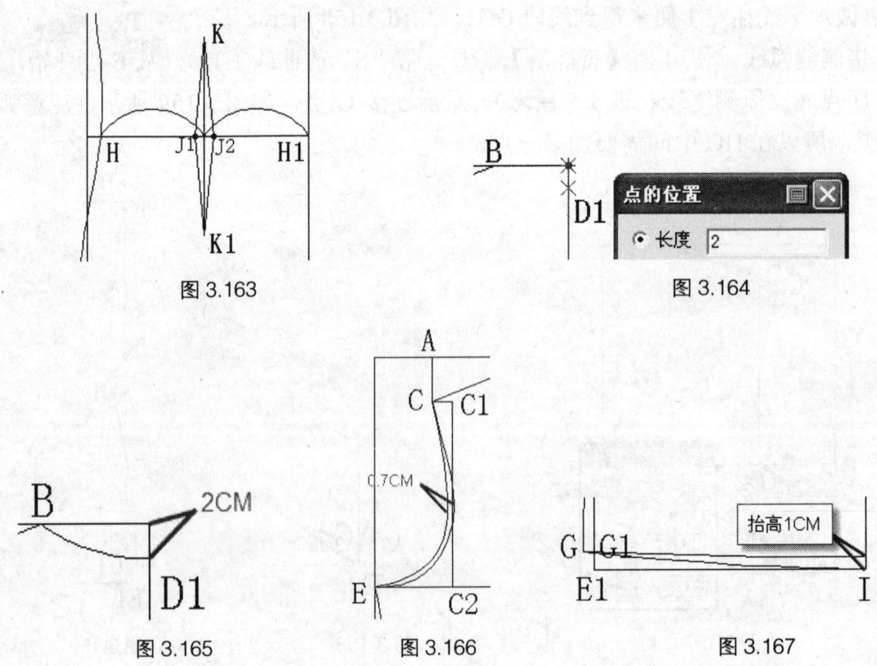

图 3.163 图 3.164

图 3.165 图 3.166 图 3.167

使用【橡皮擦】工具删除不要的线条，得到后片轮廓，如图 3.168 所示。

步骤 17 把后片对称复制。使用【旋转】工具中的【对称】工具，如果光标为是【对称移动】工具，按【Shift】键可以转换成【对称复制】工具，单击对称轴线的两点 D1、I，然后框选要对称的部分（左边后片全部），单击右键确认，使红色的线条变成黑色，后片展开操作完成，如图 3.169 所示。

步骤 18 做前片门襟。使用【智能笔】工具，从前领深 D 点做水平线往右 1.5 厘米得到 D2 点，I 点往右 1.5 厘米得到 I2 点，连接 D2I2，前片完成，如图 3.170 所示。

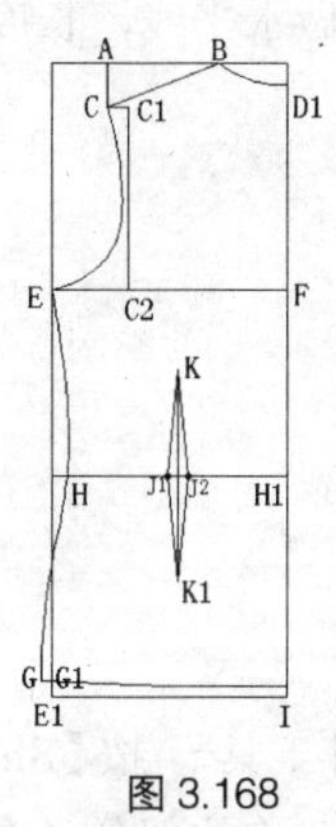

图 3.168

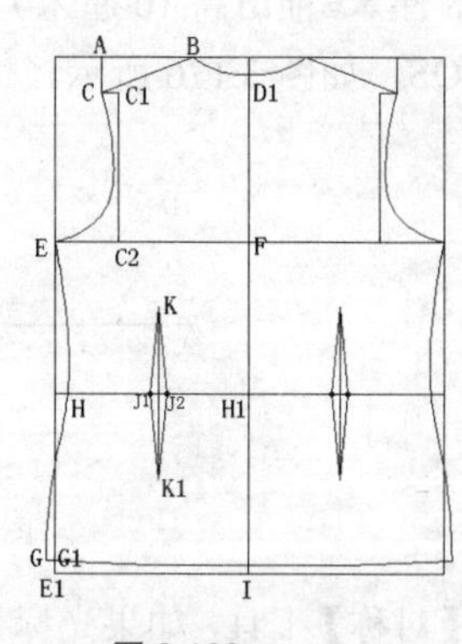

图 3.169

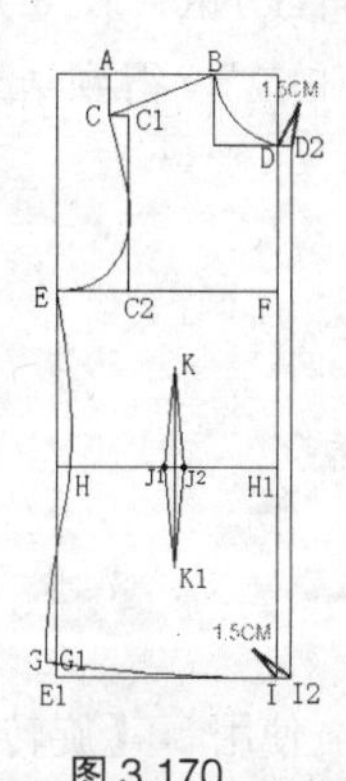

图 3.170

长度比较

号型	L	DL	DDL	统计+	统计-
M	22.24	0	0	22.24	0

长度 水平X 垂直Y 清除 记录 打印

图 3.171

步骤 19 做袖子。使用【比较长度】工具，光标为“”是【比较长度】工具，单击前片袖笼弧线 CE，会弹出【长度比较】对话框，如图 3. 171 所示，继续单击后片袖笼弧线 CE，系统会把后片的袖笼弧线长加上前片的长得到 43.26，如图 3.172 所示，单击 记 录 按钮，会弹出【尺寸变量】对话框，如图 3.173 所示，系统自动给出“★”符号来记录袖笼尺寸，单击 确定(O) 按钮。单击上边工具栏中【显示/隐藏变量标注】工具图标可以显示或隐藏记录的符号。

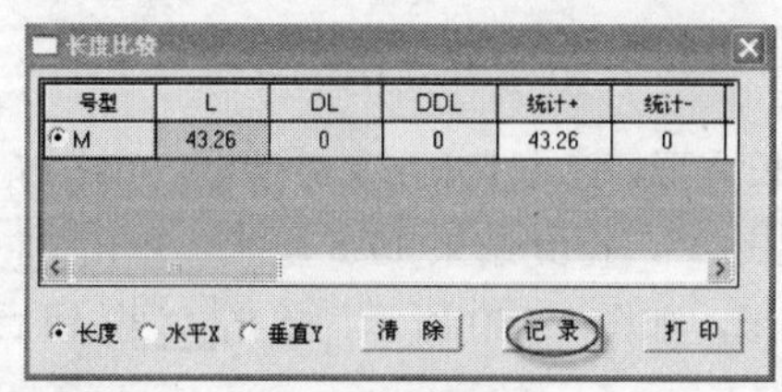

图 3.172

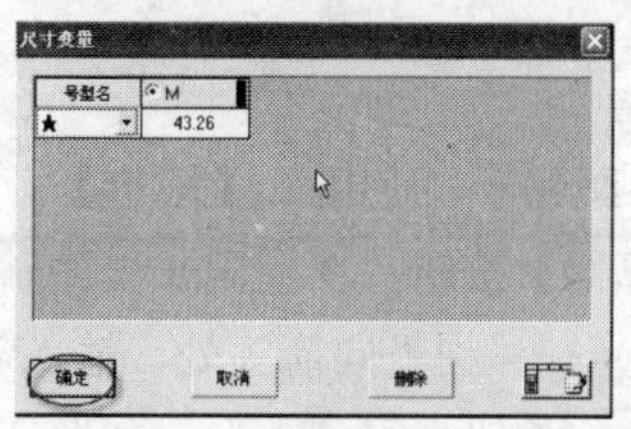

图 3.173

使用【智能笔】工具，画一条竖直线 MN，长度为 10 厘米，水平线 NP，长度为 25 厘米，如图 3.174 所示。使用【圆规】工具，单击 M 点，然后再 NP 上找任意一点单击，弹出【单圆规】对话框，单击右上角的【计算器】按钮，输入计算公式“★/2”，得到结果 21.63 厘米，单击 确定(O) 按钮，得到 Q 点，如图 3.175 所示。

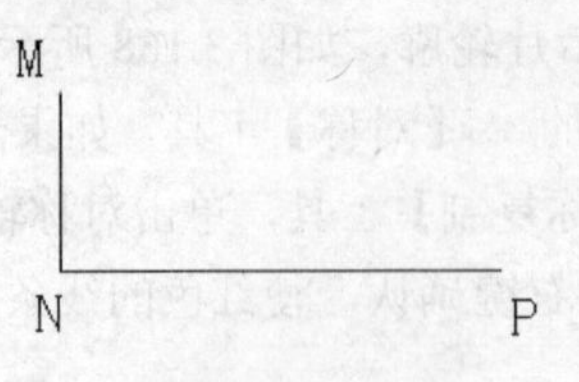

图 3.174

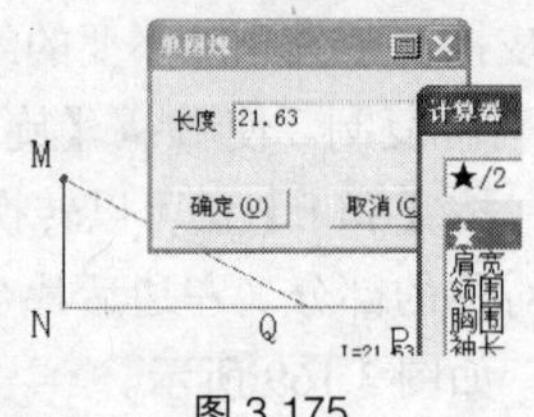

图 3.175

使用【橡皮擦】工具删除 NP，使用【智能笔】工具，重新连接 NQ，再从 N 点向下做垂直线 NR，长度为 8 厘米（袖长 18 厘米-袖山高 10 厘米），然后从 R 点向右做水平线，长度为“袖口/2”，得到结果 15 厘米，连接 QS，如图 3.176 所示。

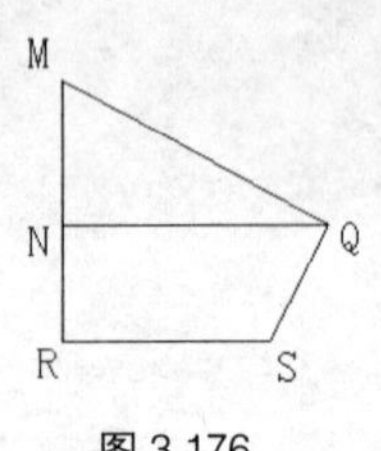

图 3.176

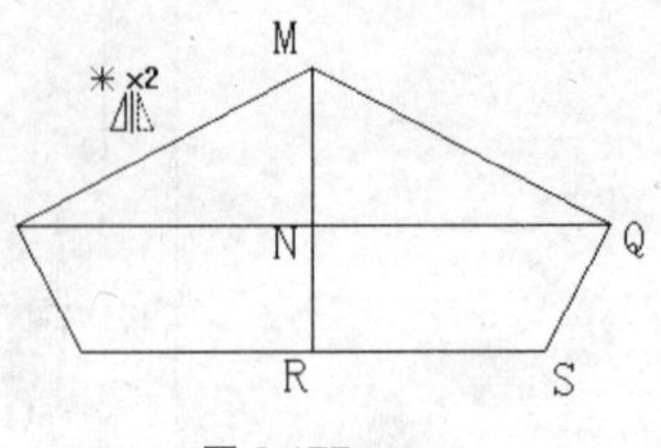

图 3.177

使用【旋转】工具中的【对称】工具，如果光标为是【对称移动】工具，按【Shift】键可以切换成【对称复制】工具，单击对称轴线的两点 M、R，然后框选要对称的部分（右边袖片全部），单击右键确认，使红色的线条变成黑色，袖片展开操作完成，如图 3.177 所示。

使用【等分规】工具，把前后袖山线 MQ 四等分，得到各不同等分点，如图 3.178 所示。用【三角板】工具（也可用【智能笔】工具操作，方法在西裙和西裤中都有讲述）在 M1 点做 MQ 的垂直线向上 1.2 厘米 M1M4，Q1 点做 MQ 的垂直线向下 0.8 厘米 Q1Q3，后袖 M3 点做 MQ 的垂直线向上 1 厘米 M3M5，使用【智能笔】工具，按顺序连接 Q、Q2、M5、M、M4、M2、Q3、Q，如图 3.179 所示。

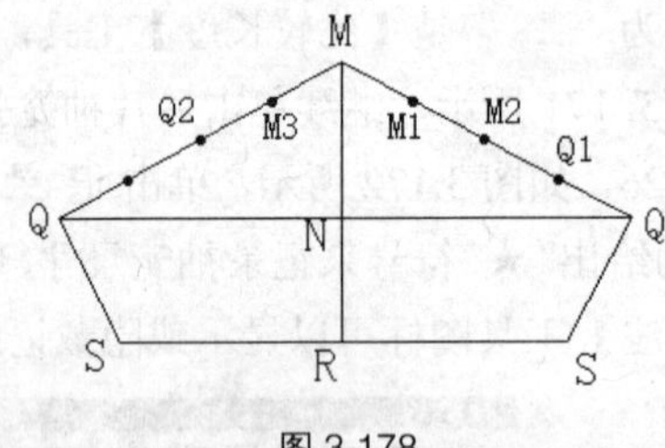

图 3.178

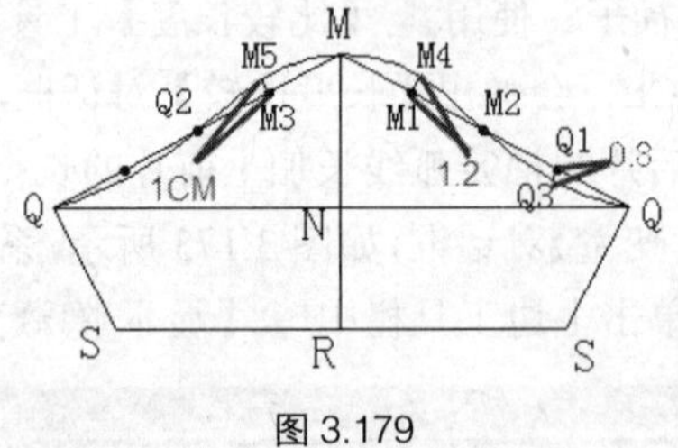

图 3.179

步骤 20 画领子。使用【矩形】工具画出一个长方形，弹出【矩形】对话框，单击右上角的【计算器】按钮，在横向长度中输入公式“领围/2”，得到结果 17.5 厘米，单击 OK 按钮，然后把光标移到竖向箭头处，输入领高“6”厘米，如图 3.180 所示，单击 OK 按钮后，再单击 确定(O) 按钮，得到矩形，如图 3.181 所示。

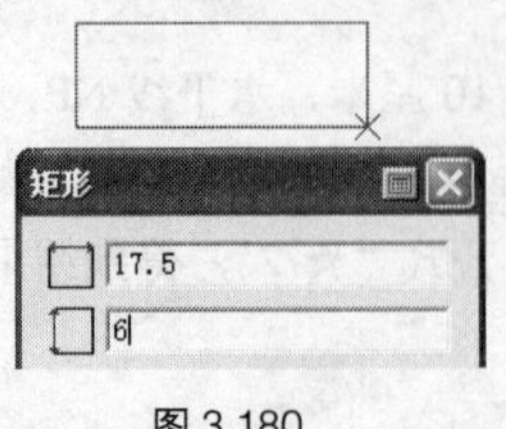

图 3.180

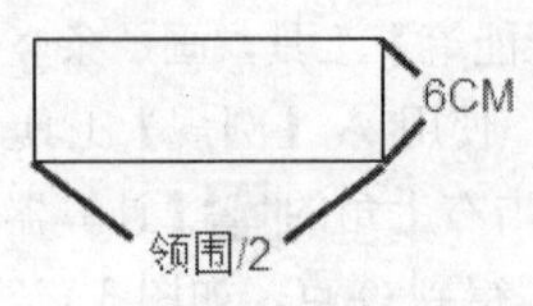

图 3.181

使用【智能笔】工具，指向X点（太阳点出现），按【Enter】键，弹出【移动量】对话框，在横向箭头处输入“1.5”，竖向箭头处输入“1”，如图3.182所示。单击 确定(O) 按钮，得到点X1，和距离底部1厘米的点Y连接，如图3.183所示。

圆顺连接上下边弧线X1X2和YY2，完成领子制图，如图3.184所示。

使用【旋转】工具中的【对称】工具，如果光标为是【对称移动】工具，按【Shift】键可以转换成【对称复制】工具，单击对称轴线的两点X2、Y2，然后框选要对称的部分（右边领子全部），单击右键确认，使红色的线条变成黑色，领子展开操作完成，如图3.185所示。

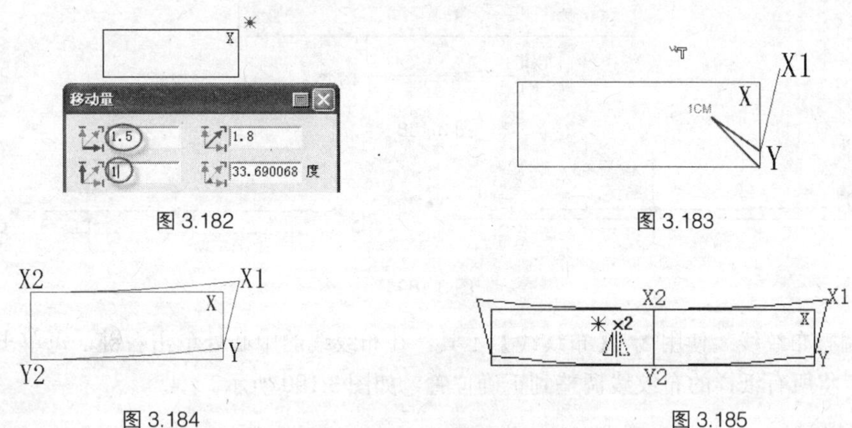

图3.182　　图3.183

图3.184　　图3.185

步骤 21 做挂面。使用【旋转】工具中的【对称】工具，切换成【对称复制】工具，单击对称轴线前片中心的两点D2、I2，然后单击领口DB、DD2，单击右键确认，使红色的线条变成黑色。使用【智能笔】工具，从I2点水平向右5厘米做I2I3，再垂直向上和D2D3相交于D3点，使用【剪断线】工具，单击弧线D2D3，在D2处剪断，使用【橡皮擦】工具删除多余线条，如图3.186所示。

步骤 22 剪出轮廓线，生成纸样。使用【剪刀】工具，依次单击纸样的外轮廓线条，直至形成封闭区域，如图3.187所示，生成前片、后片、袖子和领子的纸样。单击右键，光标变成，单击省线，将其添加为纸样辅助线，单击右键结束。

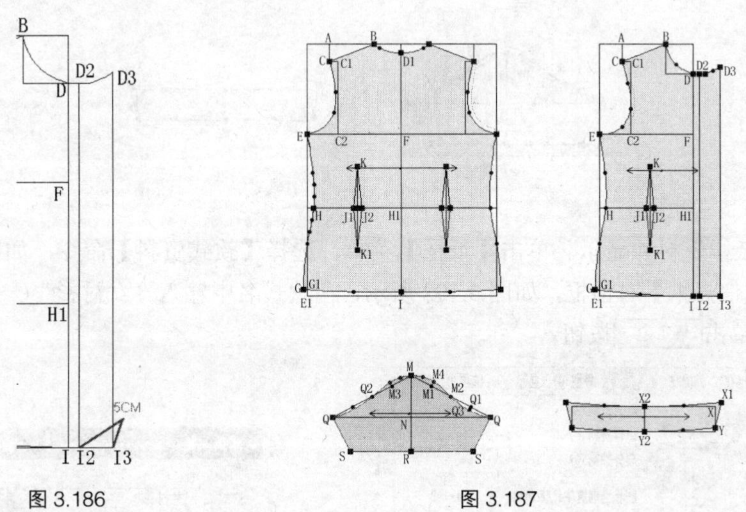

图3.186　　图3.187

步骤 23 调整缝份。按【F7】键显示缝份，将前后片和袖子底边的缝份改为2厘米，使用【加

缝份】工具，前片按顺时针方向在 I3 点按住鼠标拖动到 G 点，放开后，弹出【加缝份】对话框，起点缝份量输入“2”，选择第二种加缝份的方式，如图 3.188 所示，再单击 确定(O) 按钮。后片和袖子方法相同，结果如图 3.189 所示。

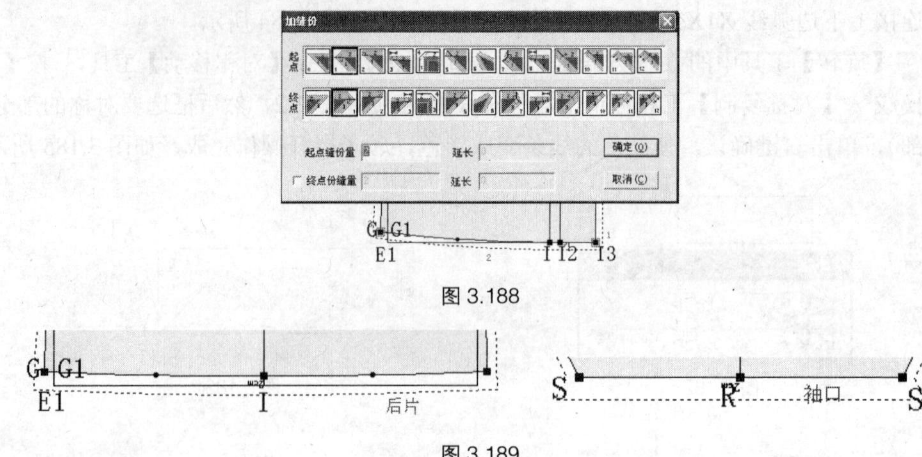

图 3.188

图 3.189

步骤 24 调整布纹线。使用【布纹线】工具，在布纹线的中心处单击右键，每单击一次旋转 45 度，将所有纸样的布纹线调整到正确位置，如图 3.190 所示。

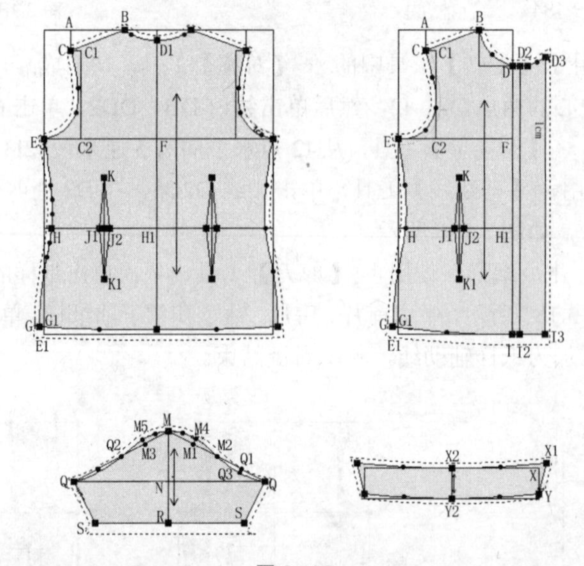

图 3.190

步骤 25 输入纸样资料并显示。单击【纸样】菜单，选择【款式资料】命令，如图 3.191 所示，弹出【款式信息框】对话框，如图 3.192 所示，在款式名中输入“女衬衫”（一个款式只需输入一次），单击 确定(O) 按钮。

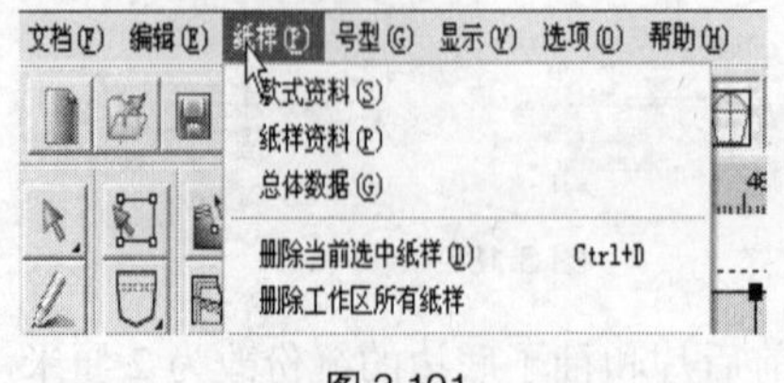

图 3.191

图 3.192

纸样资料可以在屏幕右上方的纸样陈列栏中双击，弹出【纸样资料】对话框，如图 3.193 所示，输入名称和份数，单击 应用 按钮。分别输入前片、后片、袖子和领子的资料，要在布纹线上显示出相应的纸样资料，单击上方菜单栏中【选项】菜单，选择【系统设置】命令，如图 3.194 所示，弹出【系统设置】对话框，如图 3.195 所示，选择【布纹设置】选项卡。

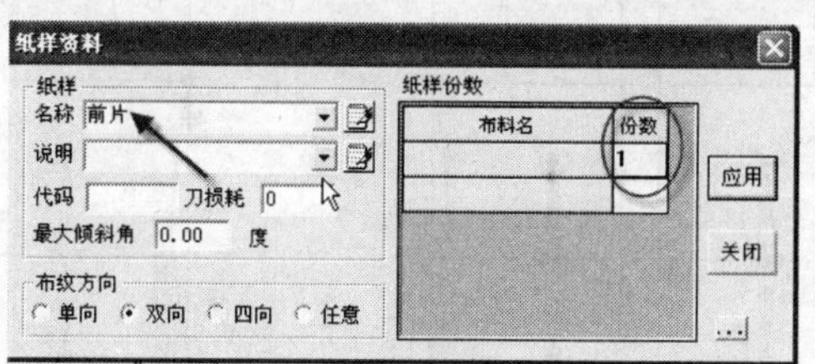

图 3.193

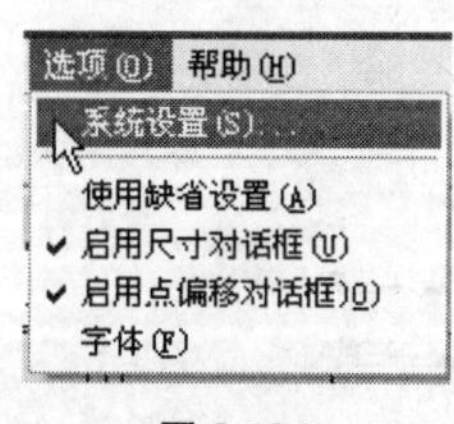

图 3.194

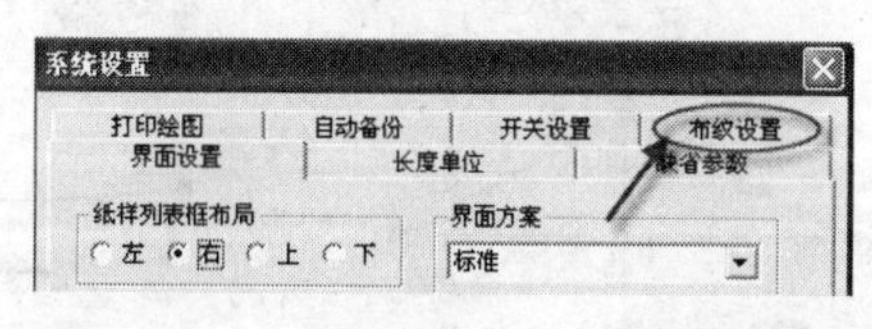

图 3.195

图 3.196

在弹出的【系统设置】对话框中，单击黑色三角会弹出【布纹线信息】对话框，在“纸样名”和“纸样份数”前打上“√”，布纹线下方的选择是“款式名”和“号型名”，单击 确定(O) 按钮，相应资料就会显示在纸样上，如图 3.196 所示，放大后可以看清楚。

全部做好之后效果如图 3.197 所示。

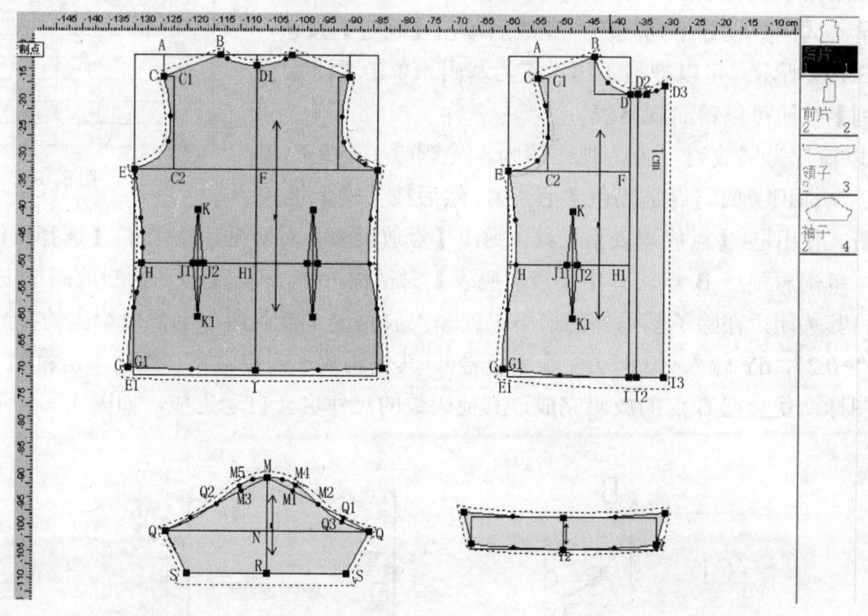

图 3.197

3.3.2 女衬衫放码

女衬衫的放码参数如图 3.198 所示。

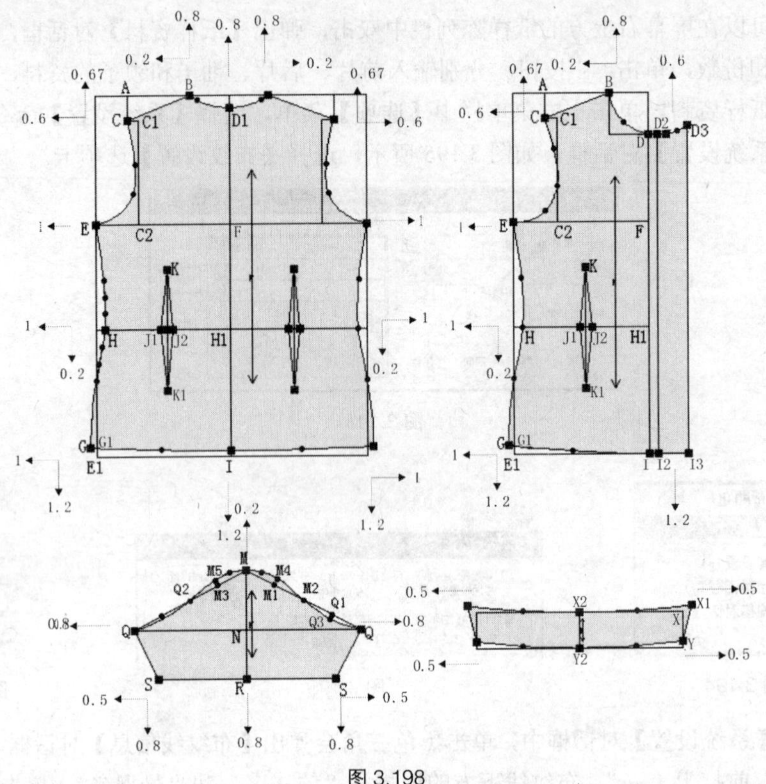

图 3.198

步骤 1 单击【号型】菜单中的【号型编辑】命令，弹出【设置号型规格表】对话框。输入号型名称、部位尺寸、数据，同时给不同码数设置不同颜色，完成后单击【确定】按钮，如图 3.199 所示。可以把最小码设置为基码，单击【清除空白行列】按钮可以精简规格表。

设置号型规格表

号型名	S	M	L
衣长	58	60	62
胸围	88	92	96
肩宽	34.8	36	37.2
领围	34	35	36
袖长	17	18	19
袖口	29	30	31

图 3.199

步骤 2 以前片为例放码。为了视图清晰，先删除了不是放码点的英文标识（放码点是黑色实心点），然后按【F7】键关闭缝份。使用【点放码表】工具，弹出【点放码表】对话框，使用【选择纸样控制点】工具，单击肩颈点 B 点，弹出【点放码表】对话框，单击【自动判断放码量正负】工具图标将其关闭，在除了基码外的最小码处输入放码量（查看图 3.198 所给出的参数图），dX 输入“-0.2”，dY 输入“0.8”（注意正负号），其他码数不需要输入，然后单击【XY 相等】工具图标，就会把 B 点的放码完成，其他码数的尺寸也会自动生成，如图 3.200 所示。

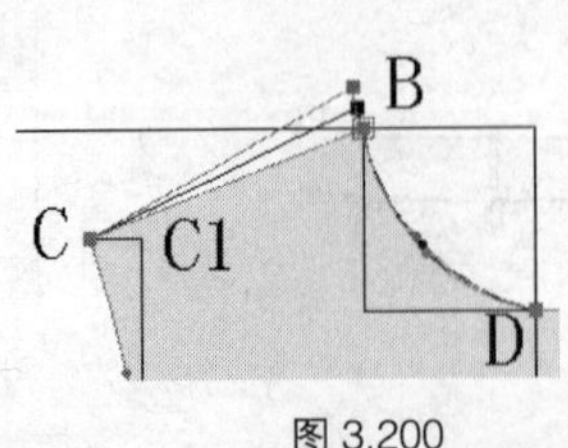

图 3.200

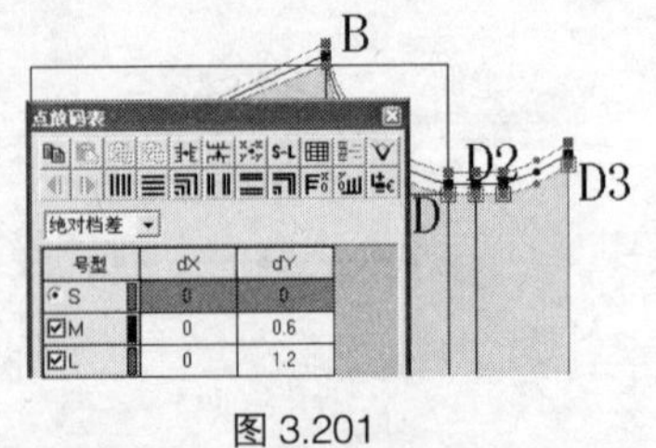

图 3.201

步骤 3 领深点 D、D2、D3 坐标是相同的，可以同时输入，用左键同时框选 D、D2、D3 点，在【点放码表】对话框中 dX 为“0”（不用输入），dY 输入“0.6”，单击【XY 相等】工

具图标，D、D2、D3 点的放码完成，如图 3.201 所示。

步骤 4 先按键盘左上角的【Esc】键（前面的操作选多点同时放码，所以需要这步操作），单击肩点 C， dX 输入“-0.6”，dY 输入“0.67”，然后单击【XY 相等】工具图标完成肩点 C 的放码，如图 3.202 所示。

步骤 5 单击胸围 E 点，在【点放码表】对话框中 dX 输入“-1”，dY 为“0”（不用输入），然后单击【XY 相等】工具图标，完成 E 点的放码，如图 3.203 所示。

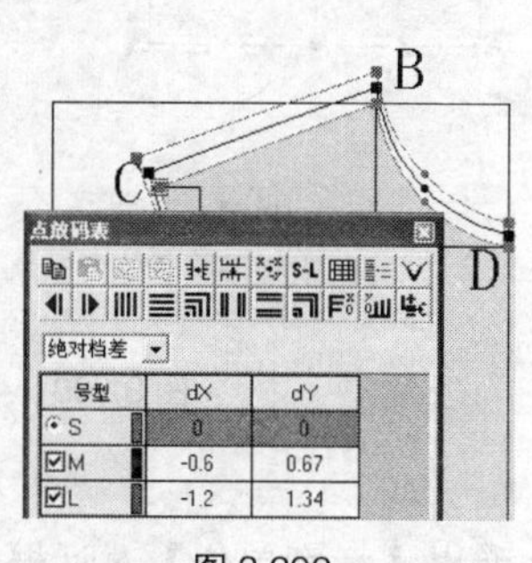

图 3.202

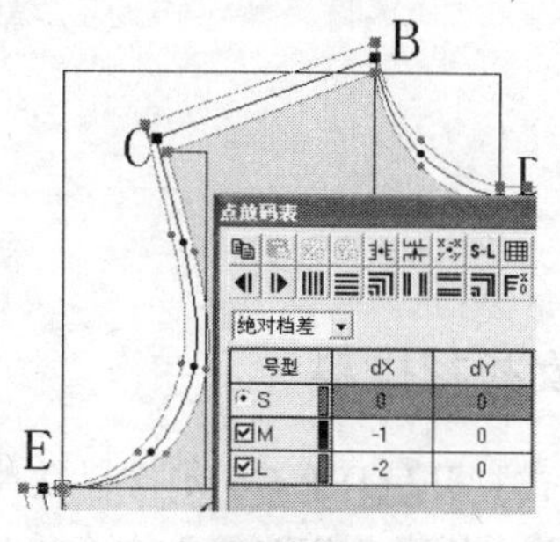

图 3.203

步骤 6 单击腰围 H 点，在【点放码表】对话框中 dX 输入“-1”，dY 输入“-0.2”（不用），然后单击【XY 相等】工具图标，完成 H 点的放码，如图 3.204 所示。

步骤 7 单击下摆 G 点，在【点放码表】对话框中 dX 输入“-1”，dY 输入“-1.2”，然后单击【XY 相等】工具图标，完成 G 点的放码，如图 3.205 所示。

图 3.204

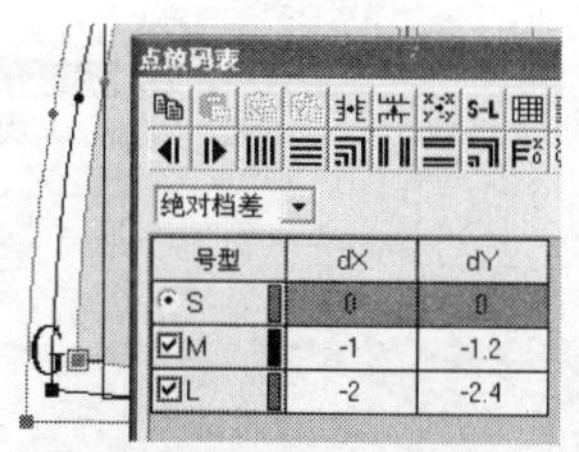

图 3.205

步骤 8 前中下摆 I、I2、I3 坐标是相同的，可以同时输入，用左键同时框选 I、I2、I3 点，在【点放码表】对话框中 dX 为“0”（不用输入），dY 输入“-1.2”，单击【XY 相等】工具图标，I、I2、I3 点的放码完成，如图 3.206 所示。

步骤 9 省道 K、K1、J2、J1 坐标是相同的，可以同时输入，用左键同时框选 K、K1、J2、J1 点，在【点放码表】对话框中 dX 输入“-0.5”，dY 输入“-0.2”，单击【XY 相等】工具图标，K、K1、J2、J1 点的放码完成，如图 3.207 所示。

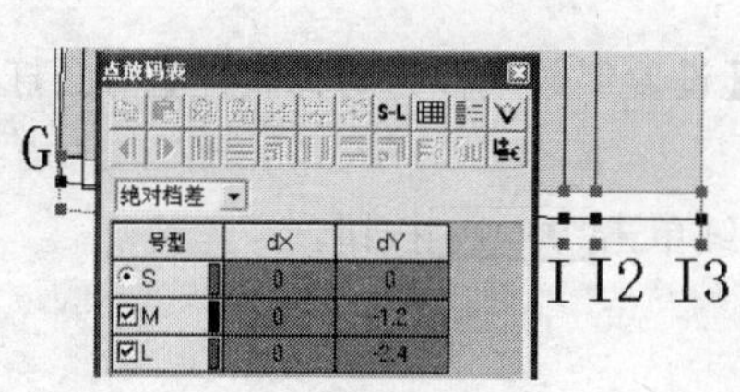

图 3.206

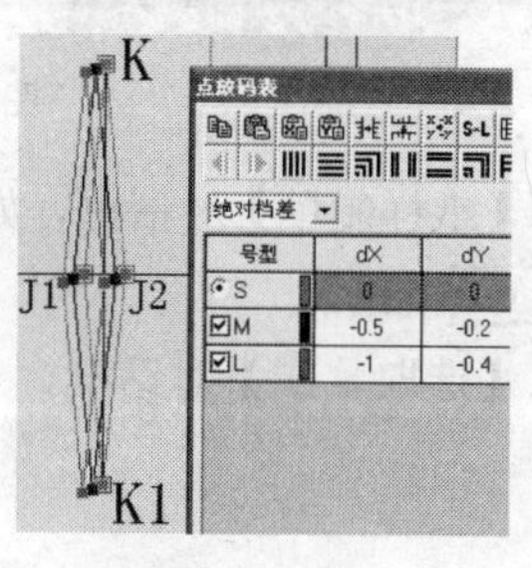

图 3.207

步骤 10 按前片的放码方法把后片和领子、袖子放码，按照图3.198给出的点位逐点输入相应坐标，单击【XY相等】工具图标放码即可。

步骤 11 完成后女衬衫放码如图3.208所示，把文件另存为“女衬衫放码”。

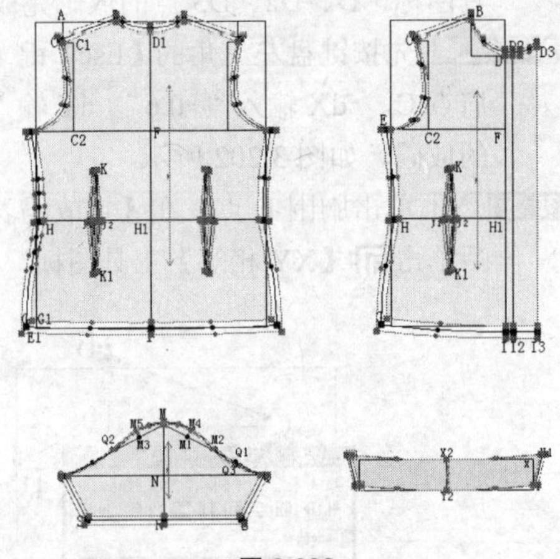

图3.208

3.3.3 女衬衫排料

步骤 1 双击打开[RP-GSM]排料软件，先单击【唛架】菜单中的【单位选择】命令，如图3.209所示，弹出【量度单位】对话框，把长度和宽度的单位由毫米改成厘米。再次单击【唛架】菜单中的【定义唛架】命令，弹出【唛架设定】对话框，在【说明】处输入“女衬衫排料图”，【宽度】处输入面料的幅宽“144”厘米，【长度】输入面料的长度“300”厘米（暂定），如图3.210所示。

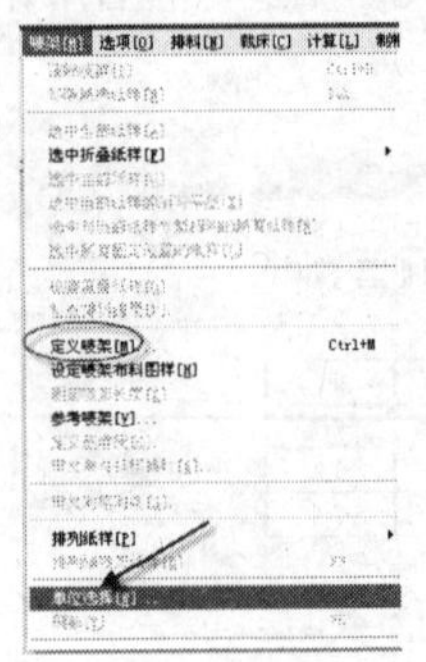

图3.209

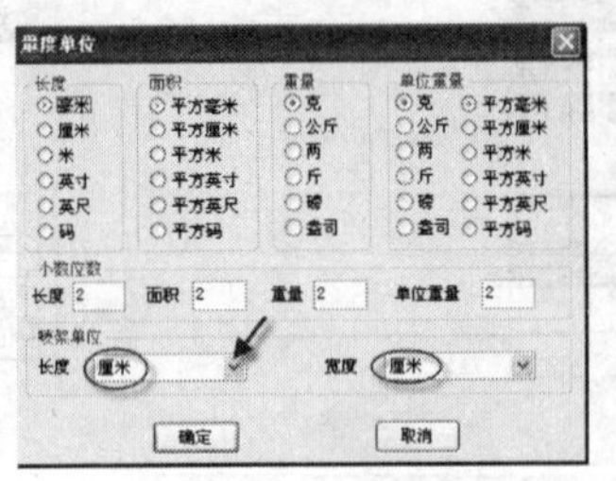

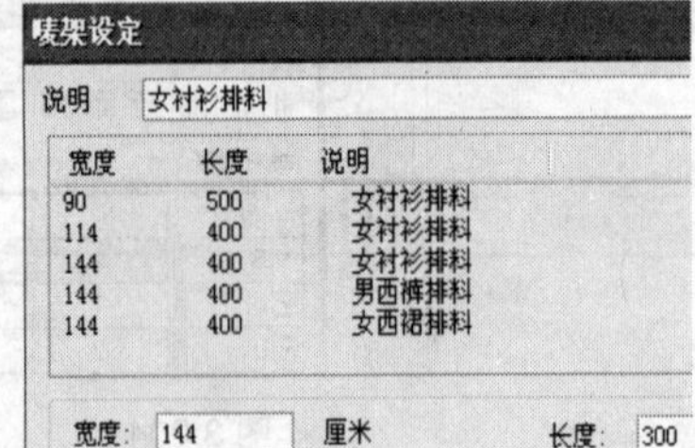

图3.210

步骤 2 单击【文档】菜单中的【打开款式文件】命令，弹出【选取款式】对话框，如图3.211所示，单击【载入】按钮，在保存文件的位置双击打开“女衬衫放码.dgs”，如图3.212所示。

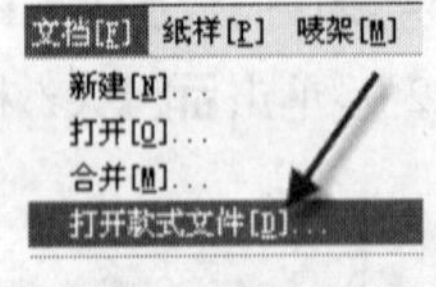

图3.211

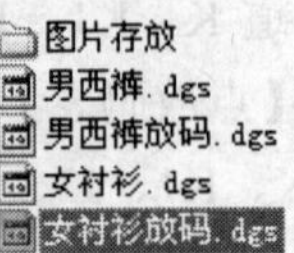

图3.212

弹出【纸样制单】对话框，如图3.213所示，将【设置偶数纸样为对称属性】前面打上“√”，单击 确定(O) 按钮。

进入【选取款式】对话框，如图3.214所示，继续单击 确定(O) 按钮。

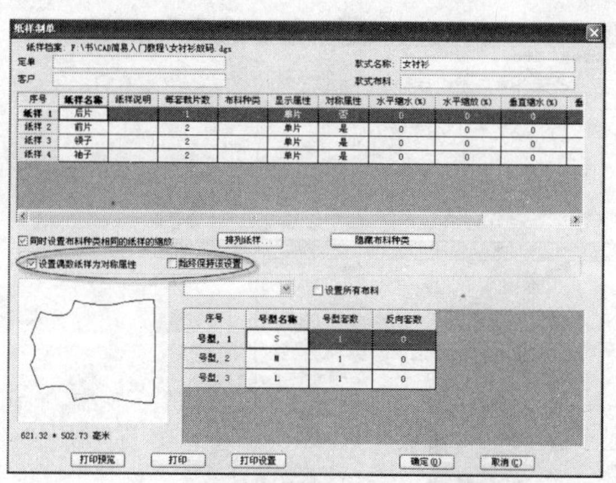

图 3.213

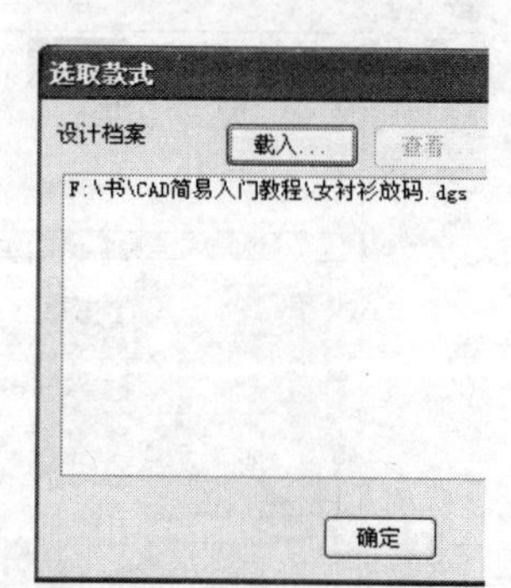

图 3.214

排料可以采用自动和手动两种方式，现在采用先自动后手动排料方法，如图 3.215 所示（在【自动排料设置】中可以选择“精细”方式，如图 3.216 所示），按【排料】中的【开始自动排料】，得到排料结果如图 3.217 所示。

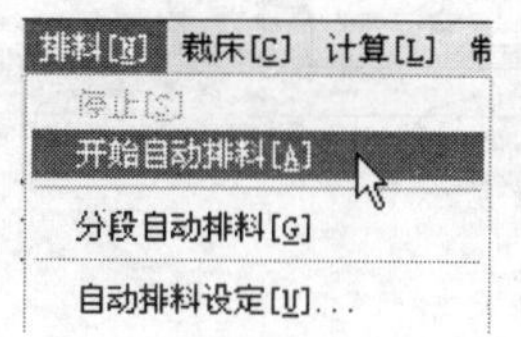

图 3.215

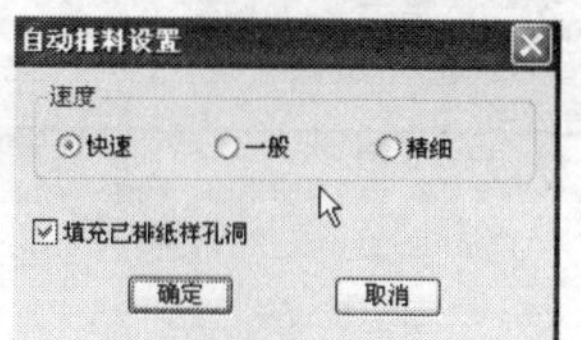

图 3.216

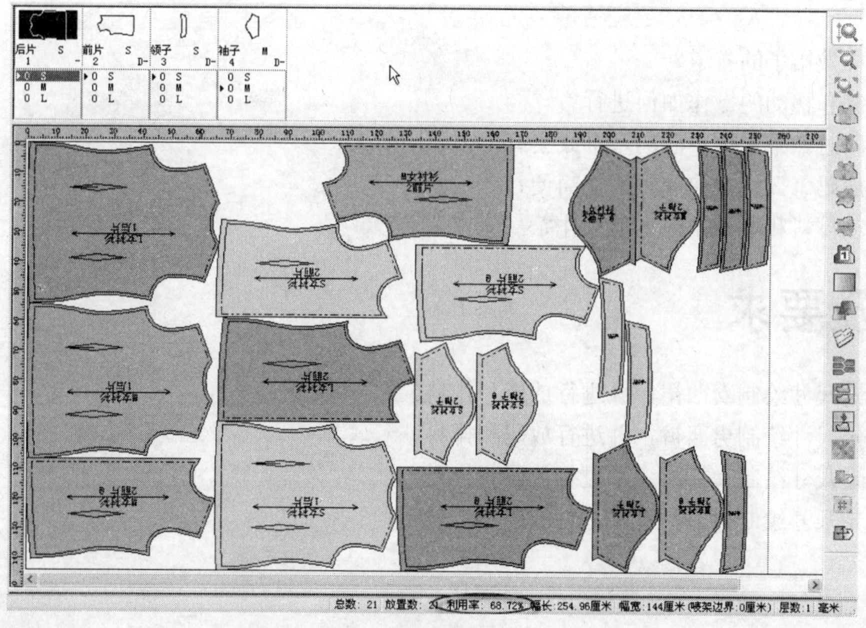

图 3.217

这时候排料的利用率只有 68.72%，排料效果不是太好，再用手动工具重新调整纸样位置，得到最后的排料图，利用率达到 78.77%，如图 3.218 所示，将文件保存为“女衬衫排料”。

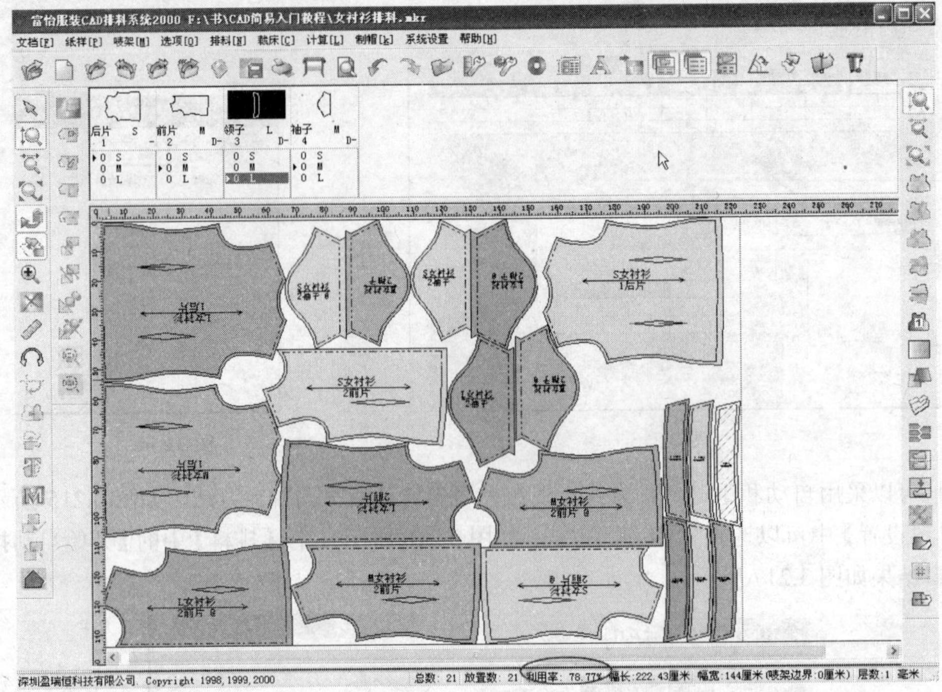

图 3.218

思考题

1. 怎样做裙子的省道？
2. 复制和移动的操作如何进行？
3. 放码时如果采用不同的基准线会有什么不同效果？
4. 点放码怎么样操作比较快捷简便？
5. 自动排料和手动排料如何操作？

作业及要求

1. 自定尺寸绘制女西裙，并进行放码和排料。
2. 自定尺寸绘制男西裤，并进行放码和排料。
3. 自定尺寸绘制女衬衫，并进行放码和排料。
4. 自定尺寸绘制男衬衫，并进行放码和排料。

第4章 服装原型CAD制板

服装原型是服装结构设计的基础，服装款式千变万化，都离不开服装原型。服装原型按性别可分为男装原型、女装原型、童装原型，按部位可分为上衣原型、裙子原型等，按国别可分为日本文化式原型、美国原型、英国原型。其中日本文化式原型在中国使用已久，有旧文化式原型和新文化式原型之分，本章以新文化式原型为例，介绍CAD制板的方法。

4.1 新文化式女装上衣原型

日本新文化式女装原型的胸围放松度为12cm，其结构如图4.1所示。

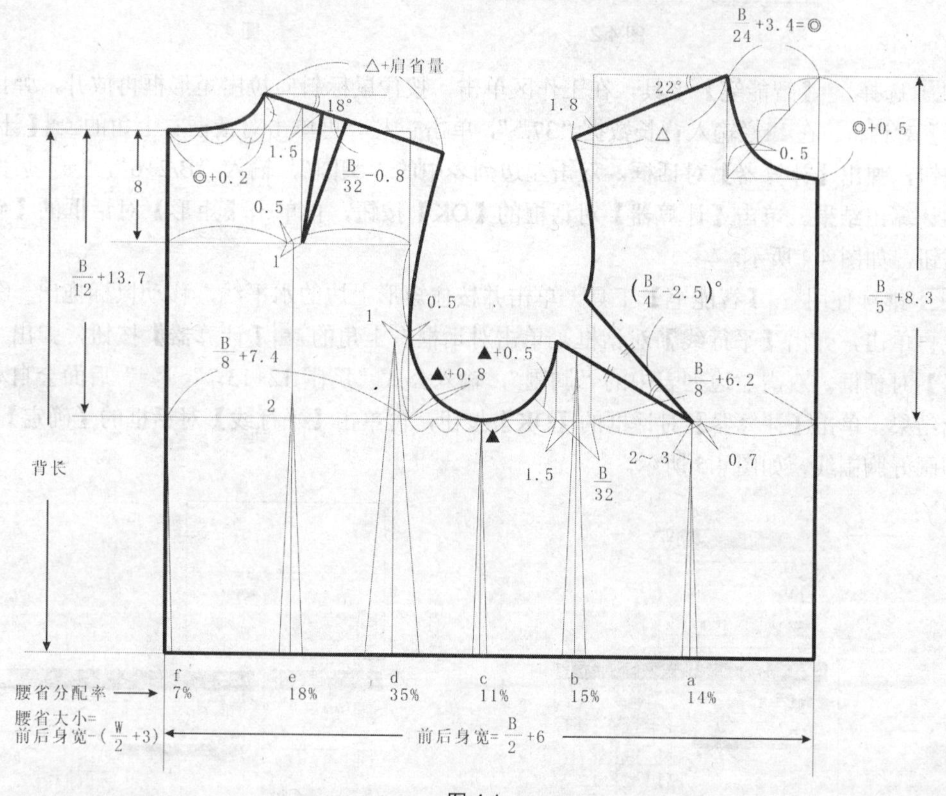

图4.1

采用的人体尺寸如表4.1所示。

表4.1 女装原型尺寸表 单位：cm

部　位	胸　围	背　长	腰围
规格	84	37.5	66

表 4.2　　腰省分配表　　单位：cm

总省量	f	e	d	c	b	a
100%	7%	18%	35%	11%	15%	14%
12	0.84	2.16	4.2	1.32	1.8	1.68

绘制原型的操作步骤如下。

步骤 1　双击【RP-DGS】图标，进入设计与放码系统的工作界面。

步骤 2　选择【号型】菜单中的【号型编辑】命令，弹出【设置号型规格表】对话框，如图 4.2 所示。单击第一列的第一空格，输入“胸围”，在“基码”下输入“84”；单击“胸围”下面的空格输入“背长”，并在相应空格输入“37.5”，单击【存储】按钮。

弹出【另存为】对话框，如图 4.3 所示，在【文件名】文本框中输入“160-84A”，单击【保存】按钮，然后单击【设置号型规格表】对话框中的【确定】按钮。

设置号型规格表

号型名	☑	⊙基码	☑
胸围		84	
背长		37.5	

图 4.2

图 4.3

步骤 3　选择【智能笔】工具，在工作区单击，按住鼠标斜向拉出矩形框再放开，弹出【矩形】对话框。在栏输入背长数据“37.5”，单击栏，再单击对话框右上角的【计算器】按钮，弹出【计算器】对话框。双击左边列表中的“胸围”，输入“B/2+6”，“=”后面会自动计算出结果。单击【计算器】对话框的【OK】按钮，再单击【矩形】对话框的【确定】按钮，如图 4.4 所示。

步骤 4　继续使用【智能笔】工具，单击并按住矩形上边的水平线，移动鼠标拖出一条平行线再单击，弹出【平行线】对话框，单击对话框右上角的【计算器】按钮，弹出【计算器】对话框。双击左边列表中的“胸围”，输入公式“胸围/12+13.7”，“=”后面会自动计算出结果。单击【计算器】对话框的【OK】按钮，再单击【平行线】对话框的【确定】按钮，即画好胸围线，如图 4.5 所示。

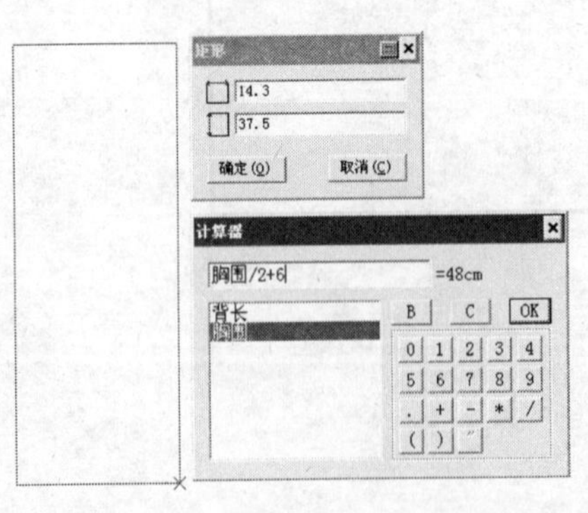

图 4.4

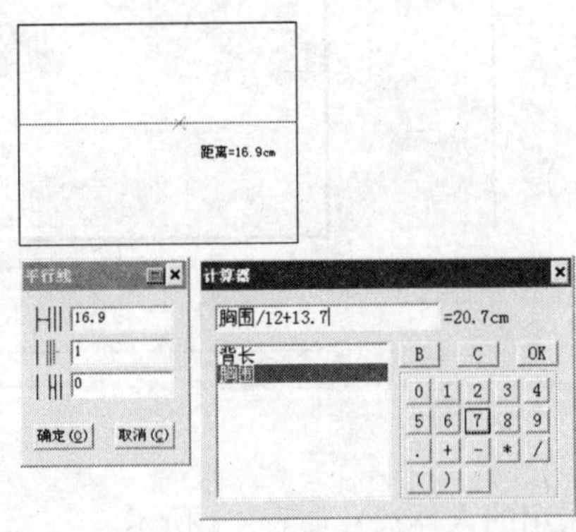

图 4.5

步骤 5　继续使用【智能笔】工具，移动鼠标指针靠近胸围线，当胸围线变红并且左端点变亮时单击，弹出【点的位置】对话框。选择【长度】选项，单击对话框右上角的【计算

器】按钮，弹出【计算器】对话框。双击左边列表中的“胸围”，输入公式“胸围/8+7.4”，“=”后面会自动计算出结果。单击【OK】按钮，再单击【点的位置】对话框的【确定】按钮，如图 4.6 所示。

移动鼠标指针形成竖线，如果不是竖线则单击右键切换输入状态，在上平线单击，如图 4.7 所示，即画好背宽线。

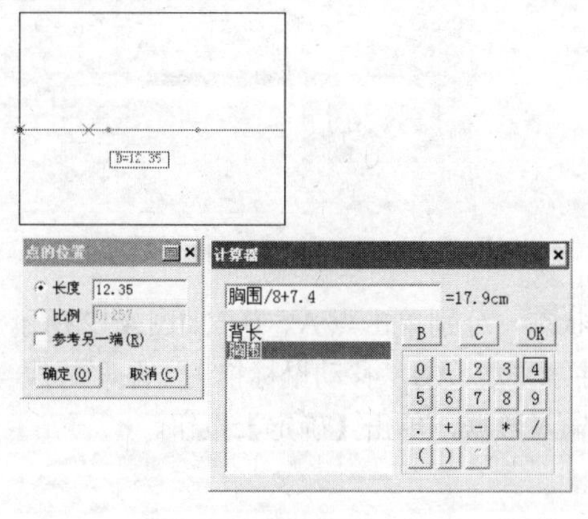

图 4.6

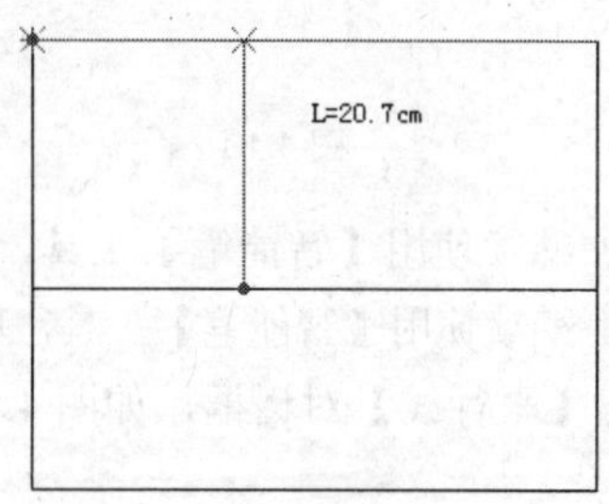

图 4.7

步骤 6 单击【剪断线】工具，单击上水平线，单击点 A，将水平线剪断。单击前中线，再单击点 B，将前中线剪断，如图 4.8 所示。

步骤 7 使用【智能笔】工具，框选剪断的线，按【Delete】键删除，如图 4.9 所示。

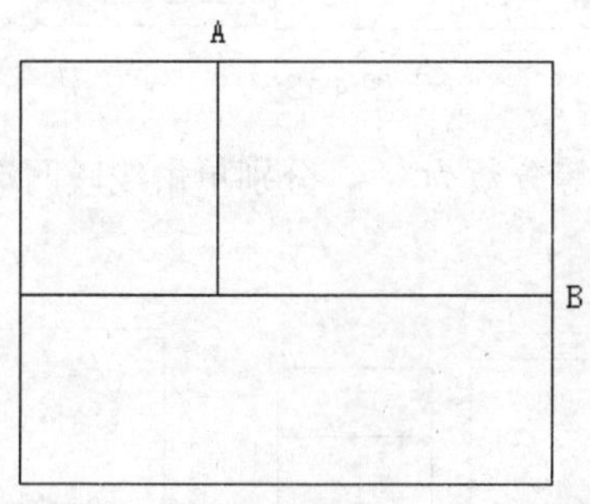

图 4.8

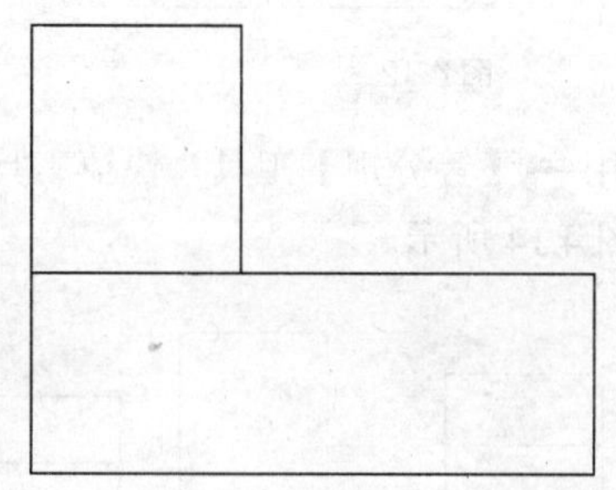

图 4.9

步骤 8 继续使用【智能笔】工具，在丁字尺状态下，单击前中线上端点，向上移动鼠标画出竖线再单击，弹出【长度】对话框，单击对话框右上角的【计算器】按钮，弹出【计算器】对话框。双击左边列表中的“胸围”，输入公式“胸围/5+8.3”，“=”后面会自动计算出结果。单击【OK】按钮，再单击【长度】对话框的【确定】按钮，如图 4.10 所示。

步骤 9 继续使用【智能笔】工具，单击并按住前中线，移动鼠标画出平行线再单击，弹出【平行线】对话框。单击旁边的文本框，再单击对话框右上角的【计算器】按钮，弹出【计算器】对话框。双击左边列表中的“胸围”，输入公式，“=”后面会自动计算出结果。单击【计算器】对话框的【OK】按钮，再单击【平行线】对话框的【确定】按钮，如图 4.11 所示，即画好胸宽线。

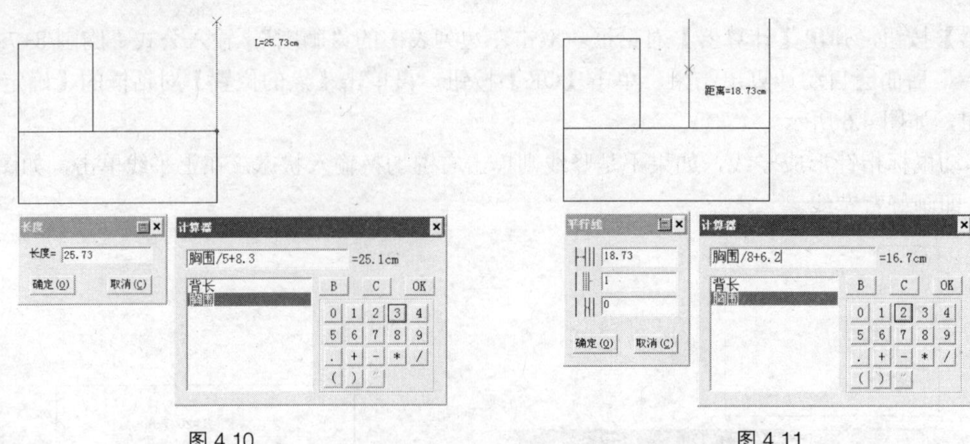

图 4.10　　　　图 4.11

步骤 10 继续使用【智能笔】工具，在丁字尺状态，分别单击点 A、B，如图 4.12 所示。

步骤 11 继续使用【智能笔】工具，单击并按住水平线 AB，移动鼠标拖出一条平行线再单击，弹出【平行线】对话框，如图 4.13 所示，输入数据，单击【确定】按钮。

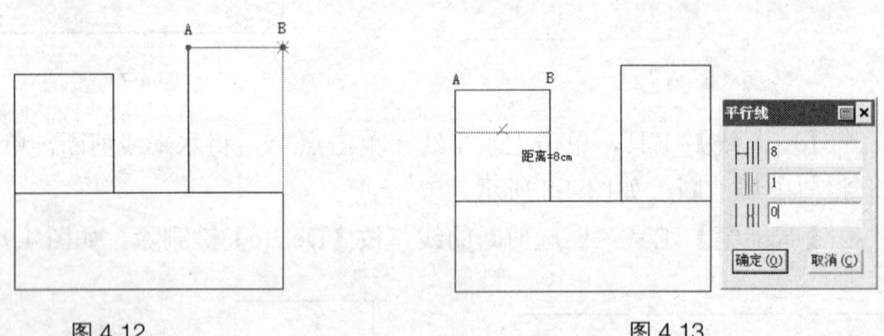

图 4.12　　　　图 4.13

步骤 12 使用【等分规】工具，快捷工具栏显示等分数为2，分别单击线段两端点，画出中点，如图 4.14 所示。

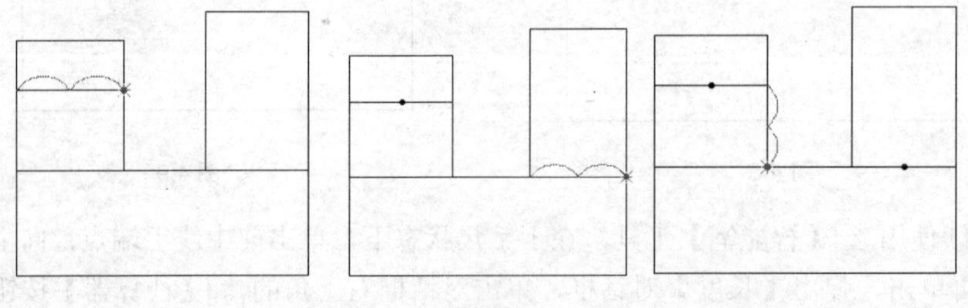

图 4.14

步骤 13 使用【智能笔】工具，按住【Shift】键，在点 A 单击右键并拖动鼠标，显示偏移线，单击右键切换状态，光标显示，再单击弹出【偏移】对话框，在文本框输入“0”，在文本框单击对话框右上角的【计算器】按钮，弹出【计算器】对话框。双击左边列表中的“胸围”，输入公式“胸围/32”，“=”后面会自动计算出结果。单击【计算器】对话框的【OK】按钮，再单击【偏移】对话框的【确定】按钮，如图 4.15 所示。

步骤 14 继续使用【智能笔】工具，同样画出从点 A 向下偏移 0.5 的点，如图 4.16 所示。

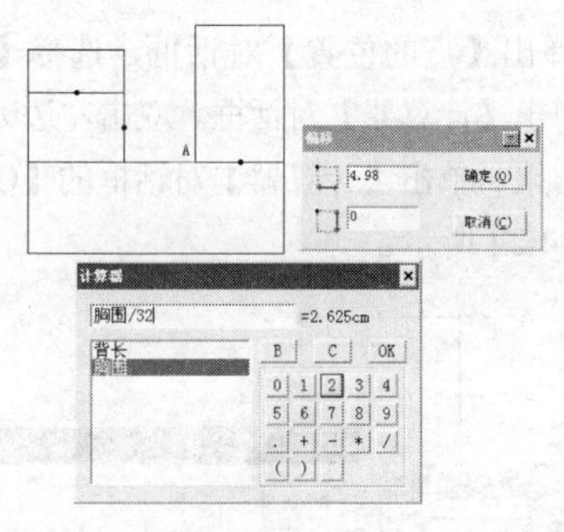

图 4.15

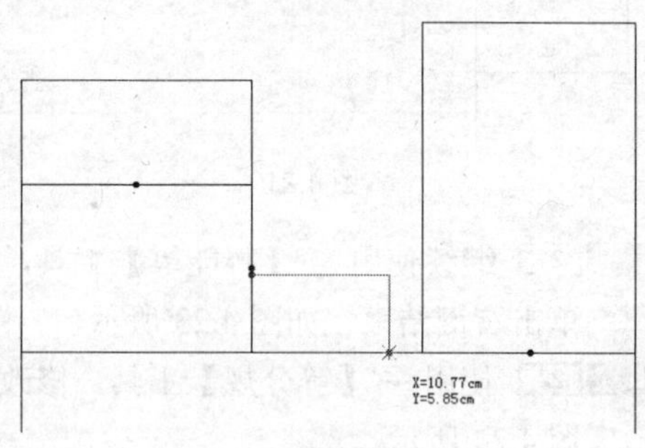

图 4.16

步骤 15 继续使用【智能笔】工具，在偏移点单击右键并拖动，画出水平垂直线，在胸围线上的另一点单击，如图 4.17 所示。

步骤 16 使用【等分规】工具，分别单击胸围线上两点，画出中点，如图 4.18 所示。

步骤 17 使用【智能笔】工具，在丁字尺状态下，分别单击胸围线上等分点、腰围线，如图 4.19 所示，即画好侧缝竖线。

X=10.77cm
Y=5.85cm

图 4.17

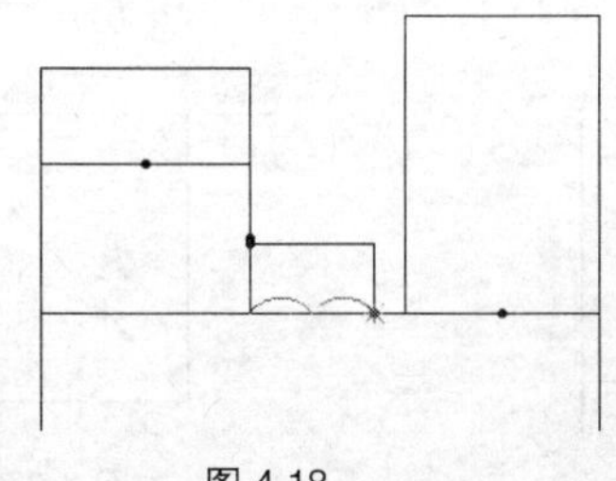

图 4.18

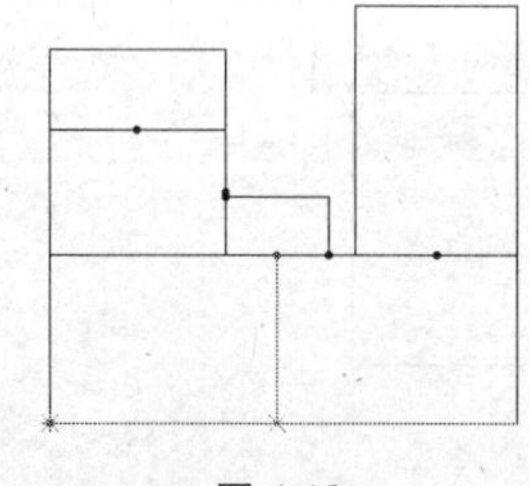

图 4.19

步骤 18 使用【智能笔】工具，按住【Shift】键，在点 A 单击右键并拖动鼠标，显示偏移线，单击右键切换状态，光标显示，再单击弹出【偏移】对话框，在文本框输入“0”，在文本框单击对话框右上角的【计算器】按钮，弹出【计算器】对话框。双击左边列表中的“胸围”，输入公式“胸围/24+3.4”，“=”后面会自动计算出结果。单击【计算器】对话框的【OK】按钮，再单击【偏移】对话框的【确定】按钮，如图 4.20 所示。

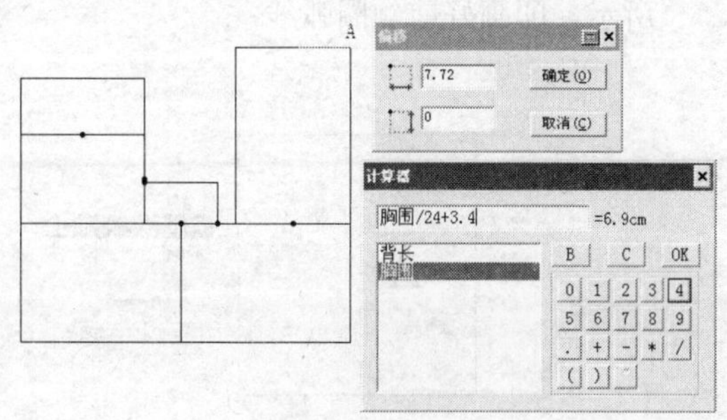

图 4.20

步骤 19 单击【比较长度】工具图标，按【Shift】键，光标变成，切换到测量线功能，分别单击点 A、B，弹出【测量】对话框，显示测量数据，单击【记录】按钮，如图 4.21 所示。

步骤 20 使用【智能笔】工具，在颈侧点单击右键并拖动鼠标，画出水平垂直线，移动鼠标

到前中线，当前中线变红、上端点变亮时单击，弹出【点的位置】对话框，选择【长度】文本框，单击对话框右上角的【计算器】按钮，弹出【计算器】对话框。双击左边列表中的尺寸变量“★”，输入公式，“=”后面会自动计算出结果。单击【计算器】对话框的【OK】按钮，再单击【点的位置】对话框的【确定】按钮，如图 4.22 所示。

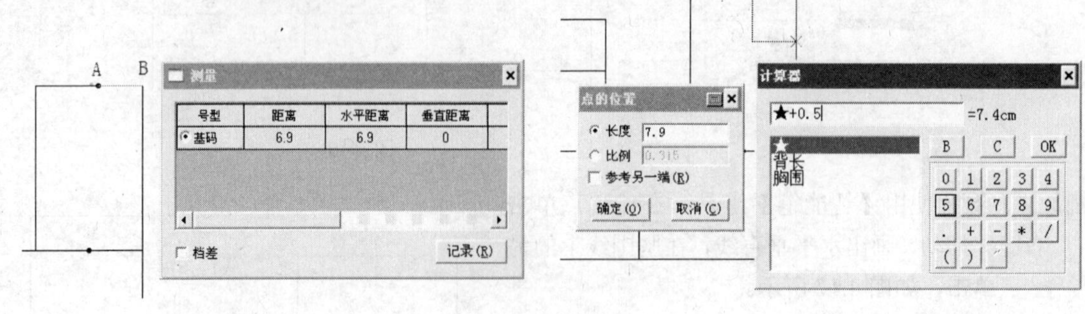

图 4.21　　图 4.22

步骤 21 继续使用【智能笔】工具，单击点 A，单击右键切换到曲线输入状态，单击点 B，单击右键结束，如图 4.23 所示。

步骤 22 使用【等分规】工具，修改等分数为“3”，分别单击线段两端点，等分为三段，如图 4.24 所示。

步骤 23 单击【剪断线】工具，单击斜线，再单击点 A，将斜线剪断，如图 4.25 所示。

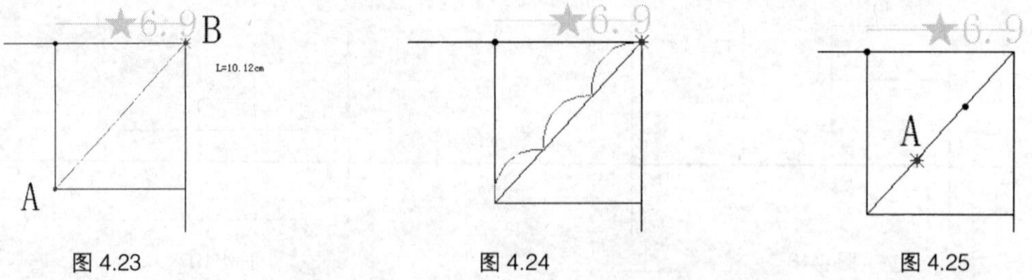

图 4.23　　图 4.24　　图 4.25

步骤 24 使用【点】工具，移动鼠标靠近斜线的等分点，当等分点变亮时单击，弹出【点的位置】对话框，如图 4.26 所示，输入数据，单击【确定】按钮。

步骤 25 使用【智能笔】工具，在曲线输入状态下，依次单击三个点，再单击右键，如图 4.27 所示，即画好前领圈弧线。

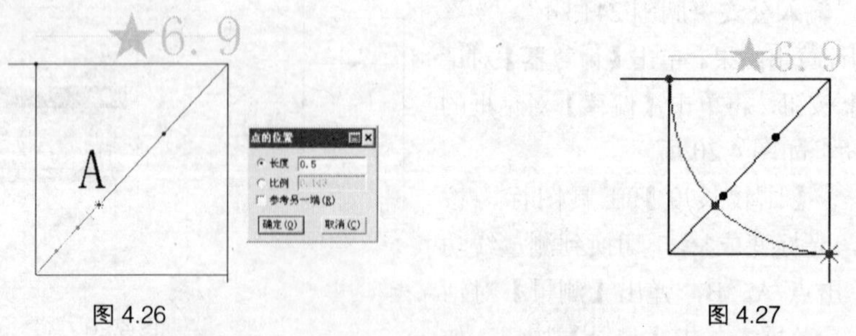

图 4.26　　图 4.27

步骤 26 使用【角度线】工具，依次单击点 A、B，移动鼠标指针再单击，弹出【角度线】对话框，如图 4.28 所示。输入数据，单击【确定】按钮，即画出肩斜线。

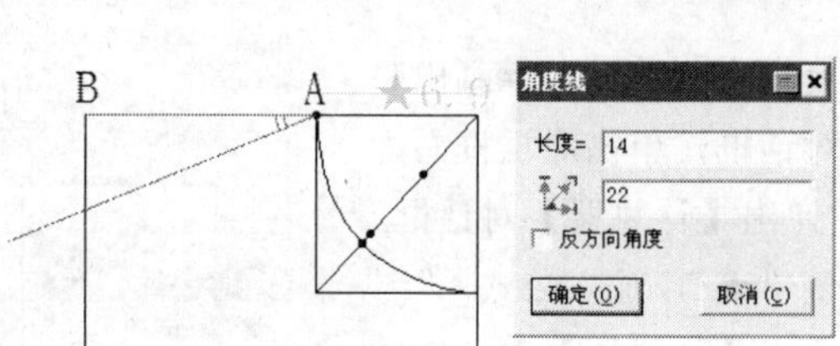

图 4.28

步骤 27 选择【智能笔】工具，右键框选肩斜线，变成【剪断线】工具，单击点 A，将肩斜线剪断，如图 4.29 所示。

步骤 28 继续使用【智能笔】工具，用左键框选肩斜线的多余部分，按【Delete】键删除，如图 4.30 所示。

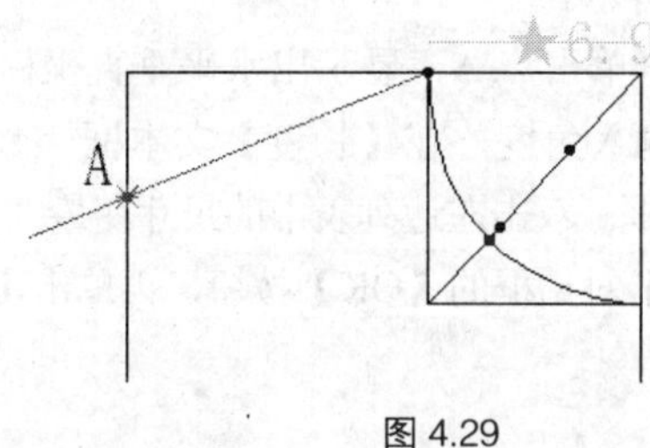

图 4.29

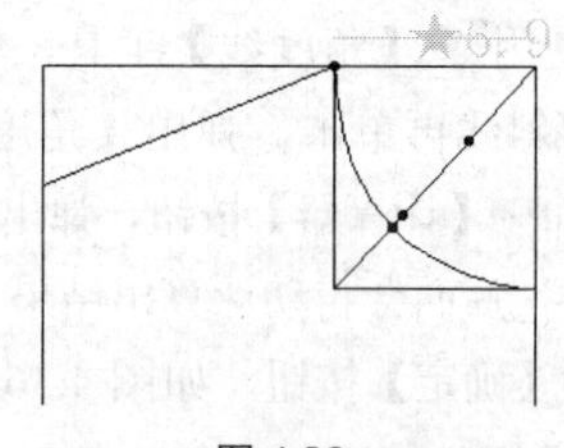

图 4.30

步骤 29 继续使用【智能笔】工具，按住【Shift】键，用鼠标左键单击点 A 不放开，这时光标变成三角板符号，移动到点 B 再放开，再次单击点 B，移动鼠标画出延长线再单击，弹出【长度】对话框，如图 4.31 所示，输入数据，单击【确定】按钮。

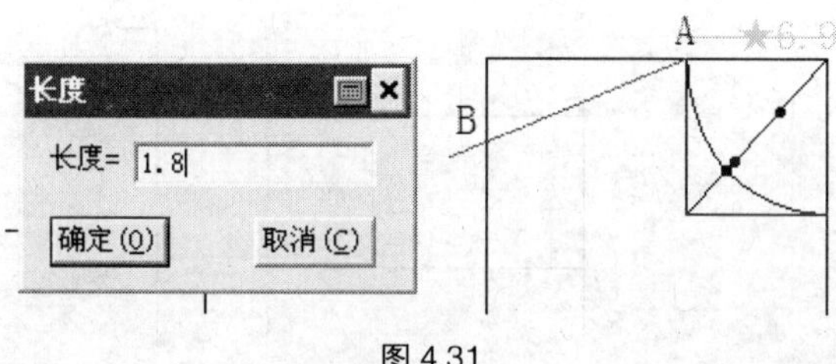

图 4.31

步骤 30 单击【比较长度】工具图标，按【Shift】键，光标变成，切换到测量线功能，分别单击肩斜线两端点，弹出【测量】对话框，显示测量数据，单击【记录】，如图 4.32 所示。

步骤 31 使用【智能笔】工具，移动鼠标靠近后上平线，当左端点变亮时单击，弹出【点的位置】对话框，选择【长度】文本框，单击对话框右上角的【计算器】按钮，弹出【计算器】对话框。双击左边列表中的尺寸变量“★”，输入公式，“=”后面会自动计算出结果。单击【计算器】对话框的【OK】按钮，再单击【点的位置】对话框的【确定】按钮，如图 4.33 所示。

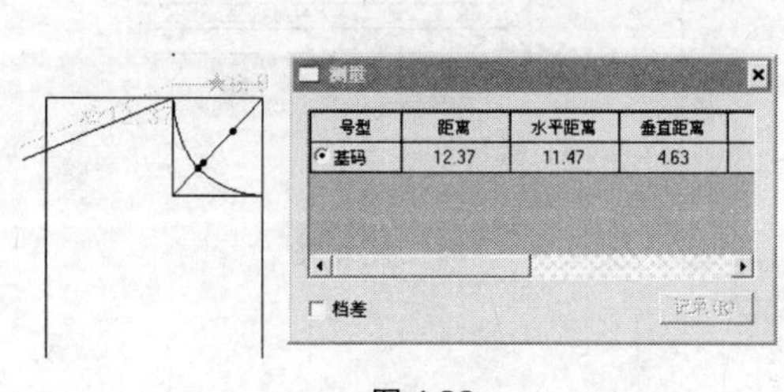

图 4.32

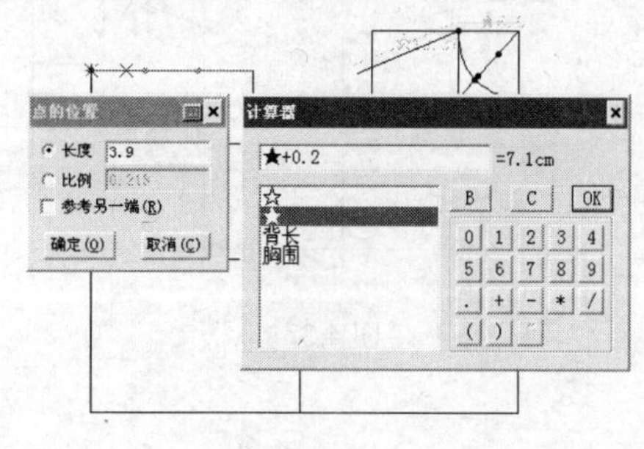

图 4.33

单击右键切换到丁字尺状态，移动鼠标画出竖线再单击，弹出【长度】对话框，单击对话框右上角的【计算器】按钮，弹出【计算器】对话框。双击左边列表中的尺寸变量“★”，输入公式，“=”后面会自动计算出结果。单击【计算器】对话框的【OK】按钮，再单击【长度】对话框的【确定】按钮，如图 4.34 所示。

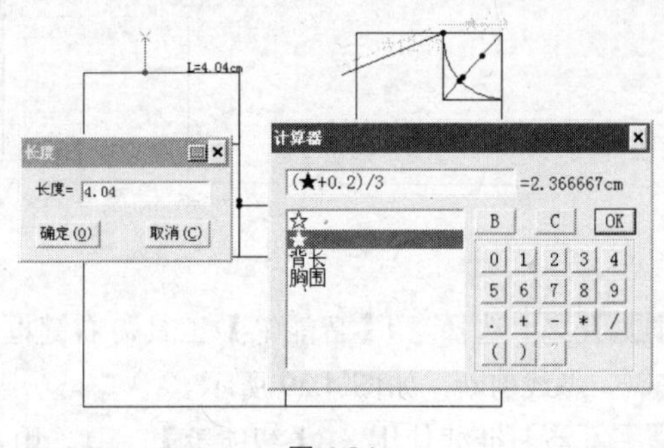

图 4.34

步骤 32 继续使用【智能笔】工具，在曲线输入状态下，依次单击三个点，画出后领圈弧线，单击右键结束。如要调整曲线形状，在空白处单击右键，切换到【调整工具】，如图 4.35 所示。

步骤 33 使用【角度线】工具，单击线段 AB，再单击点 A，显示出水平垂直坐标，移动鼠标画出肩斜线再单击，弹出【角度线】对话框，输入角度，在【长度】文本框，单击对话框右上角的【计算器】按钮，弹出【计算器】对话框。双击左边列表中的尺寸变量“☆”，输入公式，“=”后面会自动计算出结果。单击【计算器】对话框的【OK】按钮，再单击【角度线】对话框的【确定】按钮，如图 4.36 所示。

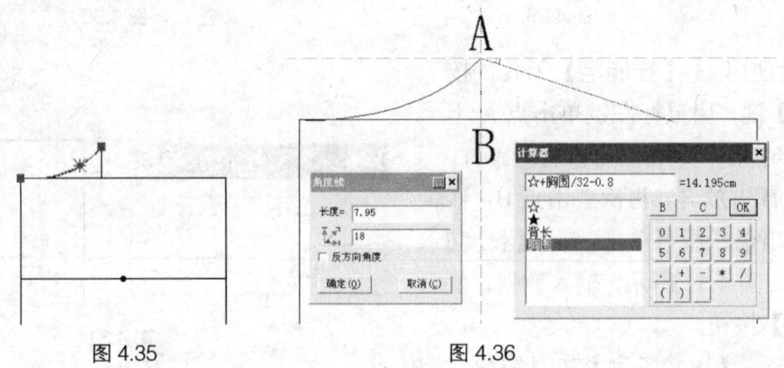

图 4.35　　图 4.36

步骤 34 使用【等分规】工具，设置等分数为“3”，分别单击线段 AB 两端点，等分为三段，如图 4.37 所示。

步骤 35 单击【比较长度】工具图标，按【Shift】键，光标变成 ，切换到测量线功能，测量其中一等份的距离，弹出【测量】对话框，显示测量数据，单击【记录】按钮，如图 4.38 所示。

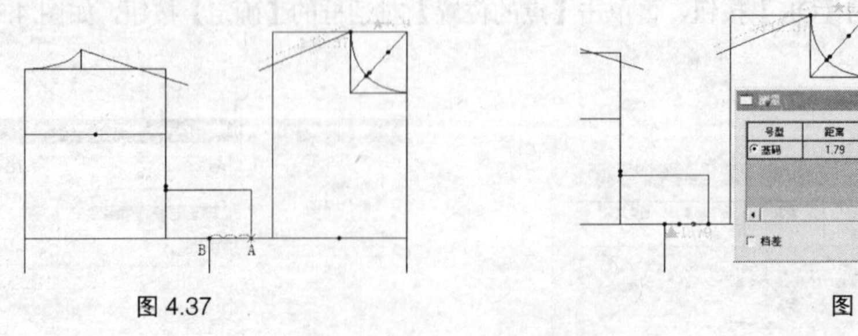

图 4.37　　图 4.38

步骤 36 使用【智能笔】工具，单击背宽线与胸围线交点，单击右键切换到丁字尺状态，移动鼠标画出 45 度斜线再单击，弹出【长度】对话框，单击对话框右上角的【计算器】按钮，弹出【计算器】对话框，输入公式，单击【计算器】对话框的【OK】按钮，再单击【长度】对话框的【确定】按钮，如图 4.39 所示。

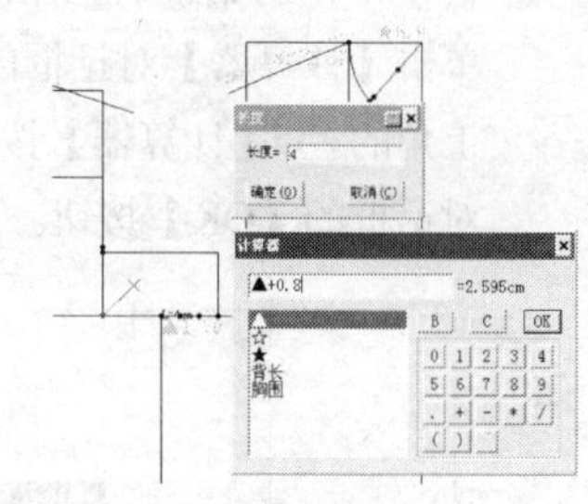

图 4.39

步骤 37 继续使用【智能笔】工具，画出另一条 45 度辅助线，如图 4.40 所示。

步骤 38 继续使用【智能笔】工具，在曲线输入状态，依次单击袖窿弧线的各点，单击右键结束，如图 4.41 所示。

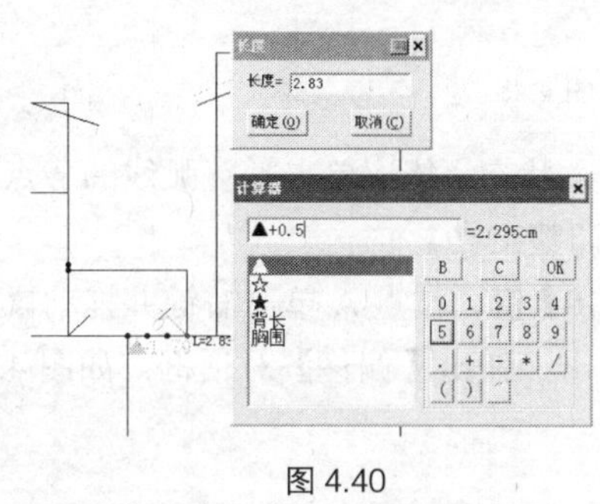

图 4.40

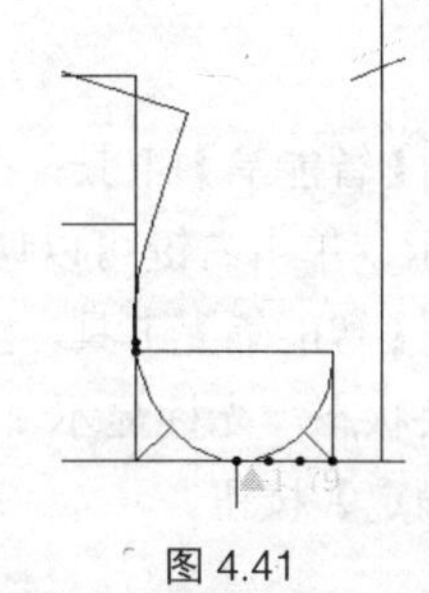

图 4.41

步骤 39 使用【智能笔】工具，按住【Shift】键，在点 A 单击右键并拖动鼠标，显示偏移线，单击右键切换状态，光标显示，再单击，弹出【偏移】对话框，如图 4.42 所示，输入数据，单击【确定】按钮。

步骤 40 继续使用【智能笔】工具，在曲线输入状态，分别单击胸省边线的两个端点，单击右键结束，如图 4.43 所示。

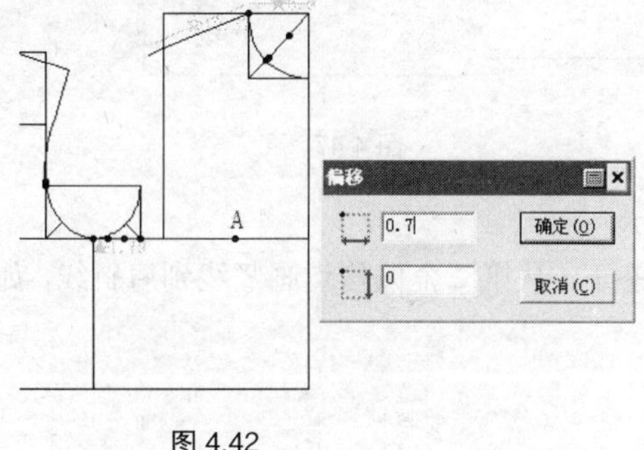

图 4.42

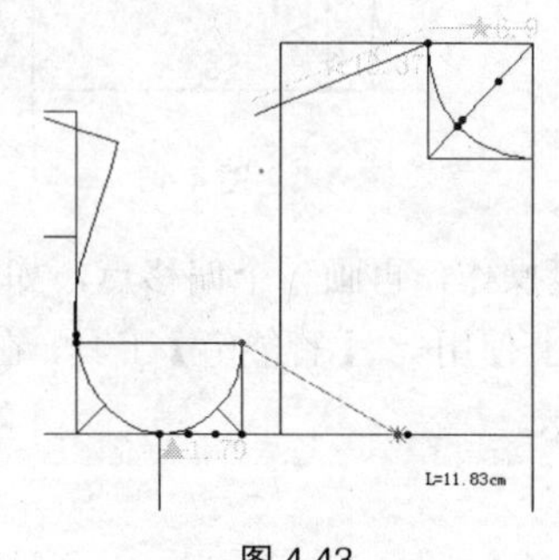

图 4.43

步骤 41 单击【比较长度】工具图标，按【Shift】键，光标变成，切换到测量线功能，分别单击省边线的两个端点，弹出【测量】对话框，显示测量数据，单击【记录】按钮，如图 4.44 所示。

步骤 42 使用【角度线】工具，依次单击省尖点、省边线点，移动鼠标画出另一省边线再单击，弹出【角度线】对话框，在【长度】文本

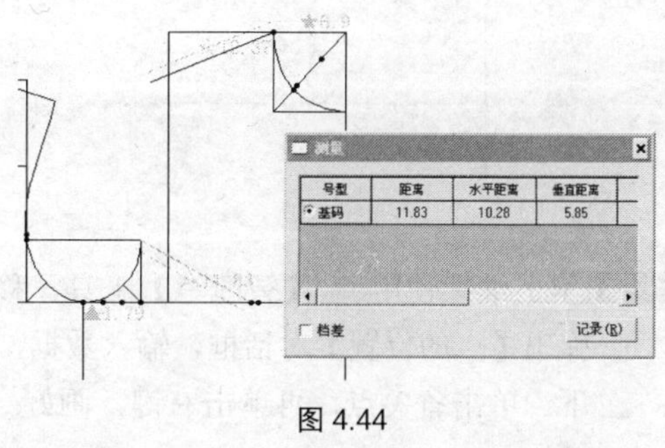

图 4.44

框，单击对话框右上角的【计算器】按钮，弹出【计算器】对话框，输入尺寸变量“△”，单击【计算器】对话框的【OK】按钮。在【角度线】对话框，单击文本框，单击对话框右上角的【计算器】按钮，弹出【计算器】对话框，输入公式“胸围/4-2.5”，单击【计算器】对话框的【OK】按钮。再单击【角度线】对话框的【确定】按钮，如图4.45所示。

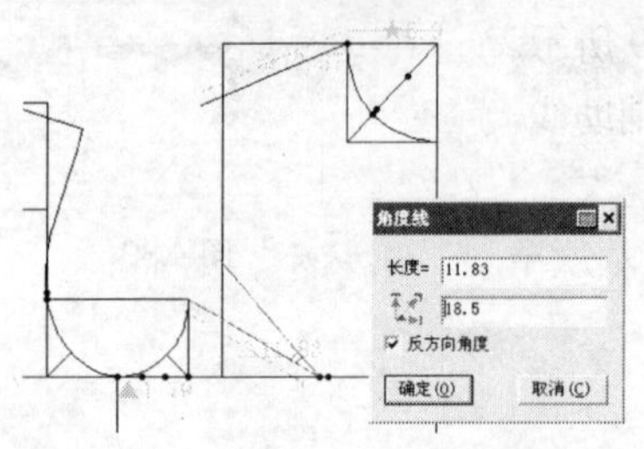

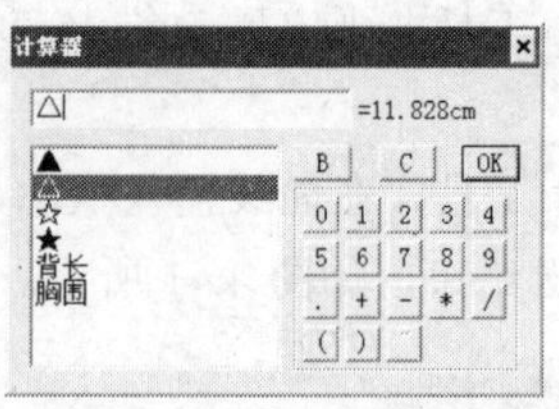

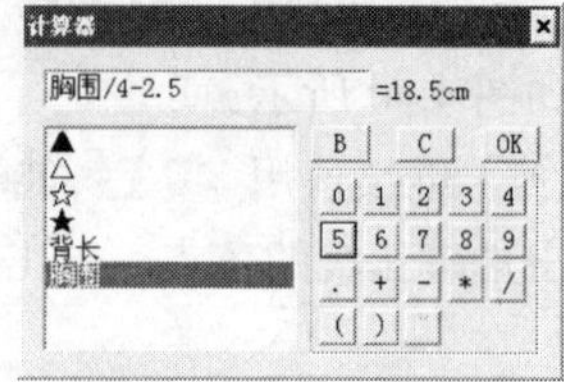

图4.45

步骤 43 使用【智能笔】工具，在曲线输入状态，依次单击袖窿弧线的各点，单击右键结束，如图4.46所示，单击右键可以切换到【调整工具】。

步骤 44 使用【智能笔】工具，按住【Shift】键，在点A单击右键并拖动鼠标，显示偏移线，单击右键切换状态，光标显示，再单击，弹出【偏移】对话框，如图4.47所示，输入数据，单击【确定】按钮。

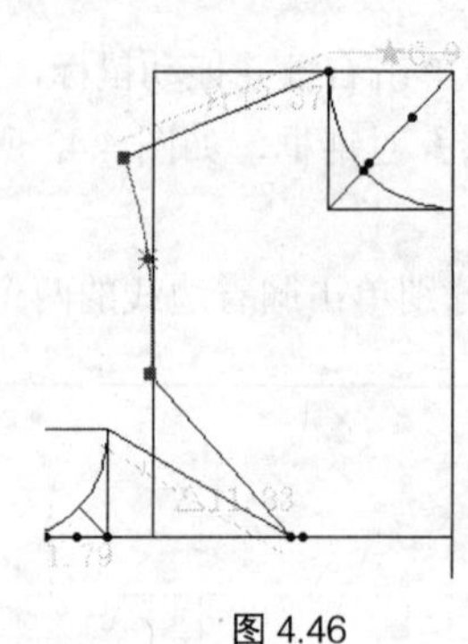

图4.46

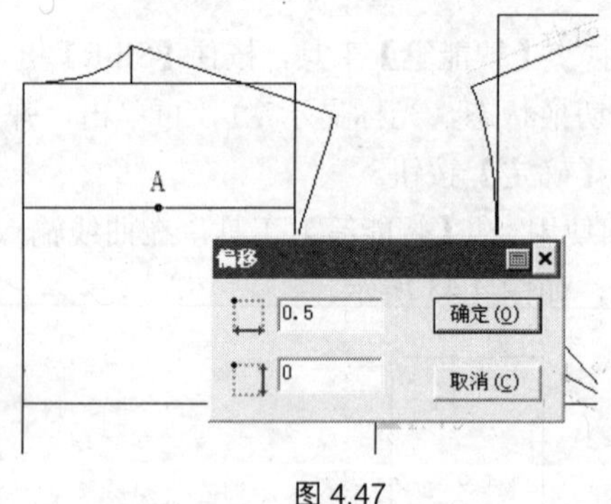

图4.47

重复操作，再画一个偏移点，如图4.48所示。

步骤 45 使用【智能笔】工具，在丁字尺状态下，从第二个偏移点画竖线到肩斜线，如图4.49所示。

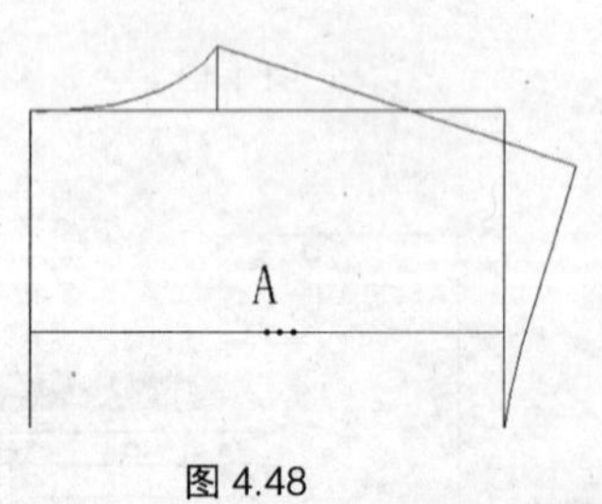

图4.48

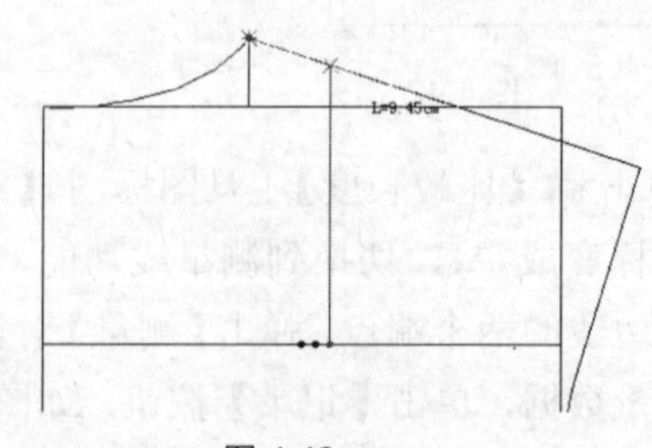

图4.49

步骤 46 继续使用【智能笔】工具，移动鼠标靠近肩斜线，当肩斜线上的交点变亮时单击，弹出【点的位置】对话框，输入数据，单击【确定】按钮，如图4.50所示，在曲线输入状态下。单击省尖点，再单击右键，画好一条省边线。

步骤 47 继续使用【智能笔】工具，单击省尖点，移动鼠标靠近肩斜线，当另一省边线点变亮时单击，弹出【点的位置】对话框，输入数据，单击【确定】按钮，单击右键即画好另一条省边线，如图 4.51 所示。

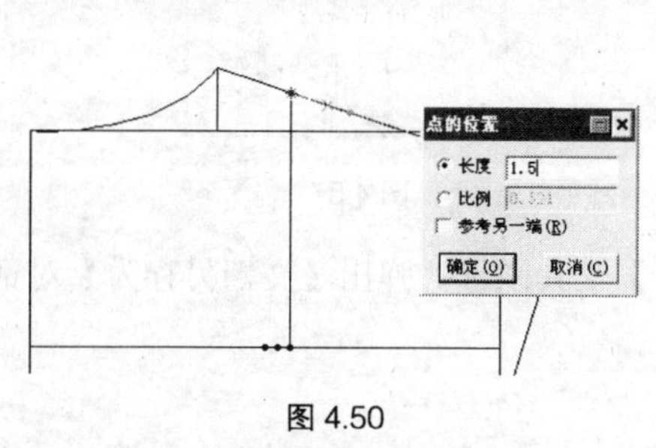

图 4.50

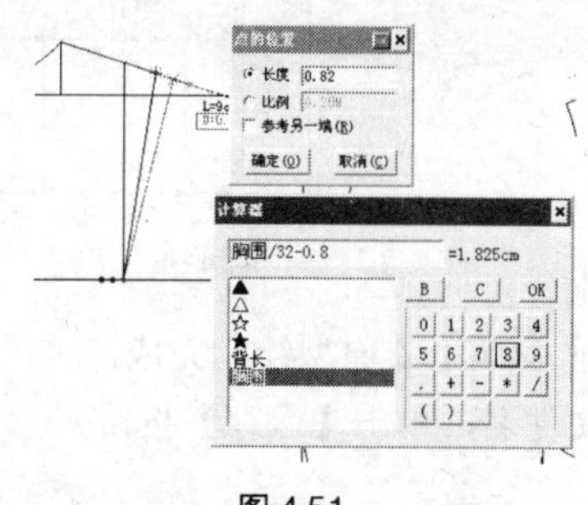

图 4.51

步骤 48 继续使用【智能笔】工具，按住【Shift】键，在袖窿弧线点上单击右键并拖动鼠标，显示偏移线，单击右键切换状态，光标显示，再单击，弹出【偏移】对话框，如图 4.52 所示，输入数据，单击【确定】按钮。

步骤 49 同样在点 A 画出另一个偏移点，如图 4.53 所示。

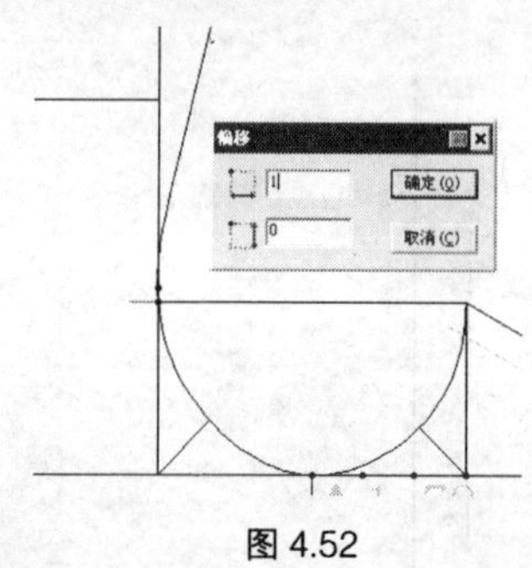

图 4.52

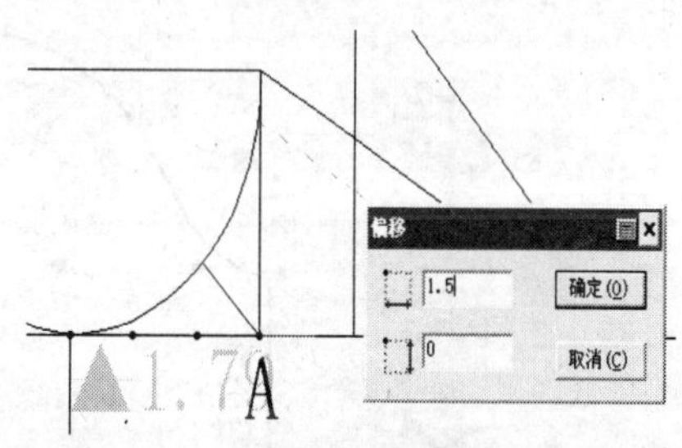

图 4.53

步骤 50 继续使用【智能笔】工具，在丁字尺状态，画出五条省中线，如图 4.54 所示。

步骤 51 单击【等分规】，按【Shift】键，光标变成，单击省中点，弹出【线上反向等分点】对话框，如图 4.55 所示，输入数据，单击【确定】按钮。

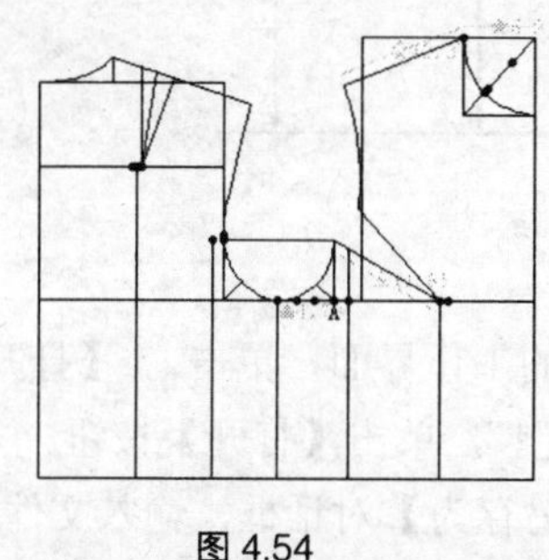

图 4.54

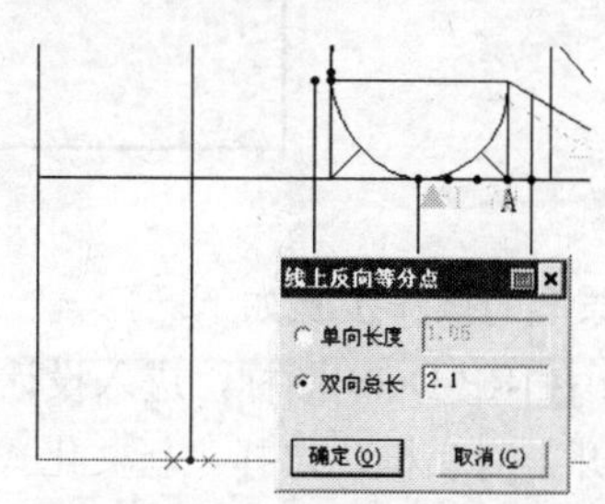

图 4.55

步骤 52 用同样的方法，根据表 4.2 中的数据，画出另外的省边点，如图 4.56 所示。

步骤 53 使用【智能笔】工具，在曲线输入状态下，画出各条省边线，如图 4.57 所示。

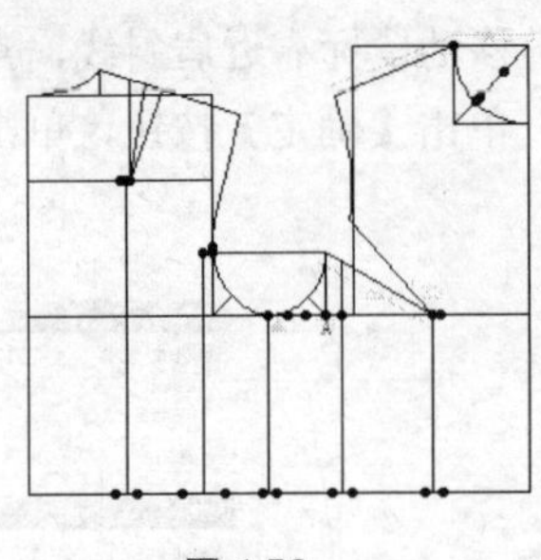

图 4.56

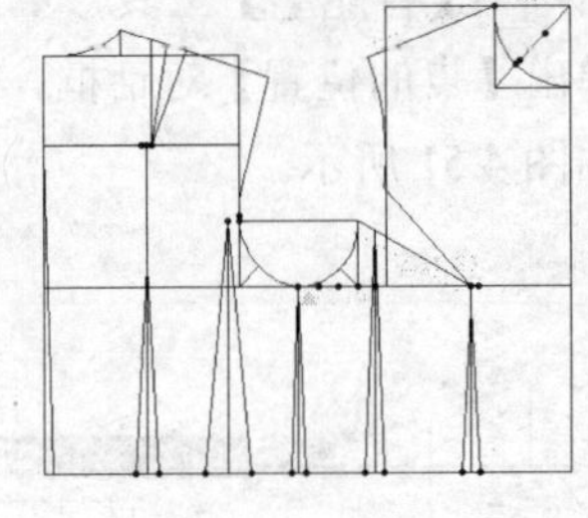

图 4.57

步骤 54 女装上衣原型绘制完成，单击【保存】工具图标，弹出【文档另存为】对话框，输入文件名，单击【保存】按钮。

4.2 新文化式女装袖子原型

袖子原型的结构图如图 4.58 所示，袖长尺寸为 51cm。

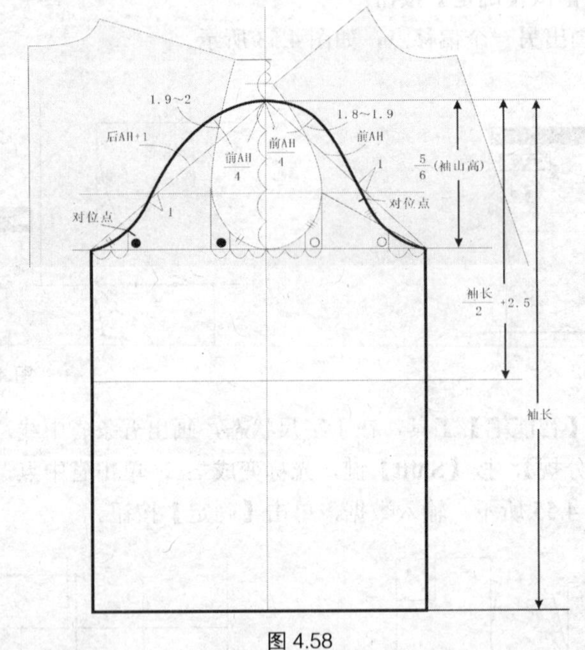

图 4.58

绘制袖子原型的操作步骤如下。

步骤 1 双击[RP-DGS]图标，进入设计与放码系统的工作界面，单击【打开】工具图标，弹出【打开】对话框，选择“新文化式女装上衣原型”，单击【打开】按钮。

步骤 2 单击菜单【文档】→【另存为】，弹出【文档另存为】对话框，输入文件名“新文化式女装原型—袖子”，单击【保存】按钮。

步骤 3 使用【智能笔】工具，按住【Shift】键，用左键框选所有线条，再单击右键，光标变成 ，移动鼠标将结构线复制到空白处再单击，如图 4.59 所示。

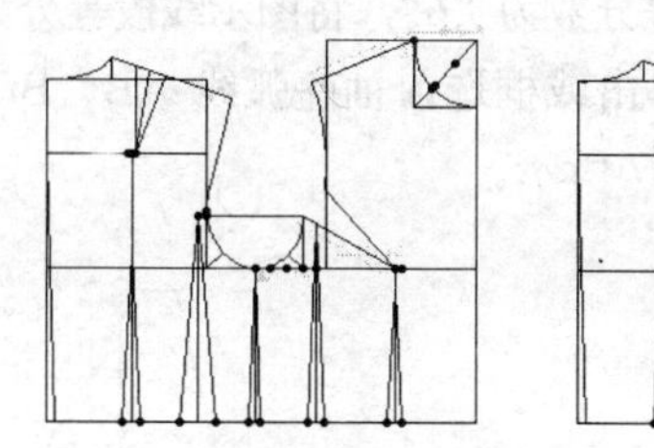

图 4.59

步骤 4 继续使用【智能笔】工具，框选点、线，被框选部分会变成红色，按【Delete】键可以删除选中的点、线，如图 4.60 所示。

步骤 5 右键框选线条，光标变成剪刀形状，切换到【剪断线】工具，如图 4.61 所示，在点 A 处剪断胸围线，在点 B 处剪断袖窿弧线。

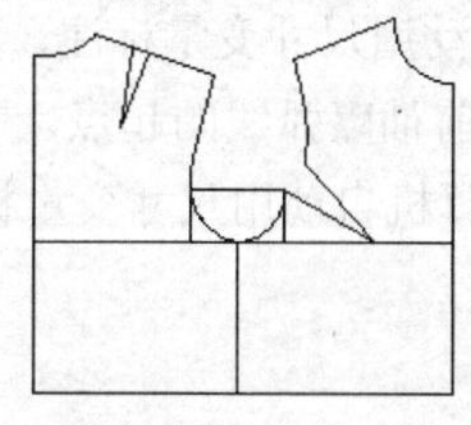

图 4.60

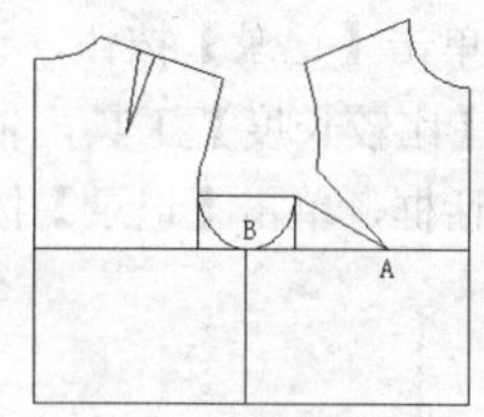

图 4.61

步骤 6 继续使用【智能笔】工具，按住【Shift】键，用左键框选线条，在新省线 OA 上单击左键，新省线变成绿色，光标变成转省形状，切换到【转省】工具。然后单击右键，再单击省的起始边 OB，最后单击省的合并边 OC，合并胸省，如图 4.62 所示。

步骤 7 继续使用【智能笔】工具，在丁字尺状态，从侧缝线端点向上画出竖线，如图 4.63 所示。

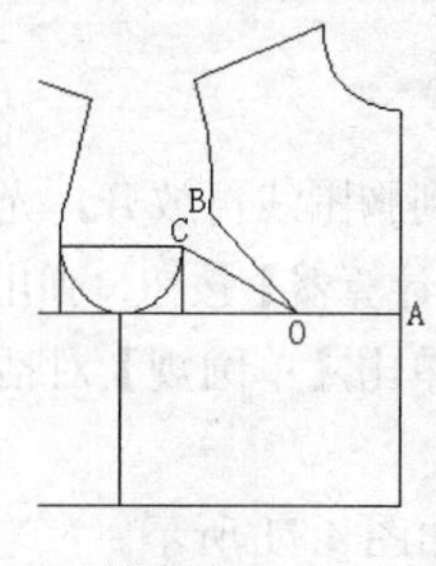

转省前

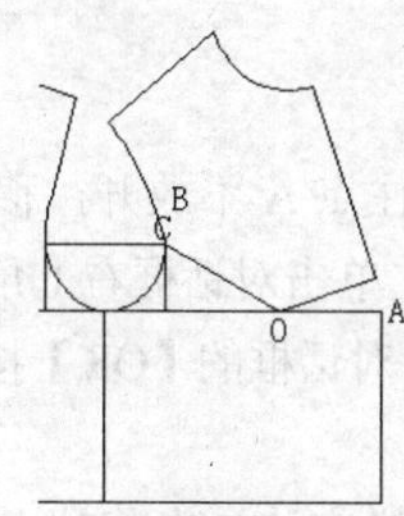

转省后

图 4.62

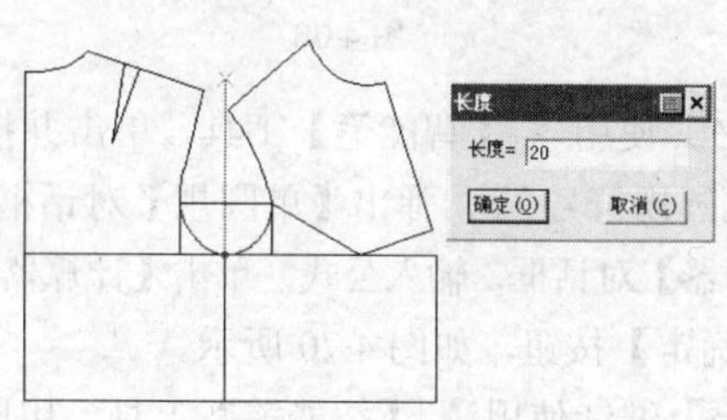

图 4.63

步骤 8 从前后肩端点画水平到竖线，如图 4.64 所示。

步骤 9 使用【等分规】工具，将图示线段二等分，如图 4.65 所示。

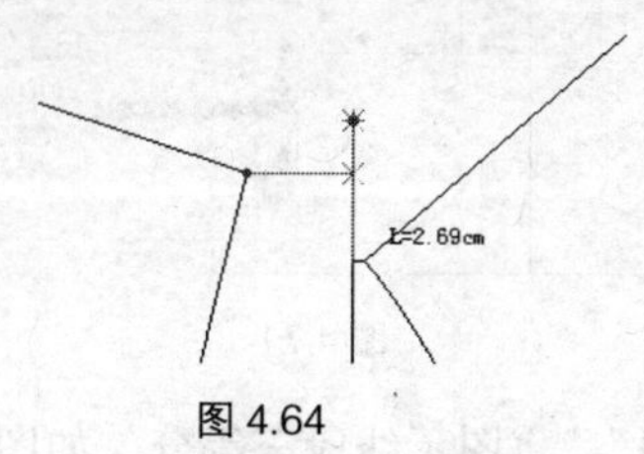

图 4.64

图 4.65

步骤 10 继续使用【等分规】工具，设置等分数为“6”，将图示线段等分为六份，如图 4.66 所示。

步骤 11 使用【剪断线】工具，分别单击或框选前袖窿弧线 AB、BC，再单击右键连接两段弧线，弧线会自动修正圆顺，如图 4.67 所示。

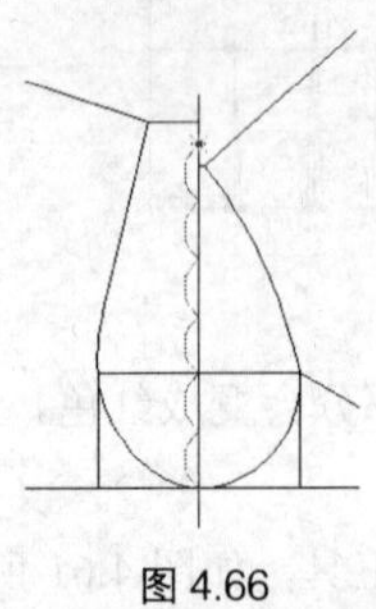

图 4.66

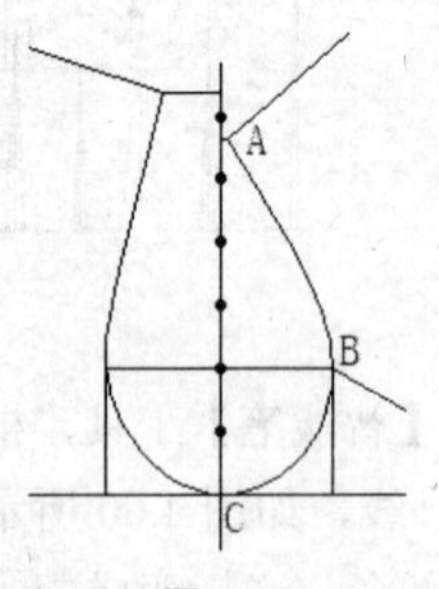

图 4.67

步骤 12 使用【比较长度】工具，依次单击后袖窿弧线的起点、中间任一点、终点，弹出【长度比较】对话框，单击【记录】按钮，计算机自动用尺寸变量标注，如图 4.68 所示。

步骤 13 继续使用【比较长度】工具，依次单击前袖窿弧线的起点、中间任一点、终点，弹出【长度比较】对话框，单击【记录】按钮，计算机自动用尺寸变量标注，如图 4.69 所示。

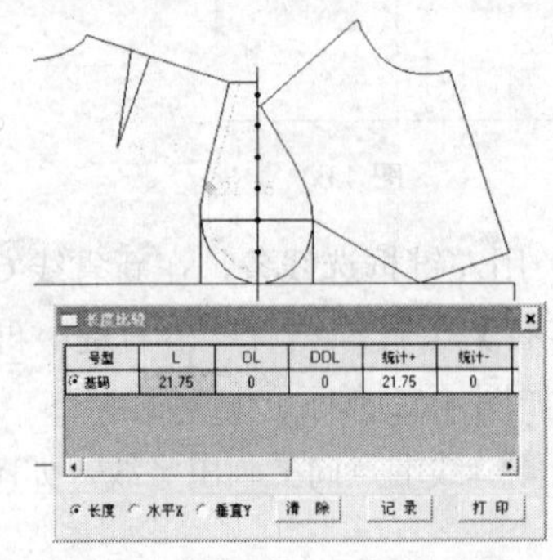

图 4.68

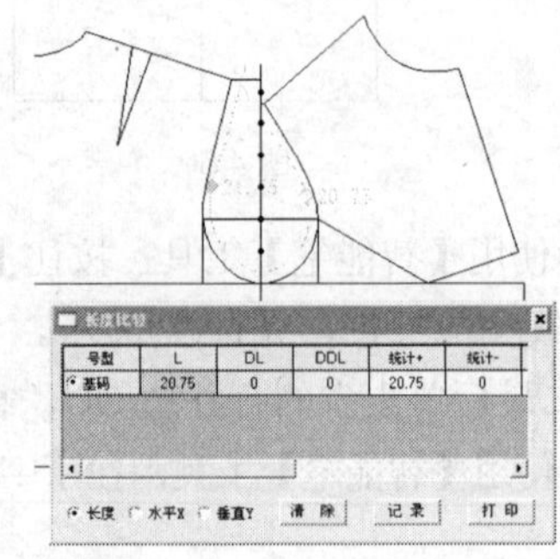

图 4.69

步骤 14 使用【智能笔】工具，单击并按住点 A 不放开，移动鼠标到胸围线再放开，光标变成圆规符号，弹出【单圆规】对话框，单击对话框右上角的【计算器】按钮，弹出【计算器】对话框，输入公式，单击【计算器】对话框的【OK】按钮。再单击【单圆规】对话框的【确定】按钮，如图 4.70 所示。

步骤 15 继续使用【智能笔】工具，用同样方法画出前袖山斜线，如图 4.71 所示。

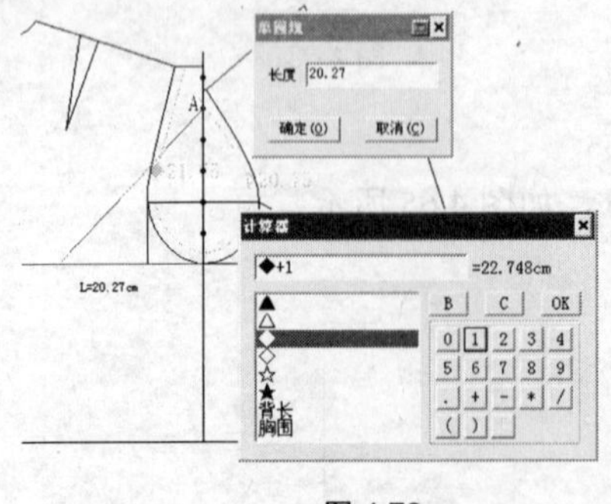

图 4.70

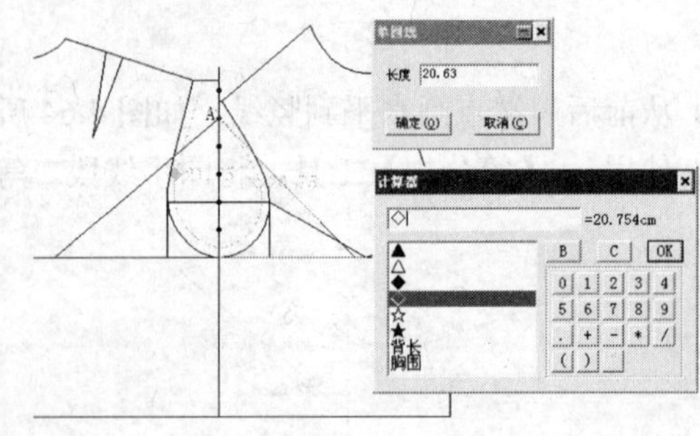

图 4.71

步骤 16 使用【等分规】工具，设置等份数为“3”，将图示线段三等分，如图 4.72 所示。

步骤 17 继续使用【等分规】工具，将图示线段三等分，如图 4.73 所示。

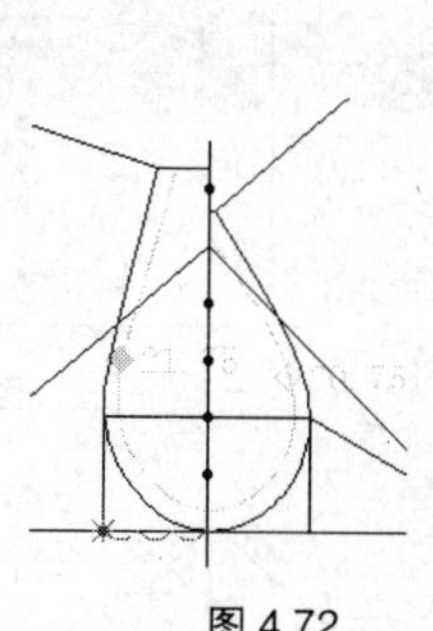

图 4.72

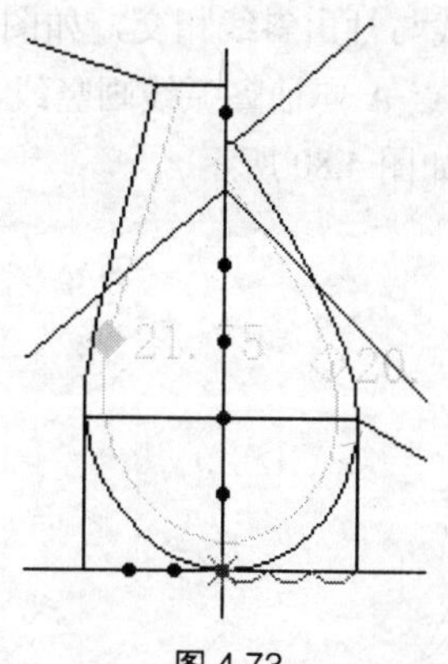

图 4.73

步骤 18 单击【比较长度】工具图标，按【Shift】键，光标变成，切换到测量线功能，分别单击等分点 A、B，弹出【测量】对话框，显示测量数据，单击【记录】按钮。同样测量并记录线段 CD 的长度，如图 4.74 所示。

步骤 19 使用【智能笔】工具，右键框选胸围线，光标变成，单击点 A，剪断胸围线，同样在点 B 剪断胸围线，如图 4.75 所示。

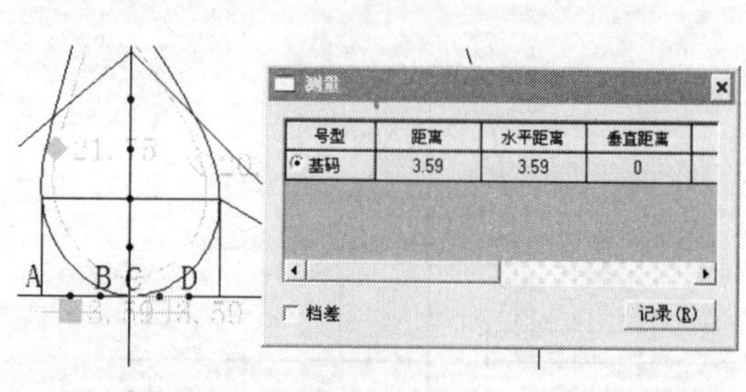

图 4.74

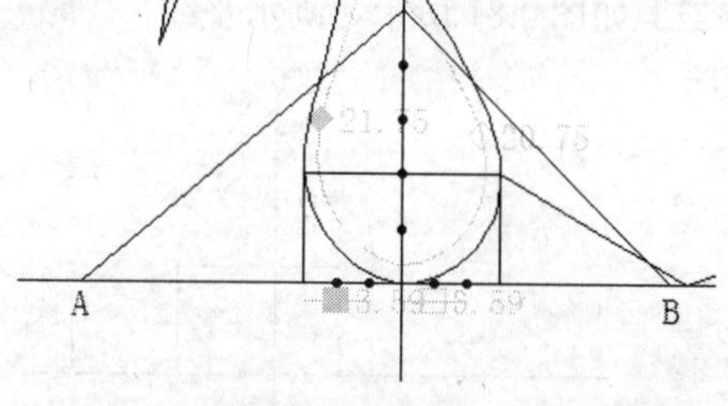

图 4.75

步骤 20 继续使用【智能笔】工具，靠近胸围线，胸围线变成红色，点 A 变亮，单击，弹出【点的位置】对话框，选择【长度】选项，单击对话框右上角的【计算器】按钮，弹出【计算器】对话框，输入公式，单击【OK】按钮，再单击【点的位置】对话框的【确定】按钮，如图 4.76 所示。

在丁字尺状态下，画出竖线，与袖山斜线相交，如图 4.77 所示。

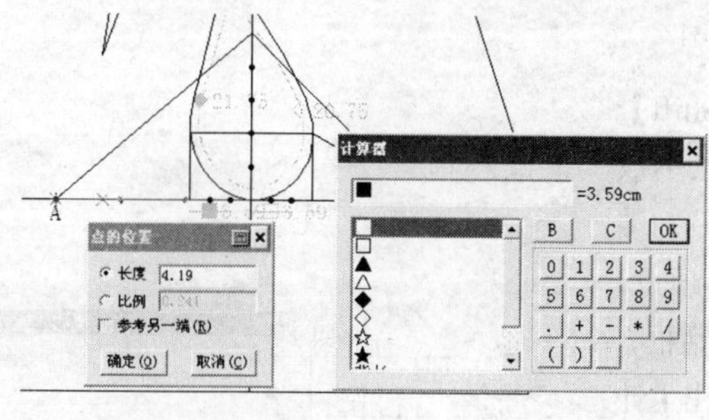

图 4.76

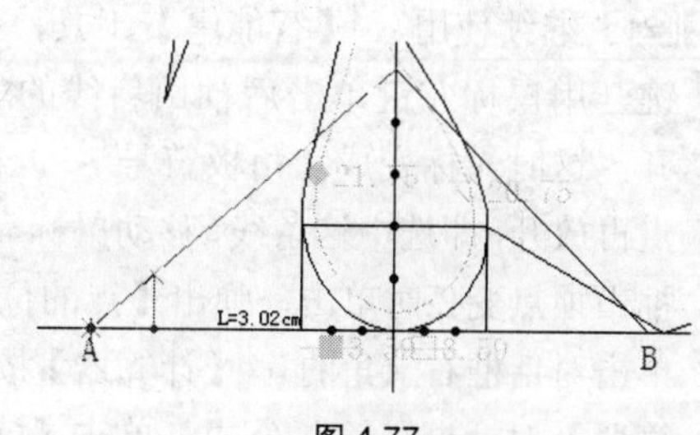

图 4.77

步骤 21 同样在胸围线的另一端取点，如图 4.78 所示。

画出一条竖线与袖山斜线相交，如图 4.79 所示。

步骤 22 从等分点 A 向袖窿弧线画竖线，从等分点 B 向袖窿弧线画竖线，如图 4.80 所示。

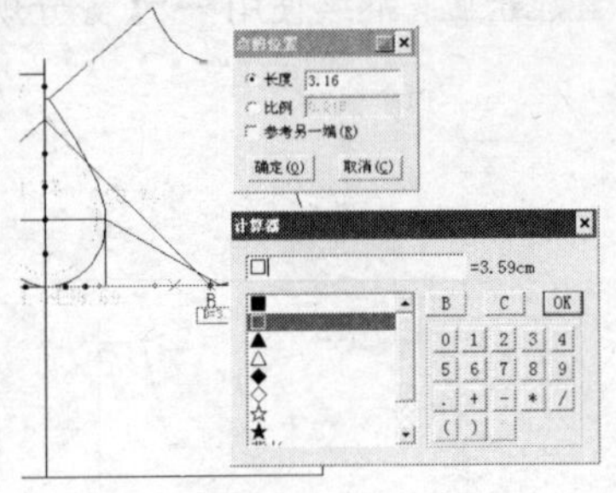

图 4.78

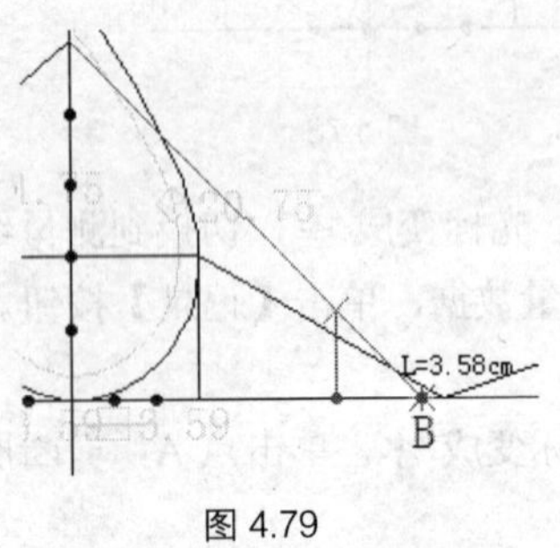

图 4.79

图 4.80

步骤 23 如图 4.81 所示，画水平线。

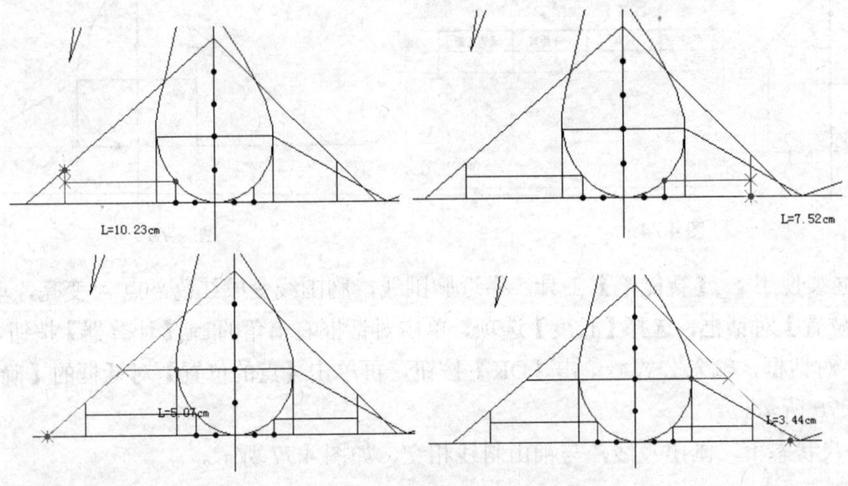

图 4.81

步骤 24 继续使用【智能笔】工具，按住【Shift】键，用鼠标左键单击后袖山斜线的一个端点不放开，这时光标变成三角板符号，移动到另一端点再放开，即选中这条线，移动鼠标靠近袖山顶点，袖山顶点变亮时单击，弹出【点的位置】对话框，单击对话框右上角的【计算器】按钮，弹出【计算器】对话框，输入公式，单击【OK】按钮，再单击【点的位置】对话框的【确定】按钮，如图 4.82 所示。

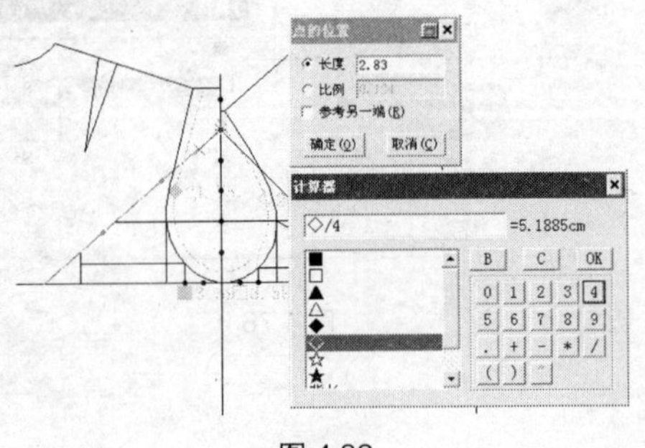

图 4.82

移动鼠标画出垂线，单击，弹出【长度】对话框，输入数据，单击【确定】按钮，如图 4.83 所示。

步骤 25 同样，在前袖山斜线上取点，如图 4.84 所示。

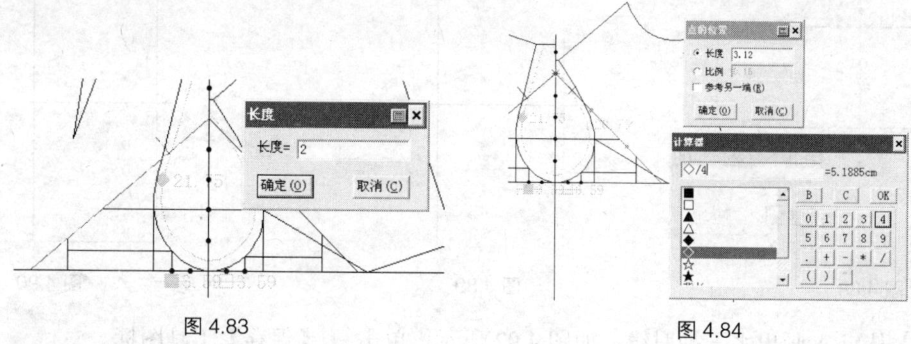

图 4.83

图 4.84

画出垂线，如图 4.85 所示。

步骤 26 继续使用【智能笔】工具，右键框选袖山斜线，光标变成，单击点 A，剪断后袖山斜线，同样在点 B 剪断前袖山斜线，如图 4.86 所示。

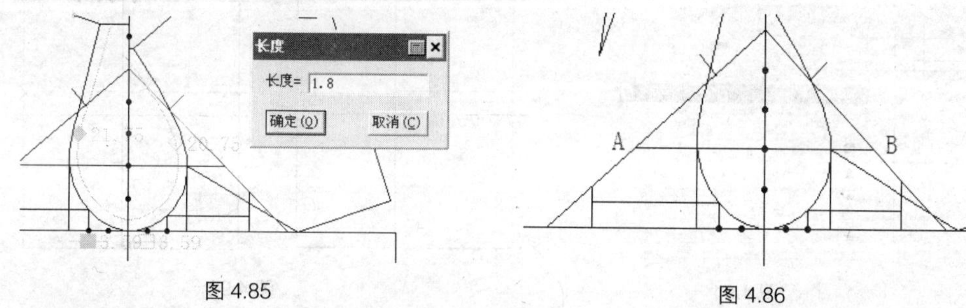

图 4.85

图 4.86

步骤 27 在曲线输入状态下，依次单击袖山弧线上各点，画出袖山弧线，如图 4.87 所示。

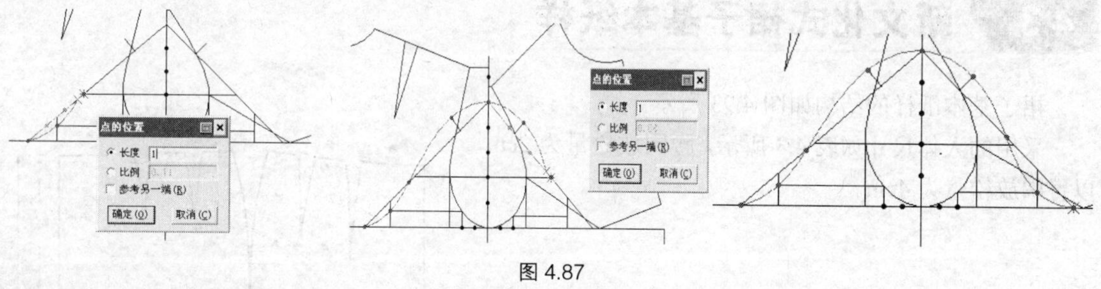

图 4.87

步骤 28 在丁字尺输入状态下，从袖山顶点 A 向下画出袖长线，如图 4.88 所示。

步骤 29 在点 A 用右键拖拉，画出水平垂直线，光标变成，这时再单击鼠标右键可以切换水平垂直线的方向，移动鼠标到袖长底点单击结束操作，如图 4.89 所示。

步骤 30 同样画出前袖底线，如图 4.90 所示。

步骤 31 按住【Shift】键，在袖山顶点 A 用右键拖拉，画出偏移线，光标变成，单击右键，光标变成，再单击左键弹出【偏移】对话框，如图 4.91 所示，输入数据。

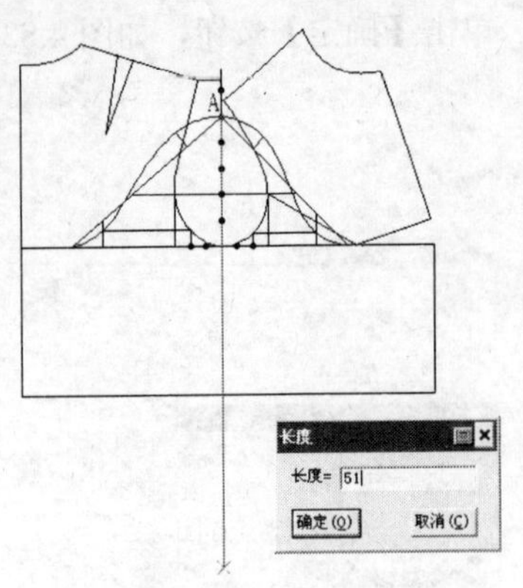

图 4.88

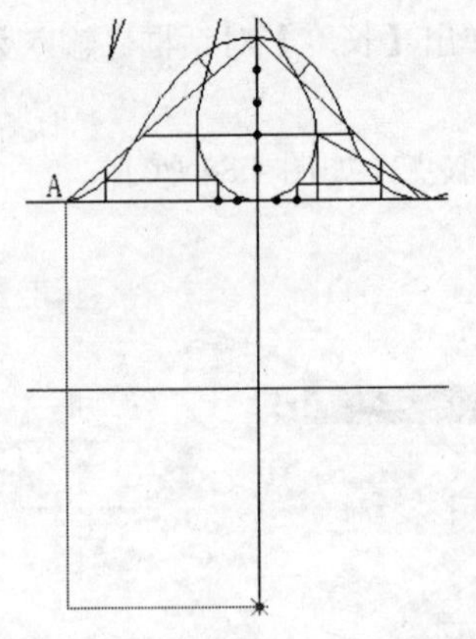

图 4.89

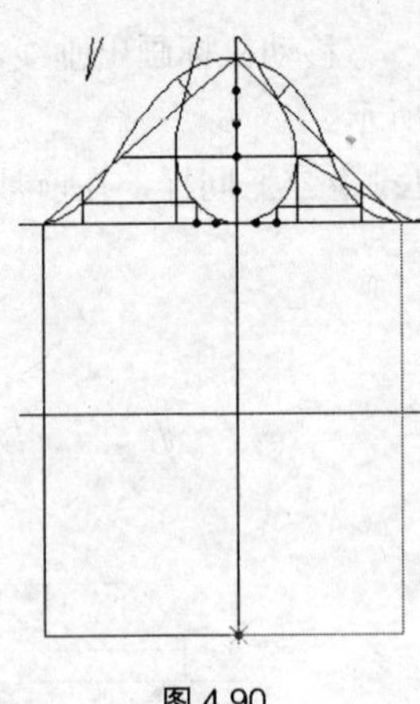

图 4.90

步骤 32 从点 A 画出水平袖肘线，如图 4.92 所示，单击【保存】工具图标。

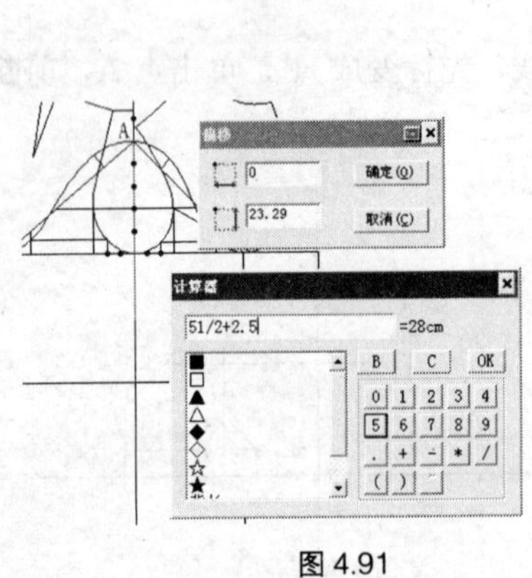

图 4.91

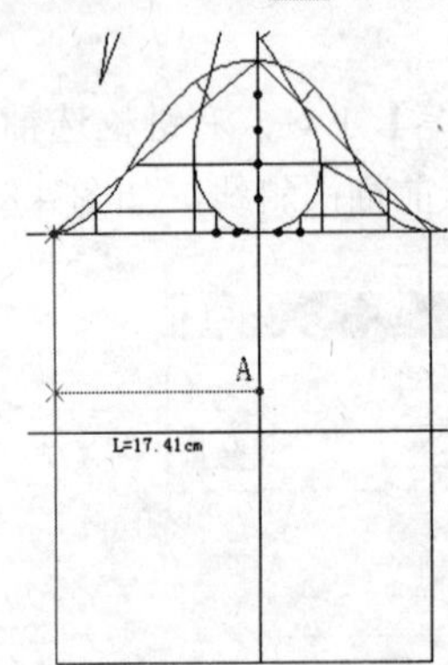

图 4.92

4.3 新文化式裙子基本纸样

裙子基本纸样的结构如图 4.93 所示。

采用的人体尺寸如表 4.3 所示，腰围放松量为 2cm，臀围放松量为 4cm。

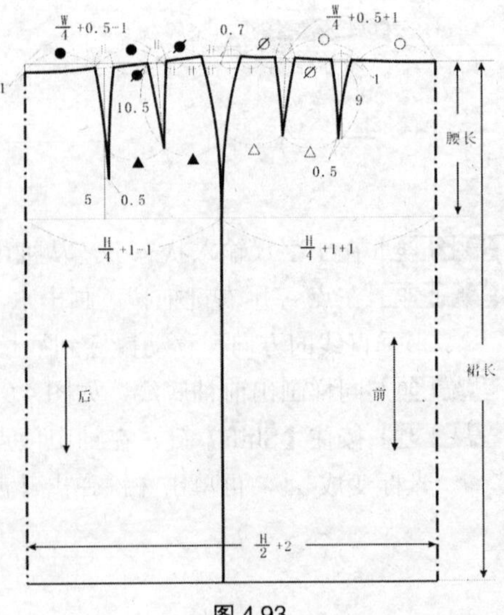

图 4.93

表4.3　　裙子原型尺寸表　　单位：cm

部　　位	腰　　围	臀　　围	腰　　长	裙　　长
规格	66	92	18	60

绘制裙子原型的操作步骤如下。

步骤 1 双击【RP-DGS】图标，进入设计与放码系统的工作界面。

步骤 2 选择【号型】菜单中的【号型编辑】命令，弹出【设置号型规格表】对话框，如图4.94所示。输入部位名称及数据，单击【确定】按钮。

单击【保存】工具图标，弹出【文档另存为】对话框，输入文件名“裙子基本纸样”，单击【保存】按钮。

步骤 3 选择【智能笔】工具，在工作区单击，按住鼠标斜向拉出矩形框再放开，弹出【矩形】对话框。在栏输入裙长数据“60”，单击栏，再单击对话框右上角的【计算器】按钮，弹出【计算器】对话框。双击左边列表中的“臀围”，输入“/2+2”，“=”后面会自动计算出结果。单击【计算器】对话框的【OK】按钮，再单击【矩形】对话框的【确定】按钮，如图4.95所示。

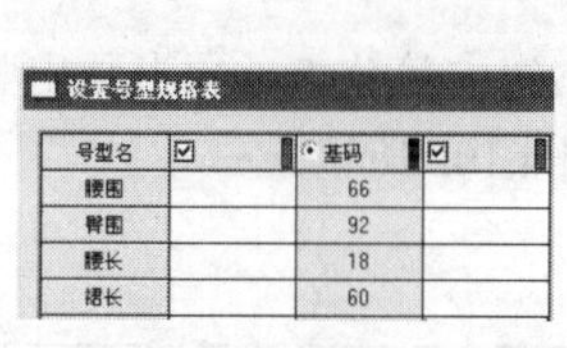

设置号型规格表

号型名	☑	基码	☑
腰围		66	
臀围		92	
腰长		18	
裙长		60	

图4.94

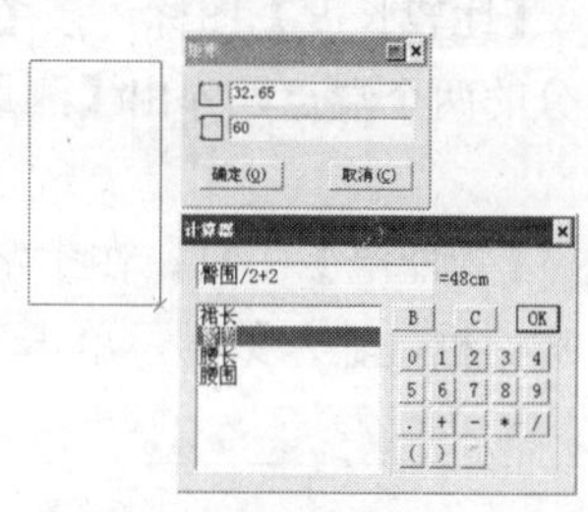

图4.95

单击右键切换到丁字尺状态，移动鼠标画出竖线，单击下平线，如图4.96所示。

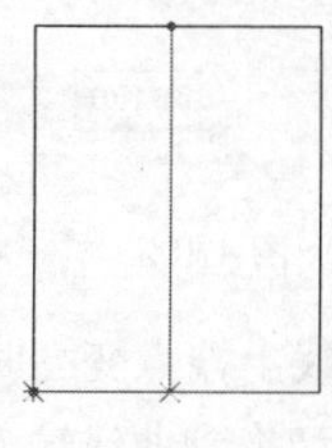

图4.96

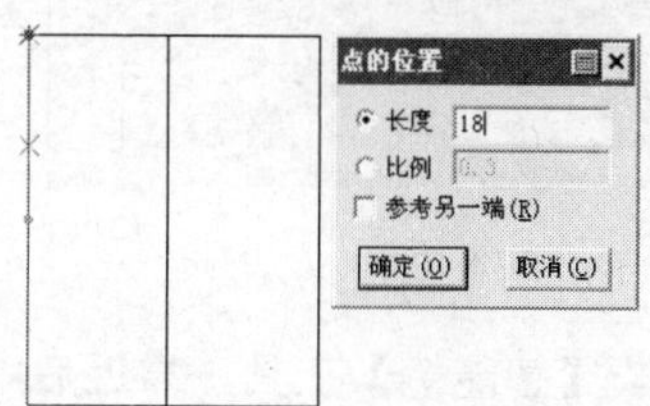

图4.97

步骤 4 继续使用【智能笔】工具，移动鼠标指针靠近后中线，当后中线变成红色并且上端点变亮时单击，弹出【点的位置】对话框，输入数据，单击【确定】按钮，如图4.97所示。

在丁字尺状态下，移动鼠标画出水平线，在前中线单击，如图4.98所示。

步骤 5 继续使用【智能笔】工具，按住【Shift】键，在点A单击右键并拖动鼠标，显示偏移线，单击右键切换状态，光标显示，再单击弹出【偏移】对话框，在文本框输入“0”，在文本框单击对话框右上角的【计算器】按钮，弹出【计算器】对话框。双击左边列表中的“腰围”，输入公式，“=”后面会自动计算出结果。单击【计算器】对话框的【OK】按钮，再单击【偏移】对话框的【确定】，如图4.99所示。

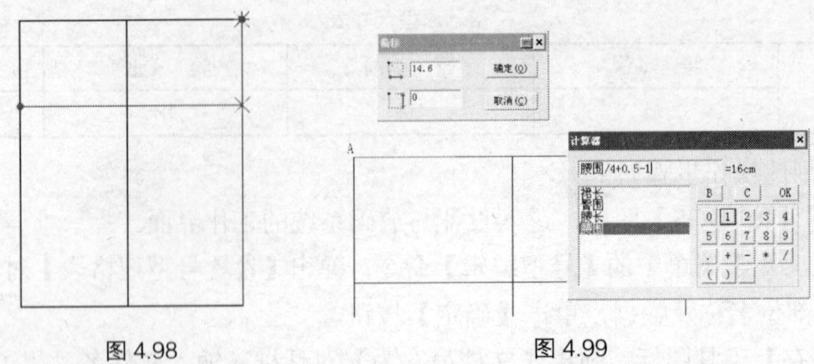

图 4.98　　　　图 4.99

步骤 6　使用【等分规】工具，设置等分数为“3”，分别单击偏移点、侧缝线上端点，等分成三份，如图 4.100 所示。

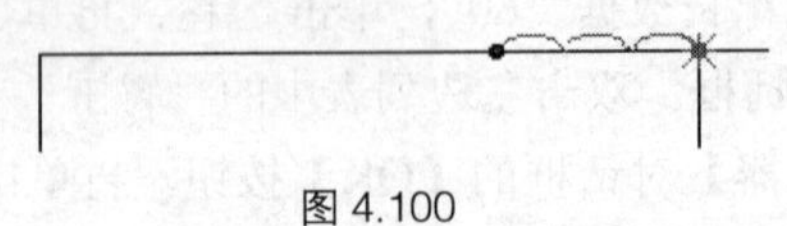

图 4.100

步骤 7　单击【比较长度】图标，按【Shift】键，光标变成，切换到测量线功能，分别单击其中一等分的两个端点，弹出【测量】对话框，显示测量数据，单击【记录】按钮，如图 4.101 所示。

步骤 8　使用【智能笔】工具，在丁字尺状态，单击第二等分点，向上画出竖线再单击，弹出【长度】对话框，输入数据，单击【确定】，如图 4.102 所示。

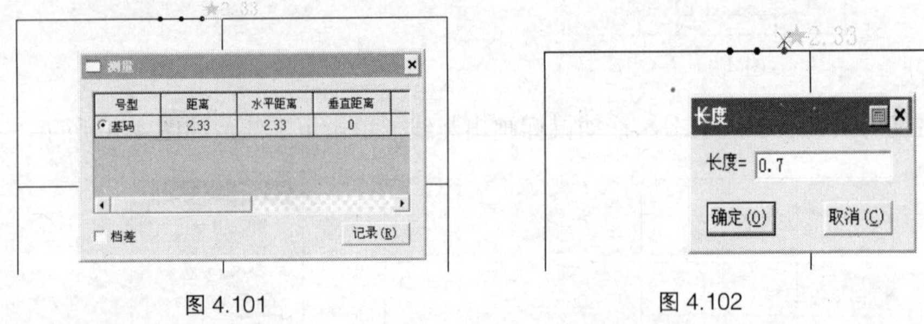

图 4.101　　　　图 4.102

步骤 9　继续使用【智能笔】工具，靠近后中线，当后中线上端点变亮时单击，弹出【点的位置】对话框，输入数据，单击【确定】按钮。单击右键切换到曲线输入状态，单击侧缝起翘点，单击右键结束，如图 4.103 所示。

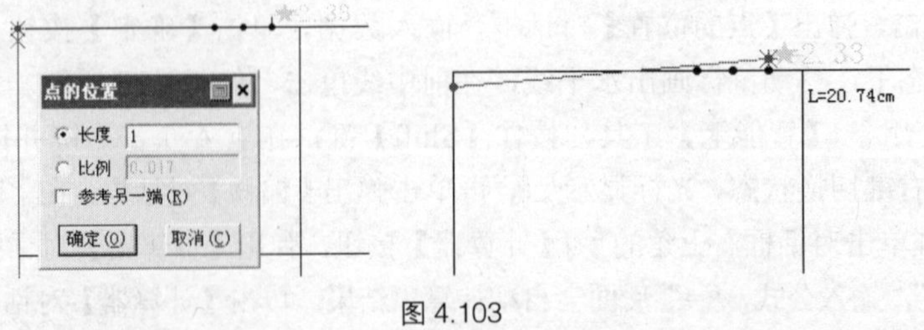

图 4.103

步骤 10　单击右键切换到【调整工具】，将斜线调整为弧线，如图 4.104 所示。

步骤 11　使用【等分规】工具，设置等分数为“2”，如图 4.105 所示，将线段二等分。

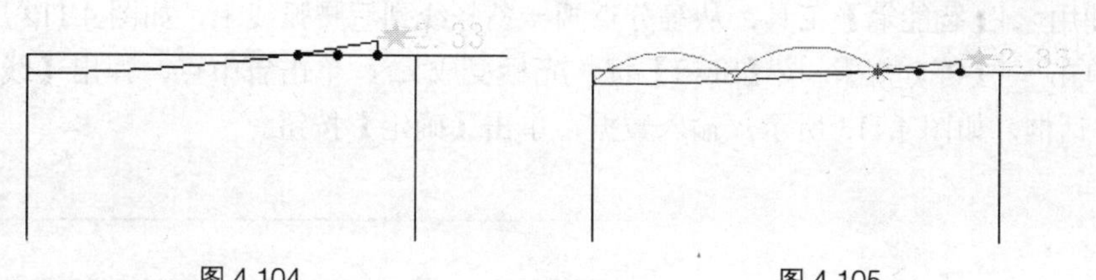

图 4.104　　图 4.105

步骤 12 使用【智能笔】工具，按住【Shift】键，在点 A 单击右键并拖动鼠标，显示偏移线，单击右键切换状态，光标显示，再单击弹出【偏移】对话框，在文本框输入“0”，在文本框单击对话框右上角的【计算器】按钮，弹出【计算器】对话框。双击左边列表中的尺寸变量。单击【计算器】对话框的【OK】按钮，再单击【偏移】对话框的【确定】按钮，如图 4.106 所示。

步骤 13 使用【等分规】工具，设置等分数为“2”，如图 4.107 所示，将线段二等分。

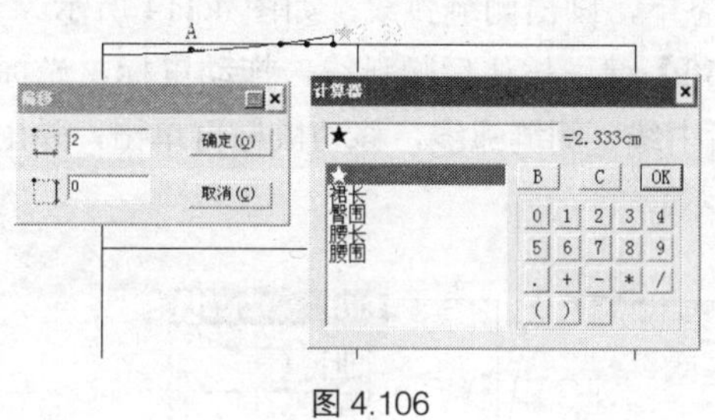

图 4.106

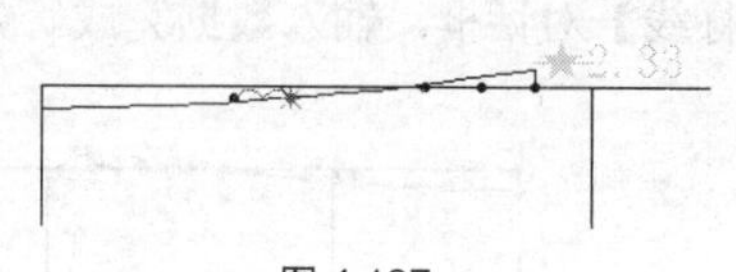

图 4.107

步骤 14 使用【智能笔】工具，单击等分点，向下画出竖线，如图 4.108 所示。

步骤 15 继续使用【智能笔】工具，靠近竖线，当竖线下端点变亮时单击，弹出【点的位置】对话框，输入数据，单击【确定】按钮，如图 4.109 所示。移动鼠标画出横线再单击，弹出【长度】对话框，输入数据，单击【确定】按钮，如图 4.110 所示。

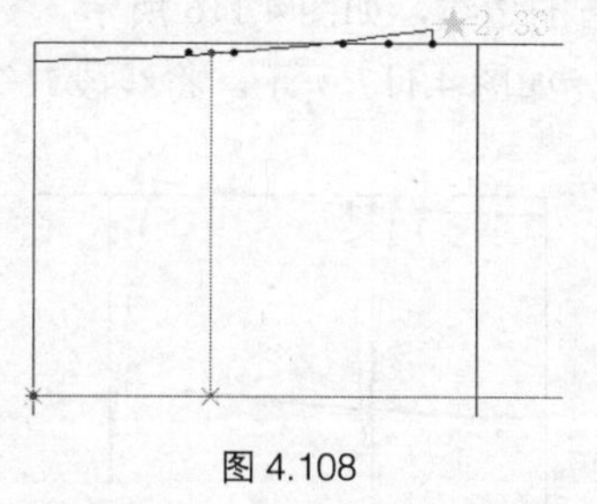

图 4.108

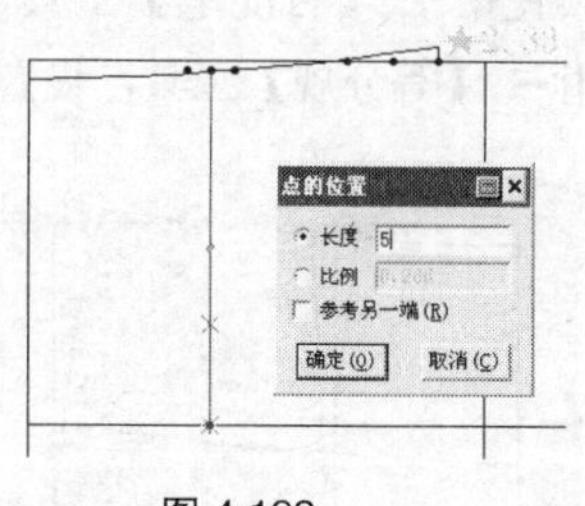

图 4.109

步骤 16 使用【等分规】工具，设置等分数为“2”，如图 4.111 所示，将线段二等分。

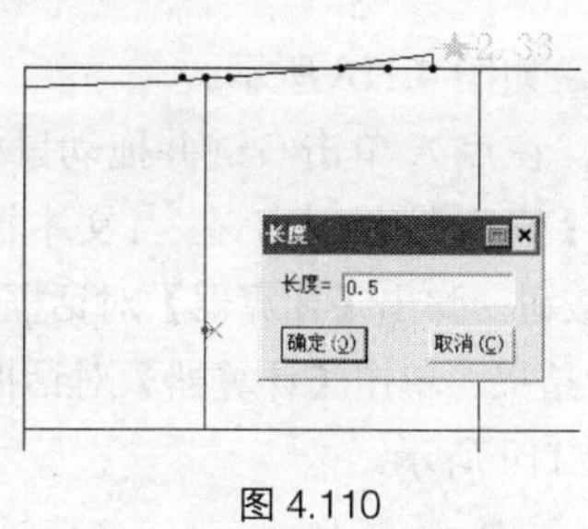

图 4.110

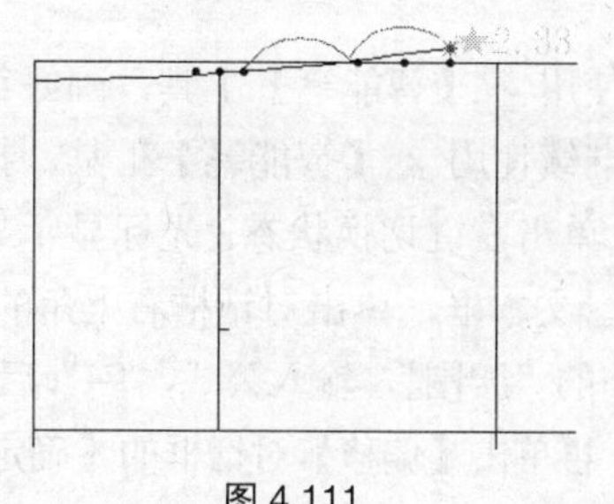

图 4.111

步骤 17 使用【智能笔】工具，从等分点画一条竖线到后腰弧线上，如图 4.112 所示。

步骤 18 单击【等分规】，按【Shift】键，光标变成，单击省中点，弹出【线上反向等分点】对话框，如图 4.113 所示，输入数据，单击【确定】按钮。

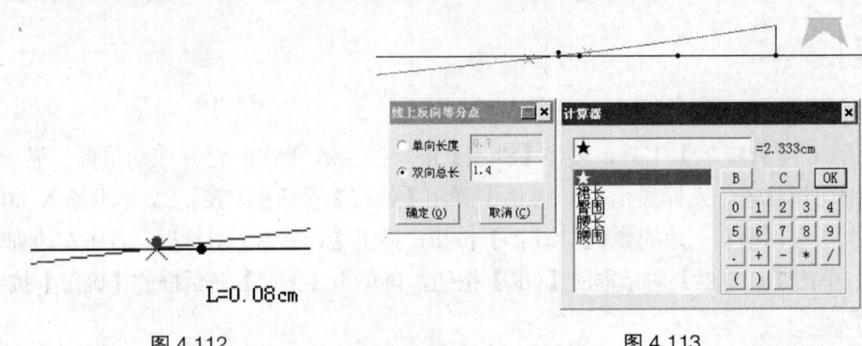

图 4.112　　图 4.113

步骤 19 使用【智能笔】工具，在曲线输入状态下，画出侧缝弧线，如图 4.114 所示。

步骤 20 继续使用【智能笔】工具，按住【Shift】键，按住后腰弧线，拖动鼠标，光标会变成，进入【相交等距线】功能，依次单击后中线、侧缝弧线，移动鼠标再单击，弹出【平行线】对话框，输入数据完成。如图 4.115 所示。

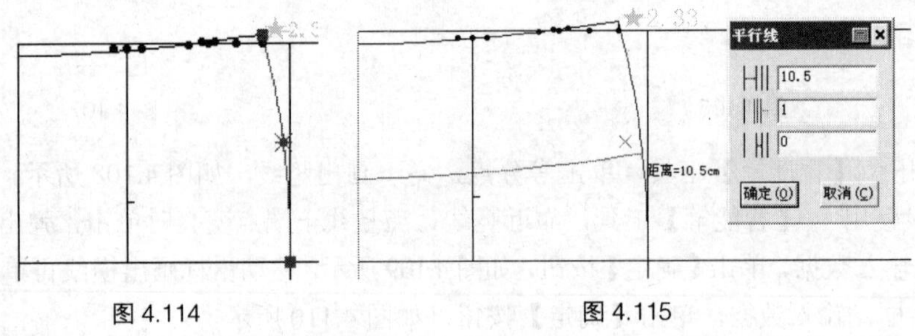

图 4.114　　图 4.115

步骤 21 继续使用【智能笔】工具，画好第一个省的边线，如图 4.116 所示。

步骤 22 使用【等分规】工具，设置等分数为“2”，如图 4.117 所示，将线段二等分。

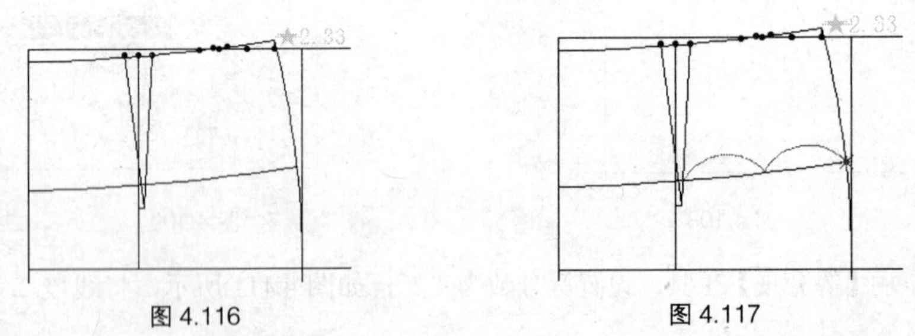

图 4.116　　图 4.117

步骤 23 使用【智能笔】工具，画好第二个省的边线，如图 4.118 所示。

步骤 24 继续使用【智能笔】工具，按住【Shift】键，在点 A 单击右键并拖动鼠标，显示偏移线，单击右键切换状态，光标显示，再单击弹出【偏移】对话框，在文本框输入“0”，单击文本框，单击对话框右上角的【计算器】按钮，弹出【计算器】对话框。双击左边列表中的“腰围”，输入公式，“=”后面会自动计算出结果。单击【计算器】对话框的【OK】按钮，再单击【偏移】对话框的【确定】按钮，如图 4.119 所示。

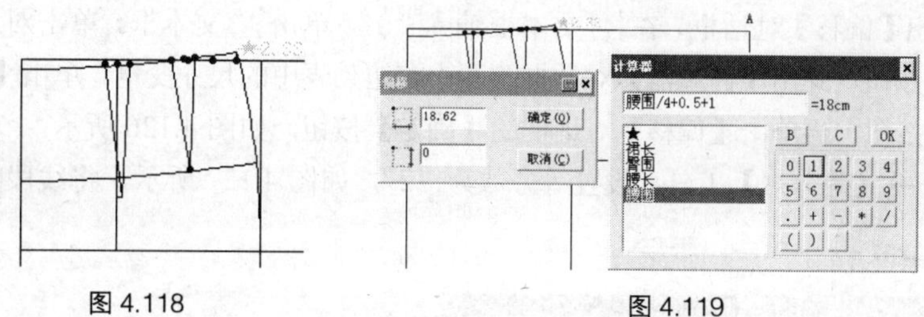

图 4.118　　图 4.119

步骤 25 使用【等分规】工具，设置等分数为“3”，分别单击偏移点、侧缝线上端点，等分成三份，如图 4.120 所示。

步骤 26 单击【比较长度】工具图标，按【Shift】键，光标变成，切换到测量线功能，分别单击其中一等分的两个端点，弹出【测量】对话框，显示测量数据，单击【记录】按钮，如图 4.121 所示。

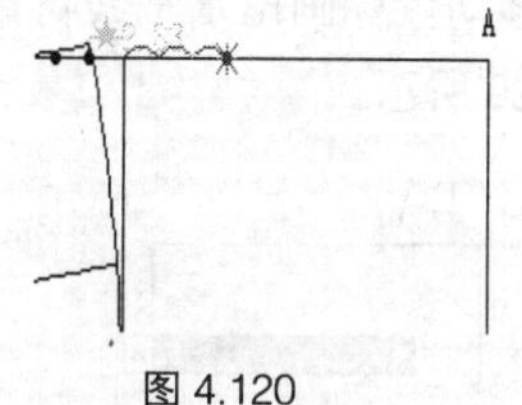

图 4.120

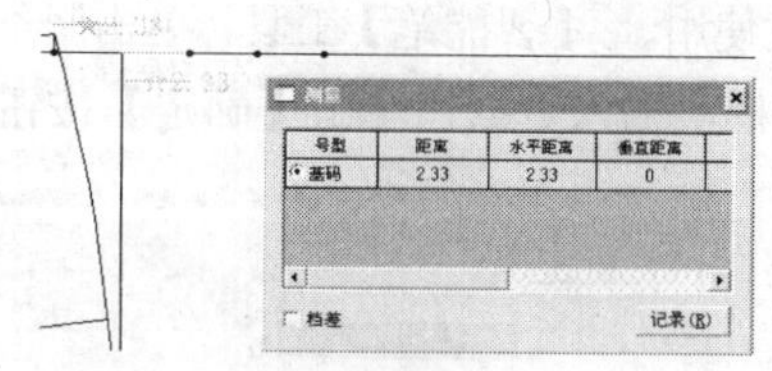

图 4.121

步骤 27 使用【智能笔】工具，在丁字尺状态，单击第二等分点，向上画出竖线再单击，弹出【长度】对话框，输入数据，单击【确定】按钮，如图 4.122 所示。

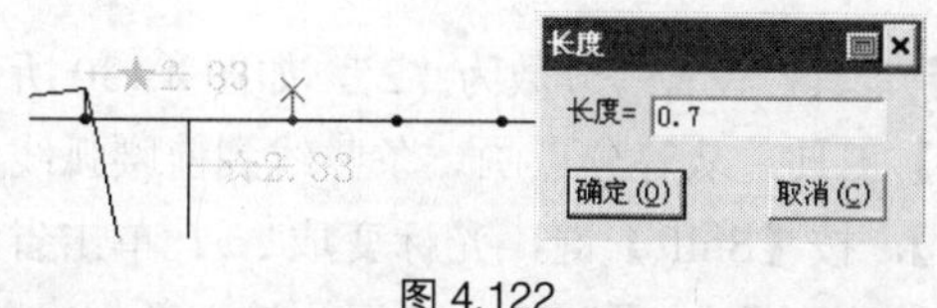

图 4.122

步骤 28 继续使用【智能笔】工具，单击前中线上端点，单击右键切换到曲线输入状态，单击侧缝起翘点，单击右键结束，如图 4.123 所示。单击右键切换到【调整工具】，将曲线形状调整至满意。

步骤 29 使用【等分规】工具，设置等分数为“2”，如图 4.124 所示，将线段二等分。

图 4.123　　图 4.124

步骤 30 使用【智能笔】工具，按住【Shift】键，在点 A 单击右键并拖动鼠标，显示偏移线，单击右键切换状态，光标显示，再单击弹出【偏移】对话框，输入数据，单击【确定】按钮，如图 4.125 所示。

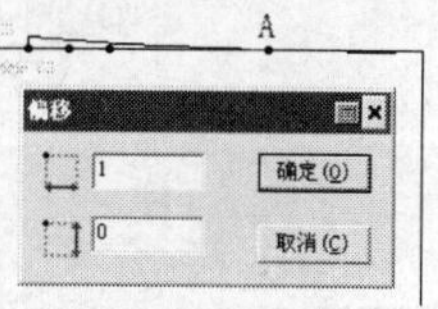

图 4.125

步骤 31 继续使用【智能笔】工具，按住【Shift】键，在点 B 单击右键并拖动鼠标，显示偏移线，单击右键切换状态，光标显示，再单击弹出【偏移】对话框，在文本框输入“0”，单击文本框，单击对话框右上角的【计算器】按钮，弹出【计算器】对话框，双击左边列表中的尺寸变量。单击【计算器】对话框的【OK】按钮，再单击【偏移】对话框的【确定】按钮，如图 4.126 所示。

步骤 32 使用【等分规】工具，设置等分数为“2”，如图 4.127 所示，将线段二等分。

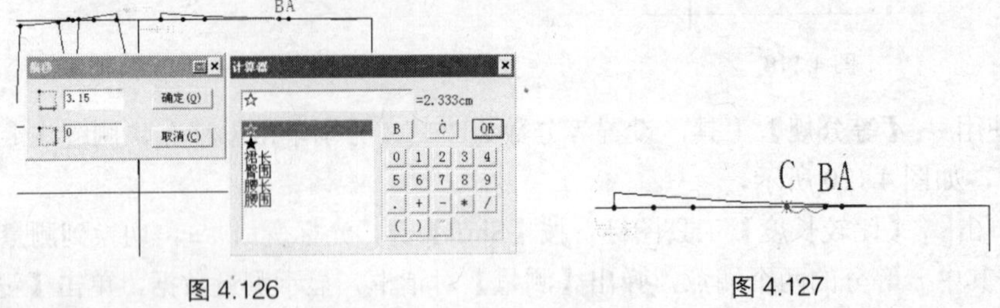

图 4.126　　图 4.127

步骤 33 使用【智能笔】工具，单击等分点，向下画出竖线，如图 4.128 所示。

步骤 34 继续使用【智能笔】工具，单击竖线下端点，移动鼠标画出水平线再单击，弹出【长度】对话框，输入数据，单击【确定】按钮，如图 4.129 所示。

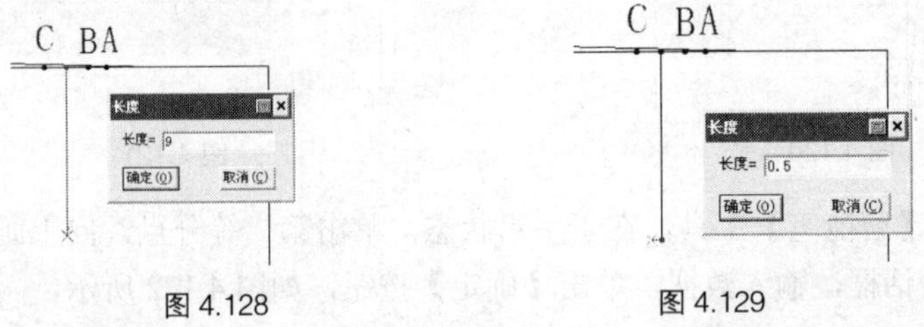

图 4.128　　图 4.129

步骤 35 使用【等分规】工具，设置等分数为“2”，如图 4.130 所示，将线段二等分。

步骤 36 使用【智能笔】工具，从等分点画一条竖线到前腰弧线上，如图 4.131 所示。

步骤 37 单击【等分规】，按【Shift】键，光标变成，单击省中点，弹出【线上反向等分点】对话框，选择【双向总长】，如图 4.132 所示，输入数据，单击【确定】按钮。

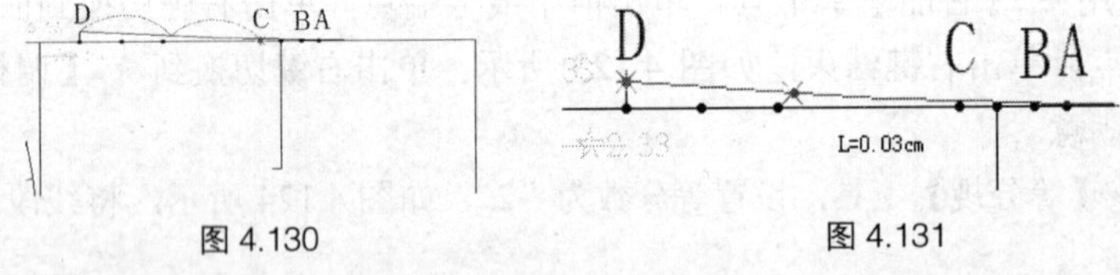

图 4.130　　图 4.131

步骤 38 使用【智能笔】工具，在曲线输入状态下，画出前侧缝弧线，如图 4.133 所示。

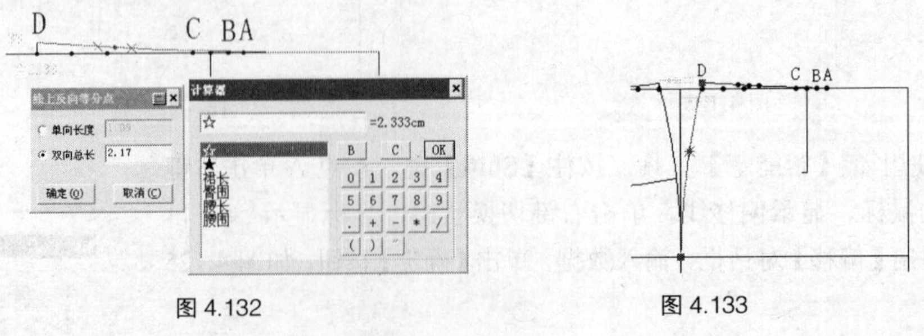

图 4.132　　图 4.133

步骤 39 继续使用【智能笔】工具，按住【Shift】键，按住前腰弧线，拖动鼠标，光标会变成，进入【相交等距线】功能，依次单击前中线、前侧缝弧线，移动鼠标再单击，弹出

【平行线】对话框，输入数据完成。如图 4.134 所示。

步骤 40 继续使用【智能笔】工具，画好第一个省的边线，如图 4.135 所示。

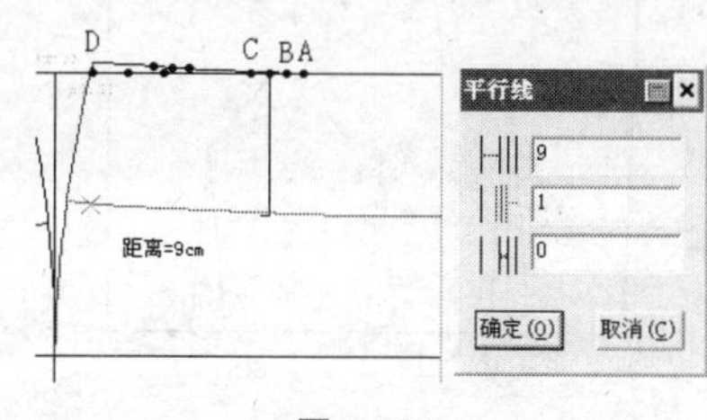

图 4.134

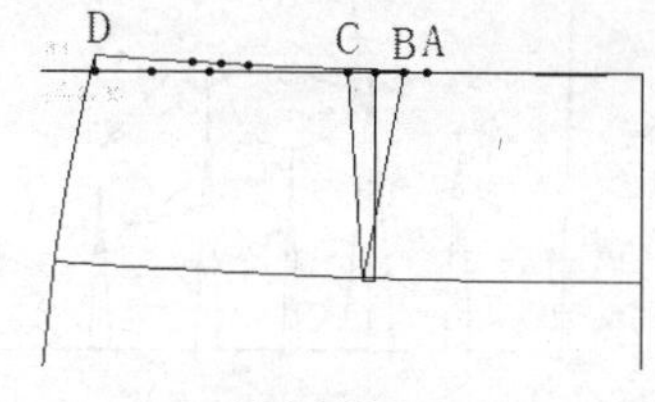

图 4.135

步骤 41 使用【等分规】工具，设置等分数为“2”，如图 4.136 所示，将线段二等分。

步骤 42 使用【智能笔】工具，画好第二个省的边线，如图 4.137 所示。

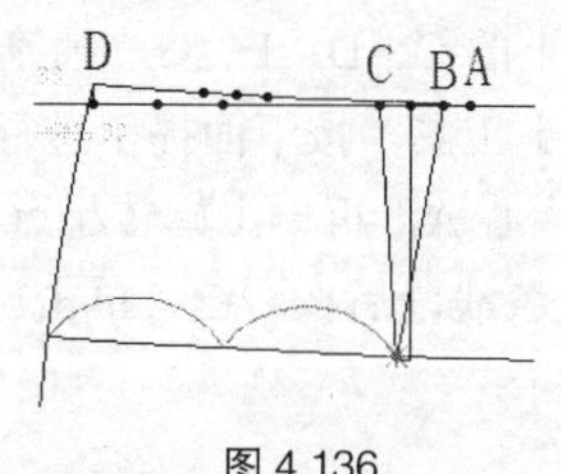

图 4.136

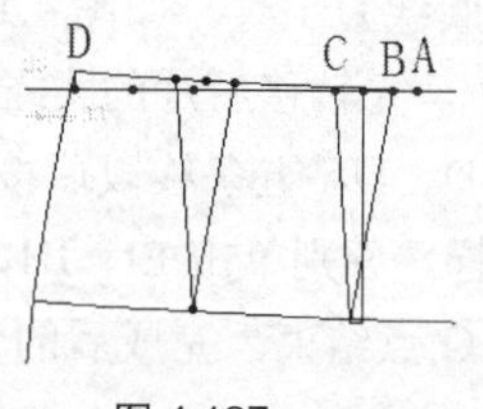

图 4.137

步骤 43 使用【对称】工具，分别单击前中线的两个端点 A、B，依次单击前裙片的点、线，在空白处单击右键结束操作。选择【智能笔】工具，按住鼠标右键框选某一线条，切换成【剪断线】工具，单击断开点，将多余的线剪断。继续使用【智能笔】工具，用左键框选多余线条，按【Delete】键删除，如图 4.138 所示。单击【保存】工具图标。

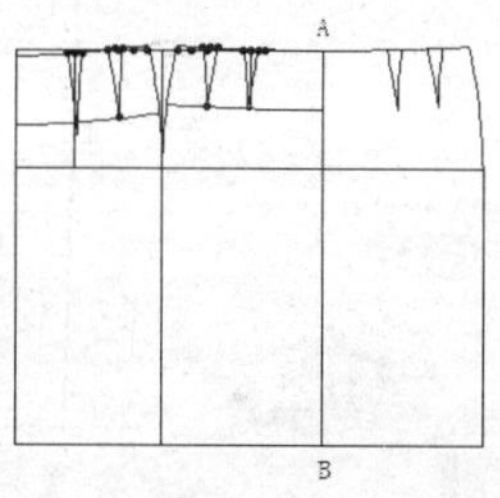

图 4.138

4.4 新文化式女装上衣原型变化处理

日本新文化式女装原型前后片各取了两个省，从合体性角度看是良好的，但从操作性角度看就不是很方便，所以在用原型进行款式变化的时候通常要进行变化处理，处理方法有很多，下面介绍最常用的两种。

4.4.1 把原型中的腰省量进行重新分配

原来的原型中省道分配如图 4.139 所示，使用【橡皮擦】工具擦除原来的省道，再选择【智能笔】工具，重新分配腰省量，位置和大小如图 4.140 所示。单击菜单【文档】→【另存为】，弹出【文档另存为】对话框，输入文件名“新文化式女装原型 A”，单击【保存】按钮。这种造型比原来的原型稍微宽松一些。

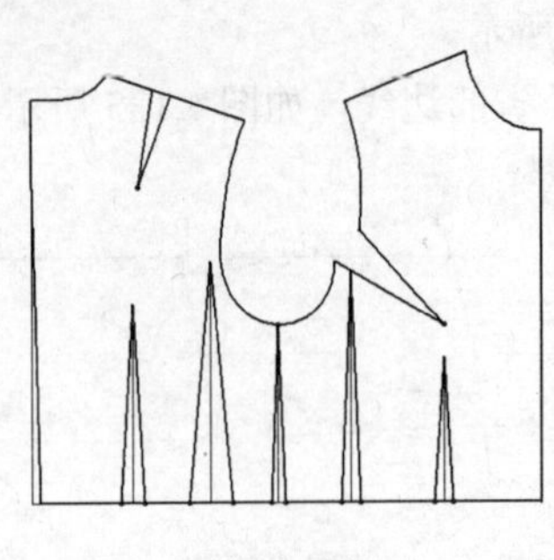

图 4.139

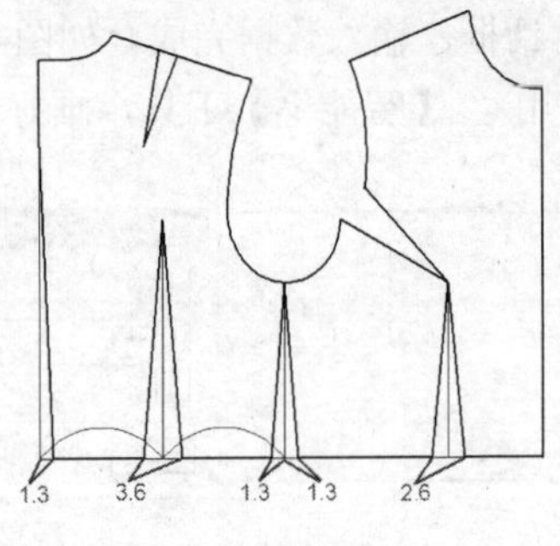

图 4.140

4.4.2　把原型中的腰省量进行转移合并

使用【剪断线】工具，如图 4.141 所示，把腰线上的 C、D、F、G，袖笼线上 B 点和前袖笼省上 E 点剪断，先转移后片的腰省，使用【旋转】工具，按下面提示进行操作，分别单击 AB、BH、HJ、JD、DA 五条线段后按右键，单击旋转中心 A，再单击旋转起点 D 到 C 点结束。前片操作方法一样，分别单击 EI、IH、HK、KF、FE 五条线段后按右键，单击旋转中心 E，再单击旋转起点 F 到 G 点结束。完成后的效果如图 4.142 所示。

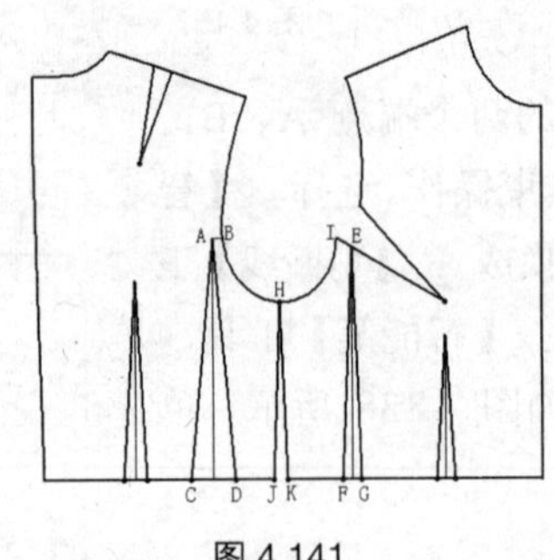

图 4.141

图 4.142

B 点转移后会使后袖笼断开一个小缺口，需要重新连接修正。把多余的线条删除后重新修正弧线可以得到最后的造型，如图 4.143 所示，单击菜单【文档】→【另存为】，弹出【文档另存为】对话框，输入文件名"新文化式女装原型 B"，单击【保存】按钮。

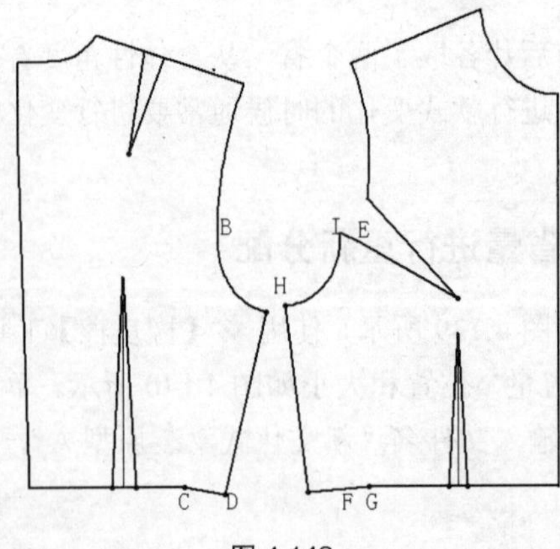

图 4.143

这种做法保持了原来原型的宽松度，缺点是经过旋转后腰线由直线变成了折线，在结构处理

时要注意侧缝线长度。为了操作简单明了，本书中后面的操作都采用“新文化式女装原型 A”来进行。

思考题

1. 使用【智能笔】工具时如何画出直线、斜线、曲线、平行线、延长线？
2. 使用什么工具可以测量并记录直线或曲线尺寸？
3. 肩斜线一般用什么工具画出？

作业及要求

1. 根据结构图画出女装上衣原型，要求能熟练运用各种工具，操作快捷准确。
2. 试根据以下结构图画出男装上衣原型、童装上衣原型。

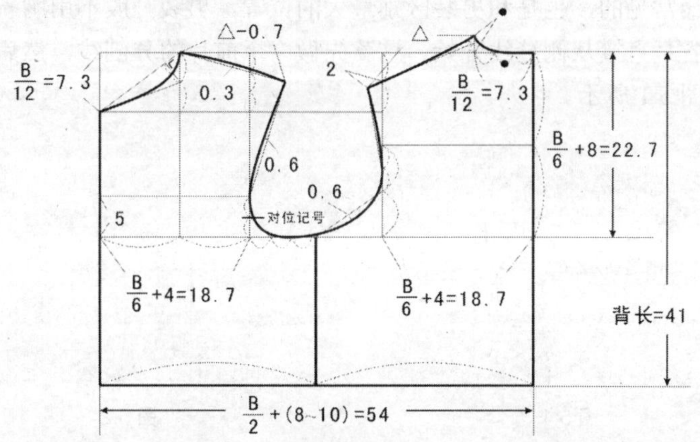

男装上衣原型

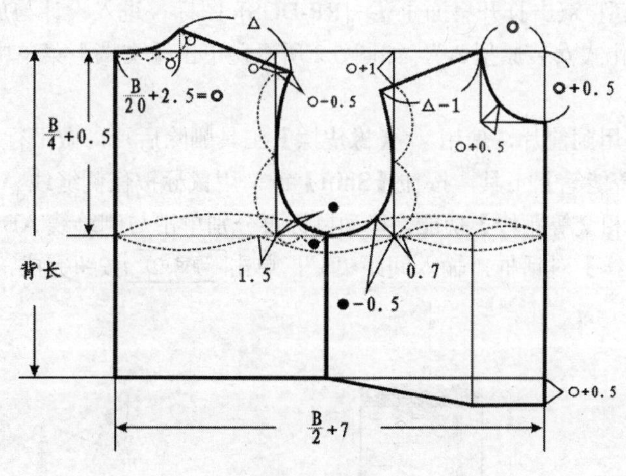

童装上衣原型

第5章 省道变化

本章主要介绍省道的变化，在女装当中，省道的变化是非常常用的，除了可以使款式造型更合体之外，也可以起到装饰美观作用。本章利用女装上衣原型对省道的变化进行操作讲解。

省道可以按不同部位来分类，比如胸省、领省、袖窿省等。

5.1 胸省

胸省是女装中最常见的，也是和男装区别最大的位置，男装一般不用胸省。这是一款胸省的变化造型，普通胸省是直接从侧缝线开始，这款先做一个前片的分割线，然后再做胸省，难度就增加了，效果图如图 5.1 所示。

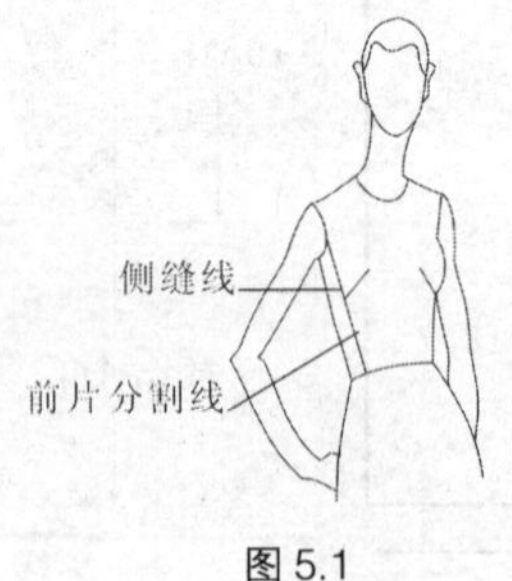

图 5.1

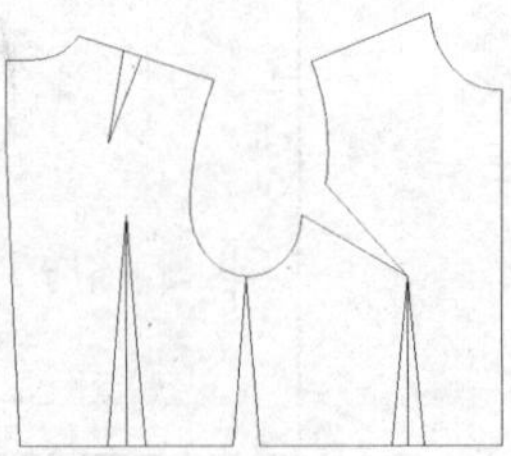

图 5.2

操作步骤如下。

步骤 1 打开女装原型。双击打开桌面上 [RP-DGS] 图标，进入设计与放码系统的工作界面，打开文件“新文化式女装原型 A”，如图 5.2 所示，单击【文档】菜单中的【另存为】命令，保存为“胸省”。

步骤 2 现在只需要用到前片，使用【橡皮擦】工具删除后片，做平行于侧缝线 AB 的直线 XY。使用【智能笔】工具，按住【Shift】键，用鼠标按住侧缝线 AB 往右拖动，光标会变成，进入【相交等距线】功能，移动鼠标再分别单击与侧缝线 AB 相邻的两条线 AC 和 BF，弹出【平行线】对话框，输入间距“5”，单击 确定(O) 按钮完成，如图 5.3 所示。

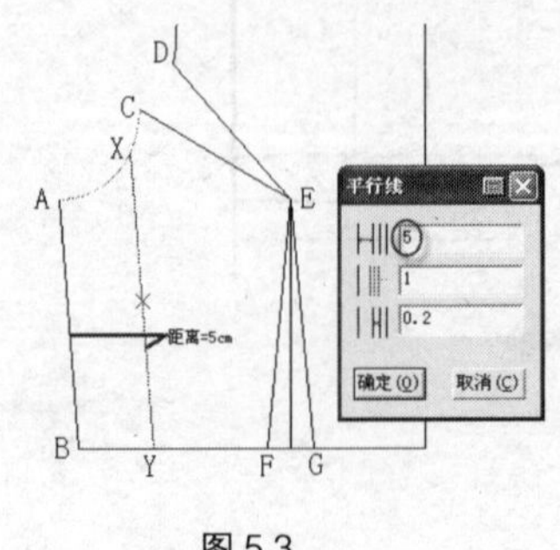

图 5.3

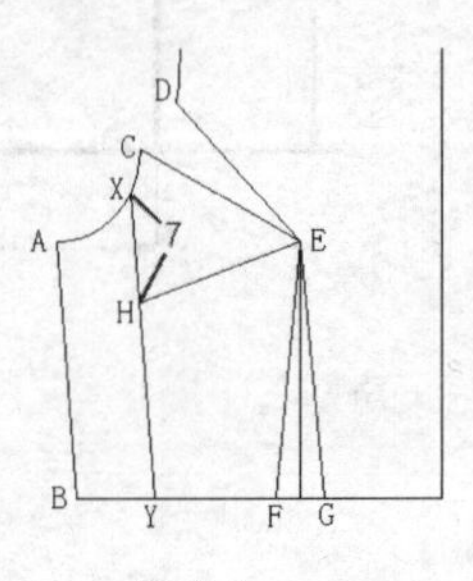

图 5.4

步骤 3 画出胸省线 EH。使用【智能笔】工具，在距离 X 点 7 厘米的地方找点 H 和 E 连接，如图 5.4 所示。

步骤 4 使用【剪断线】工具，在 H 点把线段 XY 剪断，在 X 点把弧线 AC 剪断，再使用【旋转】工具中的【移动】工具，如果光标为是【移动】工具，按【Shift】键可以切换成【复制】工具，把线段 XH 和 HE 复制一次（如果不复制，线段转移走之后会留下缺口）。

步骤 5 转移省道。参看图 5.5，现在要做的是把阴影区域的形状以 E 点为圆心顺时针转动，把袖笼省合并。使用【旋转】工具，分别单击阴影区域的轮廓线 CX、XH、HE、EC，然后单击右键，再依次单击旋转中心 E,旋转起点 C 和旋转终点 D，完成操作，如图 5.6 所示。

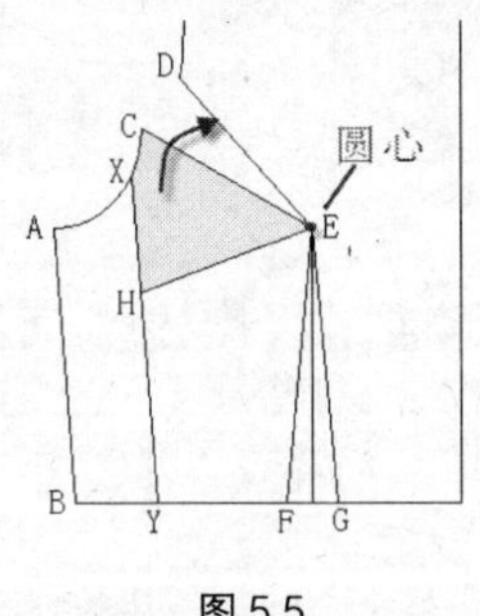

图 5.5

图 5.6

步骤 6 使用【剪断线】工具，在 Y 点把腰线 BG 剪断，把侧缝片移开，重新连接 HY，删除线条 DE 和腰省，如图 5.7 所示，这样已经可以达到效果图上的要求。

步骤 7 如果要把腰围做的贴身，也可以继续把腰省转移。撤销刚才的删除，使腰省还原，如图 5.8 所示，现在要做的是把阴影区域的形状以 E 点为圆心逆时针转动，把腰省合并。先使用【剪断线】工具，在 F、G 点把腰线剪断，再使用【旋转】工具，分别单击阴影区域的轮廓线 HE、EF 、FY、YH，然后单击右键，再依次单击旋转中心 E，旋转起点 F 和旋转终点 G，完成操作，如图 5.9 所示，删除多余腰线，得到最终结果，如图 5.10 所示。

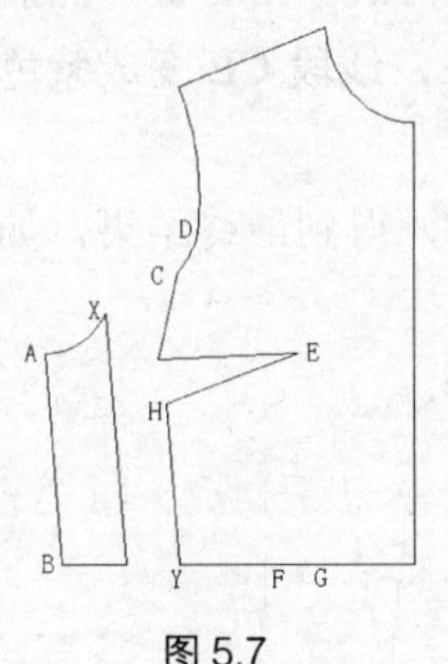

图 5.7

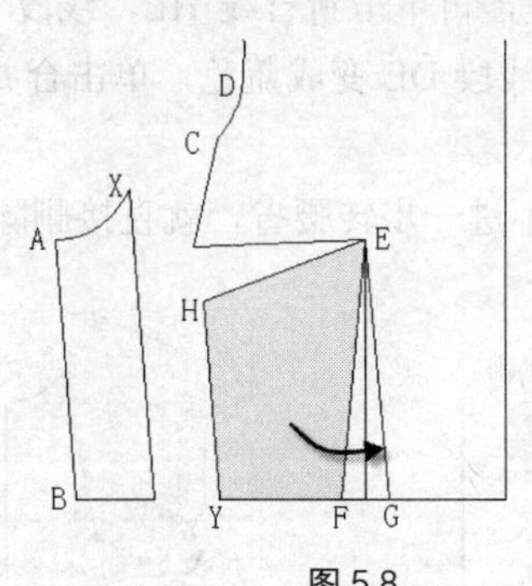

图 5.8

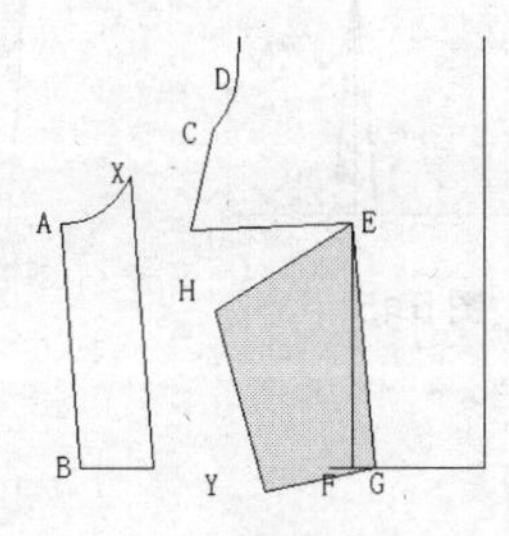

图 5.9

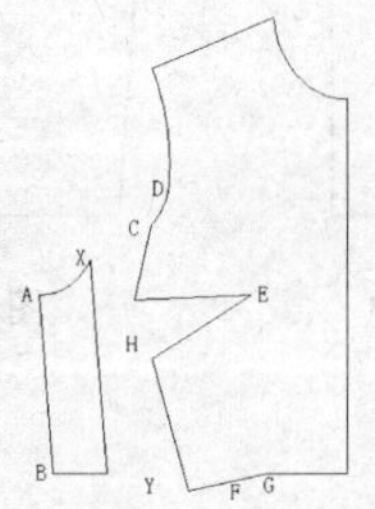

图 5.10

5.2 领省

领省不算很常见，但在一些特殊款式造型中也会出现，领省分前领省和后领省，效果图如图 5.11 所示。

操作步骤如下。

步骤 1 打开女装原型。双击打开桌面上 [RP-DGS] 图标，进入设计与放码系统的工作界面，打开文件“新文化式女装原型 A”，如图 5.12 所示，单击【文档】菜单中的【另存为】命令，保存为“领省”。

图 5.11

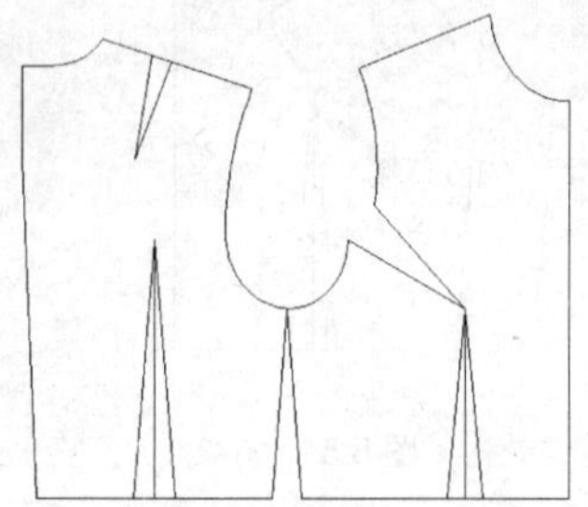

图 5.12

步骤 2 现在只需要用到前片，使用【橡皮擦】工具删除后片，使用【智能笔】工具，连接领口中点 H 和省中心点 E，如图 5.13 所示。

步骤 3 使用【转省】工具（也仍然可以使用【旋转】工具，可以对比一下异同点），现在需要把 ABHED 所组成的阴影部分形状以 E 点为圆心逆时针转动，把袖笼省合并，如图 5.14 所示。先分别单击阴影区域的轮廓线 AB、BH、HE、ED、DA，选中线段变成红色，然后单击右键，再单击新省线 HE，线段 HE 变成绿色，再次单击右键，然后单击合并省的起始边 DE，线段 DE 变成蓝色，单击合并省的终止边 CE，线段 CE 变成紫色，完成操作，如图 5.15 所示。

步骤 4 如果不进一步转腰省，就直接删除腰省和线段 CE，得到最终结果，如图 5.16 所示。

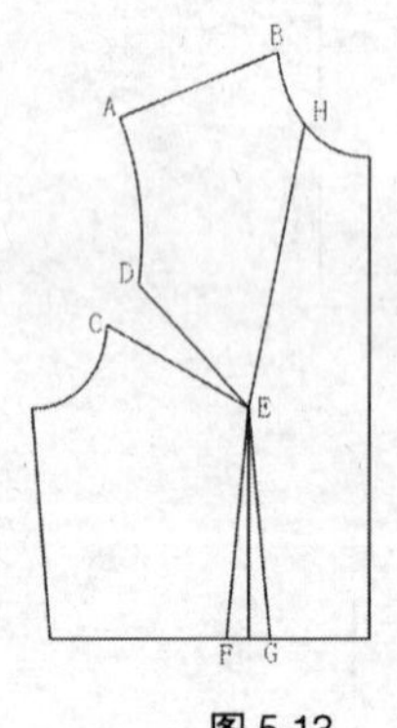

图 5.13

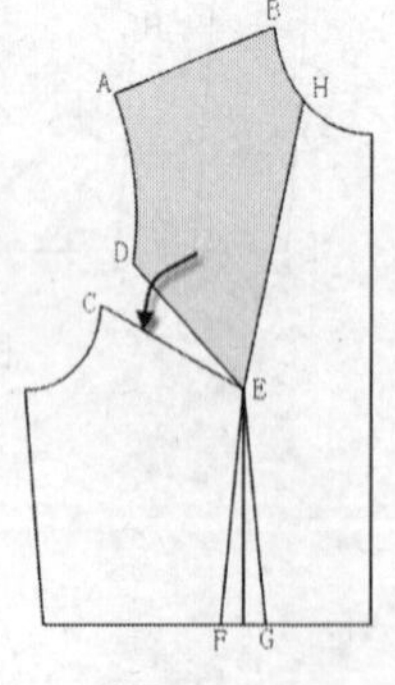

图 5.14

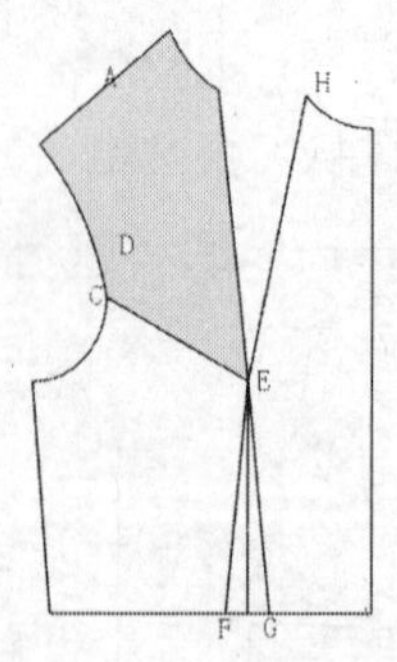

图 5.15

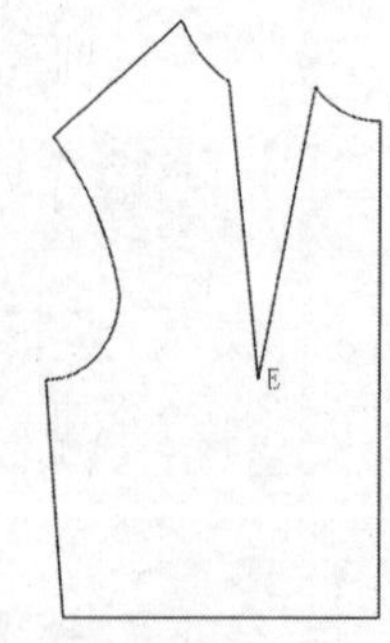

图 5.16

5.3 肩省

效果图如图 5.17 所示。

操作步骤如下。

步骤 1 打开女装原型。双击打开桌面上 [RP-DGS] 图标，进入设计与放码系统的工作界面，打开文件“新文化式女装原型 A”，如图 5.18 所示，单击【文档】菜单中的【另存为】命令，保存为“肩省”。

图 5.17

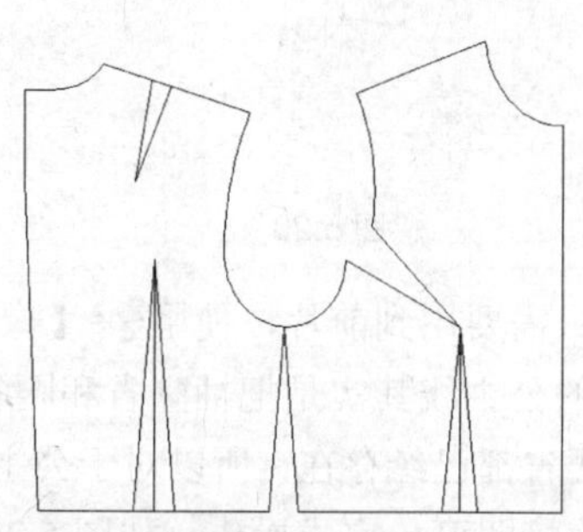

图 5.18

步骤 2 现在只需要用到前片，使用【橡皮擦】工具删除后片，使用【智能笔】工具，连接肩线中点 H 和省中心点 E，如图 5.19 所示。

步骤 3 使用【转省】工具，现在需要把 XHED 所组成的阴影部分形状以 E 点为圆心逆时针转动，把袖笼省合并，如图 5.20 所示。先分别单击阴影区域的轮廓线 XH、HE、ED、DX，选中线段变成红色，然后单击右键，再单击新省线 HE，线段 HE 变成绿色，再次单击右键，然后单击合并省的起始边 DE，线段 DE 变成蓝色，单击合并省的终止边 CE，线段 CE 变成紫色，完成操作，如图 5.21 所示。

步骤 4 如果不进一步转腰省，就直接删除腰省和线段 CE，得到最终结果，如图 5.22 所示。

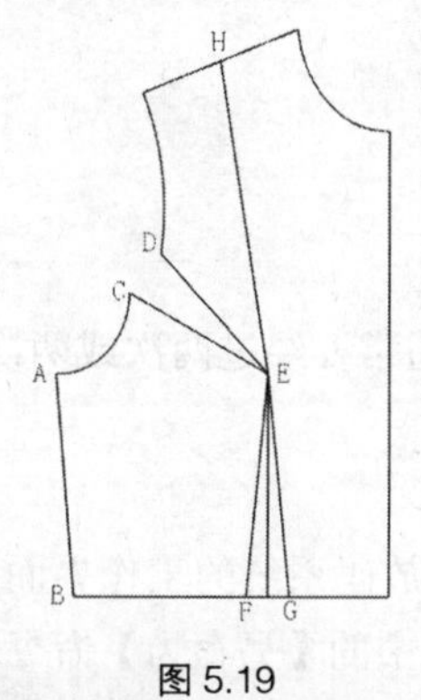

图 5.19

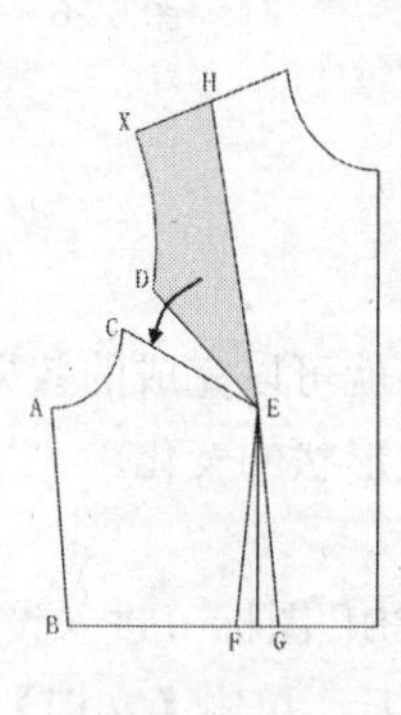

图 5.20

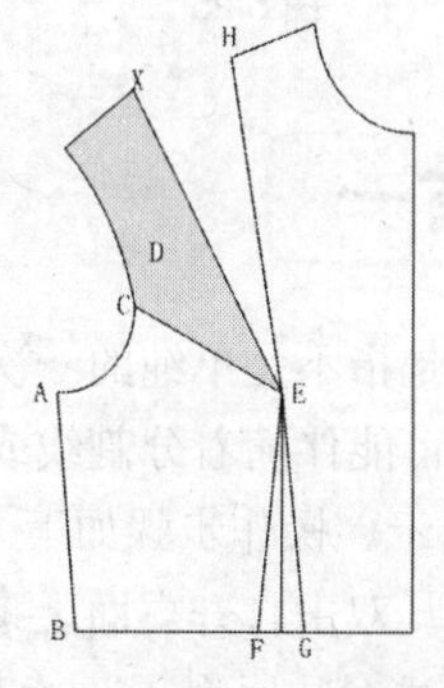

图 5.21

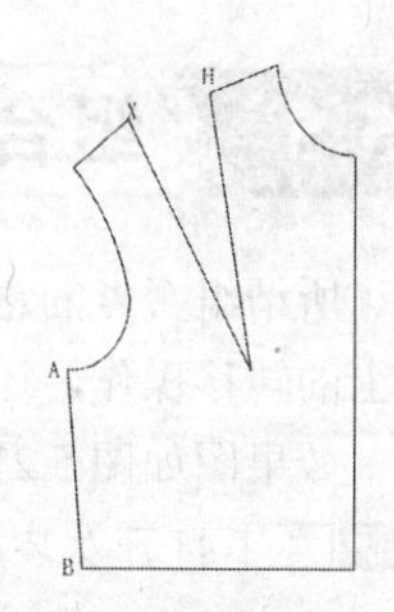

图 5.22

5.4 弧形省（公主线）

效果图如图 5.23 所示。

操作步骤如下。

步骤 1 打开女装原型。双击打开桌面上 [RP-DGS] 图标，进入设计与放码系统的工作界面，打开文件“新文化式女装原型 A”，如图 5.24 所示，单击【文档】菜单中的【另存为】命令，保存为“公主线”。

图 5.23

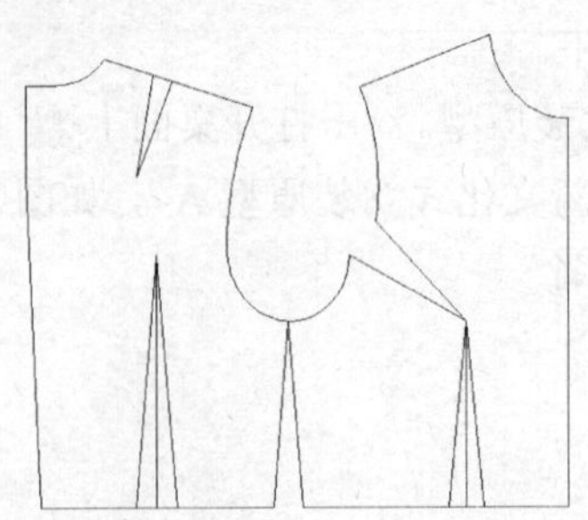
图 5.24

步骤 2 现在只需要用到前片，使用【橡皮擦】工具删除后片，如图 5.25 所示。

步骤 3 所谓的公主线其实是把袖窿省和腰省连在一起，做成破缝线的形式。在新女装原型中，袖窿省和腰省都已经存在，所以对于公主线的省道大小位置来说已经确定，现在只需把弧线形状重新连接即可，完成操作，如图 5.26 所示。

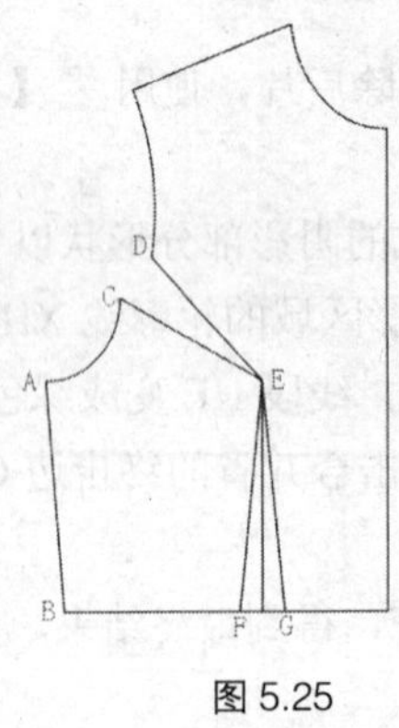

图 5.25

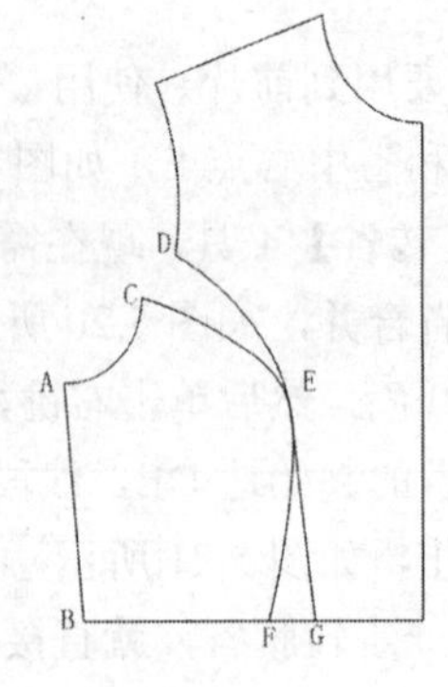

图 5.26

5.5 组合省一

所谓组合省的意思是指不是单纯的一次省道转移就可以完成的效果，通常要经过两次或两次以上的转移操作，还有可能伴随着分割线或省道位置形状的变化。

效果图如图 5.27 所示。操作步骤如下。

步骤 1 打开女装原型。双击打开桌面上 [RP-DGS] 图标，进入设计与放码系统的工作界面，打开文件“新文化式女装原型 A”，如图 5.28 所示，单击【文档】菜单中的【另存为】命令，保存为“组合省一”。

步骤 2 现在只需要用到前片，使用【橡皮擦】工具删除后片，使用【智能笔】工具，按效果图形状画出分割线 XEY(尺寸可以不用太在意)，如图 5.29 所示。使用【剪断线】工具，在 E 点把弧线 XEY 剪断。

图 5.27

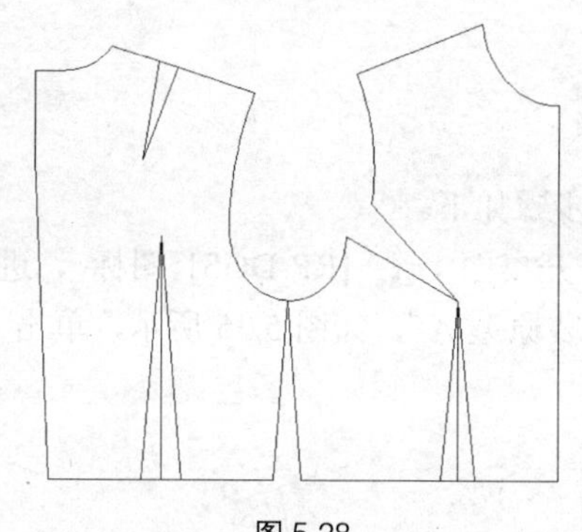

图 5.28

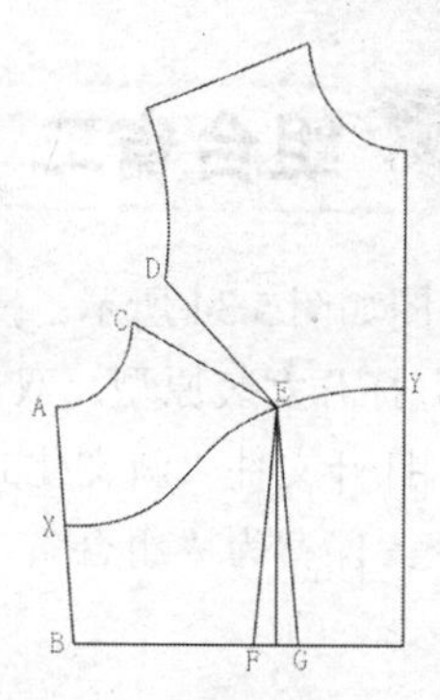

图 5.29

步骤 3 使用【转省】工具，现在需要把 ACEX 所组成的阴影部分形状以 E 点为圆心顺时针转动，把袖笼省合并，把 EYHG 所组成的阴影部分形状以 E 点为圆心顺时针转动，把腰省合并，如图 5.30 所示。先转袖窿省，分别单击阴影区域的轮廓线 XA、AC、CE、EX，选中线段变成红色，然后单击右键，再单击新省线 XE，线段 XE 变成绿色，再次单击右键，然后单击合并省的起始边 CE，线段 CE 变成蓝色，单击合并省的终止边 DE，线段 DE 变成紫色，完成操作，如图 5.31 所示。

继续转腰省，使用【剪断线】工具，在 G 点把弧线 BH 剪断。使用【转省】工具，分别单击阴影区域的轮廓线 EY、YH、HG、GE，选中线段变成红色，然后单击右键，再单击新省线 YE，线段 YE 变成绿色，再次单击右键，然后单击合并省的起始边 GE，线段 GE 变成蓝色，单击合并省的终止边 FE，线段 FE 变成紫色，完成操作，如图 5.32 所示。

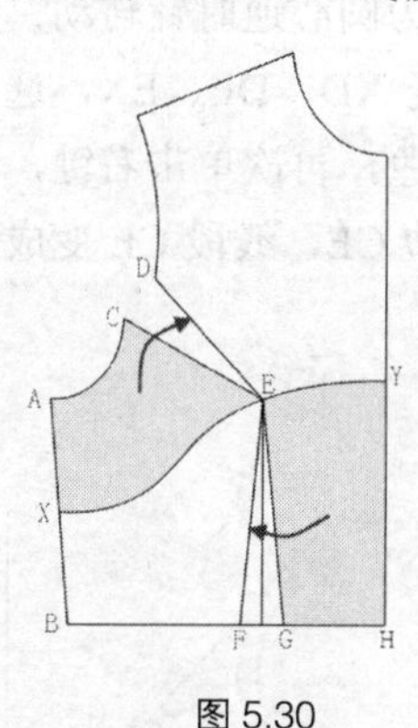

图 5.30

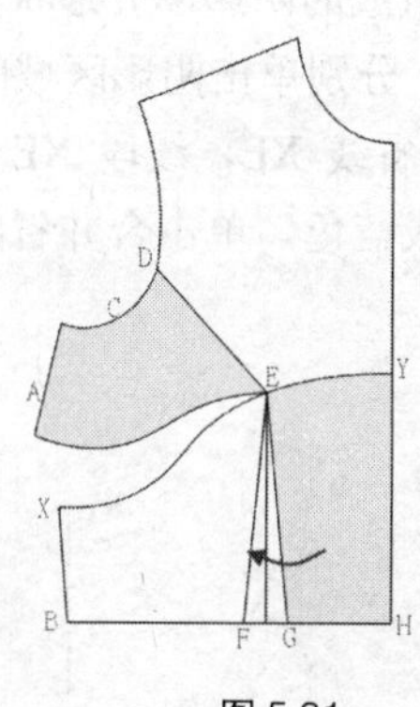

图 5.31

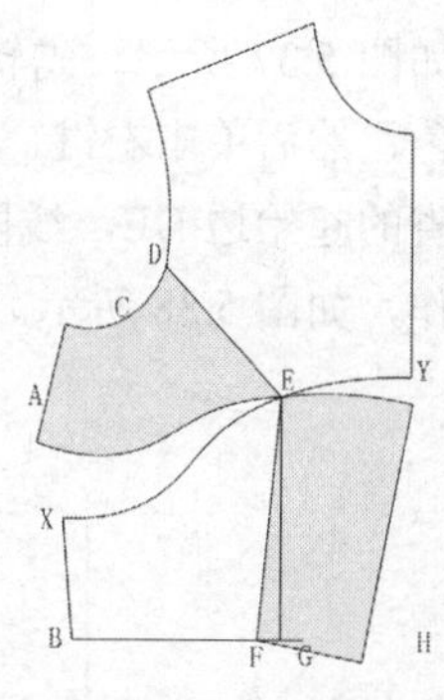

图 5.32

步骤 4 删除多余的线条，把弧线 AEY 和 XEY 修正圆顺，得到最终结果，如图 5.33 所示。

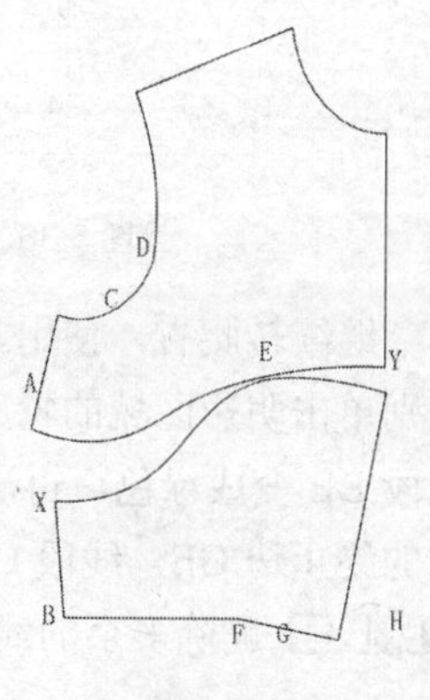

图 5.33

5.6 组合省二

效果图如图 5.34 所示。操作步骤如下。

步骤 1 打开女装原型。双击打开桌面上 [RP-DGS] 图标，进入设计与放码系统的工作界面，打开文件“新文化式女装原型 A”，如图 5.35 所示，单击【文档】菜单中的【另存为】命令，保存为“组合省二”。

图 5.34

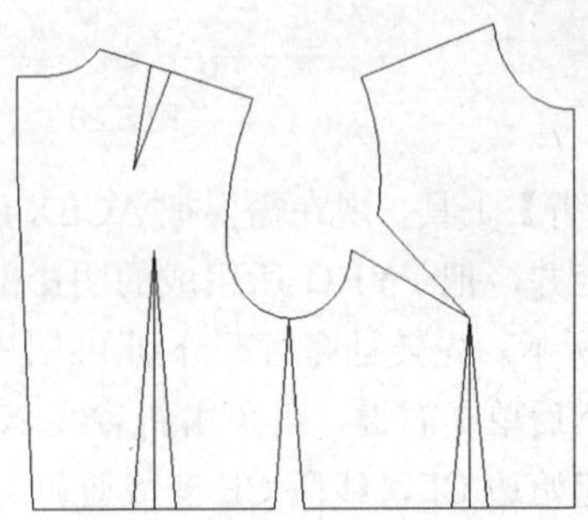

图 5.35

步骤 2 现在只需要用到前片，使用【橡皮擦】工具删除后片，使用【智能笔】工具，按效果图形状画出分割线 XE 和 BE，如图 5.36 所示。

步骤 3 使用【转省】工具，现在需要把 DEX 所组成的阴影部分形状以 E 点为圆心逆时针转动，把袖笼省合并，把 EFB 所组成的阴影部分形状以 E 点为圆心逆时针转动，把腰省合并，如图 5.37 所示。先转袖窿省，分别单击阴影区域的轮廓线 XD、DE、EX，选中线段变成红色，然后单击右键，再单击新省线 XE，线段 XE 变成绿色，再次单击右键，然后单击合并省的起始边 DE，线段 DE 变成蓝色，单击合并省的终止边 CE，线段 CE 变成紫色，完成操作，如图 5.38 所示。

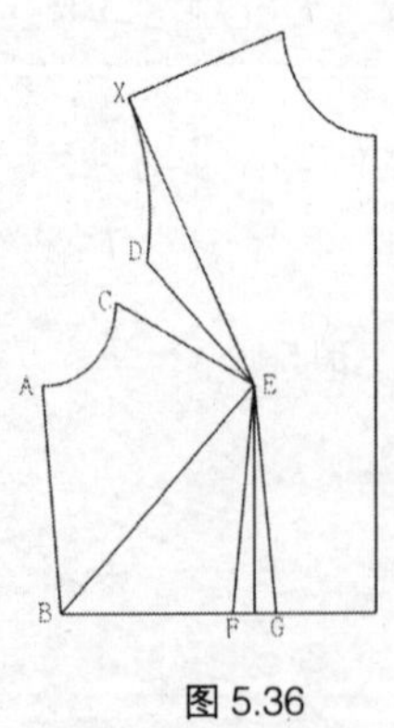

图 5.36

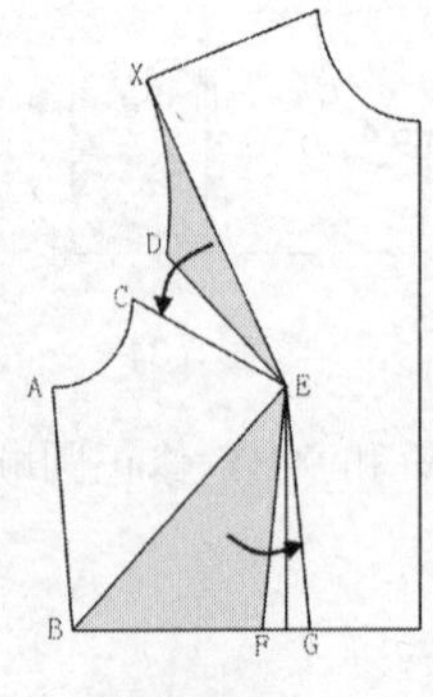

图 5.37

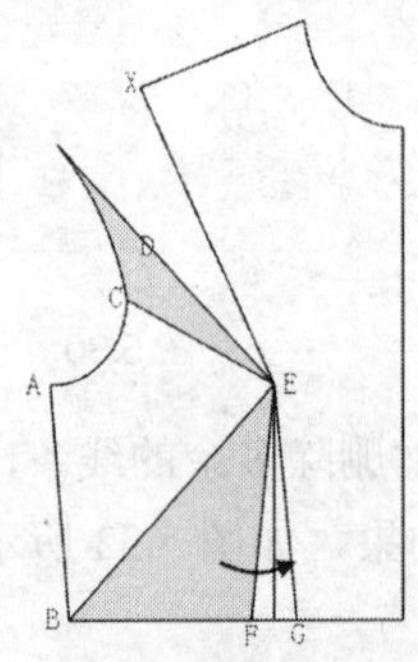

图 5.38

继续转腰省，使用【剪断线】工具，在 F、G 点把弧线 BG 剪断。使用【转省】工具，分别单击阴影区域的轮廓线 EB、BF、FE，选中线段变成红色，然后单击右键，再单击新省线 BE，线段 BE 变成绿色，再次单击右键，然后单击合并省的起始边 FE，线段 FE 变成蓝色，单击合并省的终止边 GE，线段 GE 变成紫色，完成操作，如图 5.39 所示。

步骤 4 删除多余的线条，得到最终结果，如图 5.40 所示。

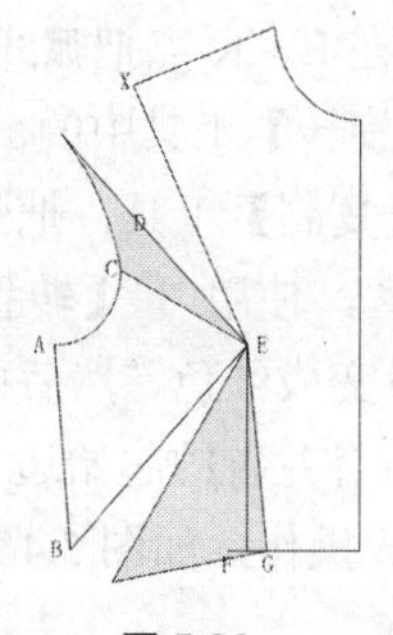

图 5.39

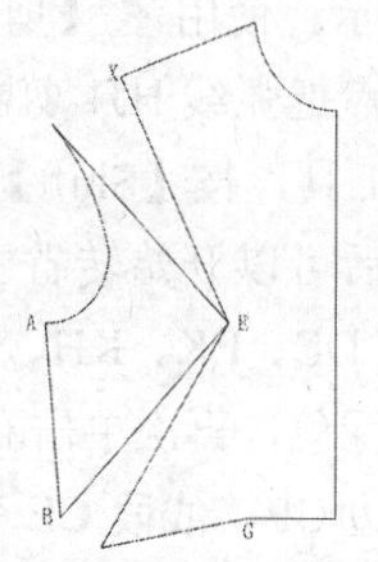

图 5.40

5.7 组合省三

效果图如图 5.41 所示。

操作步骤如下。

步骤 1 打开女装原型。双击打开桌面上 [RP-DGS] 图标，进入设计与放码系统的工作界面，打开文件“新文化式女装原型 A”，如图 5.42 所示，单击【文档】菜单中的【另存为】命令，保存为“组合省三”。

图 5.41

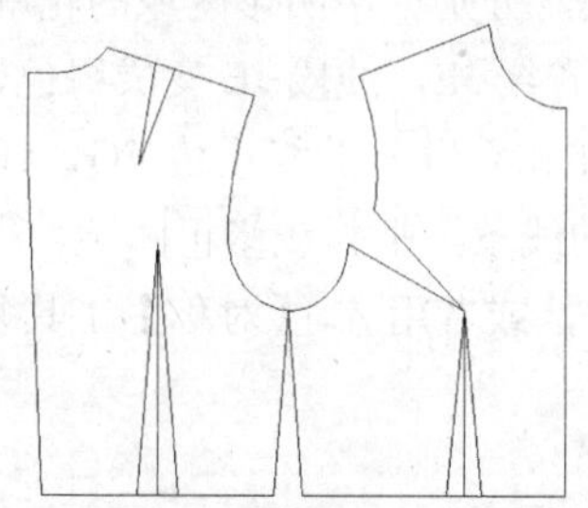

图 5.42

步骤 2 现在只需要用到前片，使用【橡皮擦】工具删除后片，先把前片复制，使用【旋转】工具中的【对称】工具，如果光标为是【对称】工具，按【Shift】键切换成【对称复制】工具，操作顺序是先选择对称轴 MN，然后单击要复制的线条，如果复制区域内线条，也可以框选，会出现红色的复制线条，最后点右键结束，红线变成黑色，完成操作，如图 5.43 所示。使用【智能笔】工具，按效果图形状画出分割线 JH1 和 J1H，如图 5.44 所示。

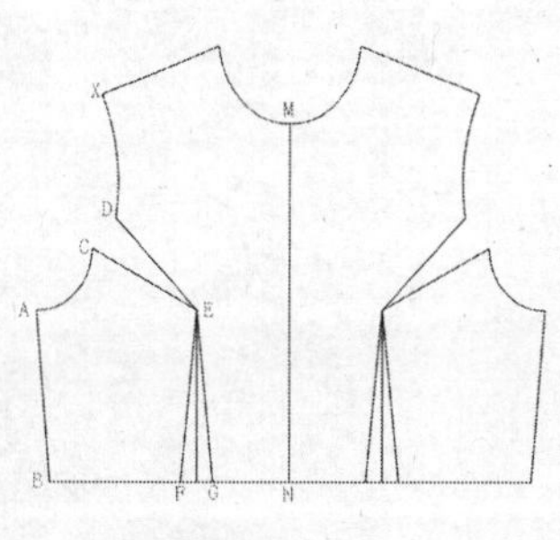

图 5.43

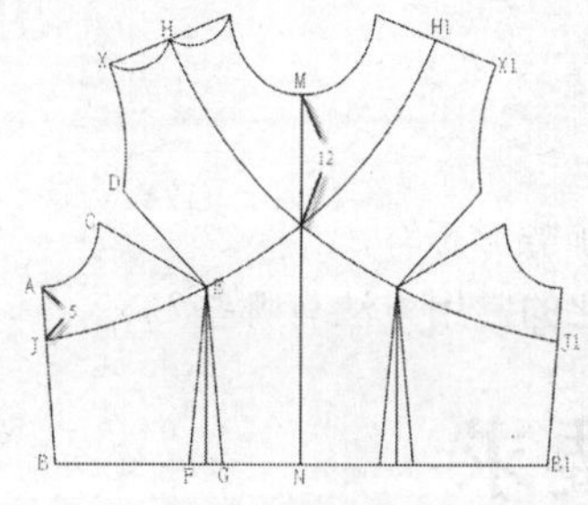

图 5.44

步骤 3 使用【转省】工具，现在需要把 DEKHX 所组成的阴影部分形状以 E 点为圆心逆时针转动，把袖笼省合并，把 JBFE 所组成的阴影部分形状以 E 点为圆心逆时针转动，把腰省

合并，如图 5.45 所示。使用【剪断线】工具，在 E、K 点把弧线 JH1 剪断，在 H 点把肩线 XY 剪断，在 K 点把弧线 HJ1 剪断。使用【旋转】工具中的【移动】工具，如果光标为是【移动】工具，按【Shift】键切换成【复制】工具，把弧线 HK、EK 复制一次。做好这些准备工作后可以开始转省了，先转袖窿省，使用【转省】工具，分别单击阴影区域的轮廓线 XD、DE、EK、KH、HX，选中线段变成红色，然后单击右键，再单击新省线 KE，线段 KE 变成绿色，再次单击右键，然后单击合并省的起始边 DE，线段 DE 变成蓝色，单击合并省的终止边 CE，线段 CE 变成紫色，完成操作，如图 5.46 所示。

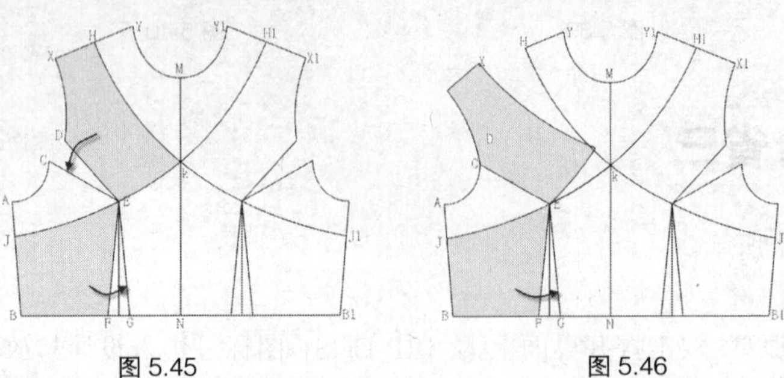

图 5.45　　图 5.46

继续转腰省，使用【剪断线】工具，在 F、G 点把弧线 BN 剪断，在 J 点把弧线 AB 剪断。使用【转省】工具，分别单击阴影区域的轮廓线 EJ、JB、BF、FE，选中线段变成红色，然后单击右键，再单击新省线 JE，线段 JE 变成绿色，再次单击右键，然后单击合并省的起始边 EF，线段 EF 变成蓝色，单击合并省的终止边 EG，线段 EG 变成紫色，完成操作，如图 5.47 所示。

步骤 4　删除多余的线条，把弧线修正圆顺，得到一半的效果，如图 5.48 所示。另一半可以用同样的方法操作，或者用【对称】工具复制过来，得到最后的效果如图 5.49 所示。

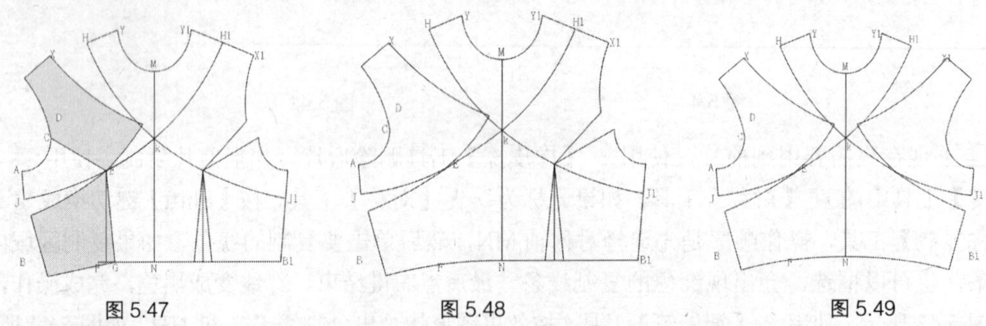

图 5.47　　图 5.48　　图 5.49

思考题

1. 省道有哪些形态？
2. 省道变化的常用方法有哪些？

作业及要求

1. 自行设计省道 5 款并在 CAD 软件中做出其变化。
2. 在时装杂志中找出有省道的款式 5 款，做出其变化结构图。

第6章 褶位变化

本章主要介绍褶位的变化，在女装当中，褶位的变化也是非常丰富的，可以说和省道变化是款式变化中最常用的两种方式，褶位可以使相应部位产生立体感，除了可以使款式造型更丰富之外，也可以起到装饰美观作用。本章从上衣褶位变化和裙子变化为例进行说明。

褶位可以分为自然褶和规律褶两大类。

6.1 自然褶

所谓自然褶是指褶位比较自由，没有固定的大小和形状，其中又可以分为波浪褶和碎褶（也有叫抽褶或缩褶）两种。

6.1.1 碎褶一

效果图如图 6.1 所示。

操作步骤如下。

步骤 1 打开女装原型。双击打开桌面上 [RP-DGS] 图标，进入设计与放码系统的工作界面，打开文件“新文化式女装原型 A”，如图 6.2 所示，单击【文档】菜单中的【另存为】命令，保存为“碎褶一”。

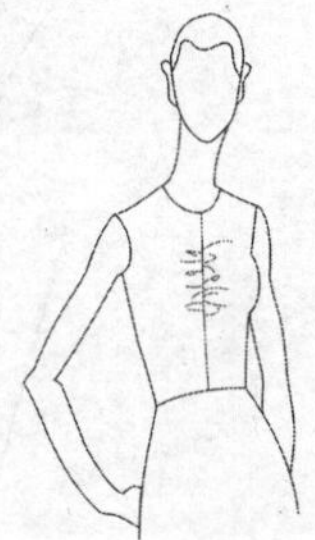

图 6.1

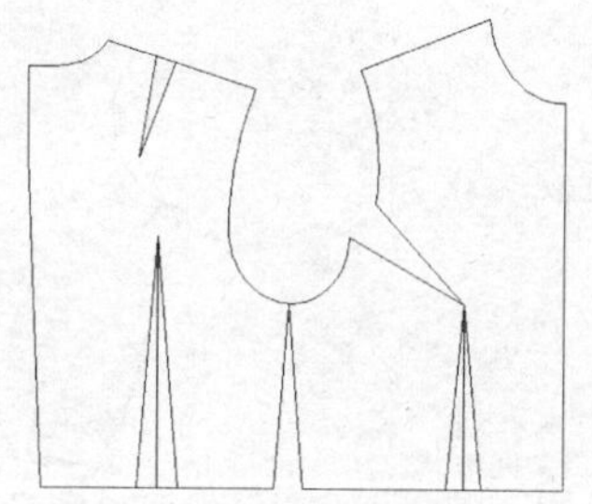

图 6.2

步骤 2 现在只需要用到前片，使用【橡皮擦】工具删除后片，然后使用【智能笔】工具，从胸高点 E 开始向中心线做一条水平线 EH，如图 6.3 所示。

步骤 3 使用【转省】工具（也可以使用【旋转】工具），现在需要把 EDXYKH 所组成的阴影部分形状以 E 点为圆心逆时针转动，把袖笼省合并，如图 6.4 所示。先分别单击（或框选）阴影区域的轮廓线 ED、DX、XY、YK、KH，选中线段变成红色，然后单击右键，再单击新省线 HE，线段 HE 变成绿色，再次单击右键，然后单击合并省的起始边 DE，线段 DE 变成蓝色，单击合并省的终止边 CE，线段 CE 变成紫色，完成操作，如图 6.5 所示。

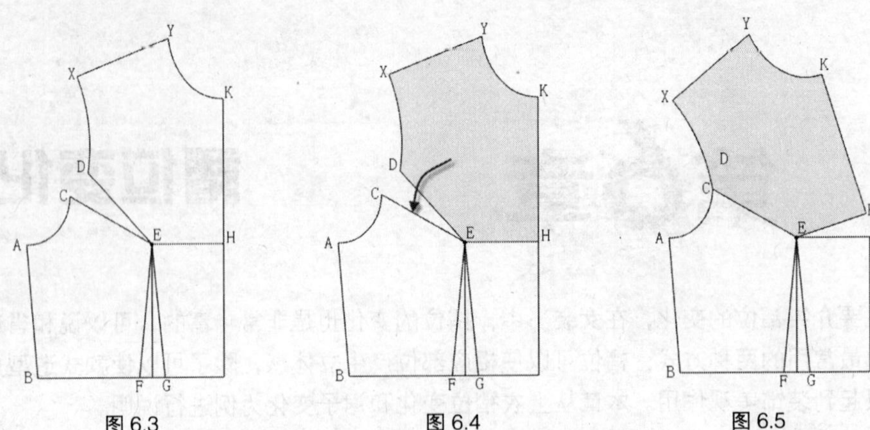

图 6.3　图 6.4　图 6.5

步骤 4 如果觉得中线处的褶量大小还不够，还可以继续把腰省转移。现在要做的是把 ABFEC 所组成的阴影区域形状和刚才的 EDXYKH 区域一起以 E 点为圆心逆时针转动，把腰省合并，如图 6.6 所示。使用【橡皮擦】工具删除线段 EC，使用【剪断线】工具，分别在 F 点、G 点把线段 BG 剪断，使用【转省】工具，先分别单击（或框选）阴影区域的轮廓线 EH、HK、KY、YX、XC、CA、AB、BF、FE，选中线段变成红色，然后单击右键，再单击新省线 HE，线段 HE 变成绿色，再次单击右键，然后单击合并省的起始边 FE，线段 FE 变成蓝色，单击合并省的终止边 GE，线段 GE 变成紫色，完成操作，如图 6.7 所示。

步骤 5 圆顺连接轮廓线。使用【智能笔】工具，重新圆顺连接中心线和腰线，使用【橡皮擦】工具删除多余线条，如图 6.8 所示。

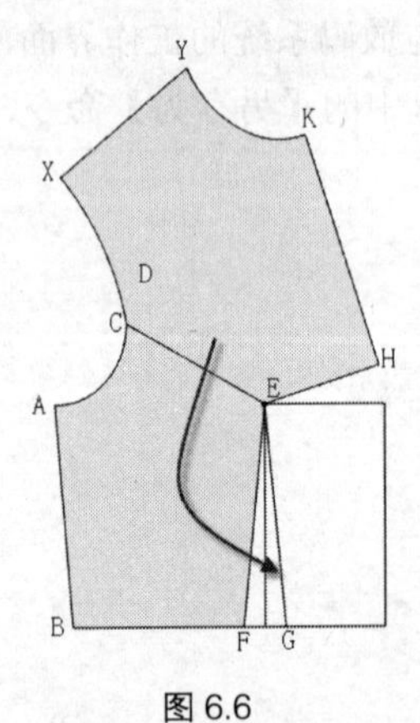

图 6.6

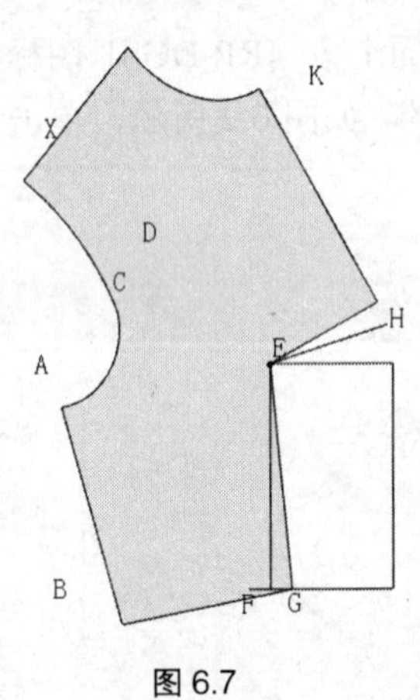

图 6.7

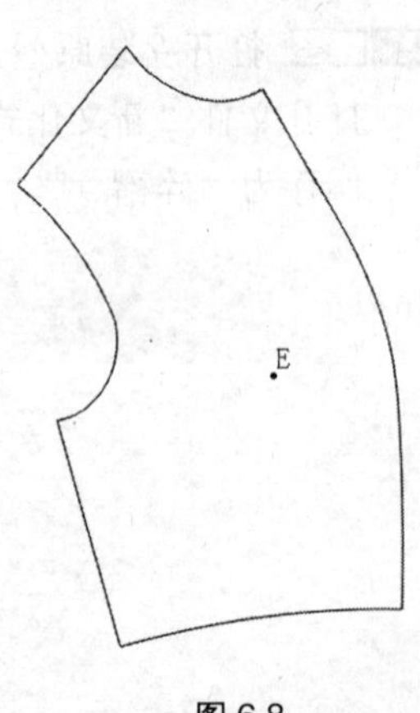

图 6.8

6.1.2 碎褶二

褶位往往会伴随着分割线一起，有时候需要先进行省道的转移，再进行褶位的变化，效果图如图 6.9 所示。

操作步骤如下。

步骤 1 打开女装原型。双击打开桌面上 [RP-DGS] 图标，进入设计与放码系统的工作界面，打开文件“新文化式女装原型 A”，如图 6.10 所示，单击【文档】菜单中的【另存为】命令，保存为“碎褶二”。

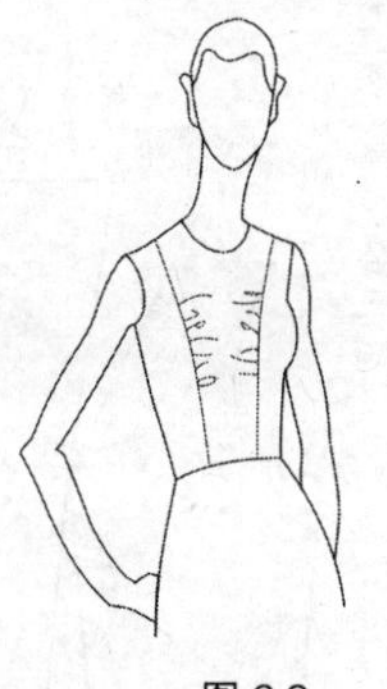
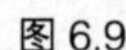

图 6.9

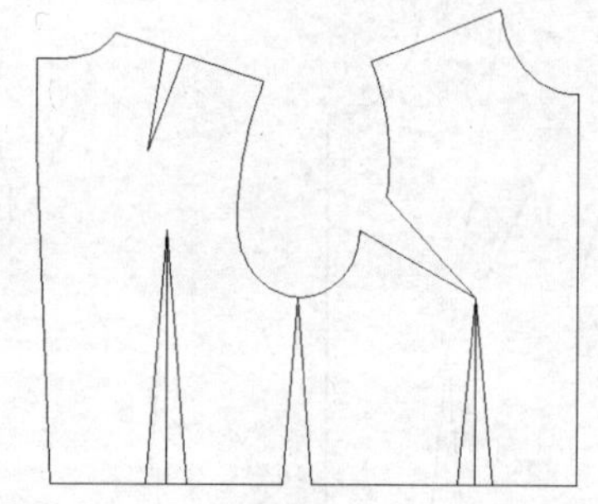

图 6.10

步骤 2 现在只需要用到前片，使用【橡皮擦】工具删除后片，使用【智能笔】工具，连接肩线中点 H 和省中心点 E，如图 6.11 所示。

步骤 3 先做肩省作为分割线，使用【转省】工具，现在需要把 XHED 所组成的阴影部分形状以 E 点为圆心逆时针转动，把袖笼省合并，如图 6.12 所示。先分别单击阴影区域的轮廓线 XH、HE、ED、DX，选中线段变成红色，然后单击右键，再单击新省线 HE，线段 HE 变成绿色，再次单击右键，然后单击合并省的起始边 DE，线段 DE 变成蓝色，单击合并省的终止边 CE，线段 CE 变成紫色，完成操作，如图 6.13 所示。

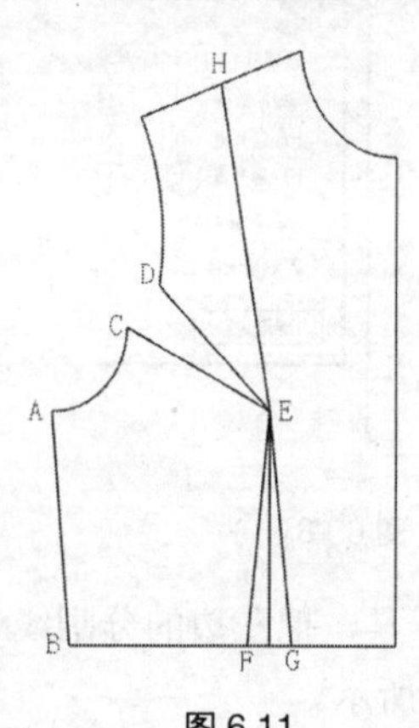

图 6.11

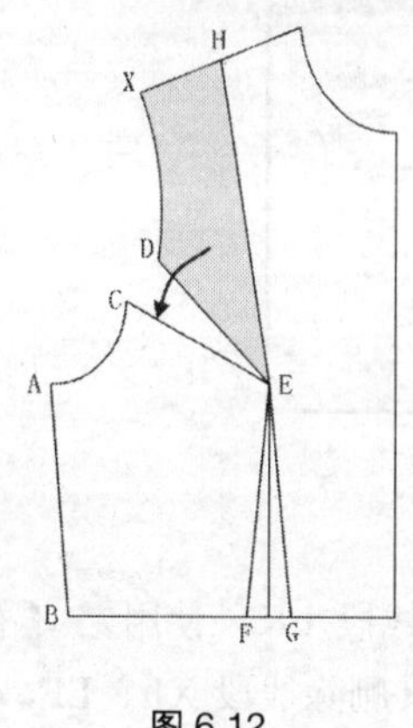

图 6.12

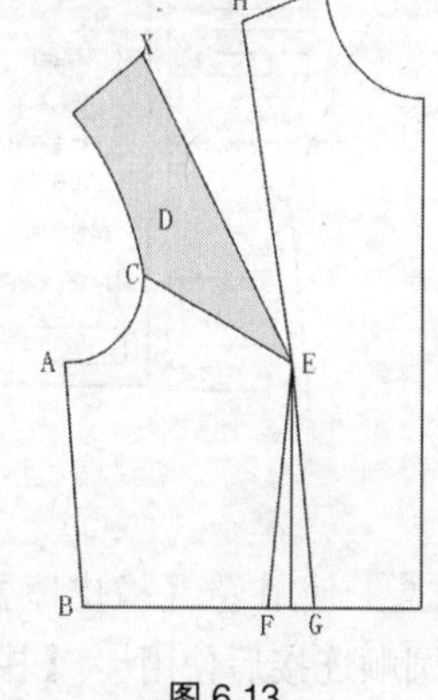

图 6.13

步骤 4 使用【剪断线】工具，分别在 F 点、G 点把线段 BG 剪断，使用【橡皮擦】工具删除线段 FG、CE，如图 6.14 所示。

步骤 5 把中间阴影部分进行拉开处理，如图 6.15 所示。为了让拉开可以比较均匀，先使用【智能笔】工具，在领口 K 点做水平线，与分割线相交于 L 点，如图 6.16 所示。使用【剪断线】工具，在 L 点把线段 EH 剪断。使用【荷叶边】工具，按左下角提示操作，先框选所有阴影部分轮廓线条 HY、YK、KJ、JG、GE、EH、LK，选中线条变成红色，单击右键结束，靠近固定侧（J 点）单击上段折线 KJ，线条 KJ 变成红色，让太阳点出现在 J 点上，下段折线 GEL 不是一条连续的线，要用框选的方法，先框选线条 GE，太阳点出现在 G 上，再框选线条 EL，太阳点出现在 E 上，框选中的线条变成蓝色，按右键结束，弹出【荷叶边】对话框，如图 6.17 所示。

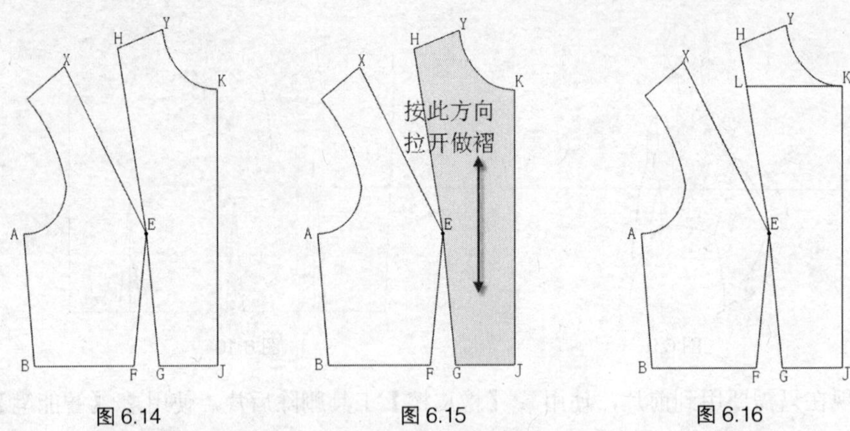

图 6.14　　图 6.15　　图 6.16

把褶数量和上下段展开量输入到相应的位置（褶数量不变，上、下段展开量分别输入“10”），如图 6.18 所示，单击【确定】按钮可以得到相应的造型，如图 6.19 所示。

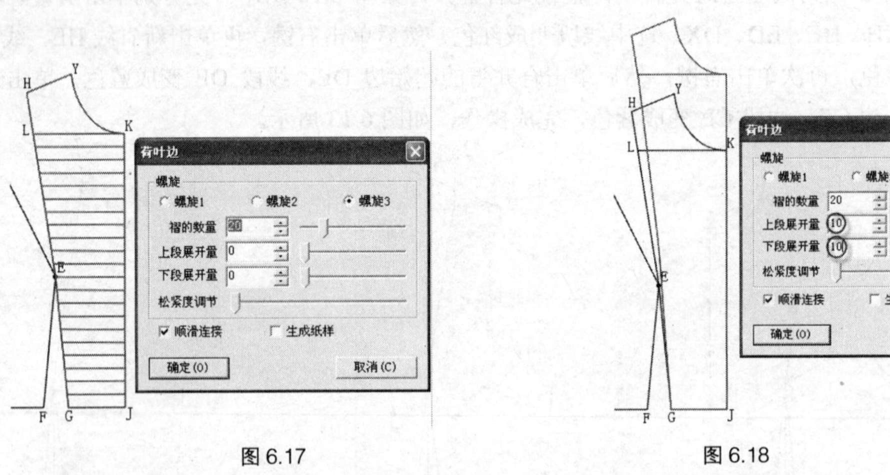

图 6.17　　图 6.18

步骤 6 使用【橡皮擦】工具删除线段 LK，使用【智能笔】工具，把左边的分割线 XEF 圆顺连接后使用【橡皮擦】工具删除线段 XE、EF，如图 6.20 所示。

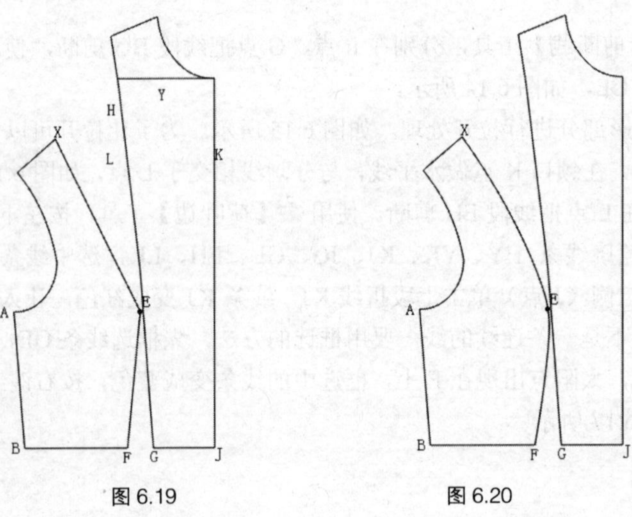

图 6.19　　图 6.20

6.1.3 碎褶三

这个款式的褶和 6.1.2 的碎褶二的造型初看比较类似，但褶所在的位置有所不同，效果图如图 6.21 所示。

操作步骤如下。

步骤 1 打开女装原型。双击打开桌面上 [RP-DGS] 图标，进入设计与放码系统的工作界面，打开文件“新文化式女装原型 A”，如图 6.22 所示，单击【文档】菜单中的【另存为】命令，保存为“碎褶三”。

步骤 2 先按照“碎褶二”的前面 4 步操作法做到如图 6.23 所示的结果。

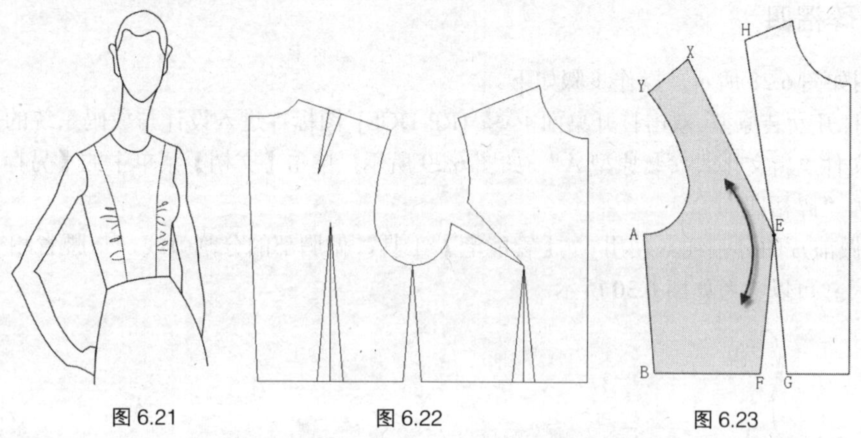

图 6.21　　图 6.22　　图 6.23

步骤 3 把左边的阴影部分 XEFBAY 轮廓区域进行展开处理。先使用【智能笔】工具，做出分割线，尺寸可以参考图 6.24 所示。使用【分割、展开、去除余量】工具，框选线条 XE、EF、FB、BA、AY、YX 和 4 条分割线，单击右键结束，左键单击不伸缩线 AB，伸缩线是 XE、EF 两条线，用左键框选，继续左键框选 4 条分割线，单击右键，弹出【单击展开或去除余量】对话框，如图 6.25 所示。

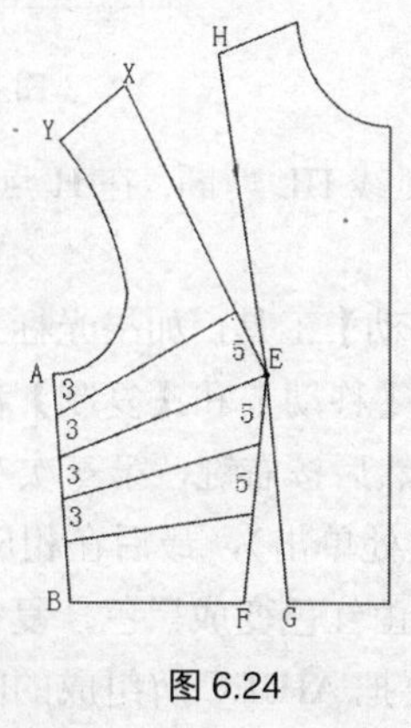

图 6.24

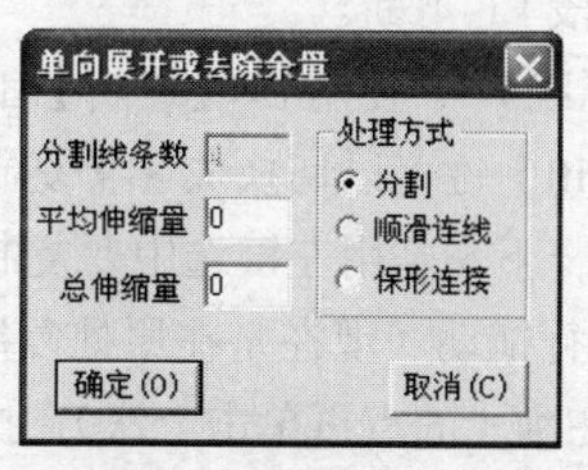

图 6.25

“平均伸缩量”输入“1.5”，处理方式选择“顺滑连接”，单击 确定(O) 按钮可以得到相应的造型，如图 6.26 所示。

步骤 4 使用【橡皮擦】工具删除多余线段，最后得到所需造型，如图 6.27 所示。

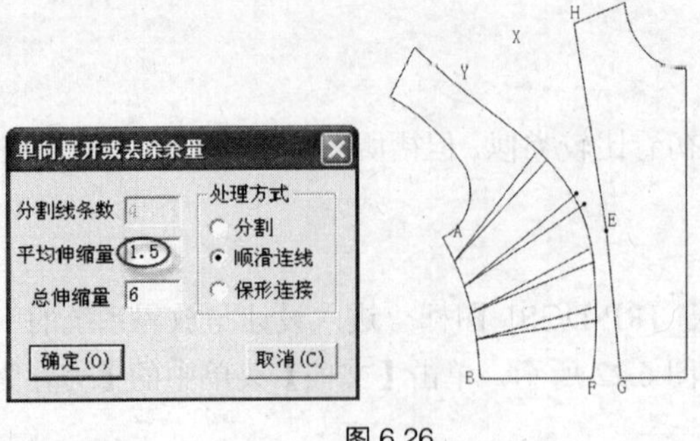

图 6.26

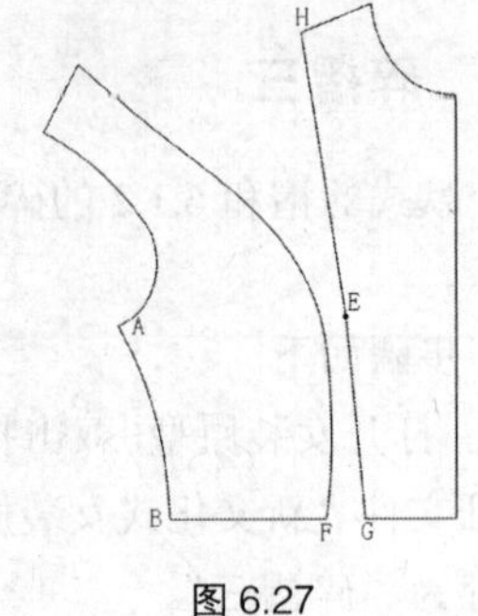

图 6.27

6.1.4 碎褶四

效果图如图 6.28 所示。操作步骤如下。

步骤 1 打开女装原型。双击打开桌面上 [RP-DGS] 图标，进入设计与放码系统的工作界面，打开文件“新文化式女装原型 A”，如图 6.29 所示，单击【文档】菜单中的【另存为】命令，保存为“碎褶四”。

步骤 2 做前片的分割线。使用【智能笔】工具，做胸部的分割弧线，与腰省相交于 J、K 点，尺寸可以参考如图 6.30 所示。

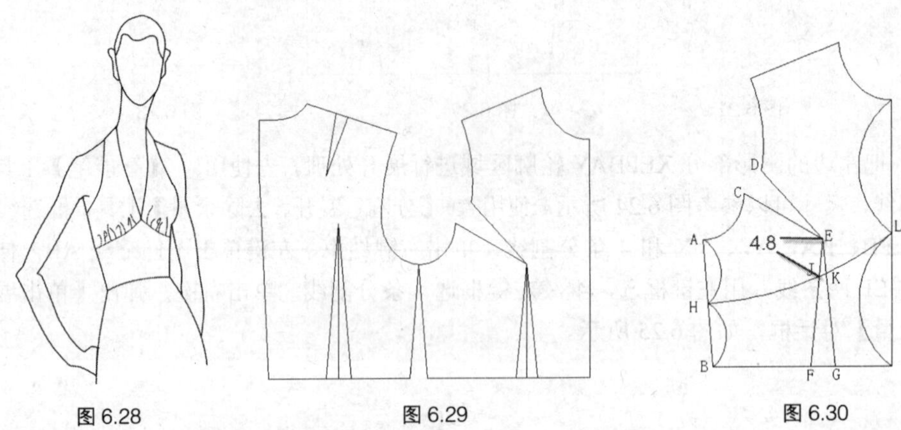

图 6.28　　图 6.29　　图 6.30

步骤 3 使用【剪断线】工具，分别在 J 点、K 点把弧线 HL 剪断，在 H 点把线段 AB 剪断，在 J 点把线段 EF 剪断。

步骤 4 复制弧线 HJ。使用【旋转】工具中的【移动】工具，如果光标为是【移动】工具，按【Shift】键可以切换成【复制】工具。记住【移动】和【复制】都是“左右左左”的顺序，第一下左是用左键选中要复制或移动的线，然后按右键，第三次左键是选中任意一个太阳点进行拖动（现在是在原处复制，就在太阳点处单击），最后在相应位置点左键确认（现在等于在刚才的点再单击一次），操作完成后线条由红色变成黑色，复制完成。

步骤 5 把袖笼省合并。使用【转省】工具，现在需要把 AHJEC 所组成的阴影部分形状以 E 点为圆心顺时针转动，把袖笼省合并，如图 6.31 所示。先分别单击阴影区域的轮廓线 AH、HJ、JE、EC、CA，选中线段变成红色，然后单击右键，再单击新省线 JE，线段 JE 变成绿色，再次单击右键，然后单击合并省的起始边 CE，线段 CE 变成蓝色，单击合并省的终止边 DE，线段 DE 变成紫色，完成操作，如图 6.32 所示。

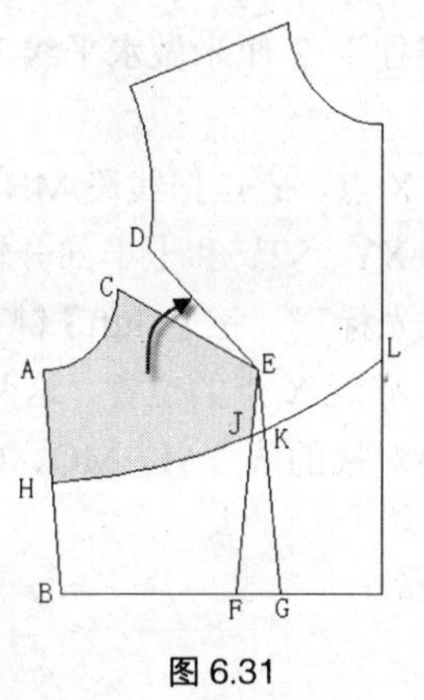

图 6.31

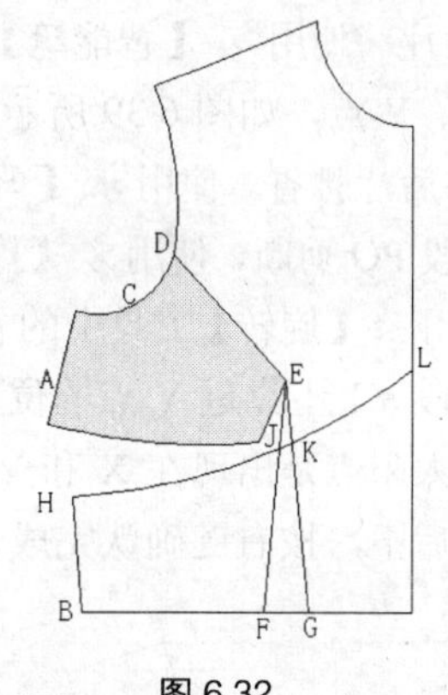

图 6.32

步骤 6 做前片上半部轮廓。使用【智能笔】工具，将胸部的分割弧线 AJL 圆顺连接，再按照效果图的造型画出前袖笼线和前领口线，尺寸可以参考如图 6.33 所示。

步骤 7 使用【橡皮擦】工具删除前片上半部多余线条，如图 6.34 所示。

步骤 8 合并前片下半部省道。使用【剪断线】工具，分别在 J 点、K 点把弧线 HL 剪断，在 F 点、G 点把线段 BG 剪断，使用【橡皮擦】工具删除线段 JK、FG，如图 6.35 所示。使用【旋转】工具中的【对接】工具，出现光标，按【Shift】键可以切换为，先单击线段 JF 上靠近 J 点的位置，再单击线段 KG 上靠近 K 点的位置，这两条线段变成绿色，并且太阳点是出现在 J 和 K 上，然后分别单击要对接的线 JH、HB、BF、FJ，这些线对接到前片变成红色，如图 6.36 所示，按右键确认完成，如图 6.37 所示。

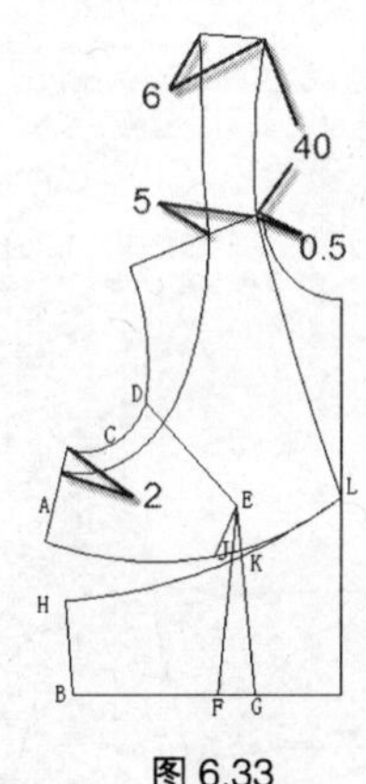

图 6.33

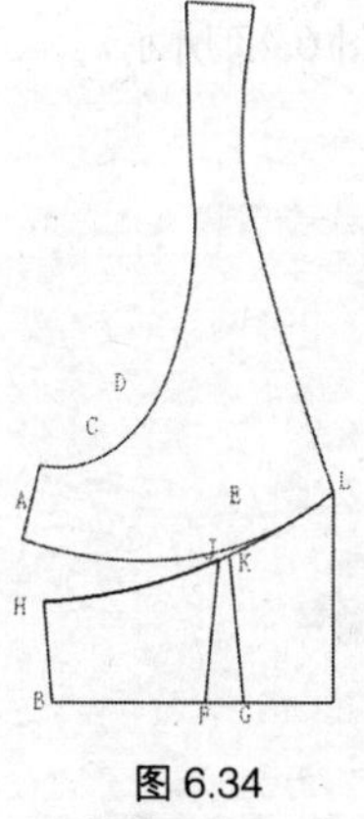

图 6.34

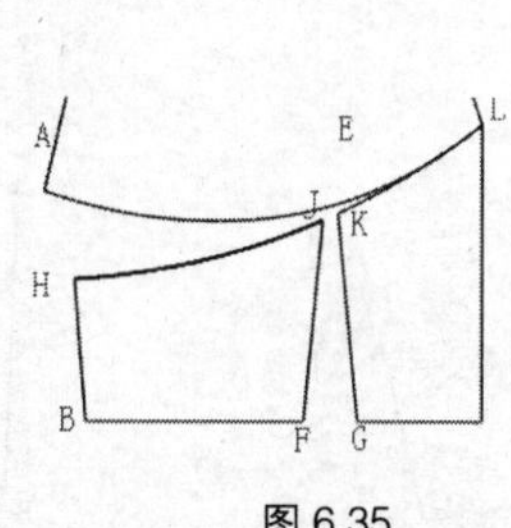

图 6.35

步骤 9 使用【智能笔】工具，重新连接前片下半部轮廓，使用【橡皮擦】工具删除多余线条，如图 6.38 所示。

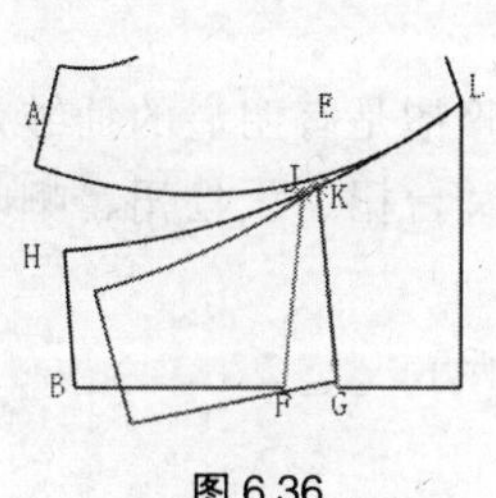

图 6.36

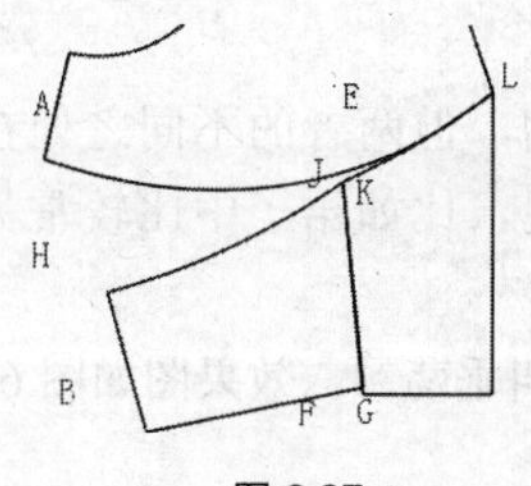

图 6.37

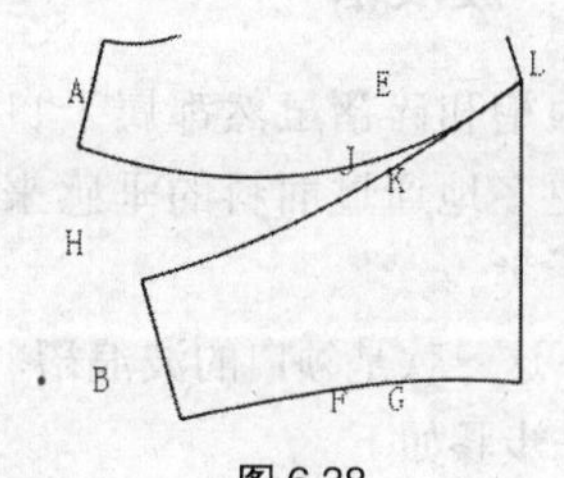

图 6.38

步骤 10 做后片。使用【智能笔】工具，距离后胸围线往下 2 厘米做水平线 MN，和后腰省相交于 X、Y 点，如图 6.39 所示。

步骤 11 合并后片腰省。使用【剪断线】工具，分别在 X 点、Y 点把线段 MN 剪断，在 S 点、T 点把线段 PQ 剪断，使用【橡皮擦】工具删除线段 XY、ST，和上半部分轮廓，如图 6.40 所示。使用【旋转】工具中的【对接】工具，出现光标，按【Shift】键可以切换为，先单击线段 YT 上靠近 Y 点的位置，再单击线段 XS 上靠近 X 点的位置，这两条线段变成绿色，并且太阳点是出现在 X 和 Y 上，然后分别单击要对接的线 YM、MQ、QT、TY，这些线对接到后中，按右键确认完成，如图 6.41 所示。

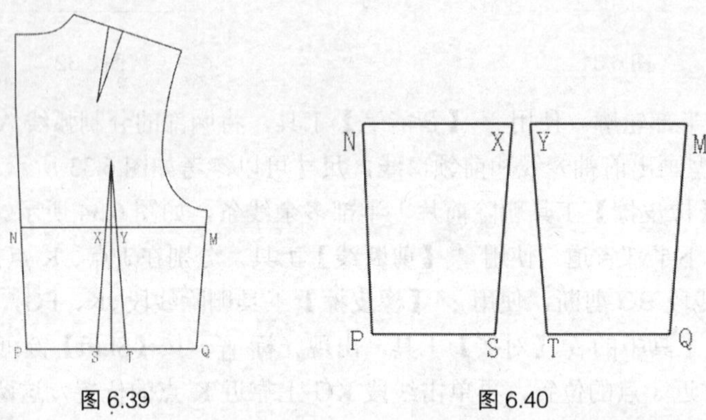

图 6.39　图 6.40

使用【智能笔】工具，重新连接后片下半部轮廓，使用【橡皮擦】工具删除多余线条，如图 6.42 所示。

步骤 12 最终得到“碎褶四”的轮廓，如图 6.43 所示。

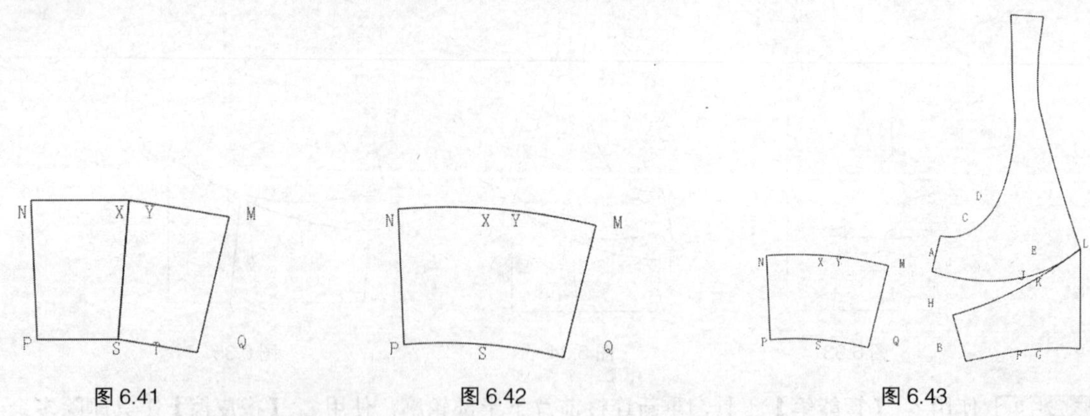

图 6.41　图 6.42　图 6.43

6.1.5 波浪褶一

波浪褶和碎褶虽然都属于自然褶，但两者的不同之处在于碎褶是有明显的抽皱效果，而波浪褶更多地通过面料的垂感来表现，比如裙子中比较常见的圆台裙、大摆裙、喇叭裙等都属于这一类。

以下这一款是领口的波浪褶，也叫垂荡领，效果图如图 6.44 所示。

操作步骤如下。

步骤 1 打开女装原型。双击打开桌面上[RP-DGS] 图标，进入设计与放码系统的工作界面，

打开文件“新文化式女装原型A”，如图6.45所示，单击【文档】菜单中的【另存为】命令，保存为“波浪褶一”。

步骤 2 修改前后片领口，先改后片，把肩省进行处理，通常有两种处理方法，一种是直接删除，同时把肩宽缩小相应的数值，另一种是通过转省方法把肩省转移。现在先用第一种方法，使用【橡皮擦】工具删除后片肩省，把后肩宽缩短1.5厘米，如图6.46所示。

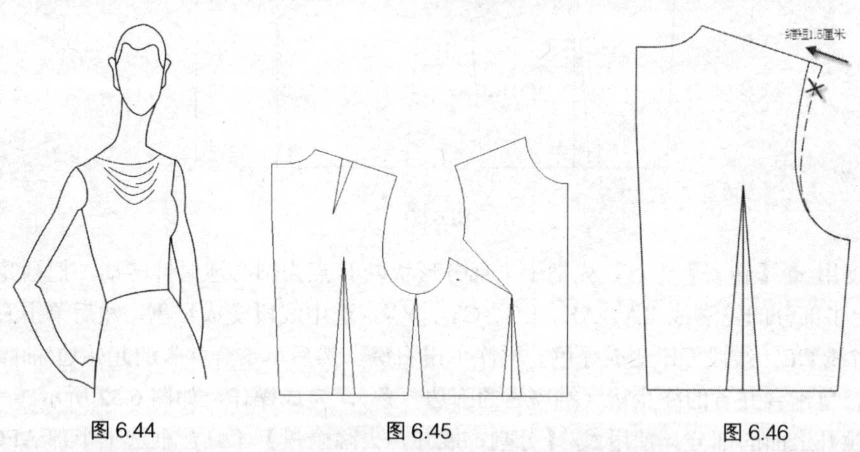

图6.44　图6.45　图6.46

步骤 3 画出后领口弧线MN。使用【智能笔】工具，在距离后肩点5厘米的地方做点M，如图6.47所示。然后做弧线圆顺连接到后片中心线N点（距离后领中点2.5厘米），如图6.48所示。

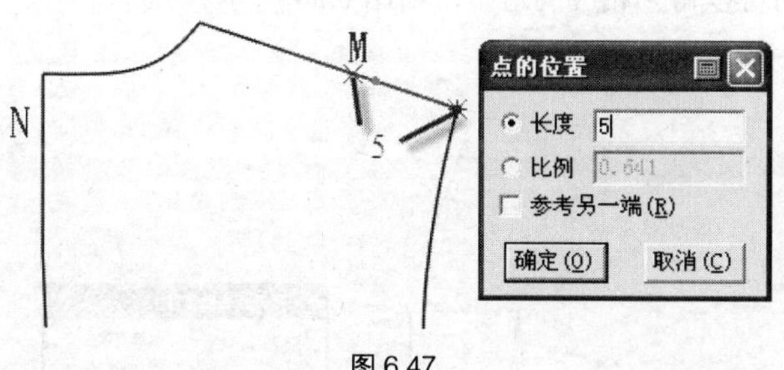

图6.47

步骤 4 画出前领口弧线XY。使用【智能笔】工具，先把前领口往上抬高2厘米，得到Y点，然后把距离前肩点5厘米处的X点圆顺连接到Y点，如图6.49所示。

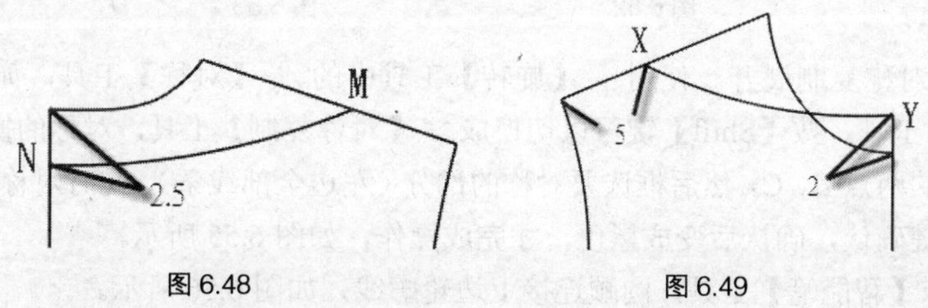

图6.48　图6.49

步骤 5 删除多余线条，得到前后领口的形状，如图6.50所示。

步骤 6 画出前片的剪开线。使用【智能笔】工具，从胸高点E做水平线和前中线YB相交与C点，从肩线和袖窿向前中心做分割弧线，如图6.51所示。

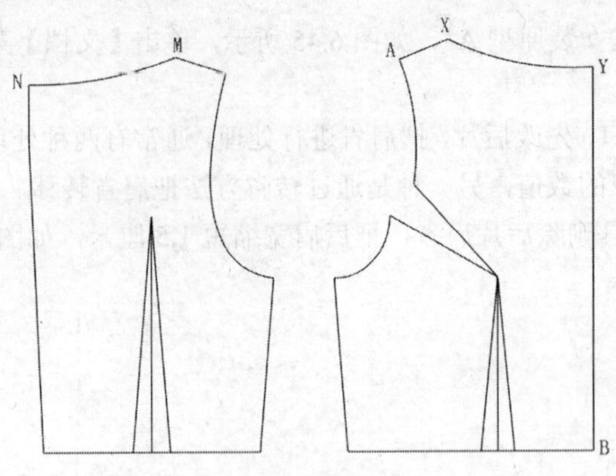

图 6.50

步骤 7 使用【转省】工具，先把上半部分形状以 E 点为圆心逆时针转动，把袖笼省合并。单击上半部分的轮廓线 XA、AE、EC、CY、YX，选中线段变成红色，然后单击右键，再单击新省线 CE，线段 CE 变成绿色，再次单击右键，然后单击合并省的起始边(袖窿省的上边一条)，单击合并省的终止边（袖窿省的下边一条)，完成操作，如图 6.52 所示。

步骤 8 拉开上面的部分。使用【分割、展开、去除余量】工具，框选上半部 AFGYX 区域内所有线条，单击右键结束，左键框选不伸缩线 AF 和 AX，右键结束，单击伸缩线是 YG，继续左键框选 3 条分割线 HJ、DL、FG，单击右键，弹出【单击展开或去除余量】对话框，“平均伸缩量”输入“2”，如图 6.53 所示。

单击 确定(O) 按钮可以得到相应的造型，如图 6.54 所示。

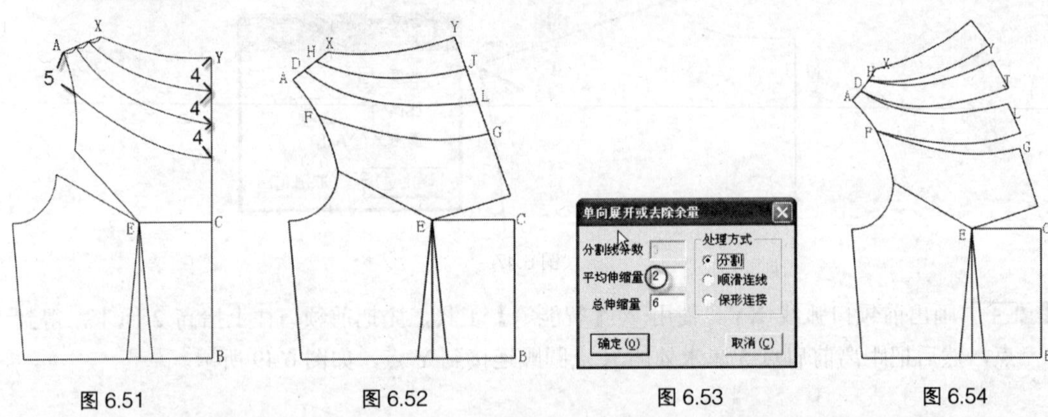

图 6.51　　图 6.52　　图 6.53　　图 6.54

步骤 9 把前片对称复制展开。使用【旋转】工具中的【对称】工具，如果光标为是【对称移动】工具，按【Shift】键可以切换成【对称复制】工具，对称的操作顺序是先单击对称轴线的两点 B、C，然后框选要对称的部分（左边全部线条），此时对称的线还是红色，需要单击右键确认，确认后变成黑色，才完成操作，如图 6.55 所示。

步骤 10 使用【智能笔】工具，圆顺连接上边轮廓线，如图 6.56 所示。

步骤 11 使用【橡皮擦】工具，删除多余的线条，完成操作，如图 6.57 所示。

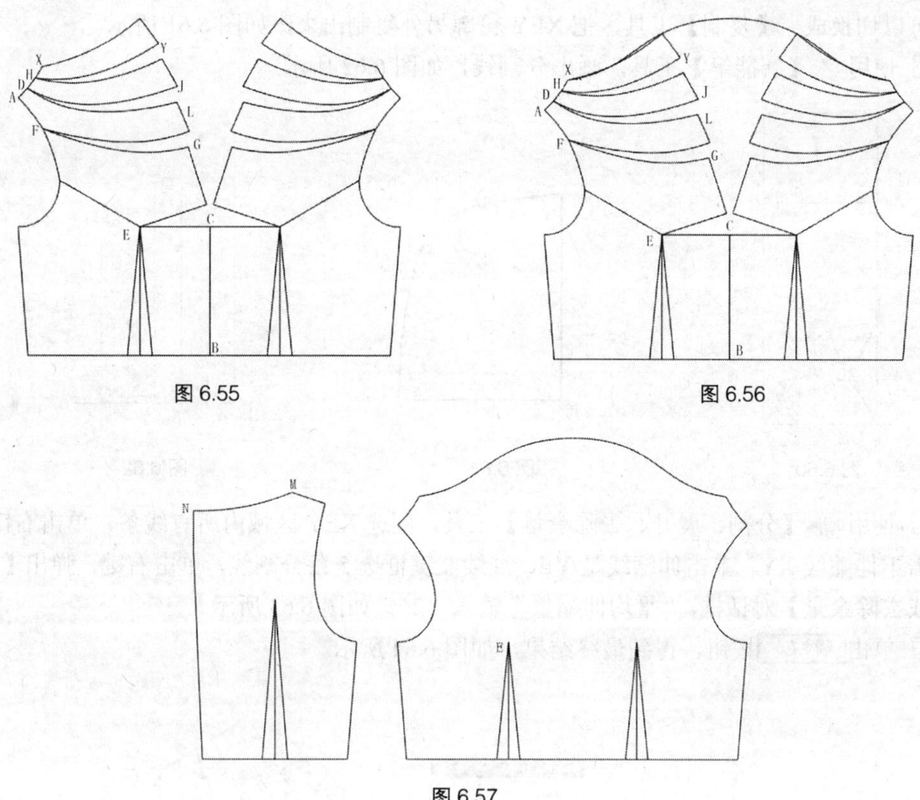

图 6.55 图 6.56

图 6.57

6.1.6 波浪褶二

裙子的侧摆处使用了波浪褶，效果图如图 6.58 所示。

操作步骤如下。

步骤 1 打开裙子原型。双击打开桌面上 [RP-DGS] 图标，进入设计与放码系统的工作界面，打开第 3 章中做好的文件“女西裙”，如图 6.59 所示，单击【文档】菜单中的【另存为】命令，保存为“波浪褶二”。

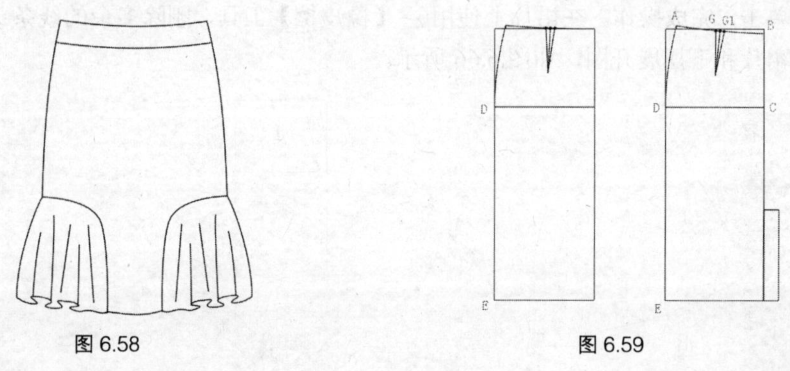

图 6.58 图 6.59

步骤 2 在前片上画出分割线 XY。使用【智能笔】工具，按效果图形状画出分割线 XY，如图 6.60 所示。

步骤 3 使用【剪断线】工具，在 X、Y 点把线段 DE、EY 剪断。

步骤 4 使用【旋转】工具中的【移动】工具，如果光标为 是【移动】工具，按【Shift】

键可以切换成【复制】工具，把 XEY 轮廓另外复制出来，如图 6.61 所示。

步骤 5 使用【智能笔】工具，画出分割线，如图 6.62 所示。

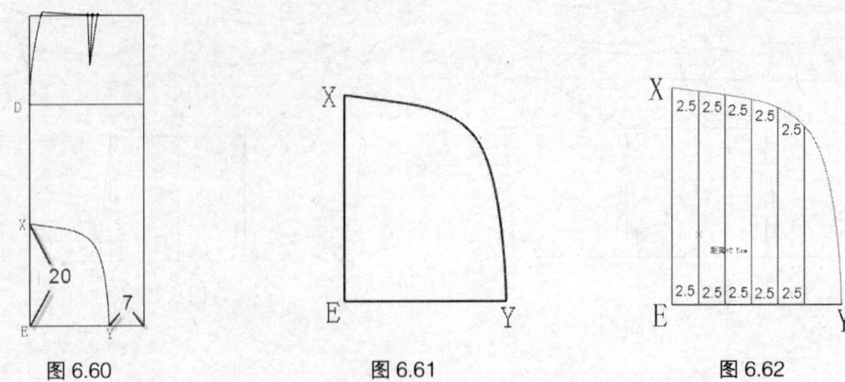

图 6.60　　图 6.61　　图 6.62

步骤 6 使用【分割、展开、去除余量】工具，框选 XEY 区域内所有线条，单击右键结束，单击不伸缩线 XY，单击伸缩线是 YE，继续左键框选 5 条分割线，单击右键，弹出【单击展开或去除余量】对话框，“平均伸缩量”输入“2”，如图 6.63 所示。

步骤 7 单击 确定(O) 按钮，得到最终结果，如图 6.64 所示。

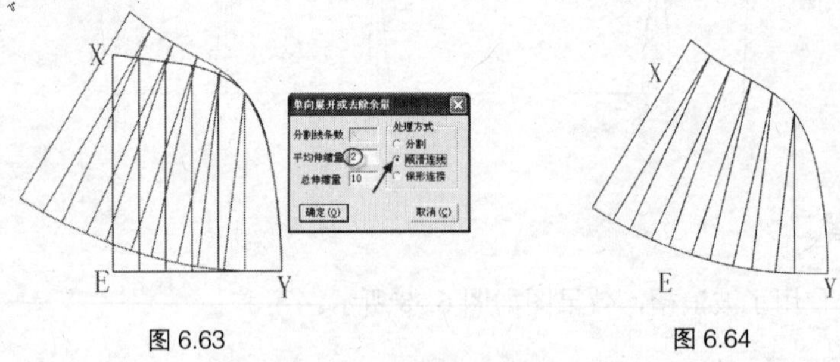

图 6.63　　图 6.64

步骤 8 使用【橡皮擦】工具，删除多余的线条，完成操作，如图 6.65 所示。

步骤 9 使用【调整工具】工具，把弧线 XY 调圆顺，单击 XY 后，线条上会出现曲线点，单击曲线点可以移动到相应位置后再单击停止，没有曲线点的地方也可以单击添加点，最后在空白处单击，完成操作。在裙片上使用【橡皮擦】工具，删除多余的线条 XE、EY，最后得到的裙片和下摆展开图，如图 6.66 所示。

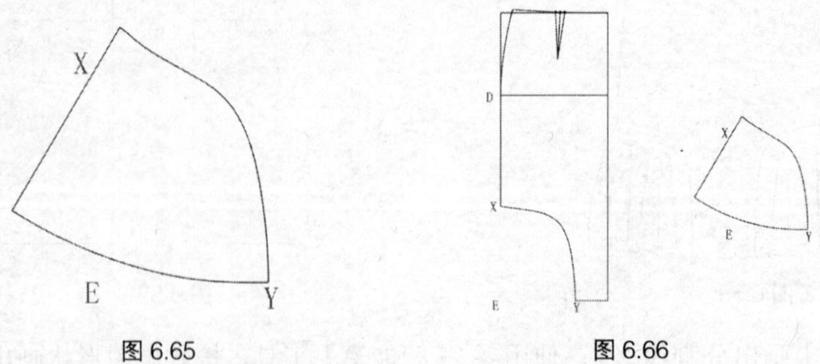

图 6.65　　图 6.66

6.2 规律褶

所谓规律褶是指每个褶的大小形状都是固定的结构造型，比如最常见的百褶裙就是规律褶的代表形状。

6.2.1 规律褶一

效果图如图 6.67 所示。

操作步骤如下。

步骤 1 打开女装原型。双击打开桌面上 [RP-DGS] 图标，进入设计与放码系统的工作界面，打开文件“新文化式女装原型 A”，如图 6.68 所示，单击【文档】菜单中的【另存为】命令，保存为“规律褶一”。

图 6.67

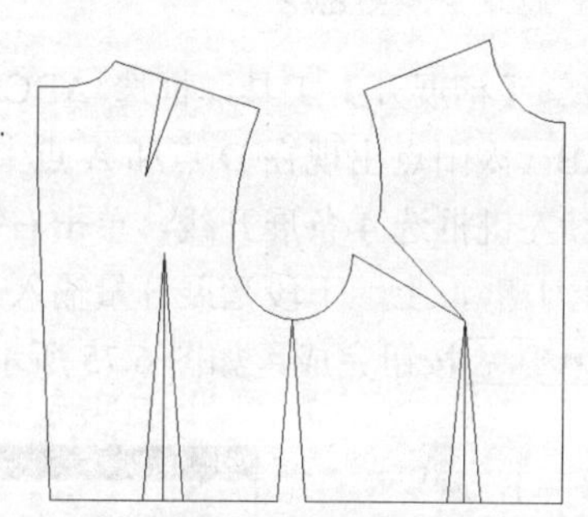

图 6.68

步骤 2 这里衣片就不做其他改动，只是使用【智能笔】工具把前片的门襟加宽 1.5 厘米，前领口用延长线功能（按住【Shift】键单击右键），如图 6.69 所示。

步骤 3 画出前片的分割线。使用【智能笔】工具，按效果图形状画出分割线 BC，如图 6.70 所示。

步骤 4 使用【剪断线】工具，在 B、C 点把线段 AB、CD 剪断。使用【旋转】工具中的【移动】工具，如果光标为是【移动】工具，按【Shift】键可以切换成【复制】工具，把 ABCD 轮廓另外复制出来，如图 6.71 所示。

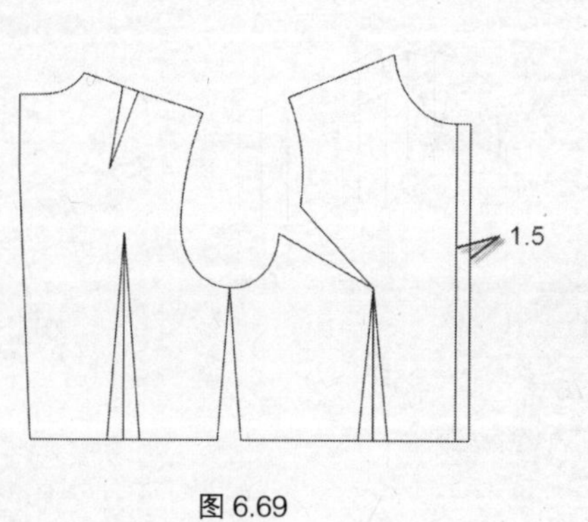

图 6.69

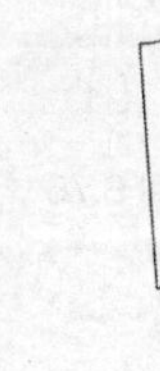

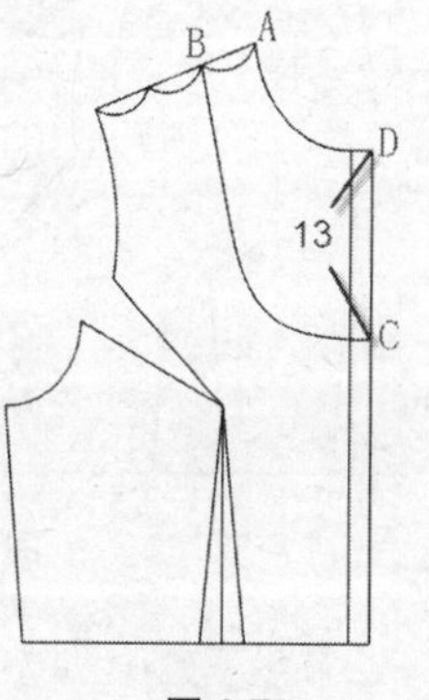

图 6.70

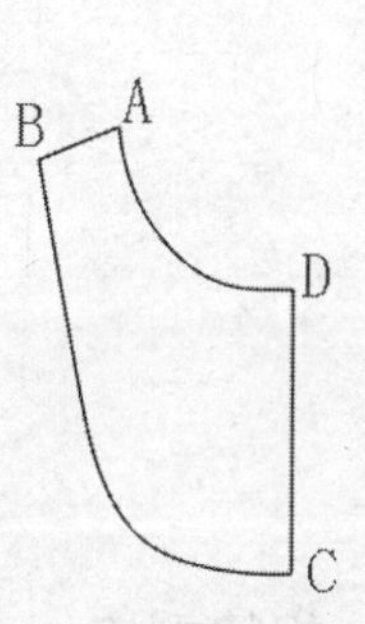

图 6.71

步骤 5 画出分割线。使用【智能笔】工具，按住【Shift】键，用鼠标按住中心线 CD 往左拖动，光标会变成⇆，进入【相交等距线】功能，移动鼠标再分别单击与中心线 CD 相邻的两条线 AD 和 BC，弹出【平行线】对话框，输入间距“2.5”，数量输入“4”，如图 6.72 所示，单击 确定(O) 按钮完成，使用【剪断线】工具剪断超出肩线的线，使用【橡皮擦】工具擦除，如图 6.73 所示。

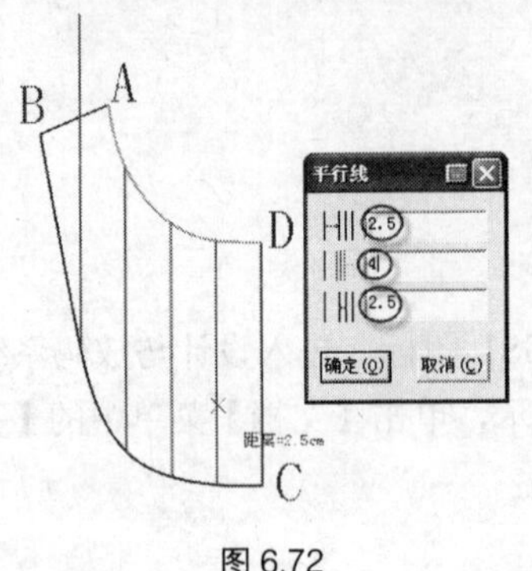

图 6.72

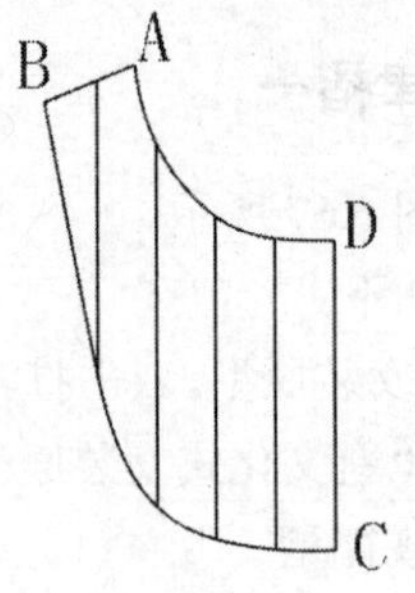

图 6.73

步骤 6 使用【褶展开】工具，框选 ABCD 区域内所有线条，单击右键结束，框选上段折线 DA 和 AB（太阳点出现在 D 点和 A 点上），按右键，单击下段折线 CB（太阳点出现在 C 点上），继续左键框选 4 条展开线，单击右键，弹出【结构线 刀褶/工字褶展开】对话框，类型选择“刀褶”，上、下段褶展开量输入“3”，如图 6.74 所示。

步骤 7 单击 确定(O) 按钮完成，如图 6.75 所示。

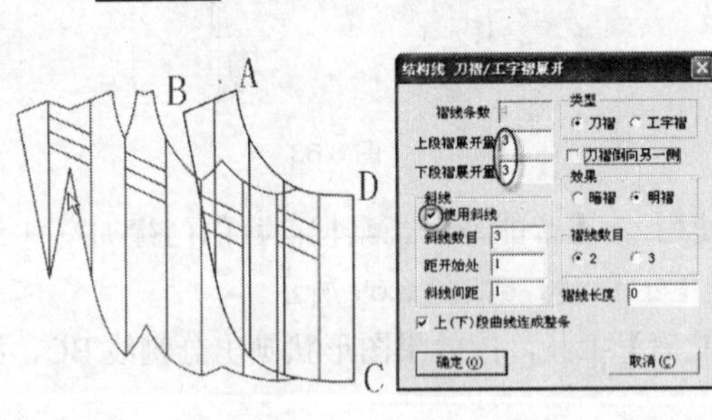

图 6.74

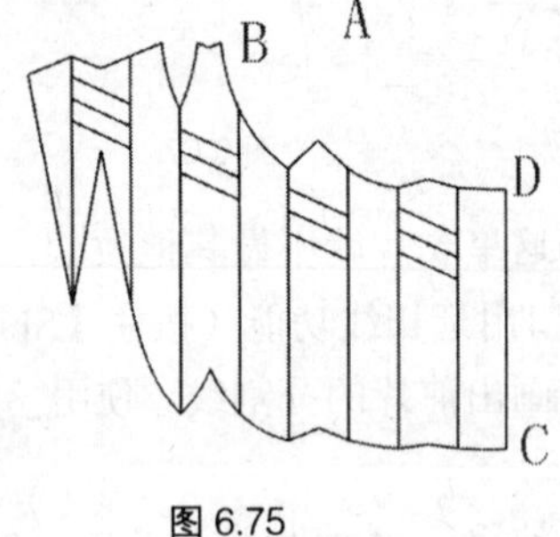

图 6.75

步骤 8 使用【橡皮擦】工具，删除多余的线条，完成操作如图 6.76 所示。

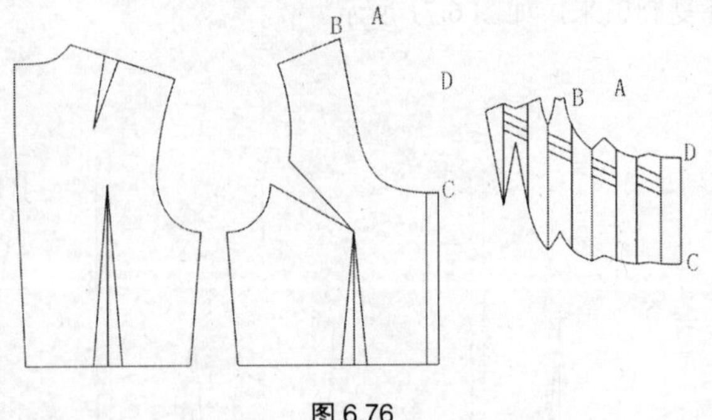

图 6.76

6.2.2 规律褶二

效果图如图 6.77 所示。

操作步骤如下。

步骤 1 打开裙子原型。双击打开桌面上 [RP-DGS] 图标，进入设计与放码系统的工作界面，打开第 3 章中做好的文件“女西裙”，如图 6.78 所示，单击【文档】菜单中的【另存为】命令，保存为“规律褶二”。

步骤 2 在前片上画出分割线 XH、HY。使用【智能笔】工具，按效果图形状画出分割线 XH、HY，如图 6.79 所示。

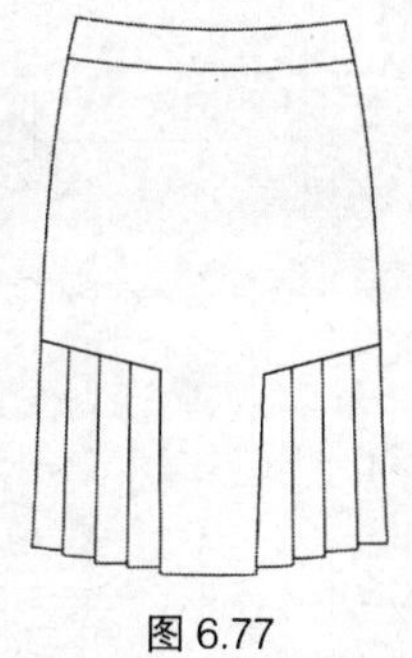

图 6.77

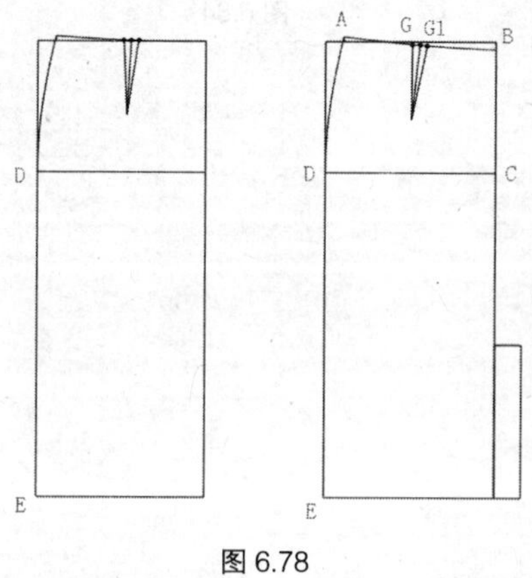

图 6.78

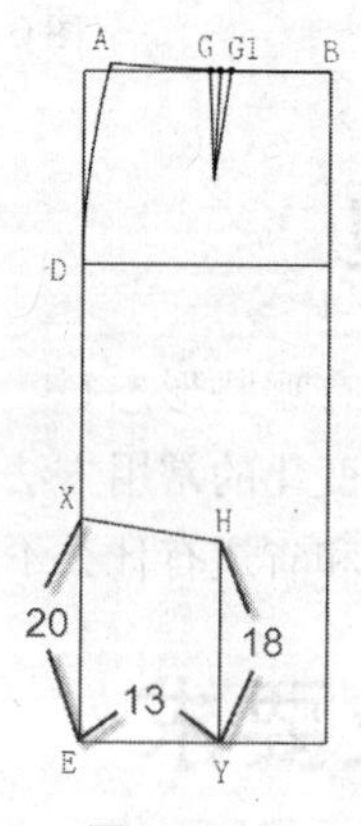

图 6.79

步骤 3 使用【剪断线】工具，在 X、Y 点把线段 DE、EY 剪断。

步骤 4 使用【旋转】工具中的【移动】工具，如果光标为是【移动】工具，按【Shift】键可以切换成【复制】工具，把 XEYH 轮廓另外复制出来，如图 6.80 所示。

步骤 5 使用【智能笔】工具，画出分割线，如图 6.81 所示。

步骤 6 使用【褶展开】工具，框选 XEYH 区域内所有线条，单击右键结束，单击上段折线 XH（太阳点出现在 H 点上），单击下段折线 EY（太阳点出现在 Y 点上），继续左键框选 4 条展开线，单击右键，弹出【结构线 刀褶/工字褶展开】对话框，类型选择“刀褶”，上、下段褶展开量输入“4”，如图 6.82 所示。

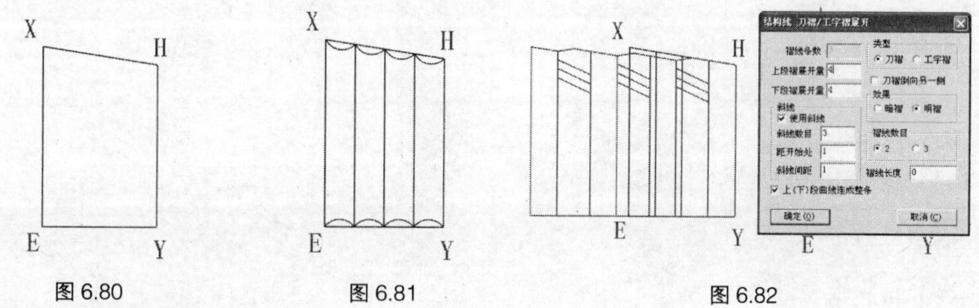

图 6.80　　图 6.81　　图 6.82

步骤 7 单击 确定(O) 按钮完成，如图 6.83 所示。

步骤 8 使用【橡皮擦】工具，删除多余的线条，完成操作，如图 6.84 所示。

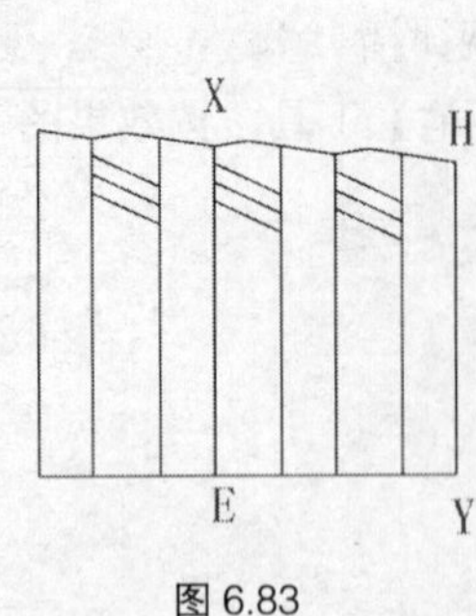

图 6.83

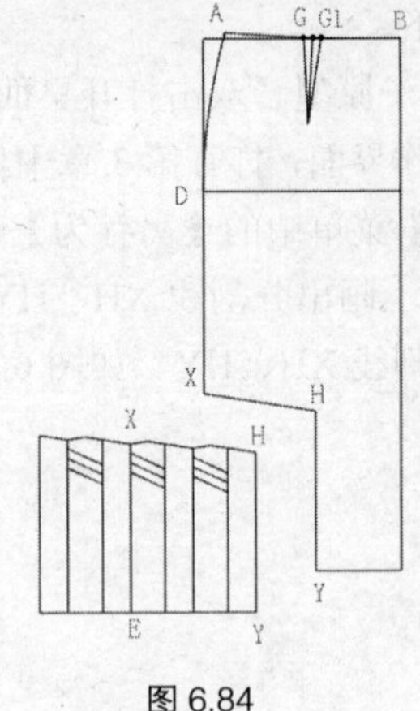

图 6.84

思考题

1. 褶位有哪些形态？
2. 褶位变化的常用方法有哪些？
3. 褶位和省道有什么不同？

作业及要求

1. 自行设计褶位 5 款并在 CAD 软件中做出其变化。
2. 在时装杂志中找出有褶位的款式 5 款，做出其变化结构图。

第7章 分割变化

本章主要介绍分割的变化，之前在第5章省道变化和第6章褶位变化的介绍中，也涉及分割线，很多时候分割并不是单独存在的，经常会和省道、褶位一起出现，当然也有为了设计造型的需要做单纯的分割线，所以在做分割变化的时候一定要留意分割线是否带有功能性，如果有一般要先做省道和褶位的变化。

7.1 横向分割

本章以裙子为例。

效果图如图7.1所示。

操作步骤如下。

步骤 1 打开裙子原型。双击打开桌面上 [RP-DGS] 图标，进入设计与放码系统的工作界面，打开第3章中做好的文件“女西裙”，如图7.2所示，单击【文档】菜单中的【另存为】命令，保存为“横向分割”。

步骤 2 现在以前片为例，使用【橡皮擦】工具删除后片和辅助线，然后使用【智能笔】工具，经过省尖点做一条水平分割线FJH，如图7.3所示。

图7.1

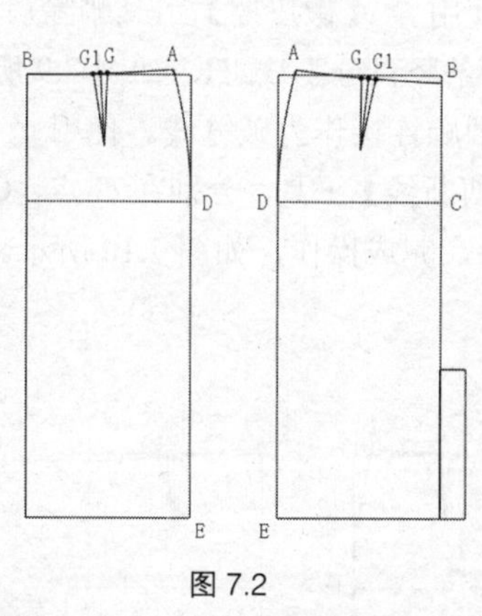

图7.2

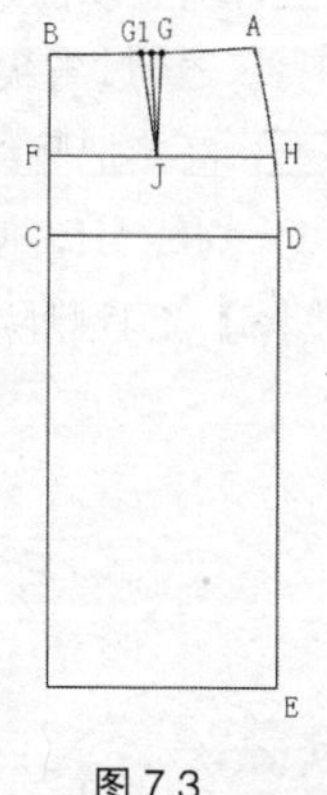

图7.3

步骤 3 使用【转省】工具，现在需要把AHJG所组成的阴影部分形状以J点为圆心逆时针转动，把腰省合并，如图7.4所示。先使用【剪断线】工具，分别在G点、G1点把腰弧线AB剪断，在H点把线段AD剪断，在J点把线段HF剪断。分别单击（或框选）阴影区域的轮廓线HA、AG、GJ、JH，选中线段变成红色，然后单击右键，再单击新省线JH，线段JH变成绿色，再次单击右键，然后单击合并省的起始边GJ，线段GJ变成蓝色，单击合并省的终止边G1J，线段G1J变成紫色，完成操作，如图7.5所示。

步骤 4 使用【智能笔】工具，重新圆顺连接腰弧线和分割线，使用【橡皮擦】工具删除

多余线条，完成操作，如图 7.6 所示。

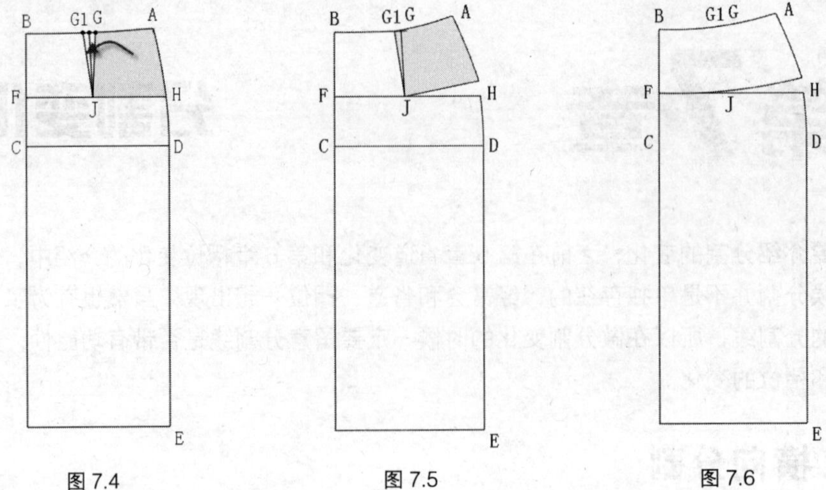

图 7.4　　图 7.5　　图 7.6

7.2 竖向分割

效果图如图 7.7 所示。

操作步骤如下。

步骤 1　打开裙子原型。双击打开桌面上 [RP-DGS] 图标，进入设计与放码系统的工作界面，打开第 3 章中做好的文件“女西裙”，如图 7.8 所示，单击【文档】菜单中的【另存为】命令，保存为“竖向分割”。

步骤 2　现在以前片为例，使用【橡皮擦】工具删除后片和辅助线，然后使用【智能笔】工具，经过省尖点 J 做一条竖直分割线 JH，如图 7.9 所示。

步骤 3　直接把竖线和省道圆顺连接作为破缝线。使用【智能笔】工具，重新圆顺连接腰省和分割线 JH，使用【剪断线】工具，分别在 G 点、G1 点把腰弧线 AB 剪断，使用【橡皮擦】工具删除多余线条，完成操作，如图 7.10 所示。

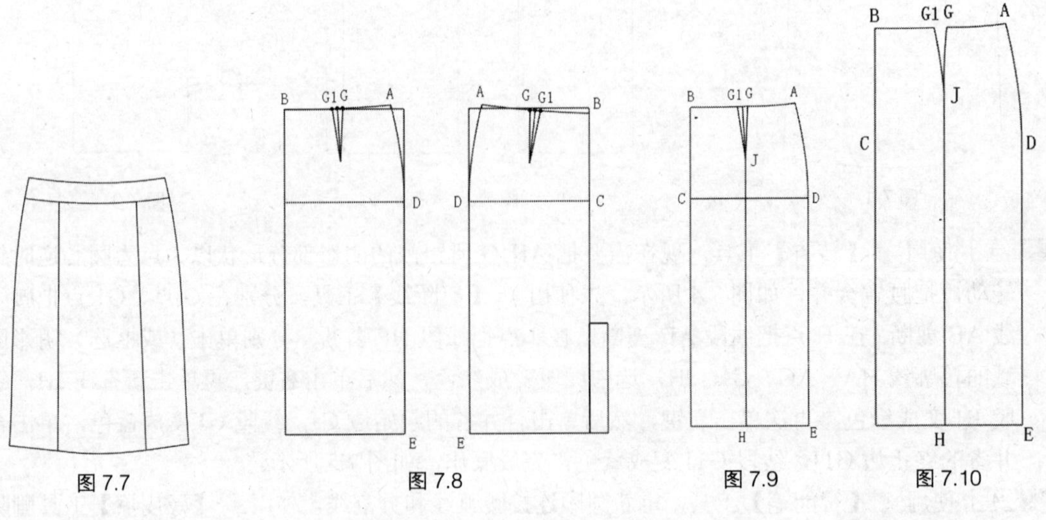

图 7.7　　图 7.8　　图 7.9　　图 7.10

7.3 弧线分割

效果图如图 7.11 所示。操作步骤如下。

步骤 1 打开裙子原型。双击打开桌面上 [RP-DGS] 图标，进入设计与放码系统的工作界面，打开第 3 章中做好的文件“女西裙”，如图 7.12 所示，单击【文档】菜单中的【另存为】命令，保存为“弧线分割”。

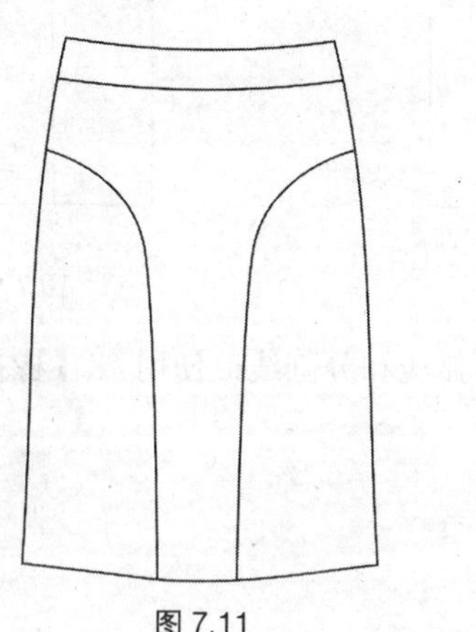

图 7.11

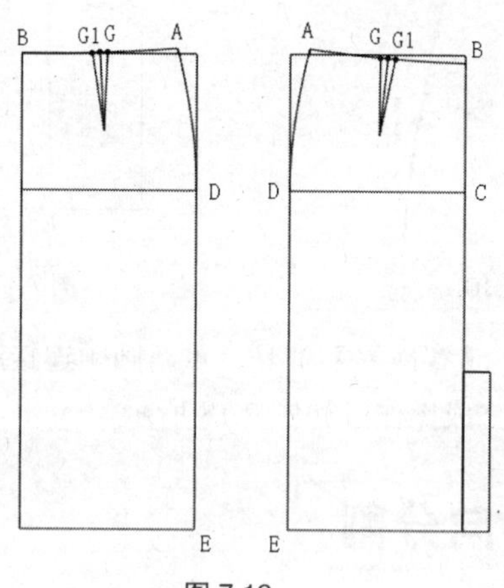

图 7.12

步骤 2 现在以前片为例，使用【橡皮擦】工具删除后片和辅助线，然后把省道向侧缝方向平移 4 厘米。操作方法：使用【旋转】工具中的【移动】工具，如果光标为【复制】工具，按【Shift】键可以切换成【移动】工具，先用左键框选省道线，然后按右键，左键单击 G 点向右平移，在腰线上单击左键确认，弹出【点的位置】对话框，如图 7.13 所示，在“长度”中输入“4”，单击 确定(O) 按钮完成，如图 7.14 所示。

步骤 3 画出分割线。使用【智能笔】工具，经过省尖点 J 点圆顺画出分割线 HJF，如图 7.15 所示。

步骤 4 把腰省合并。使用【转省】工具，现在需要把 AHJG 所组成的阴影部分形状以 J 点为圆心逆时针转动，把腰省合并，如图 7.16 所示。先使用【剪断线】工具，分别在 G 点、G1 点把腰弧线 AB 剪断，在 H 点把线段 AD 剪断，在 J 点把线段 HF 剪断。分别单击（或框选）阴影区域的轮廓线 HA、AG、GJ、JH，选中线段变成红色，然后单击右键，再单击新省线 JH，线段 JH 变成绿色，再次单击右键，然后单击合并省的起始边 GJ，线段 GJ 变成蓝色，单击合并省的终止边 G1J，线段 G1J 变成紫色，完成操作，如图 7.17 所示。

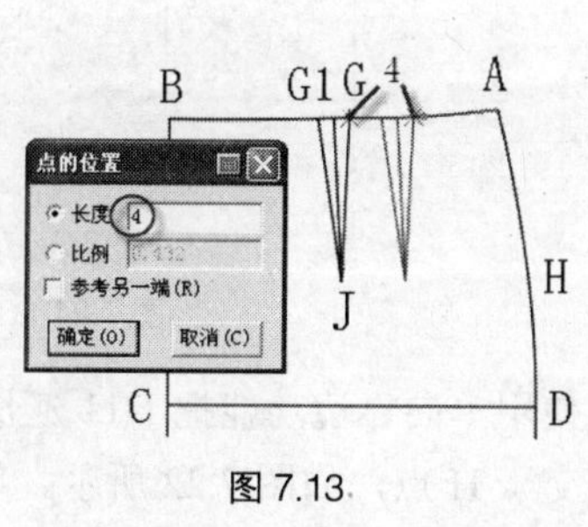

图 7.13

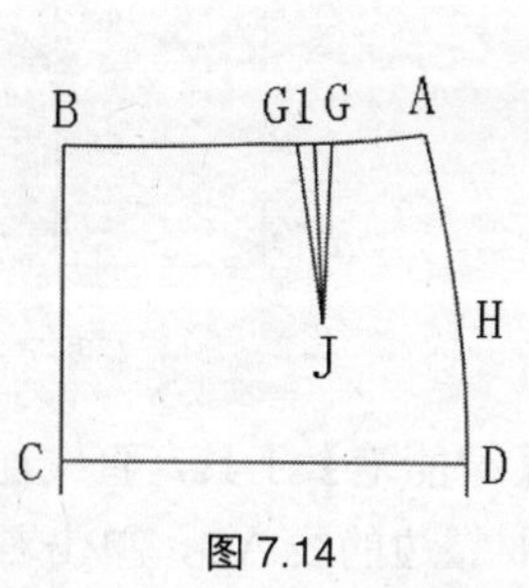

图 7.14

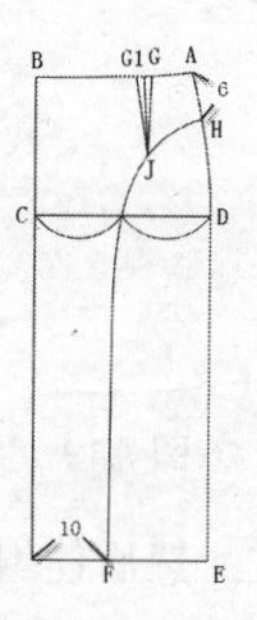

图 7.15

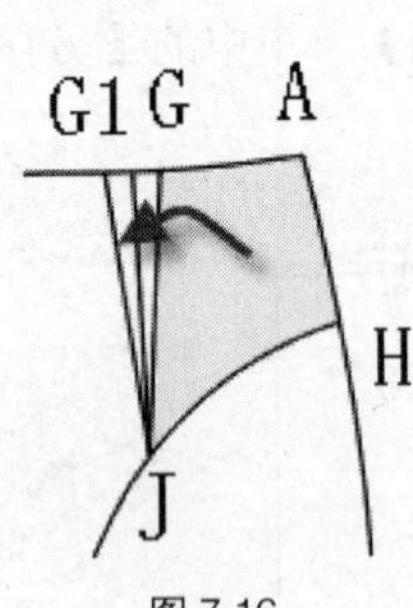

图 7.16

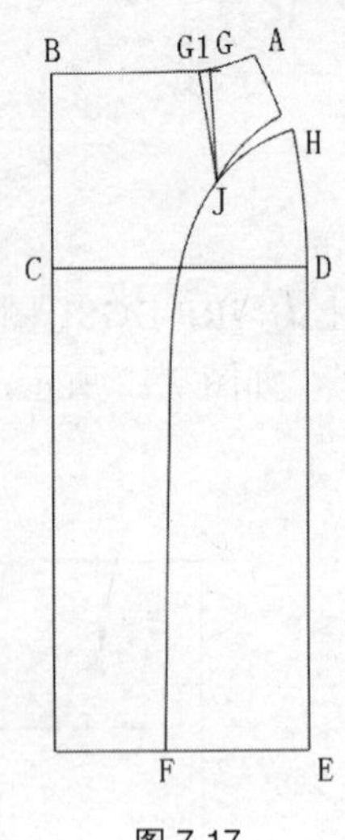

图 7.17

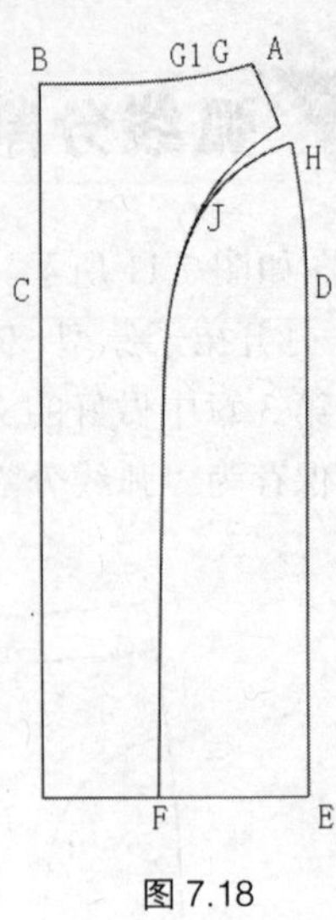

图 7.18

步骤 5 使用【智能笔】工具，重新圆顺连接腰弧线和分割线，使用【橡皮擦】工具删除多余线条，完成操作，如图 7.18 所示。

7.4 斜向分割

效果图如图 7.19 所示。

操作步骤如下。

步骤 1 打开裙子原型。双击打开桌面上 [RP-DGS] 图标 ，进入设计与放码系统的工作界面，打开文件“裙子原型”，如图 7.20 所示，单击【文档】菜单中的【另存为】命令，保存为“斜向分割”。

步骤 2 现在以前片为例，现在两边是不对称造型，所以要把前片对称复制成整片，使用【旋转】工具中的【对称】工具，如果光标为是【对称移动】工具，按【Shift】键可以切换成【对称复制】工具，对称的操作顺序是先单击对称轴线的两点 B、F，然后框选要对称的部分（全部线条），此时对称的线还是红色，需要单击右键确认，确认后变成黑色，才完成操作，如图 7.21 所示。

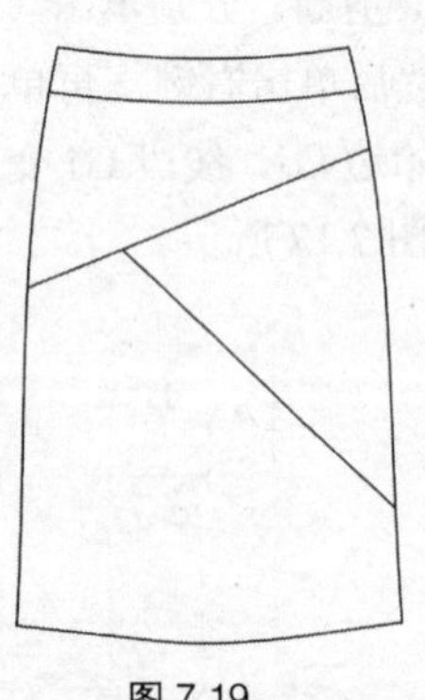

图 7.19

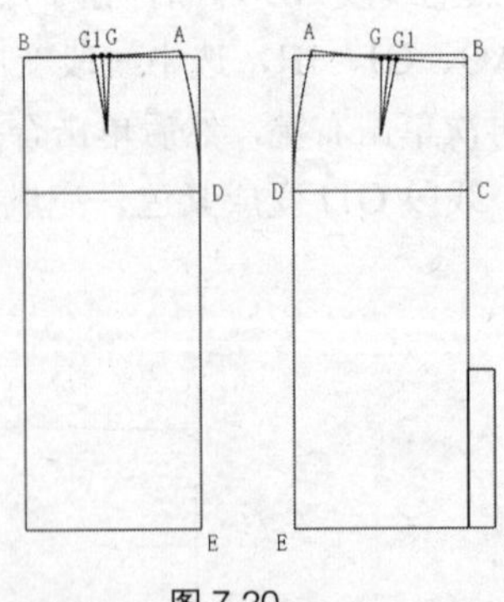

图 7.20

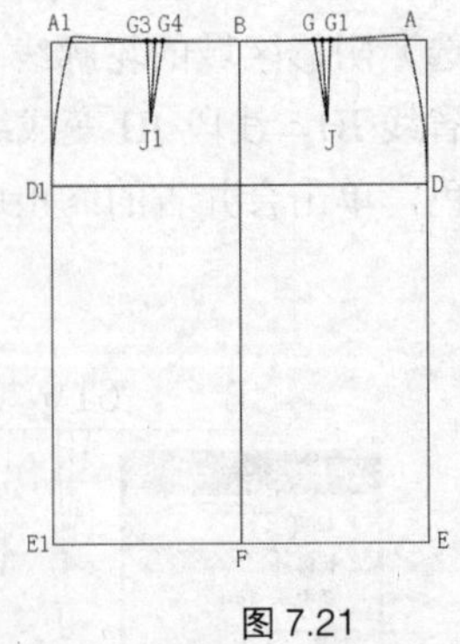

图 7.21

步骤 3 然后使用【智能笔】工具，直线连接 D1J，再使用单向靠边功能把 D1J 延长，左键框选 D1J，再单击要靠边的线 AD，单击右键结束，相交于 H 点，如图 7.22 所示。

步骤 4 继续使用【智能笔】工具的单向靠边功能，左半片的省道中线延长与D1J相交与J2，重新连接新省道G3J2G4，使用【橡皮擦】工具删除原来的省道，如图7.24所示。

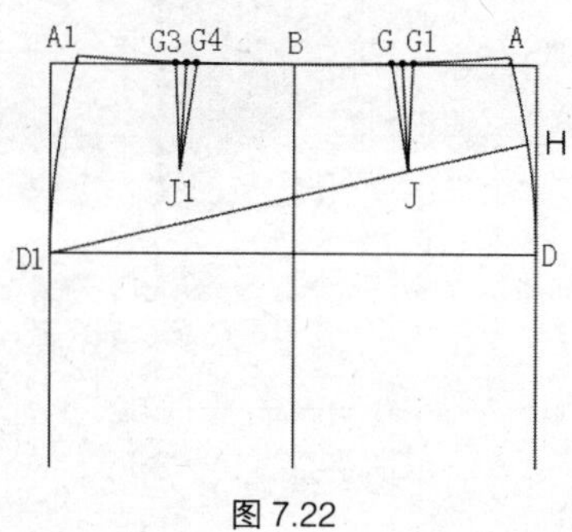

图7.22

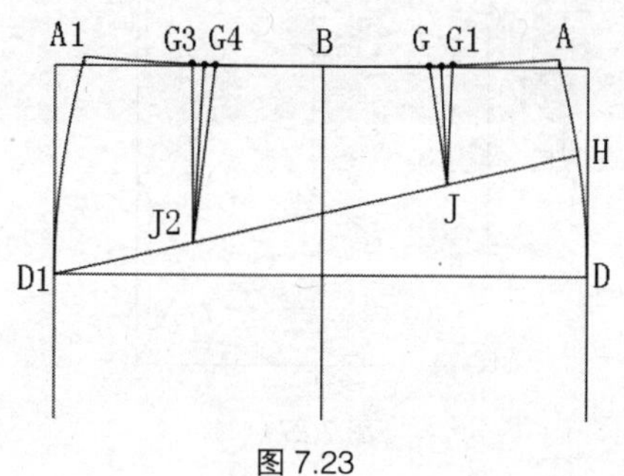

图7.23

步骤 5 现在需要把AHJG1所组成的阴影部分形状以J点为圆心逆时针转动，A1D1J2G3所组成的阴影部分形状以J点为圆心顺时针转动，分别把左右把腰省合并，如图7.25所示。先使用【剪断线】工具，分别在G点、G1点把腰弧线AB剪断，在G3点、G4点把腰弧线AB剪断，在H点把线段AD剪断，在D1点把线段A1D1剪断，在J点、J2把线段HD1剪断，使用【橡皮擦】工具删除后片和辅助线。先做右边合并，使用【转省】工具，分别单击（或框选）阴影区域的轮廓线HA、AG1、G1J、JH，选中线段变成红色，然后单击右键，再单击新省线JH，线段JH变成绿色，再次单击右键，然后单击合并省的起始边G1J，线段G1J变成蓝色，单击合并省的终止边GJ，线段GJ变成紫色，完成操作，左边的操作方法相同，操作完得到结果如图7.25所示。

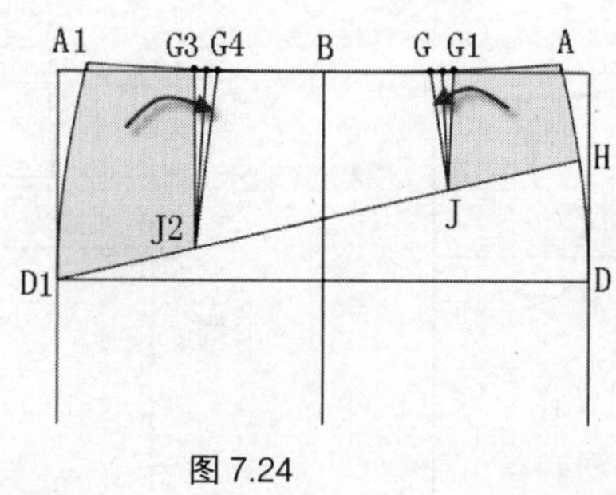

图7.24

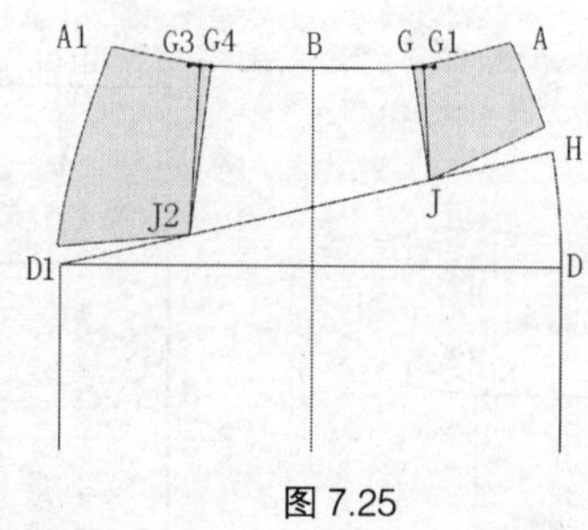

图7.25

步骤 6 使用【智能笔】工具，重新圆顺连接腰弧线和分割线，使用【橡皮擦】工具删除多余线条，完成操作，如图7.26所示。

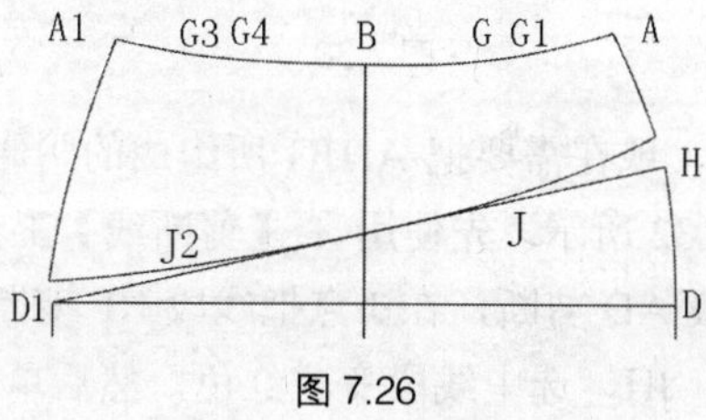

图7.26

步骤 7 使用【智能笔】工具，画出另一条分割线（这条分割线是纯粹的造型分割线，不带任何功能性，所以只需要直接连接就可以），如图7.27所示，使用【橡皮擦】工具删除多余线条，完成操作，最后前片分成三块，如图7.28所示。

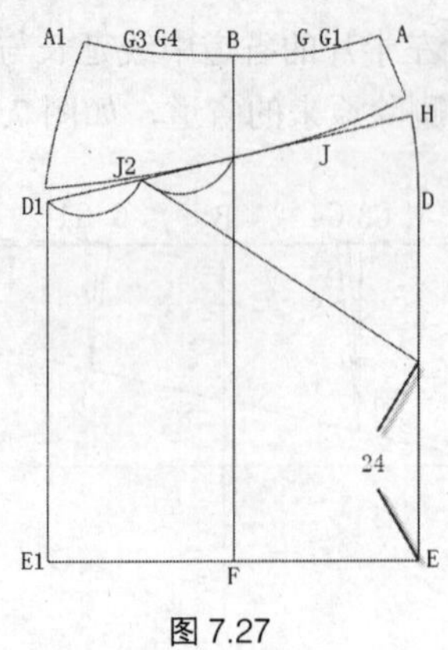

图 7.27

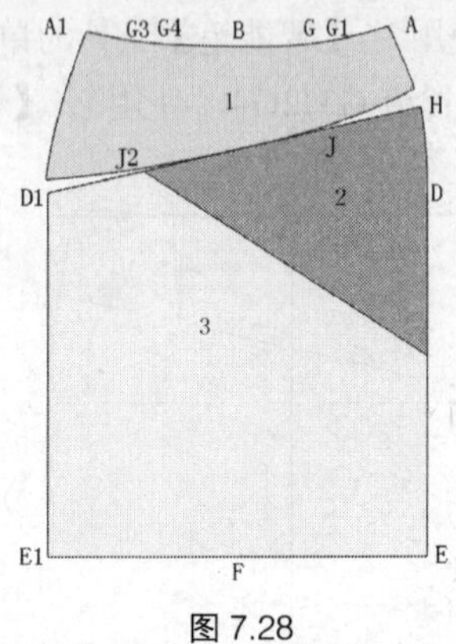

图 7.28

7.5 组合分割

效果图如图 7.29 所示。

操作步骤如下。

步骤 1 打开裙子原型。双击打开桌面上 [RP-DGS] 图标，进入设计与放码系统的工作界面，打开文件“裙子原型”，如图 7.30 所示，单击【文档】菜单中的【另存为】命令，保存为“组合分割”。

步骤 2 现在以前片为例，使用【橡皮擦】工具删除后片和辅助线，然后使用【智能笔】工具，经过省尖点做一条水平分割线 FJH，如图 7.31 所示。

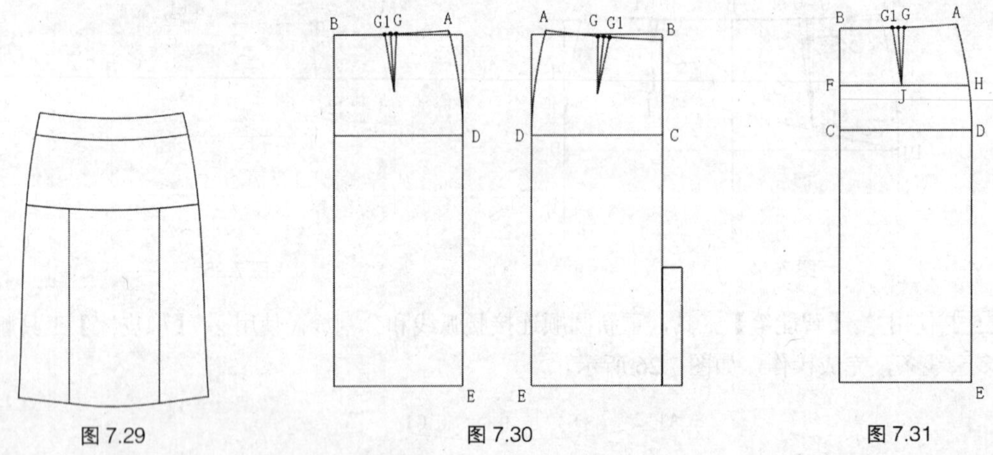

图 7.29　图 7.30　图 7.31

步骤 3 使用【转省】工具，现在需要把 AHJG 所组成的阴影部分形状以 J 点为圆心逆时针转动，把腰省合并，如图 7.32 所示。先使用【剪断线】工具，分别在 G 点、G1 点把腰弧线 AB 剪断，在 H 点把线段 AD 剪断，在 J 点把线段 HF 剪断。分别单击（或框选）阴影区域的轮廓线 HA、AG、GJ、JH，选中线段变成红色，然后单击右键，再单击新省线 JH，线段 JH 变成绿色，再次单击右键，然后单击合并省的起始边 GJ，线段 GJ 变成蓝色，单击合并省的终止边 G1J，线段 G1J 变成紫色，完成操作，如图 7.33 所示。

步骤 4 使用【智能笔】工具，重新圆顺连接腰弧线和分割线，使用【橡皮擦】工具删除多余线条，完成操作，如图 7.34 所示。

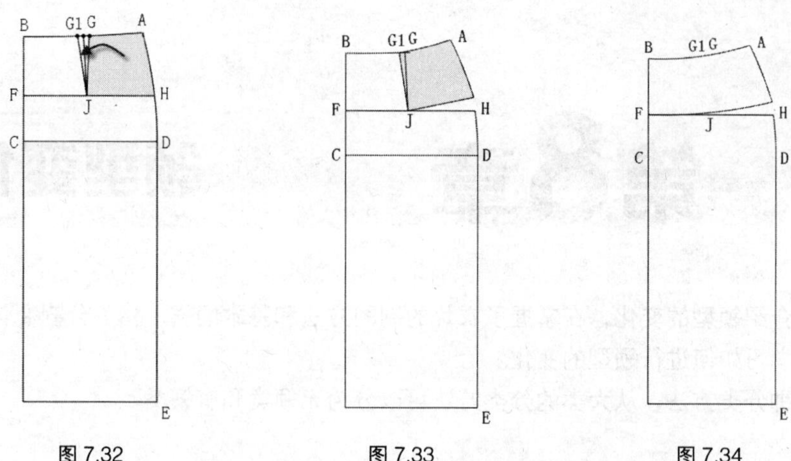

图 7.32　图 7.33　图 7.34

步骤 5 使用【智能笔】工具，画出另一条分割线（这条分割线是纯粹的造型分割线，不带任何功能性，所以只需要直接连接就可以），如图 7.35 所示，使用【橡皮擦】工具删除多余线条。再使用【旋转】工具中的【对称】工具，把前片展开完成操作，如果图标为是【对称移动】工具，按【Shift】键可以切换成【对称复制】工具，对称复制的操作顺序是先单击对称轴线的两点 B、F，然后框选要对称的部分（全部线条），此时对称的线还是红色，需要单击右键确认，确认后变成黑色，才完成操作，最后前片分成四块，如图 7.36 所示。

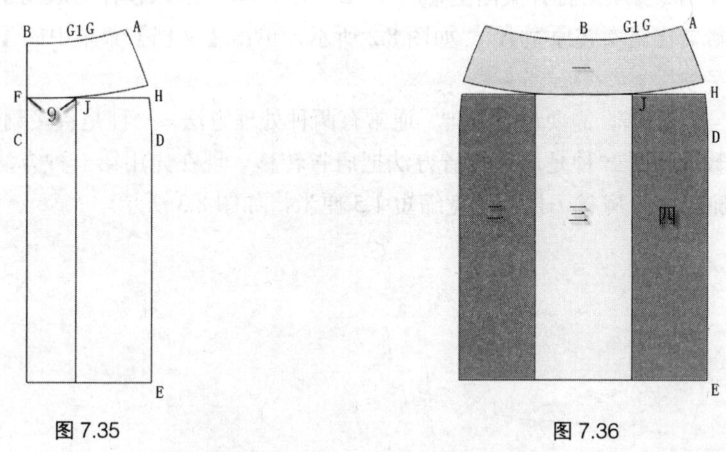

图 7.35　图 7.36

思考题

1. 分割有哪些形态？
2. 分割变化的常用方法有哪些？

作业及要求

1. 自行设计分割造型 5 款并在 CAD 软件中做出其变化。
2. 在时装杂志中找出有分割的款式 5 款，做出其变化结构图。

第8章 领型变化

本章主要介绍领型的变化，在掌握了衣片的制图方法和基本的省、褶、分割变化的操作方法之后，下面来学习如何进行领型的变化。

领型有多种分类方法，从大类的分类方法可以分为无领类和有领类。

8.1 领口领

领口领是无领类领型中的常见类型，意思是指用领口的造型来命名的领型，下面举几个常见的例子来说明。

8.1.1 一字领

效果图如图 8.1 所示。操作步骤如下。

步骤 1 打开女装原型。双击打开桌面上 [RP-DGS] 图标，进入设计与放码系统的工作界面，打开文件“新文化式女装原型 A”，如图 8.2 所示，单击【文档】菜单中的【另存为】命令，保存为“一字领”。

步骤 2 后片有一个肩省，需要进行处理，通常有两种处理方法，一种是直接删除，同时把肩宽缩小相应的数值，另一种是通过转省方法把肩省转移。现在先用第一种方法，使用【橡皮擦】工具删除后片肩省，把后肩宽缩短 1.5 厘米，如图 8.3 所示。

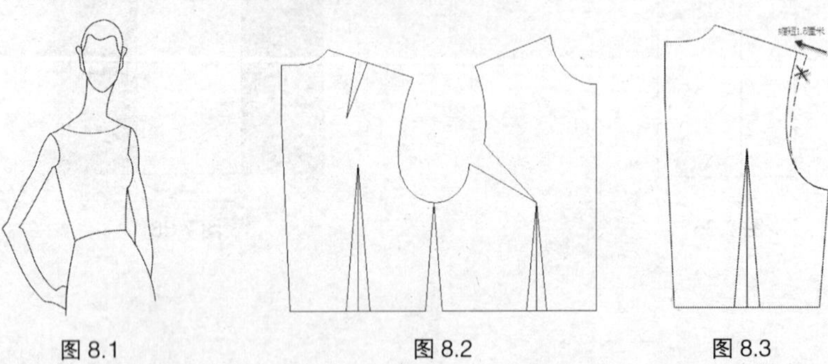

图 8.1　　图 8.2　　图 8.3

步骤 3 画出后领口弧线 MN。使用【智能笔】工具，在距离后肩点 5 厘米的地方做点 M，如图 8.4 所示。然后做弧线圆顺连接到后片中心线 N 点（距离后领中点 2.5 厘米），如图 8.5 所示。

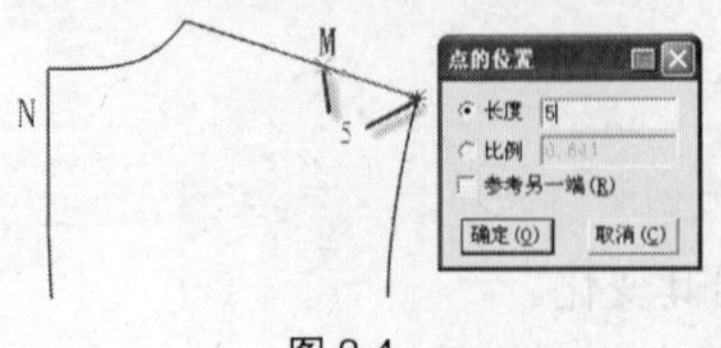

图 8.4

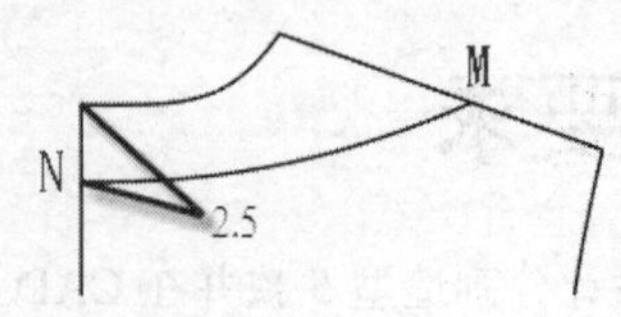

图 8.5

步骤 4 画出前领口弧线 XY。使用【智能笔】工具，先把前领口往上抬高 2 厘米，得到 Y 点，然后把距离前肩点 5 厘米处的 X 点圆顺连接到 Y 点，如图 8.6 所示。

步骤 5 删除多余线条，得到一字领的形状，如图 8.7 所示。

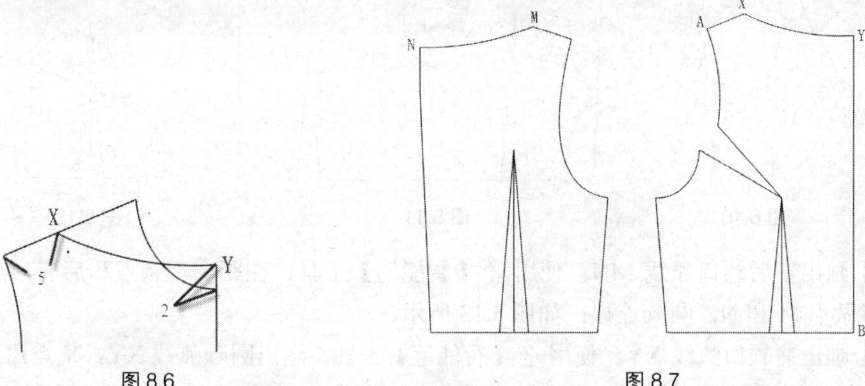

图 8.6　　图 8.7

步骤 6 做前后领贴。使用【智能笔】工具，按住【Shift】键，用鼠标按住领口线 XY 往下拖动，光标会变成，进入【相交等距线】功能，移动鼠标再分别单击与领口线 XY 相邻的两条线 AX 和 YB，弹出【平行线】对话框，输入间距“3”，单击 确定(O) 按钮完成，如图 8.8 所示。后领贴用同样的方法操作，完成后如图 8.9 所示。

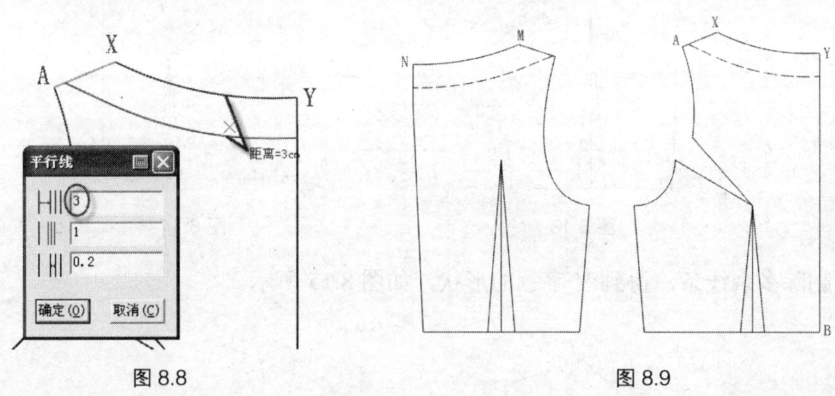

图 8.8　　图 8.9

8.1.2 V 字领

效果图如图 8.10 所示。

操作步骤如下。

步骤 1 打开女装原型。双击打开桌面上 [RP-DGS] 图标 ，进入设计与放码系统的工作界面，打开文件“新文化式女装原型 A”，如图 8.11 所示，单击【文档】菜单中的【另存为】命令，保存为“V 字领”。

步骤 2 后片肩省的处理方法和一字领后片处理方法相同，使用【橡皮擦】工具删除后片肩省，把后肩宽缩短 1.5 厘米，如图 8.12 所示。

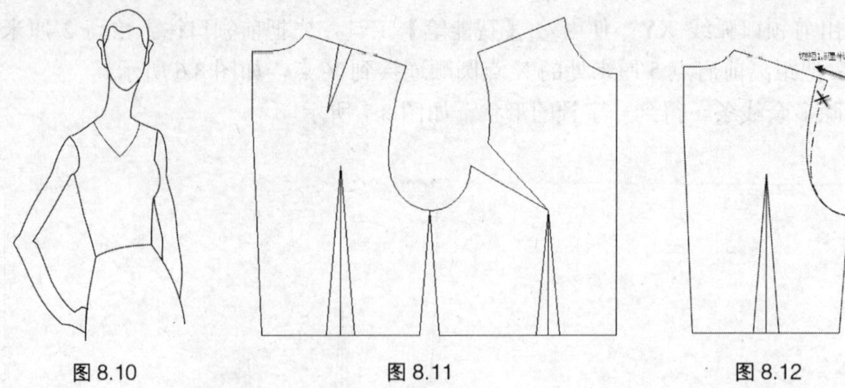

图 8.10　　图 8.11　　图 8.12

步骤 3　画出新后领口弧线 MN。使用【智能笔】工具，在距离后领点和后肩颈点 2 厘米的地方做点 M 和 N，圆顺连接，如图 8.13 所示。

步骤 4　画出前领口弧线 XY。使用【智能笔】工具，画出圆顺弧线 XY，X 点比原领口开大 2 厘米， Y 点比原型前领深点降低 5 厘米，如图 8.14 所示。

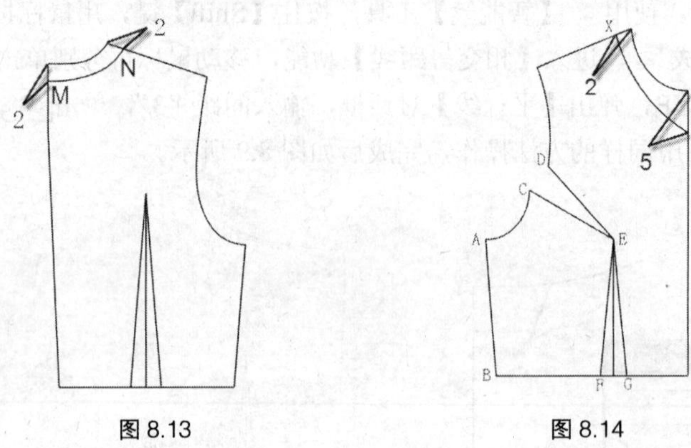

图 8.13　　图 8.14

步骤 5　删除多余线条，得到 V 字领的形状，如图 8.15 所示。

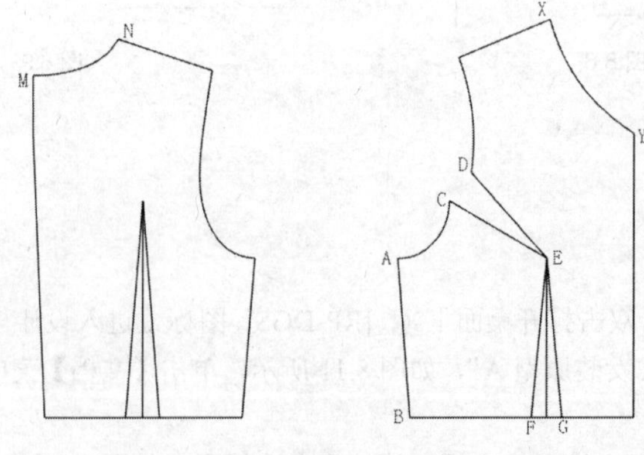

图 8.15

步骤 6　做前后领贴。按住【Shift】键，用鼠标按住领口线 XY 往下拖动，光标会变成，进入【相交等距线】功能，移动鼠标再分别单击与领口线 XY 相邻的两条线，弹出【平行线】对话框，输入间距“3”，单击 确定(O) 按钮完成，后领贴用同样的方法操作，完成后如图 8.16 所示。

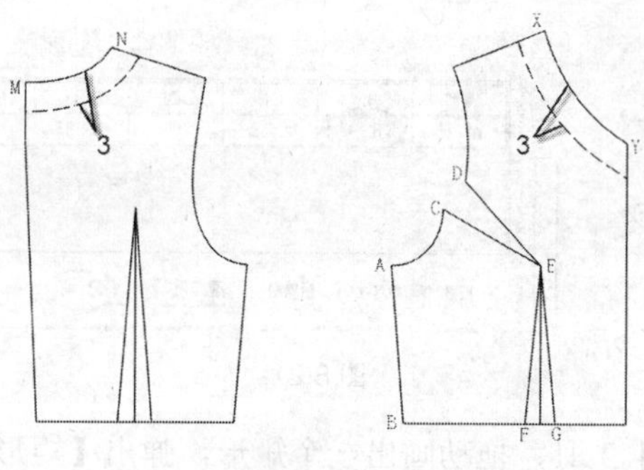

图 8.16

8.2 立领

立领是关门领中最简单的一种，但对合体性的要求比较高，可以通过领子的起翘度来调节领子和脖子的合体效果，效果图如图 8.17 所示。

操作步骤如下。

步骤 1 打开女装原型。双击打开桌面上 [RP-DGS] 图标，进入设计与放码系统的工作界面，打开文件"新文化式女装原型 A"，如图 8.18 所示，单击【文档】菜单中的【另存为】命令，保存为"立领"。

图 8.17

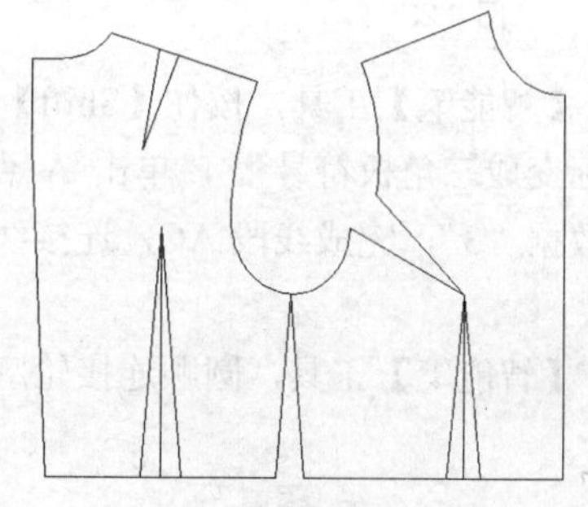

图 8.18

步骤 2 这里衣片就不做其他改动，只是使用【智能笔】工具把前片的门襟加宽 1.5 厘米，如图 8.19 所示。

步骤 3 开始画立领。使用【比较长度】工具，先单击后领弧线，弹出【长度比较】对话框，如图 8.20 所示。继续单击前领窝弧线，系统会自动把前领弧线的长度和刚才测量的后领弧线相加，单击 记录 按钮，如图 8.21 所示。

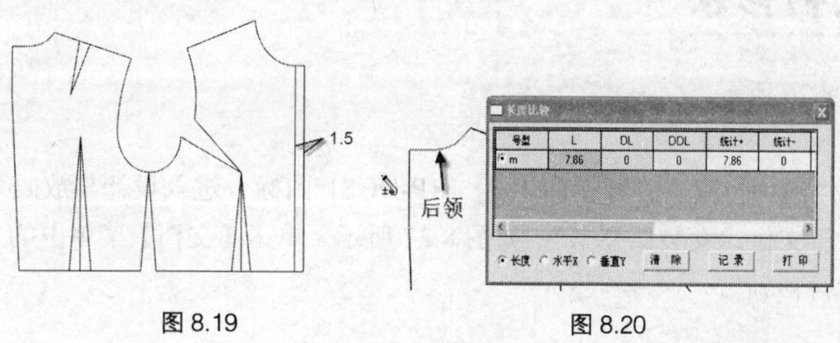

图 8.19　　图 8.20

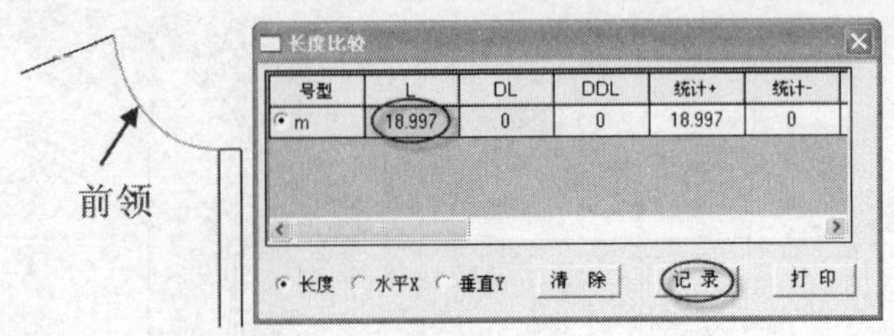

图 8.21

步骤 4 使用【智能笔】工具，拖动画出一个矩形，弹出【矩形】对话框，高度 3.5 厘米，长度用【计算器】工具输入刚才记录的“★”符号所表示的尺寸，如图 8.22 所示。

步骤 5 把矩形下面的线条二等分，然后使用【智能笔】工具，起翘 1.5 厘米后得到 A 点和领底两等分 B 点相切做圆顺弧线，如图 8.23 所示。

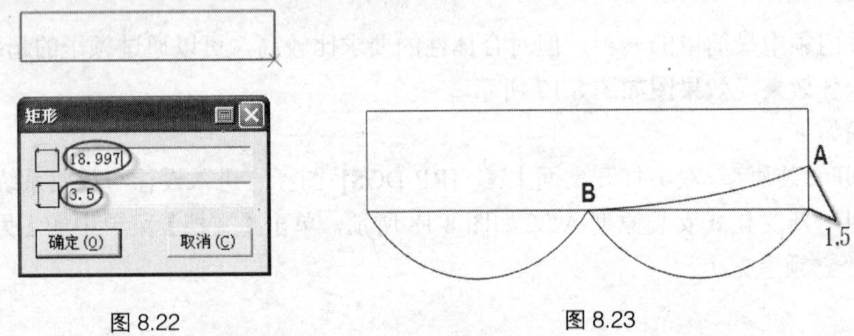

图 8.22　　图 8.23

步骤 6 使用【智能笔】工具，按住【Shift】键，用鼠标单击 A 不放开，拖动到中点 B 再放开，这时光标变成三角板符号，单击 A 点，向上画出垂直线后再单击，弹出【长度】对话框，输入数据“3”，完成线段 AC，连接线段 CD（D 点是矩形上边线的中点），如图 8.24 所示。

步骤 7 使用【智能笔】工具，圆顺连接轮廓线完成立领制图，如图 8.25 所示。

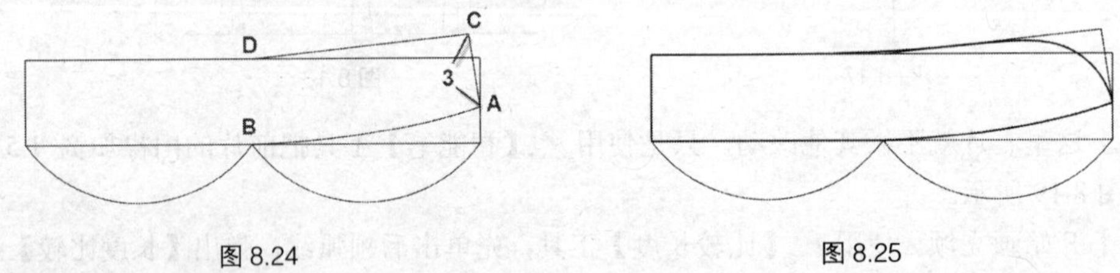

图 8.24　　图 8.25

8.3 女衬衫领

效果图如图 8.26 所示。

操作步骤如下。

步骤 1 打开女装原型。双击打开桌面上 [RP-DGS] 图标，进入设计与放码系统的工作界面，打开文件“新文化式女装原型 A”，如图 8.27 所示，单击【文档】菜单中的【另存为】命令，保存为“女衬衫领”。

图 8.26

图 8.27

步骤 2 这里衣片就不做其他改动，只是使用【智能笔】工具把前片的门襟加宽 1.5 厘米，如图 8.28 所示。

步骤 3 开始画女衬衫领。使用【矩形】工具画出一个长方形，弹出【矩形】对话框，在横向长度中输入做立领时测量过的领围数值“18.997”，约等于“19”厘米，然后把光标移到竖向箭头处，输入领高“6”厘米，如图 8.29 所示，单击 确定(O) 按钮，得到矩形，如图 8.30 所示。

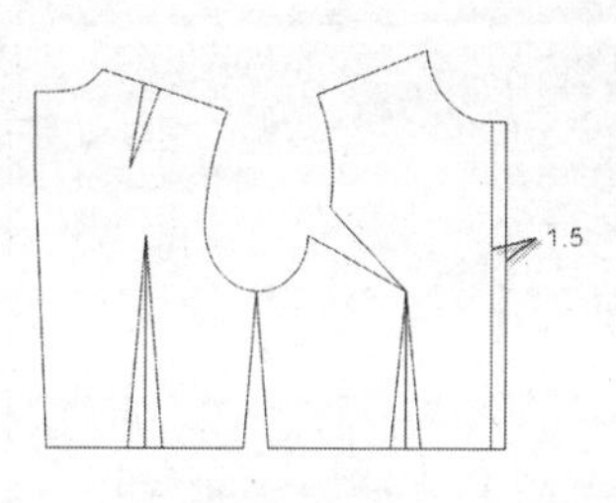

图 8.28

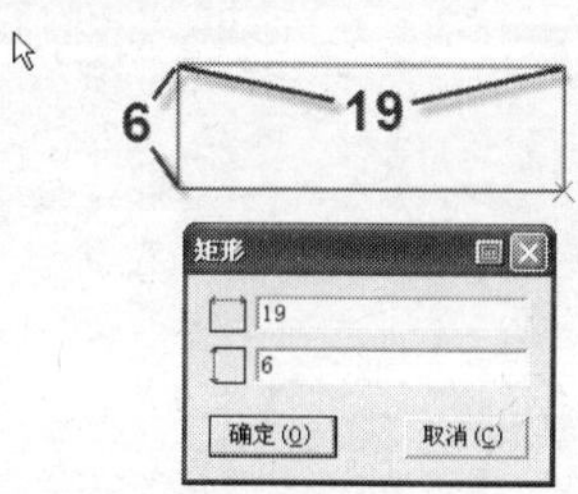

图 8.29

步骤 4 使用【智能笔】工具，指向 X 点（太阳点出现），按【Enter】回车键，弹出【移动量】对话框，在横向箭头处输入“1.5”，竖向箭头处输入“1”，如图 8.31 所示，单击 确定(O) 按钮，得到点 X1，和距离底部 1 厘米的点 Y 连接，如图 8.32 所示。

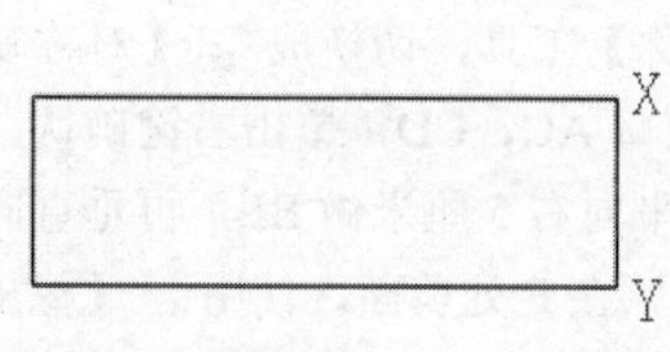

图 8.30

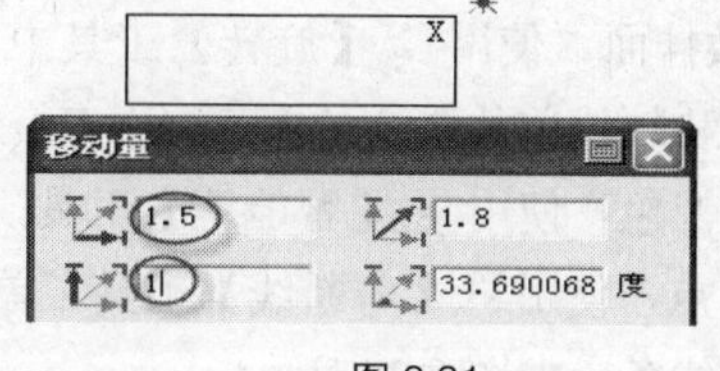

图 8.31

步骤 5 圆顺连接上下边弧线 X1X2 和 YY2，完成女衬衫领制图，如图 8.33 所示。

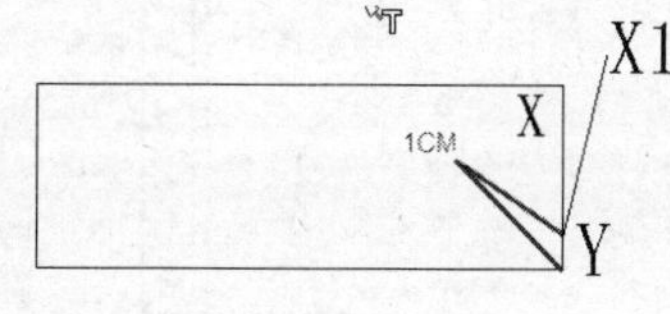

图 8.32

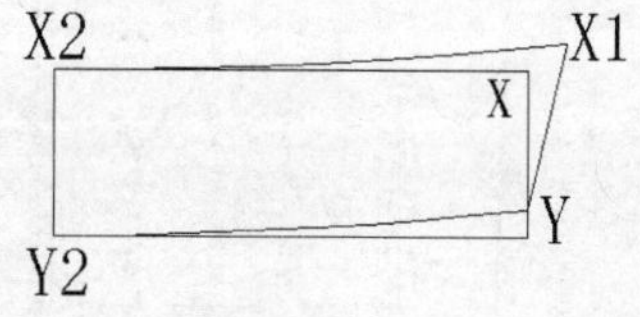

图 8.33

步骤 6 对称复制展开领子（也可以暂时不做）。使用【旋转】工具中的【对称】工具，如果光标为是【对称移动】工具，按【Shift】键可以切换成【对称复制】工具，单击对称轴线的两点 X2、Y2，然后框选要对称的部分（右边领子全部），单击右键确认，使红色的线条变成黑色，领子展开操作完成，如图 8.34 所示。

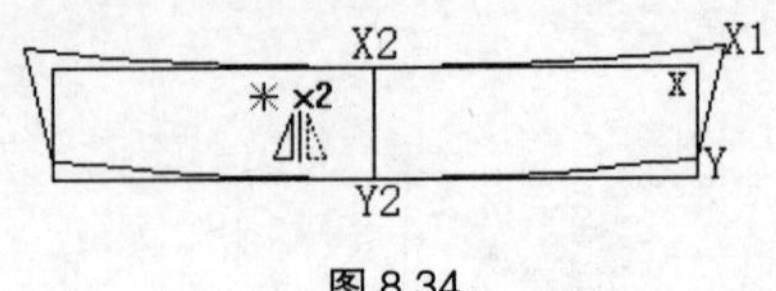

图 8.34

8.4 男衬衫领

效果图如图 8.35 所示。

操作步骤如下。

步骤 1 打开女装原型。双击打开桌面上 [RP-DGS] 图标，进入设计与放码系统的工作界面，打开文件“新文化式女装原型 A”，如图 8.36 所示，单击【文档】菜单中的【另存为】命令，保存为“男衬衫领”。

图 8.35

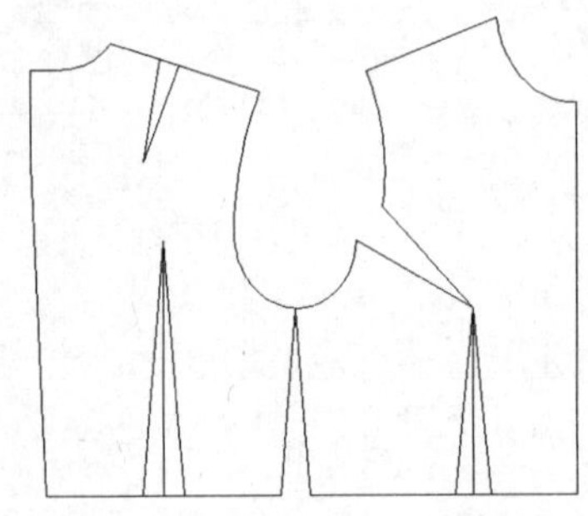

图 8.36

步骤 2 这里衣片就不做其他改动，只是使用【智能笔】工具把前片的门襟加宽 1.5 厘米，如图 8.37 所示。

步骤 3 做挂面。使用【旋转】工具中的【对称】工具，切换成【对称复制】工具，单击对称轴线前片中心的两点 A、B，然后单击领口 AC、CD，单击右键确认，使红色的线条变成黑色，使用【智能笔】工具，从 B 点水平向右 5 厘米做 BE，再垂直向上和领口相交于 F 点，使用【剪断线】工具，单击弧线 DF，在 F 处剪断，使用【橡皮擦】工具删除多余线条，如图 8.38 所示。

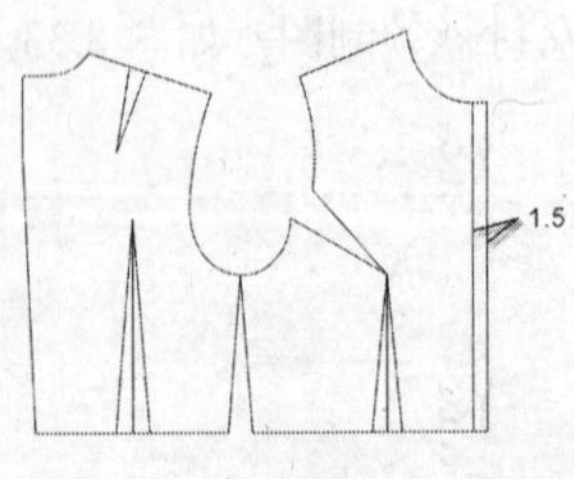

图 8.37

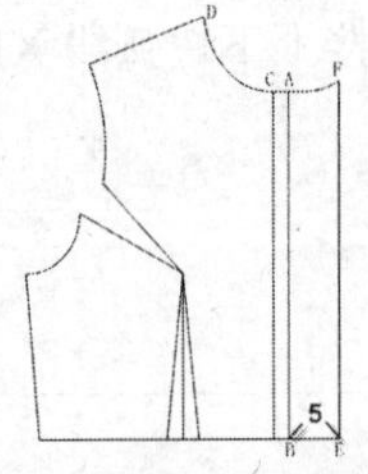

图 8.38

步骤 4 使用【矩形】工具画出一个长方形，弹出【矩形】对话框，在横向长度中输入做立领时测量过的领围数值“18.997”，约等于“19”厘米，然后把光标移到竖向箭头处，输入下

领高“3”厘米，单击确定(O)按钮，得到矩形，如图 8.39 所示。

步骤 5 使用【智能笔】工具在距离底线 1 厘米的 Y 点开始圆顺连接领底弧线 HY，然后按住【Shift】键，在线段 HY 上单击右键（靠近 Y 点出现太阳点），弹出【调整曲线长度】对话框，在长度增减中输入“1.5”，如图 8.40 所示，单击确定(O)按钮，Y 点会延长 1.5 厘米得到 Y1 点。

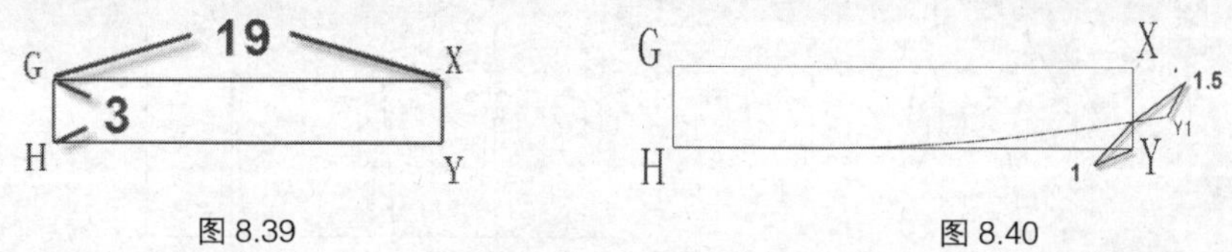

图 8.39　　图 8.40

步骤 6 使用【智能笔】工具，按住【Shift】键，用鼠标单击 Y1 点不放开，拖动到 Y 点再放开，这时光标变成三角板符号，单击 Y1 点，向上画出垂直线后再单击，长度输入“2.5”厘米，得到 X1 点，圆顺连接 X1G。同样方法做出垂直线 YX，如图 8.41 所示。

步骤 7 使用【智能笔】工具，从 G 点垂直往上 2 厘米做 J 点，以 J 点为基准点做一个矩形，长度为 18.5 厘米（比领围 19 厘米短 0.5 厘米），宽度是 4 厘米（比下领多 1 厘米），如图 8.42 所示。

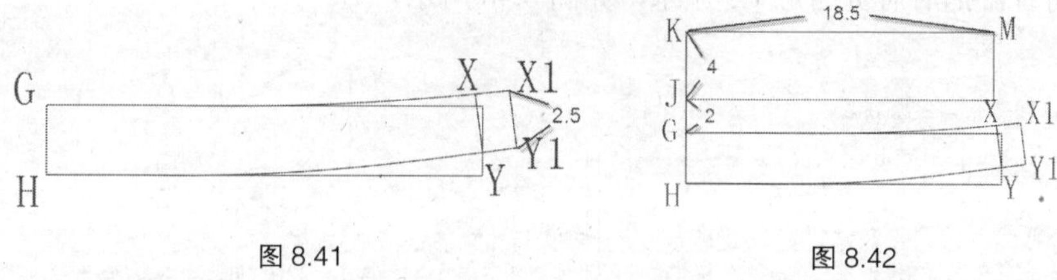

图 8.41　　图 8.42

步骤 8 使用【智能笔】工具，指向 M 点（太阳点出现），按【Enter】回车键，弹出【移动量】对话框，在横向箭头处输入“1.5”，竖向箭头处输入“1”，单击确定(O)按钮，得到点 N，和 X 点连接，分别连接弧线 NK 和 JX，如图 8.43 所示。

步骤 9 为了看得清楚，把轮廓线加粗，把辅助线改成虚线，下领的领角也可以做成圆弧形，和立领的做法一样，这里就不改动，是方角形，如图 8.44 所示。

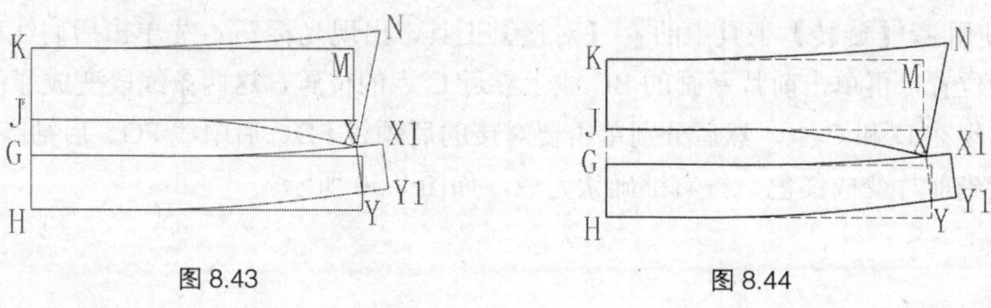

图 8.43　　图 8.44

8.5 坦领

坦领和衬衫领最不同之处在于领座，坦领基本没有领座，平坦在肩部，效果图如图 8.45 所示。操作步骤如下。

步骤 1 打开女装原型。双击打开桌面上 [RP-DGS] 图标，进入设计与放码系统的工作界面，打开文件“新文化式女装原型 A”，如图 8.46 所示，单击【文档】菜单中的【另存为】命令，保存为“坦领”。

图 8.45

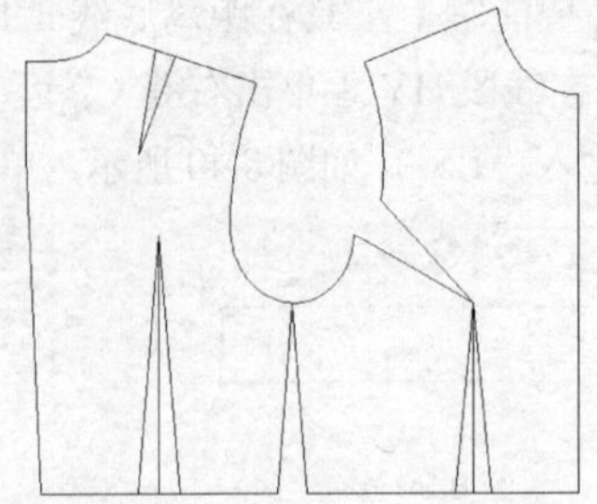
图 8.46

步骤 2 这里衣片就不做其他改动，只是使用【智能笔】工具把前片的门襟加宽 1.5 厘米，如图 8.47 所示。

步骤 3 先复制前后片。使用【旋转】工具中的【移动】工具，把前后片全部框选，单击右键确认，再单击其中任意一个点，拖动到空白处再次单击左键确定。

步骤 4 复制后的后片肩省的处理方法和一字领后片处理方法相同，使用【橡皮擦】工具删除后片肩省，把后肩宽缩短 1.5 厘米，如图 8.48 所示。

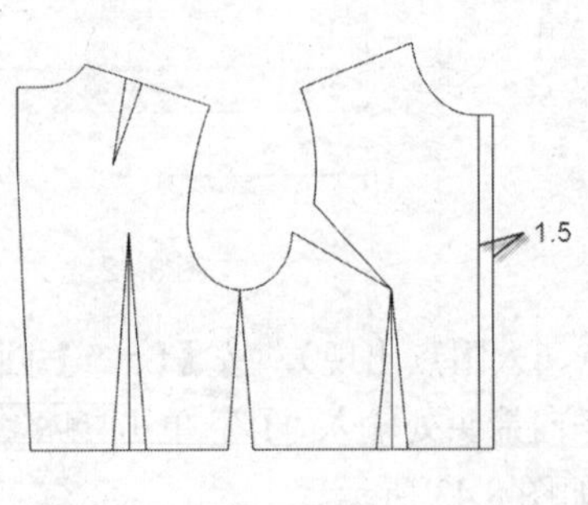

图 8.47

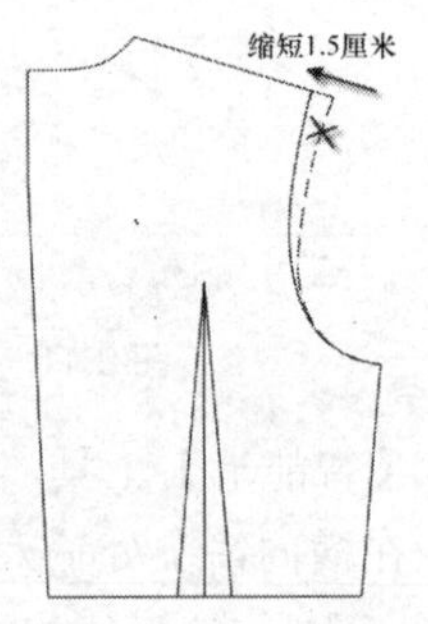

图 8.48

步骤 5 使用【智能笔】工具，在前肩点 A 点下降 1.5 厘米得到 B 点，和前肩颈点 C 点连接，如图 8.49 所示。

步骤 6 使用【旋转】工具中的【对接】工具，出现光标，先单击后肩线段 DE 上靠近 D 点的位置，再单击前片新画的 BC 线上靠近 C 点的位置，这两条线段变成绿色，并且太阳点是出现在 D 和 C 上，然后分别单击要对接的后领线 FD、后中线 FG、后袖窿线 EH，这些线对接到前片变成红色，按右键确认完成，如图 8.50 所示。

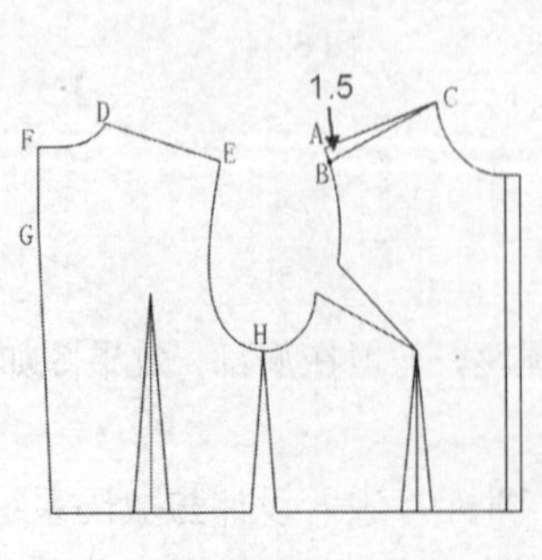

图 8.49

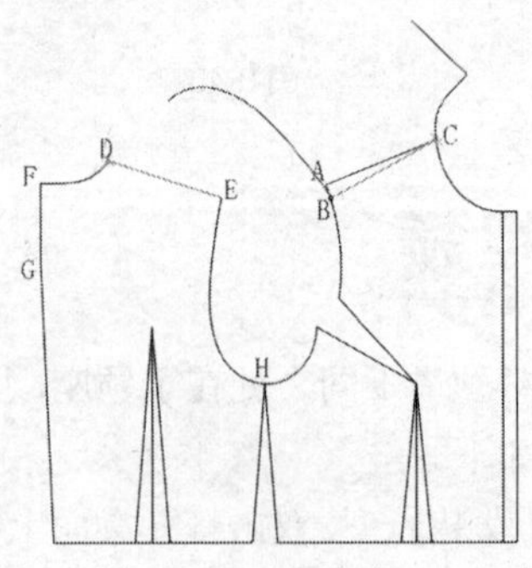

图 8.50

步骤 7 使用【智能笔】工具，在前片的基础上画出坦领的形状即可，宽度一般取6厘米。如果觉得直接画不容易把握尺寸，可以用【相交等距线】来操作，使用【智能笔】工具，按住【Shift】键，用鼠标按住后领口线FC往上拖动，光标会变成，进入【相交等距线】功能，移动鼠标再分别单击与领口线FC相邻的两条线GF和BC，弹出【平行线】对话框，输入间距"6"，单击确定(O)按钮完成，如图8.51所示。按同样的操作方法做出前领口的【相交等距线】，如图8.52所示。

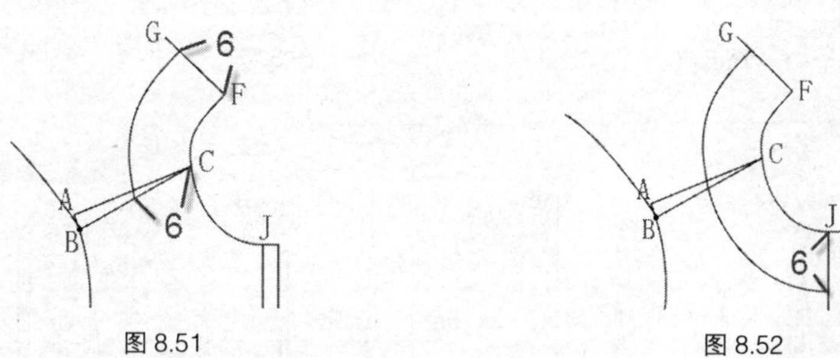

图8.51　　图8.52

步骤 8 使用【圆角】工具，单击LJ和ML，弹出【顺滑连角】对话框，拉动到适当位置，如图8.53所示，单击确定(O)按钮，得到最后形状，如图8.54所示。

使用【橡皮擦】工具删除多余线条，得到坦领的造型，如图8.55所示。

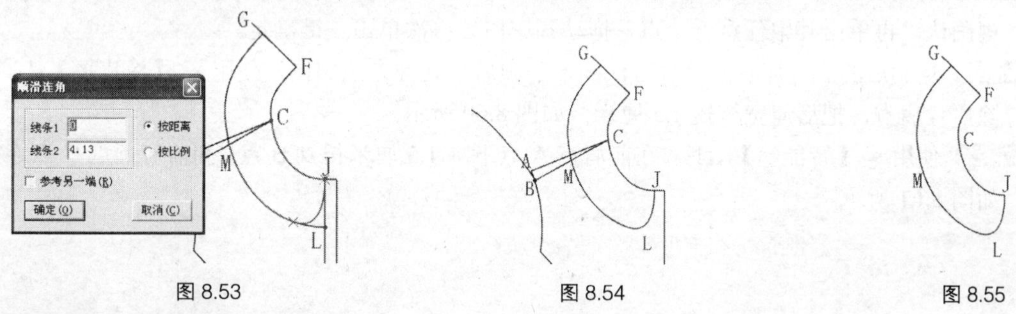

图8.53　　图8.54　　图8.55

8.6 荷叶领

荷叶领是指领子的形状具有很多的褶皱和波浪效果，它的基础领型其实也是坦领，所以可以考虑先做出坦领的基本形状后，再用展开的方法来处理得到荷叶领的效果，效果图如图8.56所示。

操作步骤如下。

步骤 1 打开女装原型。双击打开桌面上 [RP-DGS] 图标，进入设计与放码系统的工作界面，打开文件"新文化式女装原型A"，如图8.57所示，单击【文档】菜单中的【另存为】命令，保存为"荷叶领"。

步骤 2 使用【智能笔】工具把前片的门襟加宽1.5厘米，按形状把前领改成V型，如图8.58所示。把新旧领口相交的位置剪断，使用【橡皮擦】工具把原来的领口线删除，只剩下新的领口形状，如图8.59所示。

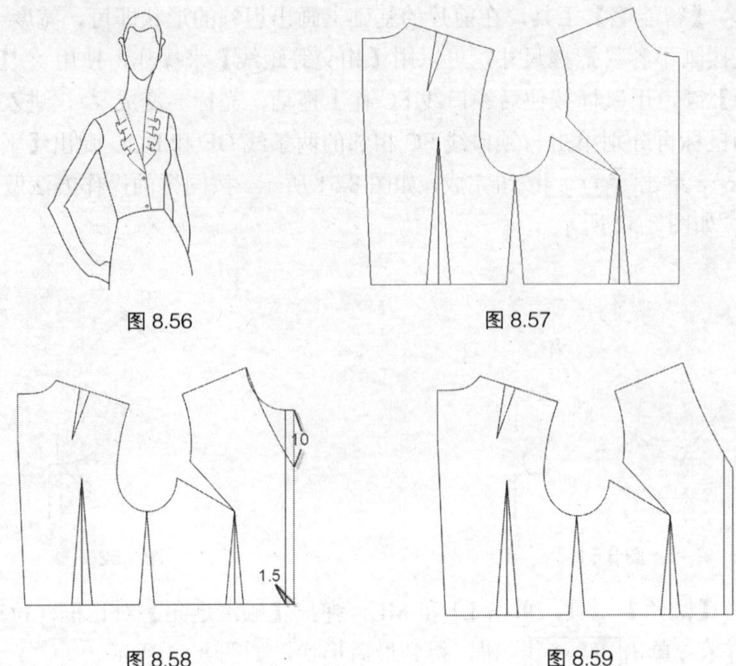

图 8.56　图 8.57

图 8.58　图 8.59

步骤 3 复制前后片。使用【旋转】工具中的【移动】工具，把前后片全部框选，单击右键确认，再单击其中任意一个点，拖动到空白处再次单击左键确定。

步骤 4 复制后的后片肩省的处理方法和一字领后片处理方法相同，使用【橡皮擦】工具删除后片肩省，把后肩宽缩短 1.5 厘米，如图 8.60 所示。

步骤 5 使用【智能笔】工具，在前肩点 A 点下降 1.5 厘米得到 B 点，和前肩颈点 C 点连接，如图 8.61 所示。

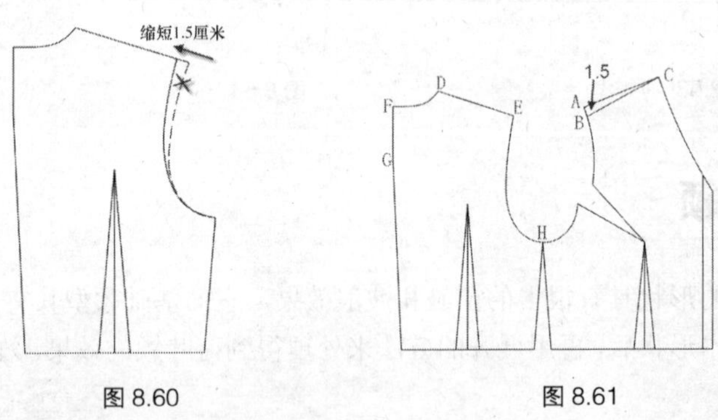

图 8.60　图 8.61

步骤 6 使用【旋转】工具中的【对接】工具，出现光标，先单击后肩线段 DE 上靠近 D 点的位置，再单击前片新画的 BC 线上靠近 C 点的位置，这两条线段变成绿色，并且太阳点是出现在 D 和 C 上，然后分别单击要对接的后领线 FD、后中线 FG、后袖窿线 EH，这些线对接到前片变成红色，如图 8.62 所示，按右键确认完成。

步骤 7 使用【智能笔】工具，根据效果图的形状，在前片的基础上画出坦领的形状即可，参考尺寸如图 8.63 所示。

步骤 8 使用【橡皮擦】工具删除多余线条，得到坦领的造型，如图 8.64 所示。

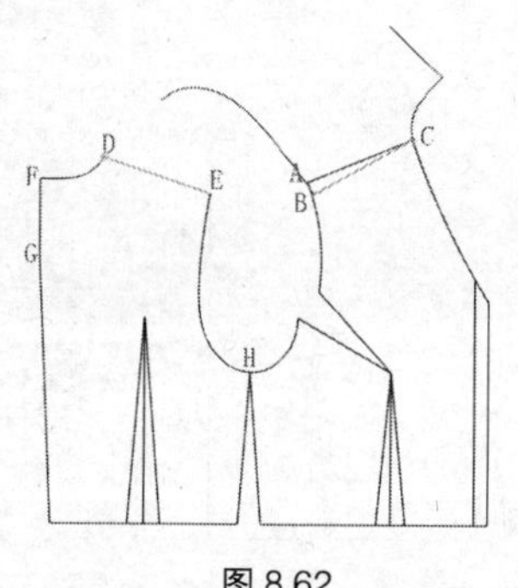

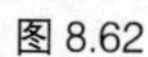

图 8.62

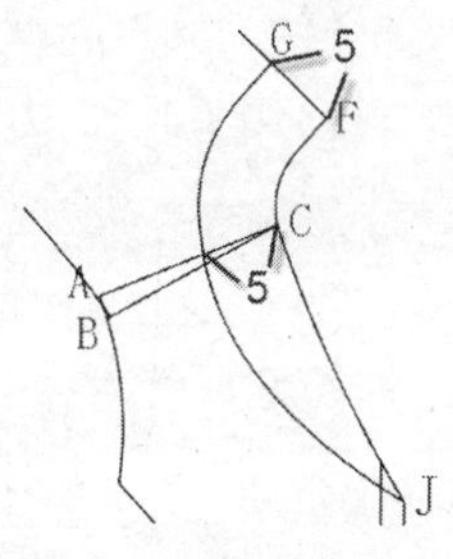

图 8.63

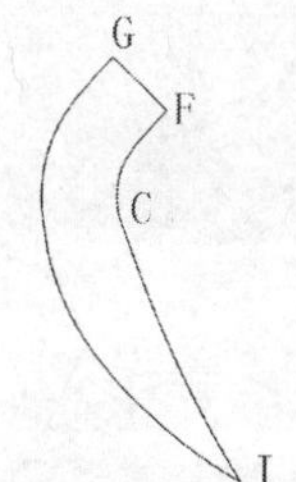

图 8.64

步骤 9 以此坦领为基础进行展开，使用【荷叶边】工具，按左下角提示操作，先框选所有线条，选中线条变成红色，单击右键结束，靠近固定侧（G 点）单击上段折线 GJ，线条 GJ 变红，让太阳点出现在 G 点上，下段折线 FCJ 不是一条连续的线，要用框选的方法，先框选线条 FC，太阳点出现在 F 上，再框选线条 CJ，太阳点出现在 C 上，框选中的线条变成蓝色，按右键结束，弹出【荷叶边】对话框，如图 8.65 所示。

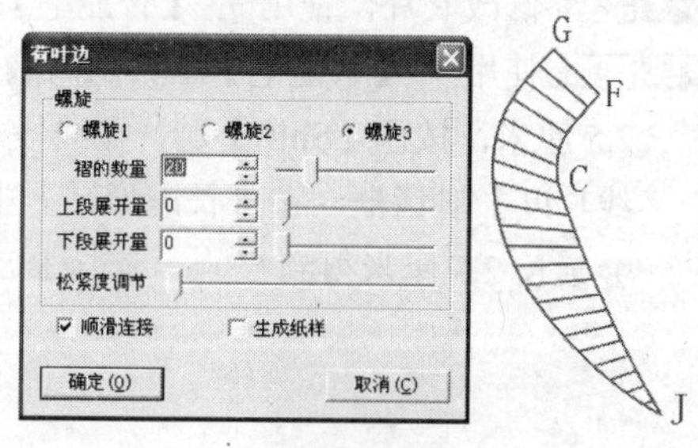

图 8.65

把褶数量和上、下段展开量输入到相应的位置，可以得到相应的造型，如图 8.66 所示。

单击 确定(O) 按钮，得到最后造型，如图 8.67 所示。

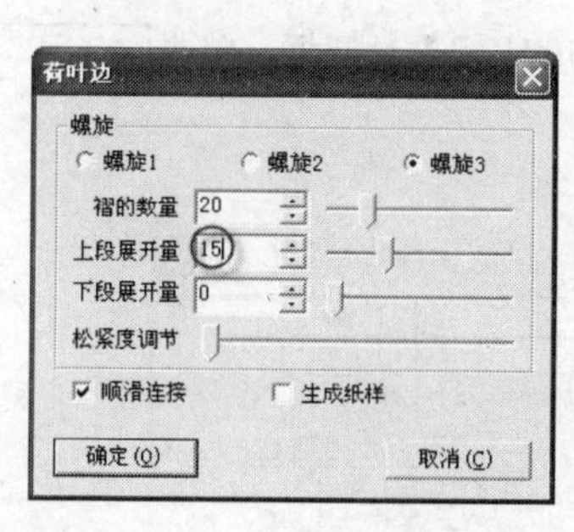

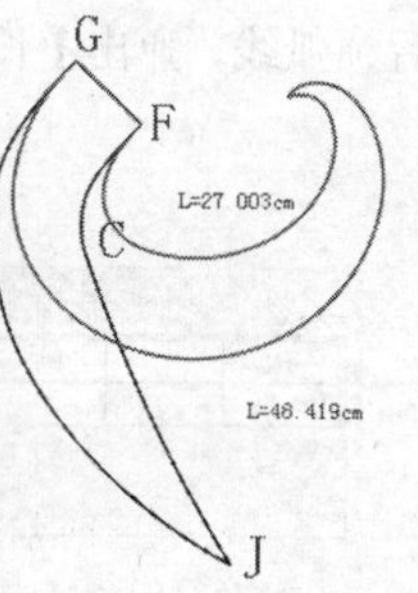

图 8.66

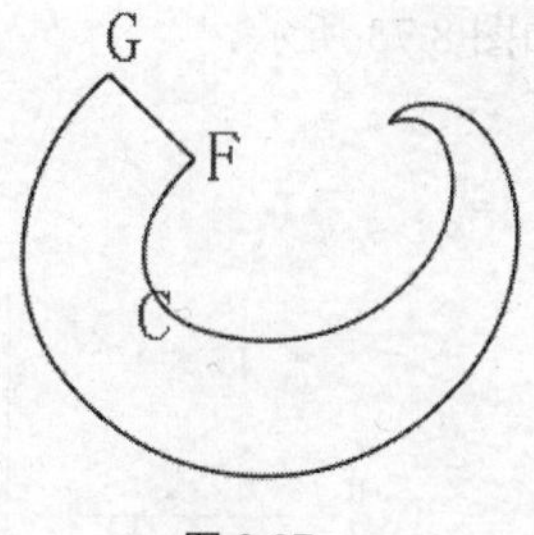

图 8.67

8.7 西装领

效果图如图 8.68 所示。

操作步骤如下。

步骤 1 打开女装原型。双击打开桌面上 [RP-DGS] 图标，进入设计与放码系统的工作界面，打开文件“新文化式女装原型 A”，如图 8.69 所示，单击【文档】菜单中的【另存为】命令，保存为“西装领”。

图 8.68

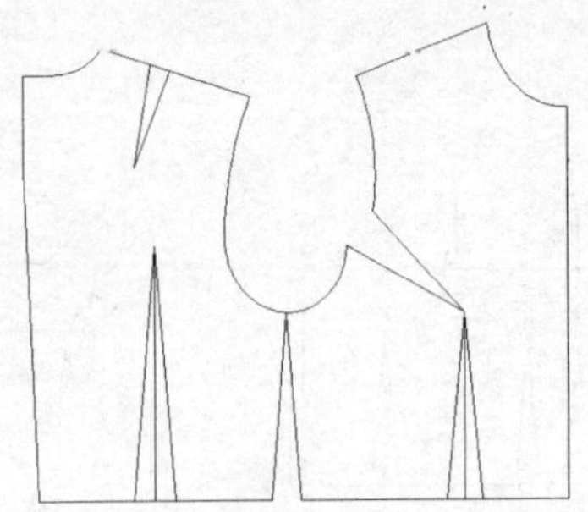
图 8.69

步骤 2 修改衣片，使用【智能笔】工具把前片的门襟加宽 1.5 厘米，如图 8.70 所示。

步骤 3 使用【智能笔】工具画出胸围线 HB，然后画翻折线和串口线。先把前肩线 AD 延长 2.5 厘米，按住【Shift】键，在线段 AD 上单击右键（靠近 A 点出现太阳点），弹出【调整曲线长度】对话框，在“长度增减”中输入“2.5”，如图 8.71 所示，单击 确定(O) 按钮，A 点会延长 2.5 厘米得到 C 点，连接 BC 作为西装领的翻折线，如图 8.72 所示。

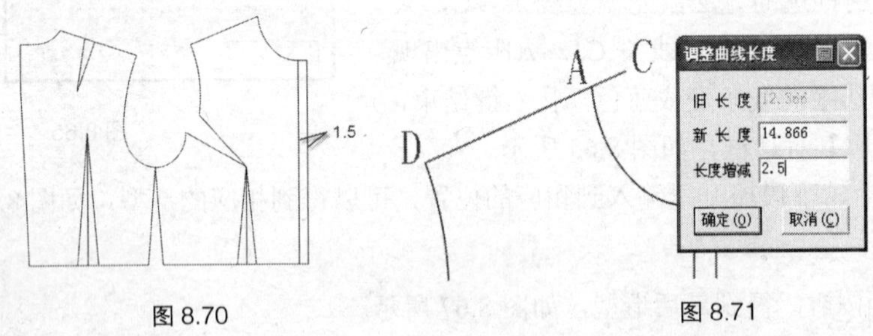

图 8.70　　图 8.71

步骤 4 使用【比较长度】工具单击后领弧线，弹出【长度比较】对话框，单击 记 录 按钮，如图 8.73 所示。

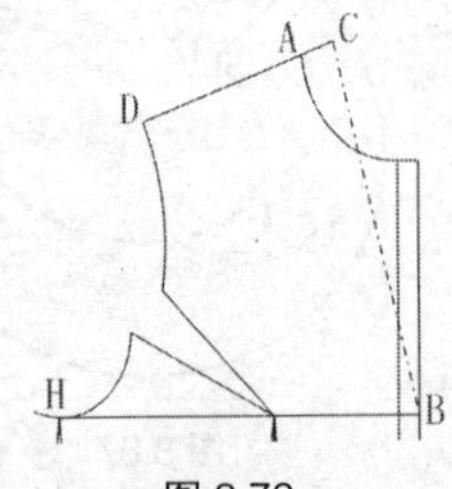

图 8.72

长度比较

号型	L	DL	DDL	统计+	统计-	+
m	7.86	0	0	7.86	0	7.86

长度　水平X　垂直Y　清 除　记 录　打 印

图 8.73

步骤 5 使用【智能笔】工具在前肩线中点 Y 点开始和领口 X 点连接，如图 8.74 所示。

步骤 6 使用【智能笔】工具，按住【Shift】键，用鼠标按住翻折线 BC 往左拖动，光标会变成，进入【相交等距线】功能，移动鼠标再分别单击与 BC 相邻的两条线 AD 和 XY，弹出【平行线】对话框，输入间距“2.5”，单击 确定(O) 按钮，完成线段 AE，如图 8.75 所示。

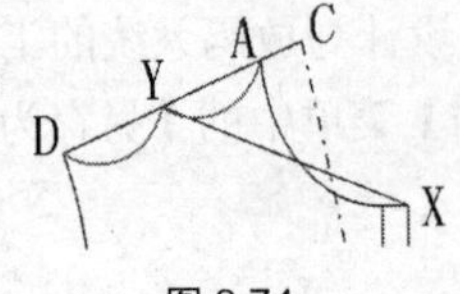

图 8.74

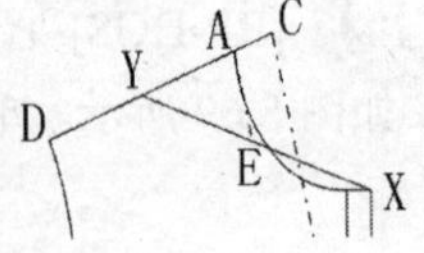

图 8.75

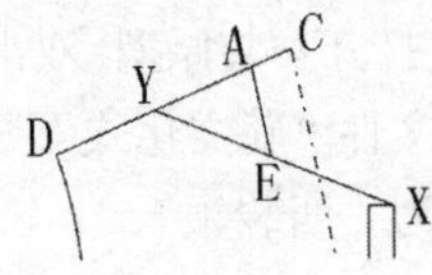

图 8.76

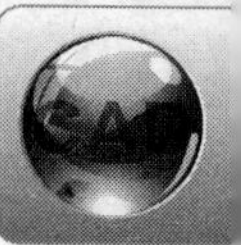

步骤 7 使用【橡皮擦】工具删除原领口弧线 AX，使用【设置线的颜色类型】工具，把线条 AE 改为实线，如图 8.76 所示。

步骤 8 使用【智能笔】工具把线段 AE 延长（长度为后领弧线长）。按住【Shift】键，在线段 AE 上单击右键（靠近 A 点出现太阳点），弹出【调整曲线长度】对话框，在“长度增减”中从【计算器】工具输入符合“☆”(刚才测量的后领弧线长代号)，如图 8.77 所示，单击确定(O)按钮，A 点会延长 7.86 厘米得到 F 点，如图 8.78 所示。

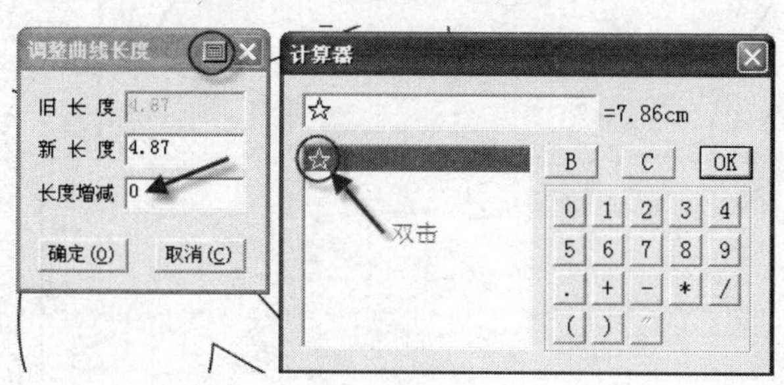

图 8.77

步骤 9 使用【剪断线】工具，单击线段 EF，在 A 处剪断，使用【旋转】工具，单击线段 AF，按右键后单击旋转中心 A 点，然后单击旋转起点 F，向肩线方向旋转单击旋转终点 G，弹出【旋转】对话框，在“宽度”处输入“3”，单击确定(O)按钮，如图 8.79 所示。

步骤 10 使用【智能笔】工具，圆顺连接弧线 GE，如图 8.80 所示。

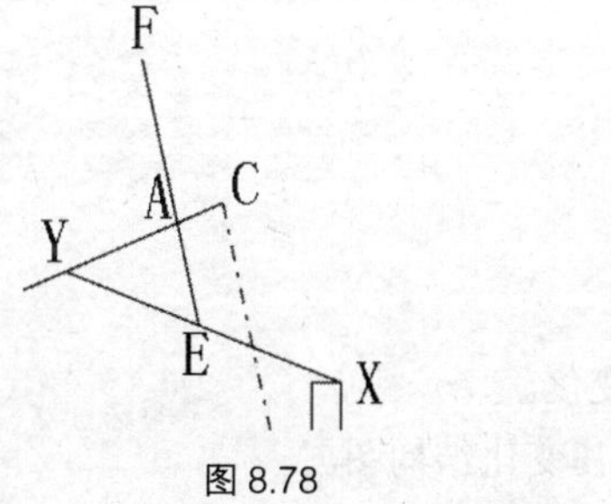

图 8.78

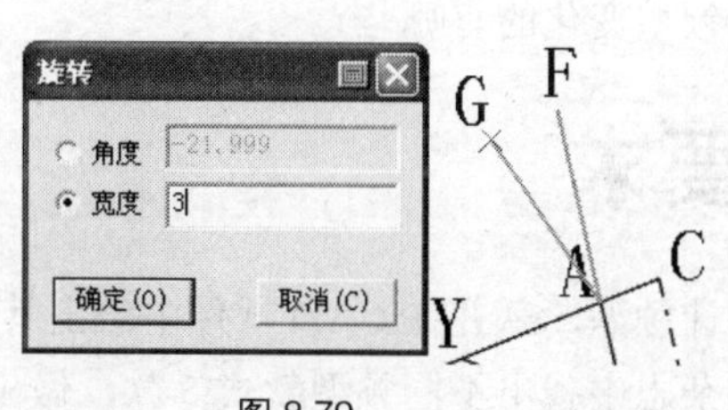

图 8.79

步骤 11 使用【智能笔】工具，然后按住【Shift】键，在线段 XY 上单击右键（靠近 X 点出现太阳点），弹出【调整曲线长度】对话框，在“长度增减”中输入“2”，单击确定(O)按钮，X 点会延长 2 厘米，弧线连接 XB 作为驳头形状，如图 8.81 所示。

步骤 12 使用【智能笔】工具，按住【Shift】键，用鼠标单击 G 点不放开，拖动到 A 点再放开，这时光标变成三角板符号，单击 G 点，向上画出垂直线后再单击，长度输入“6”，得到 M 点。同样方法做出垂直线 MN，长度为“5”厘米，如图 8.82 所示。

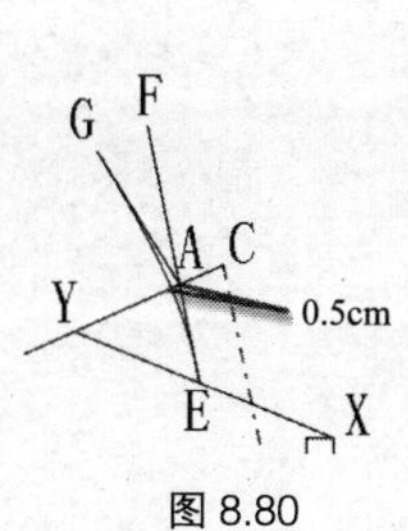

图 8.80

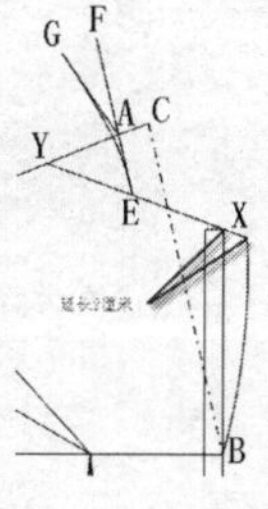

图 8.81

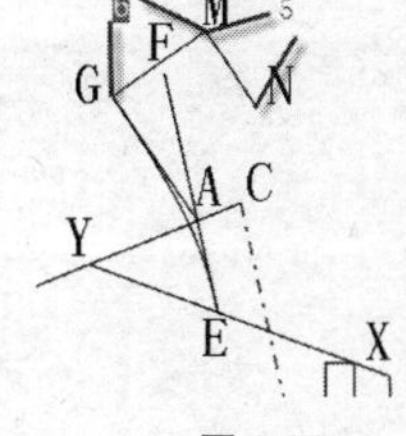

图 8.82

步骤 13 继续使用【三角板】工具，在距离 X 点 3 厘米的地方向上做垂直线，长度为 3.5 厘米，和 N 点圆顺连接，如图 8.83 所示。

步骤 14 使用【智能笔】工具，把翻折线圆顺连接，完成西装领的制图，如图 8.84 所示。

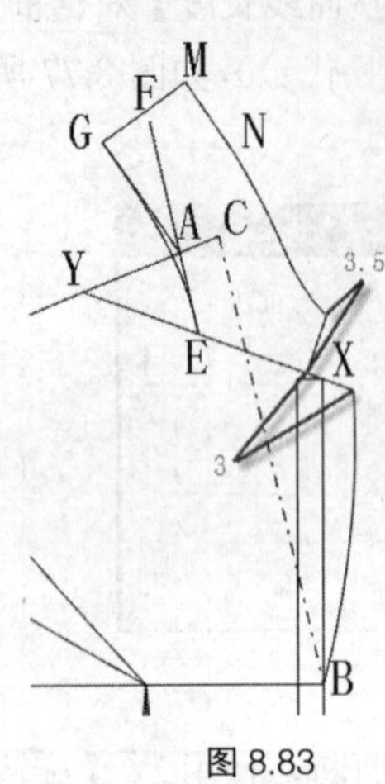

图 8.83

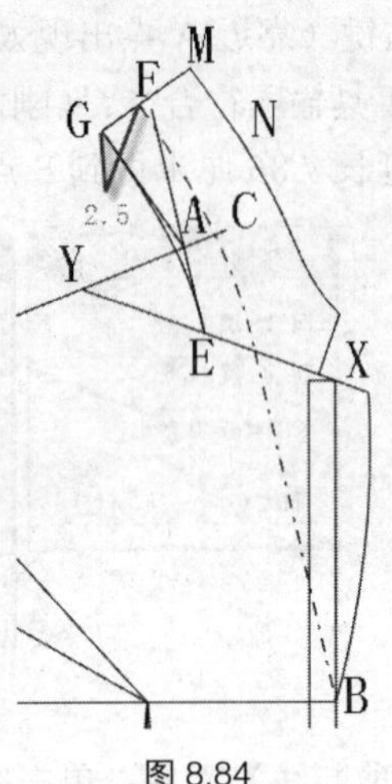

图 8.84

思考题

1. 怎样把握领型的分类?
2. 常见的领型变化的有哪些?

作业及要求

1. 自行设计领型 5 款并在 CAD 软件中做出其变化。
2. 在时装杂志中找出不同领型款式 5 款，做出其变化结构图。

第9章 袖型变化

本章主要介绍袖型的变化，在女装当中，袖型的变化是非常丰富的，是款式变化的一个重要组成部分。本章重点介绍泡泡袖、喇叭袖、花瓣袖、法式连袖、插肩袖、两片袖等。

9.1 泡泡袖

效果图如图 9.1 所示。

操作步骤如下。

步骤 1 打开袖子原型。双击打开桌面上 [RP-DGS] 图标，进入设计与放码系统的工作界面，打开文件“新文化式女装原型-袖子”，如图 9.2 所示，使用【橡皮擦】工具删除其他线条，只保留袖子形状，如图 9.3 所示，单击【文档】菜单中的【另存为】命令，保存为“新袖子原型 A”。再次单击【文档】菜单中的【另存为】命令，保存为“泡泡袖”。

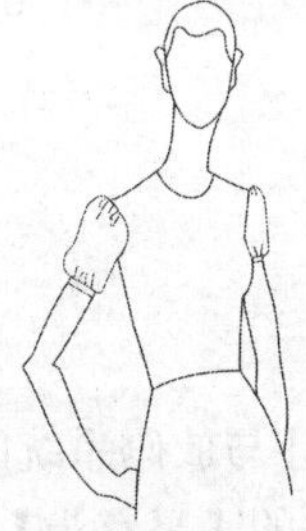

图 9.1

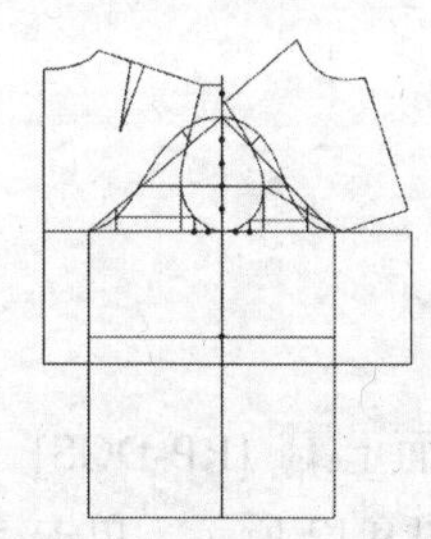

图 9.2

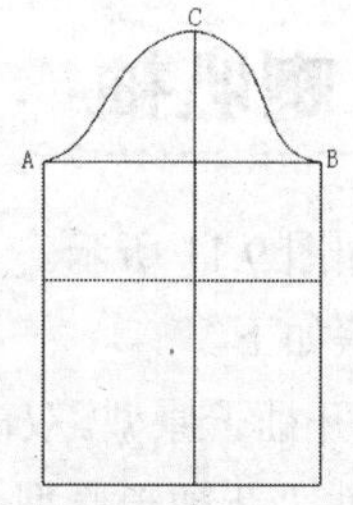

图 9.3

步骤 2 截取袖长。这是一个短袖，使用【智能笔】工具，在距离 A 点往下 3 厘米的地方做水平线 EF，使用【剪断线】工具，把相关线段剪断后，使用【橡皮擦】工具删除 EF 以下的部分，如图 9.4 所示。

步骤 3 做褶量。使用【荷叶边】工具，按提示操作，首先框选所有线条，按右键结束，然后靠近固定侧（太阳点出现在 A 点）单击上段折线 AB，弧线 AB 变成绿色，靠近固定侧（太阳点出现在 E 点）单击下段折线 EF，弹出【荷叶边】对话框，如图 9.5 所示。“上段展开量”输入“10”，“下段展开量”输入“2”，如图 9.6 所示。单击【确定】按钮后得到泡泡袖形状，如图 9.7 所示。

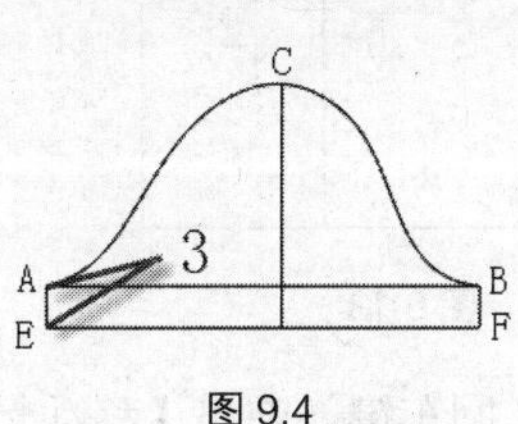

图 9.4

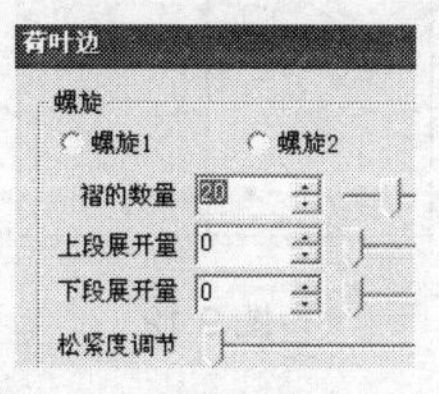

图 9.5

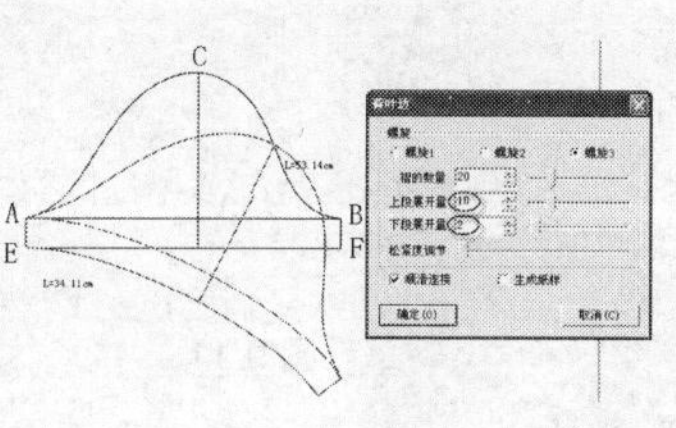

图 9.6

步骤 4 使用【旋转】工具，把袖子形状调正，使用【橡皮擦】工具删除多余线条，如图9.8所示。

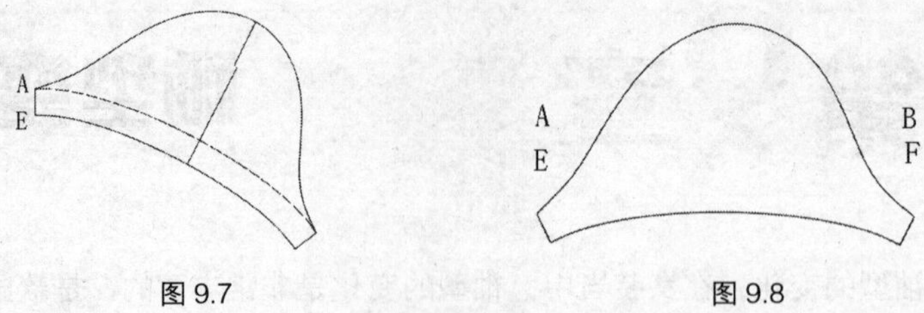

图 9.7　　图 9.8

步骤 5 画袖口。使用【智能笔】工具，拖动做一个矩形，宽度为“2”厘米，长度为“28”厘米，如图 9.9 所示。

步骤 6 最后完成的泡泡袖轮廓，如图 9.10 所示。

图 9.9　　图 9.10

9.2 喇叭袖

效果图如图 9.11 所示。

操作步骤如下。

步骤 1 打开袖子原型。双击打开桌面上 [RP-DGS] 图标，进入设计与放码系统的工作界面，打开文件“新袖子原型 A”，如图 9.12 所示，单击【文档】菜单中的【另存为】命令，保存为“喇叭袖”。

步骤 2 袖肘收紧。使用【智能笔】工具，在肘线上 D 点往里收进 2 厘米和 A 点连接，F 点往里收进 2 厘米和 B 点连接，如图 9.13 所示。

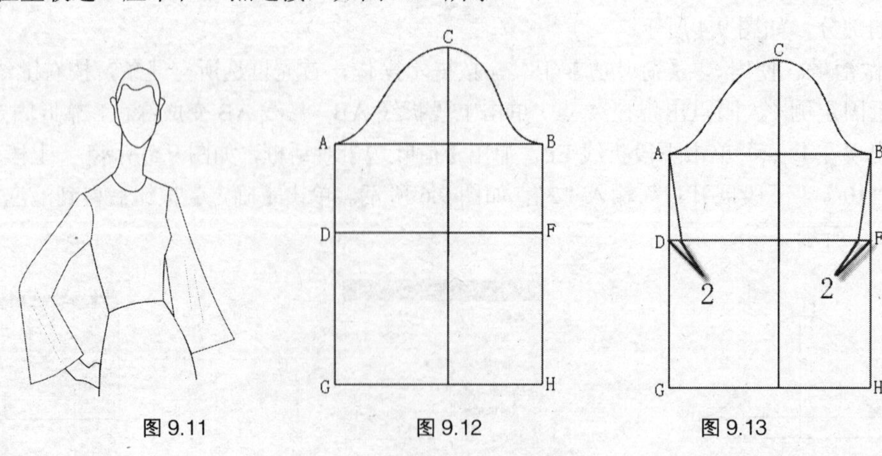

图 9.11　　图 9.12　　图 9.13

步骤 3 做袖摆。使用【智能笔】工具，指向 G 点后按【Enter】回车键，弹出【移动量】对

话框，如图 9.14 所示。横向移动量输入“-2”，竖向移动量输入“2”，单击【确定】按钮得到移动点和袖肘点连接。继续使用【智能笔】工具，指向 H 点后按【Enter】回车键，弹出【移动量】对话框，横向移动量输入“2”，竖向移动量输入“2”，单击【确定】按钮得到移动点和袖肘点连接，如图 9.15 所示。

步骤 4 圆顺连接轮廓线。使用【智能笔】工具，圆顺连接 AG、BH、GH，完成喇叭袖如图 9.16 所示。

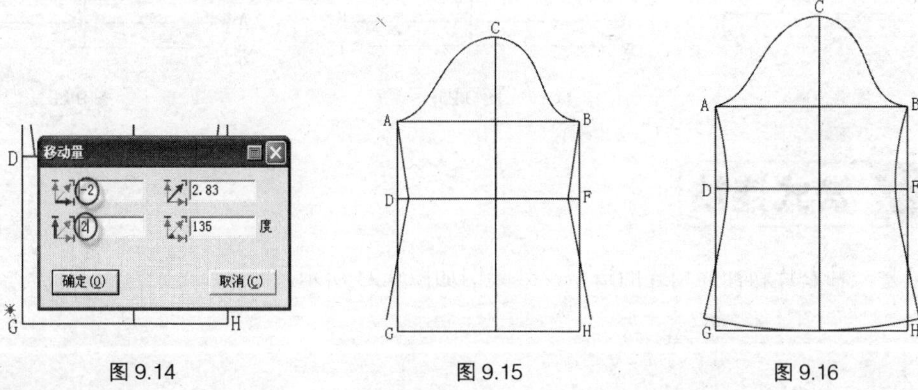

图 9.14　图 9.15　图 9.16

9.3 花瓣袖

花瓣袖因为袖子造型酷似花瓣而命名，效果图如图 9.17 所示。

操作步骤如下。

步骤 1 打开袖子原型。双击打开桌面上 [RP-DGS] 图标，进入设计与放码系统的工作界面，打开文件“新袖子原型 A”，如图 9.18 所示，单击【文档】菜单中的【另存为】命令，保存为“花瓣袖”。

步骤 2 做袖长。在距离 A 点往下 3 厘米的地方做水平线 XY，使用【剪断线】工具，把相关线段剪断后，使用【橡皮擦】工具删除 XY 以下的部分，如图 9.19 所示。

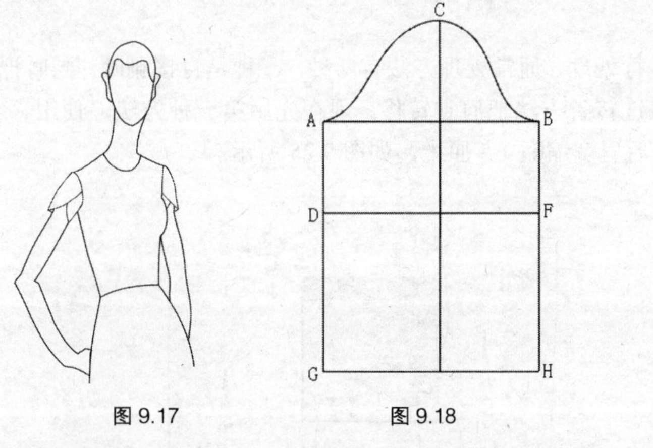

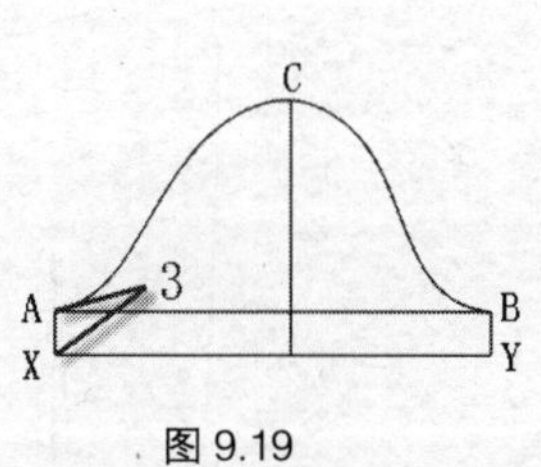

图 9.17　图 9.18　图 9.19

步骤 3 做袖口。使用【智能笔】工具，在 X 点收进 1 厘米和 A 点连接，Y 点收进 1 厘米和 B 点连接，如图 9.20 所示。使用【剪断线】工具，把相关线段剪断后，使用【橡皮擦】

工具删除不要部分，如图 9.21 所示。

步骤 4 做出花瓣的弧线。使用【智能笔】工具，从 BC 的中点 M 点经过 K 点连接到 X 点，从 AC 的中点 N 点经过 K 点连接到 Y 点，完成花瓣袖，如图 9.22 所示。

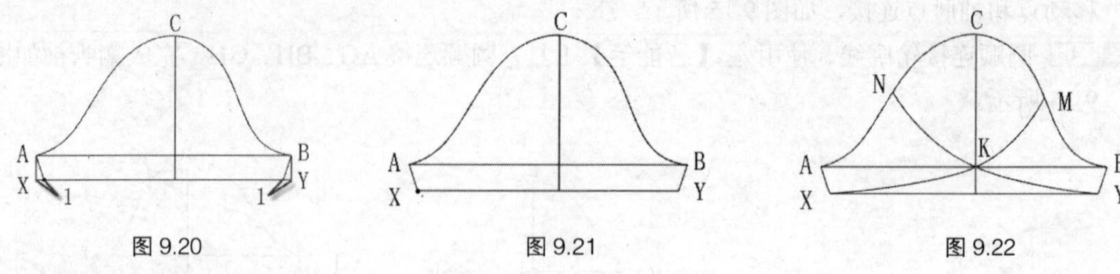

图 9.20　　图 9.21　　图 9.22

9.4 法式连袖

连袖是一种衣片和袖片相连的造型，效果图如图 9.23 所示。

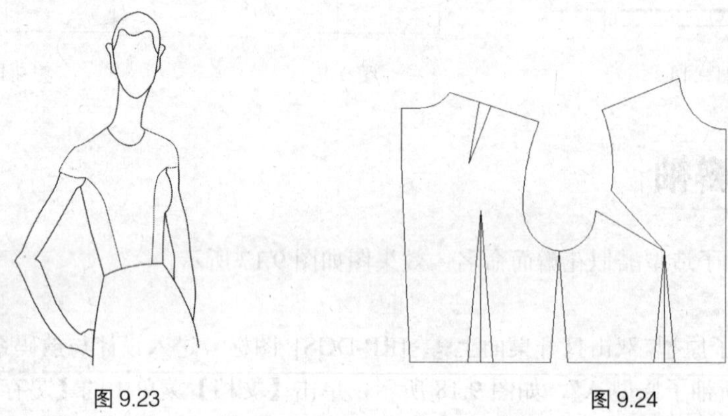

图 9.23　　图 9.24

操作步骤如下。

步骤 1 打开袖子原型。双击打开桌面上 [RP-DGS] 图标，进入设计与放码系统的工作界面，打开文件"新文化式女装原型 A"，如图 9.24 所示，单击【文档】菜单中的【另存为】命令，保存为"法式连袖"。

步骤 2 后片有一个肩省，需要进行处理，通常处理方法有两种，一种是直接删除，同时把肩宽缩小相应的数值，另一种是通过转省方法把肩省转移。现在先用第一种方法，使用【橡皮擦】工具删除后片肩省，把后肩宽缩短 1.5 厘米，如图 9.25 所示。

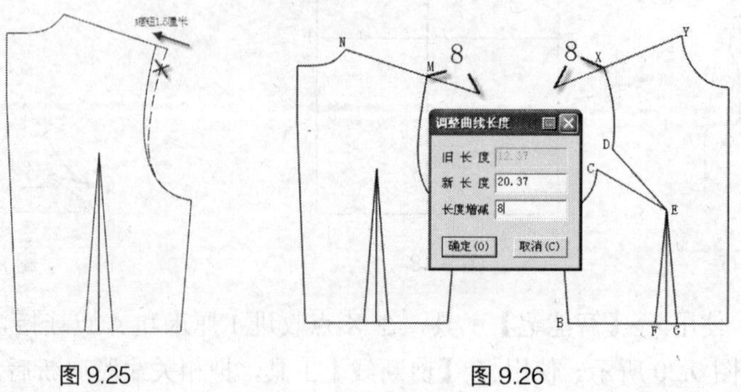

图 9.25　　图 9.26

步骤 3 把前后肩线延长。使用【智能笔】工具，按住【Shift】键，在后肩线MN上单击右键（靠近M点出现太阳点），弹出【调整曲线长度】对话框，在“长度增减”中输入“8”，单击 确定(O) 按钮，后肩线MN延长8厘米得到P点，同样方法把前肩线XY延长8厘米得到Q点，如图9.26所示。

步骤 4 使用【角度线】工具，单击M点和P点后向下旋转单击，弹出【角度线】对话框，长度输入“8”，角度输入“25”，如图9.27所示，单击 确定(O) 按钮，得到P1点。

前肩线采用相同方法，单击X点和Q点后向下旋转单击，弹出【角度线】对话框，“长度”输入“8”，“角度”输入“25”，如图9.28所示，单击 确定(O) 按钮，得到Q1点，如图9.29所示。

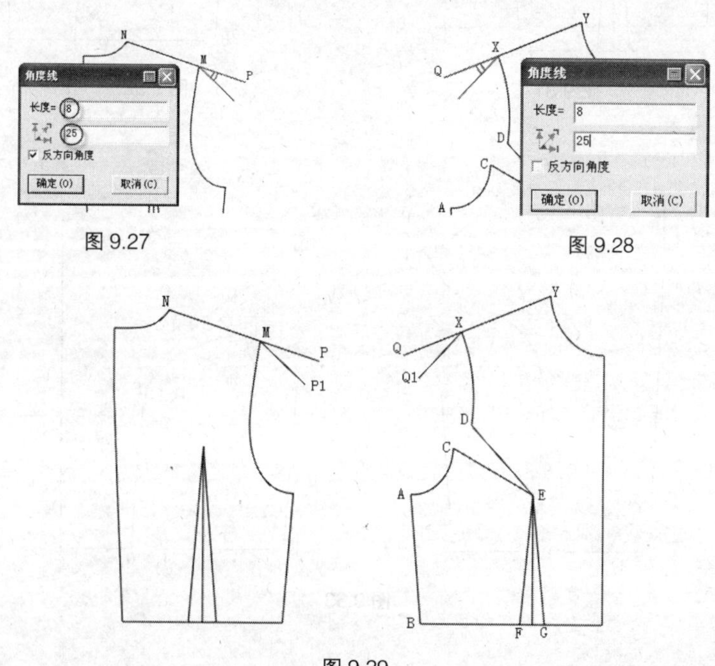

图9.27

图9.28

图9.29

步骤 5 圆顺连接肩线。使用【智能笔】工具，圆顺连接后肩线P1MN和前肩线Q1XY，如图9.30所示。

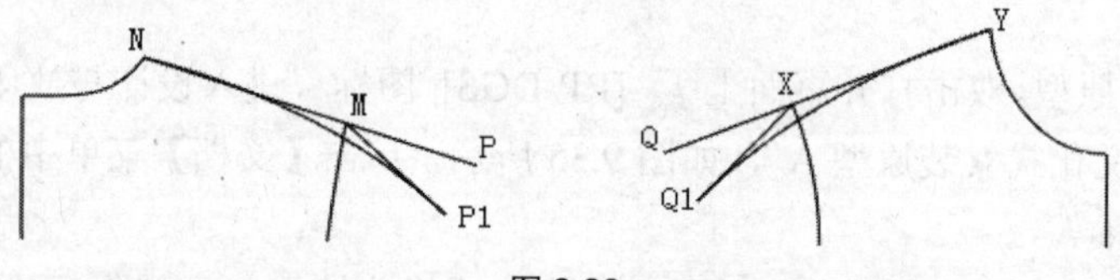

图9.30

步骤 6 圆顺连接省道作为分割线。使用【智能笔】工具，圆顺连接后片的腰省和肩点P1，省道大小不变，形状要做修改，如图9.31所示。圆顺连接前片的袖窿省和腰省成为公主线，再和肩点Q1连接，如图9.32所示。

步骤 7 使用【橡皮擦】工具，删除多余线条，得到法式连袖轮廓图，如图9.33所示。

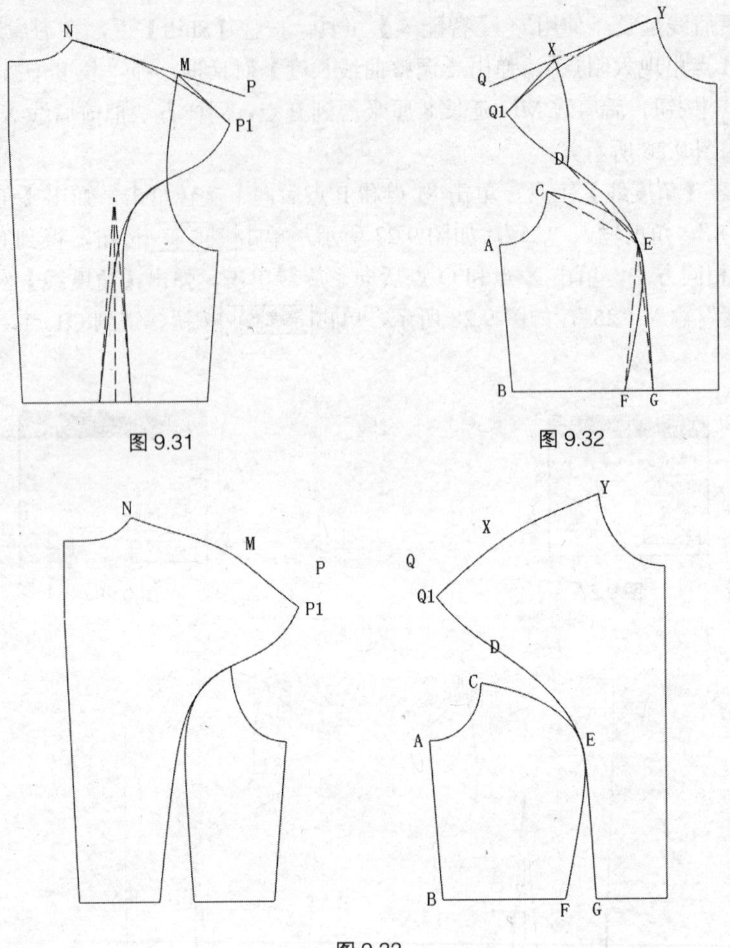

图 9.31

图 9.32

图 9.33

9.5 插肩袖

效果图如图 9.34 所示。

操作步骤如下。

步骤 1 打开袖子原型。双击打开桌面上 [RP-DGS] 图标，进入设计与放码系统的工作界面，打开文件“新文化式女装原型 A”，如图 9.35 所示，单击【文档】菜单中的【另存为】命令，保存为“插肩袖”。

步骤 2 后片有一个肩省，需要进行处理，使用【橡皮擦】工具删除后片肩省，把后肩宽缩短 1.5 厘米，如图 9.36 所示。

步骤 3 把前后肩线延长。使用【智能笔】，按住【Shift】键，在后肩线 MN 上单击右键（靠近 M 点出现太阳点），弹出【调整曲线长度】对话框，在“长度增减”中输入“20”，单击 确定(O) 按钮，后肩线 MN 延长 20 厘米（相当于袖长尺寸）得到 P 点，同样方法把前肩线 XY 延长 20 厘米得到 Q 点，如图 9.37 所示。

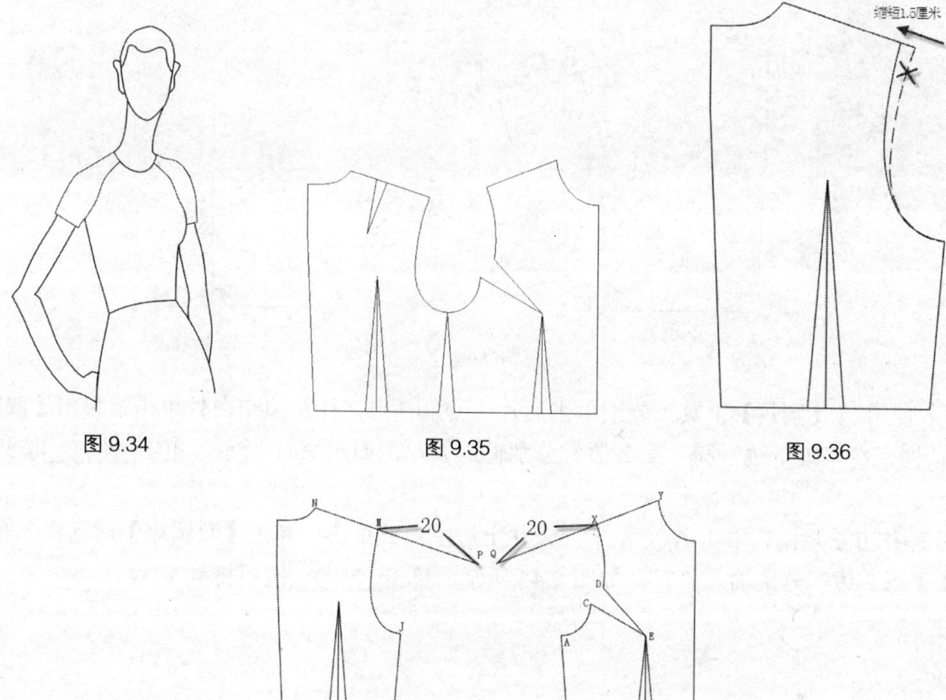

图 9.34　　图 9.35　　图 9.36

图 9.37

步骤 4 定袖口大小。使用【智能笔】工具，按住【Shift】键，用鼠标单击后片 P 点不放开，拖动到 M 点再放开，这时光标变成三角板符号，单击 P 点，向下画出垂直线后再单击，长度输入 16 厘米（袖口的大小），得到 P1 点。同样方法做出前片肩线 QY 的垂直线 QQ1，长度同样是 16 厘米，如图 9.38 所示。

步骤 5 做袖山高线。使用【智能笔】工具，按住【Shift】键，用鼠标单击后片 M 点不放开，拖动到 MP 上的 R 点（距离 M 点 8 厘米）再放开，这时光标变成三角板符号，单击 R 点，向下画出垂直线后再单击，长度输入“19”厘米（袖肥），得到 L 点。同样方法做出前片的袖山高线 ST，如图 9.39 所示。

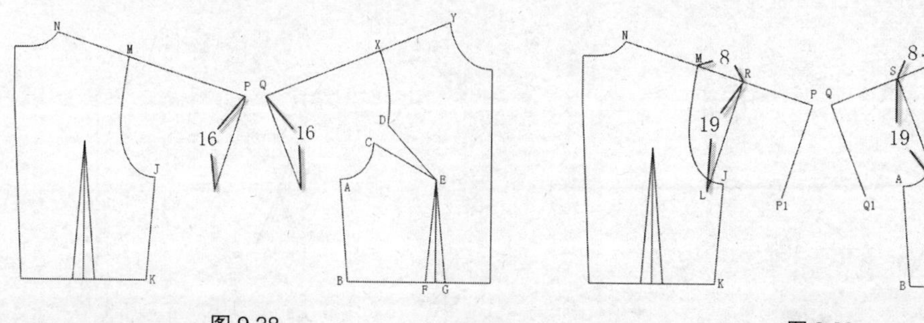

图 9.38　　图 9.39

步骤 6 为了看得清楚，使用【橡皮擦】工具删除前后片省道和袖窿线（不做省道转移的前提下），如图 9.40 所示。

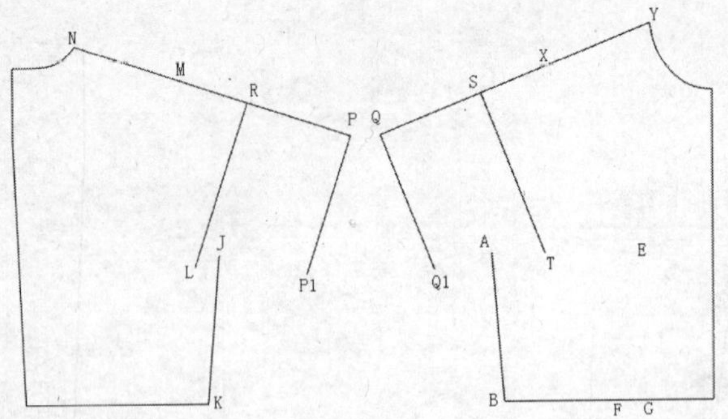

图 9.40

步骤 7 使用【圆规】工具，分别单击后片 L 点和 J 点，往左边空白处单击，弹出【双圆规】对话框，在“第 1 边”和“第 2 边”分别输入“7”，如图 9.41 所示，单击 确定(O) 按钮得到 U 点。

前片操作方法相同，单击 A 点和 T 点，往上边空白处单击，弹出【双圆规】对话框，在“第 1 边”和“第 2 边”分别输入“7”，如图 9.42 所示，单击 确定(O) 按钮得到 V 点。

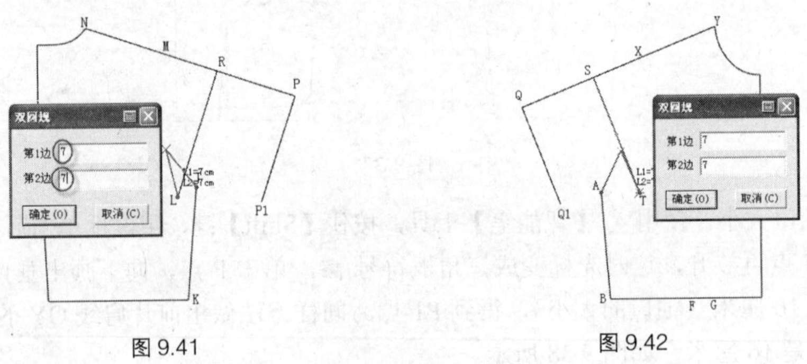

图 9.41　　图 9.42

步骤 8 做衣片破缝线。使用【智能笔】工具，从后领口三等分处的 N1 点开始，分别圆顺连接 N1UJ 和 N1UL（两条弧线要求长度相等），如图 9.43 所示。

前片操作方法相同，使用【智能笔】工具，从前领口三等分处的 Y1 点开始，分别圆顺连接 Y1VA 和 Y1VT（两条弧线要求长度相等），如图 9.44 所示。

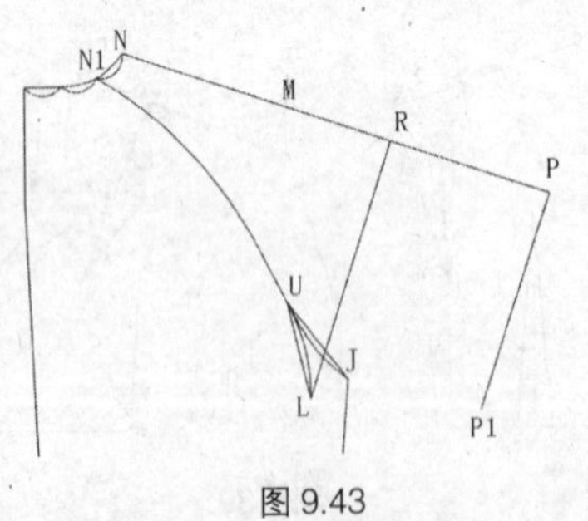

图 9.43

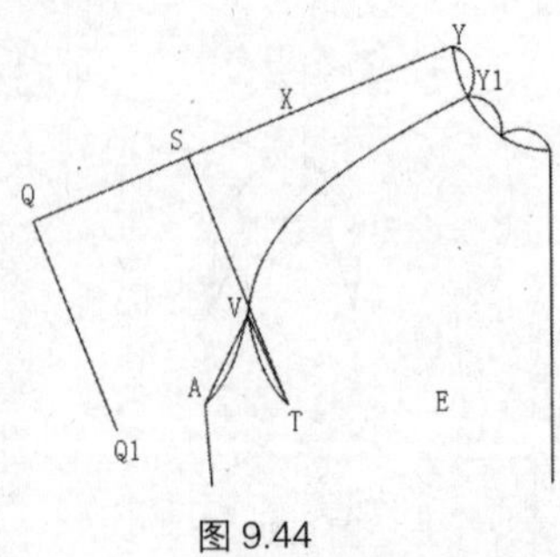

图 9.44

步骤 9 使用【智能笔】工具，连接后片袖底线 LP1 和前片袖底线 TQ1，使用【橡皮擦】工具删除后片线段 LU、JU、LR 和前片线段 AV、TV、ST，如图 9.45 所示。

步骤 10 把前后袖片连接在一起。使用【旋转】工具中的【对接】工具，出现光标，先单击后肩线段 NP 上靠近 N 点的位置，N 点出现太阳点，NP 变成红色，再单击前肩线段 YQ

上靠近 Y 点的位置，Y 点出现太阳点，YQ 变成绿色，然后分别单击要对接的后领线 NN1、后片破缝线 LU、UN1、后袖底线 LP1 和后袖口线 PP1，这些线对接到前片变成红色，如图 9.46 所示，按右键确认完成。

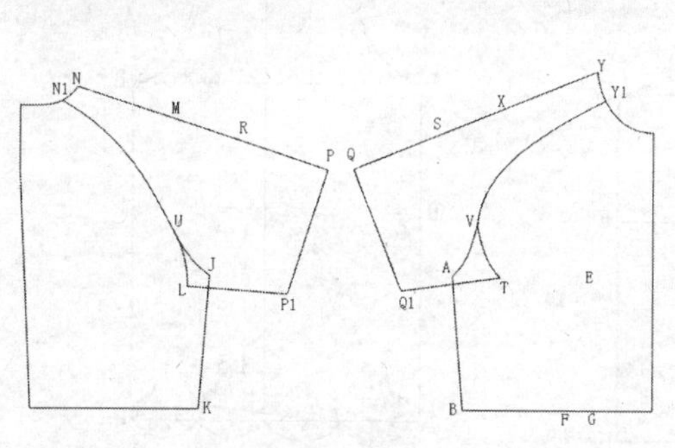

图 9.45

图 9.46

步骤 11 修正形状。使用【剪断线】工具，把对接到前片的袖子后领线 YN1 在 N1 点剪断，后破缝线 LUN1 在 U 点剪断，使用【橡皮擦】工具删除多余线条，如图 9.47 所示。

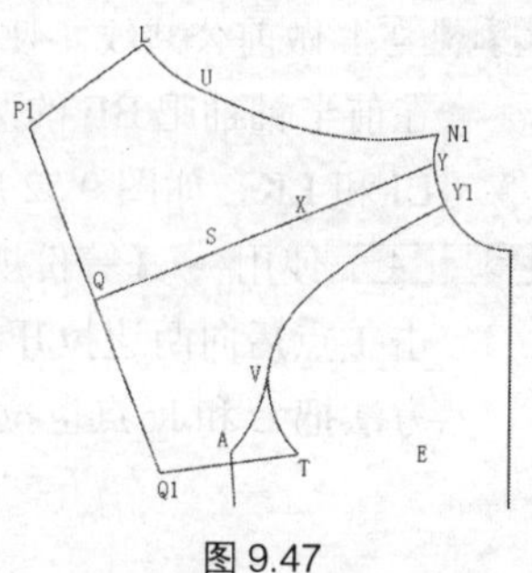

图 9.47

步骤 12 把衣片和袖片位置重新排列。使用【旋转】工具中的【移动】工具，把袖片移动出来和衣片分开，使用【旋转】工具把袖子方向进行调整，使用【橡皮擦】工具删除多余线条，最终得到前后片和袖片的轮廓，如图 9.48 所示。

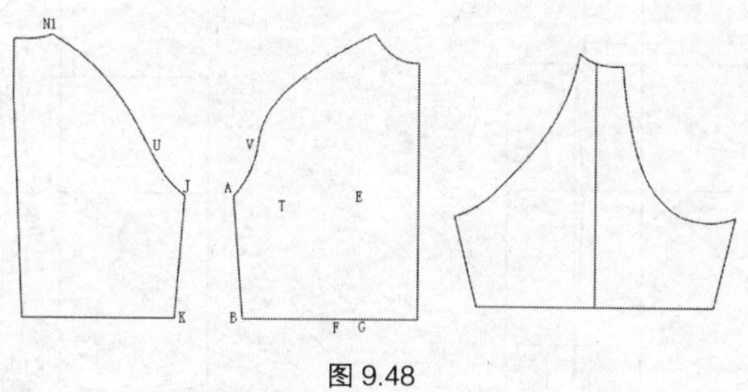

图 9.48

9.6 两片袖

两片袖多用于西服、职业装等类型的服装中，造型合体，符合人体手臂略微向前倾的造型，效果图如图 9.49 所示。

操作步骤如下。

步骤 1 打开袖子原型。双击打开桌面上 [RP-DGS] 图标，进入设计与放码系统的工作界面，打开文件“新袖子原型 A”，如图 9.50 所示，单击【文档】菜单中的【另存为】命令，保存为“两片袖”。

步骤 2 修改袖子原型。使用【智能笔】工具，指向 C 点后按【Enter】回车键，弹出【移动量】对话框，竖向移动量输入“2”，单击【确定】按钮把 C 点抬高 2 厘米，重新连接袖山弧线，袖子下摆改成弧线，尺寸如图 9.51 所示。

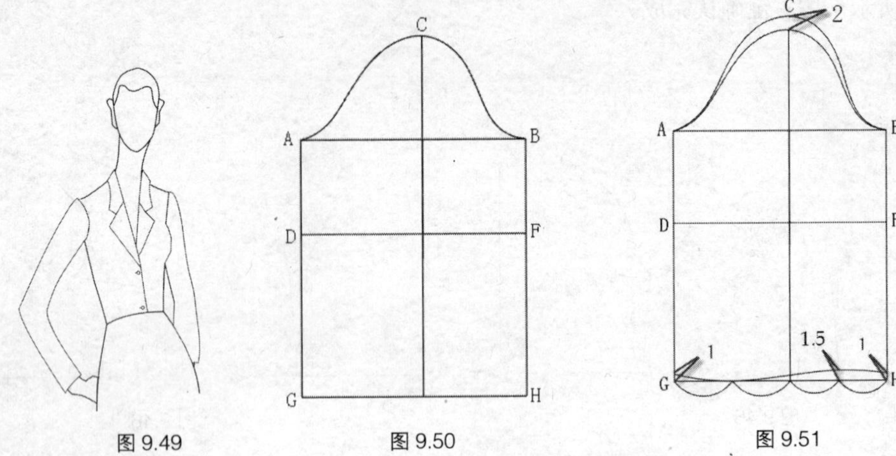

图 9.49　图 9.50　图 9.51

步骤 3　做前公共线。使用【橡皮擦】工具删除原先的线条，然后使用【智能笔】工具，在前半袖袖肥 BE 的两等分处做垂直线 JK，和肘线 DF 的相交点往左 1 厘米得到 L 点，连接 LJ 和 LK，如图 9.52 所示。

步骤 4　使用【等份规】工具，按下【Shift】键，光标变成【线上反向等分点】工具，单击 J 点后向两边拉开 J1、J2 点，在“单向长度”中输入“2.5”，单击确定(O)按钮，同样的方法把 L 和 K 点也拉开 2.5 厘米，使用【智能笔】工具把线条圆顺连接，如图 9.53 所示。

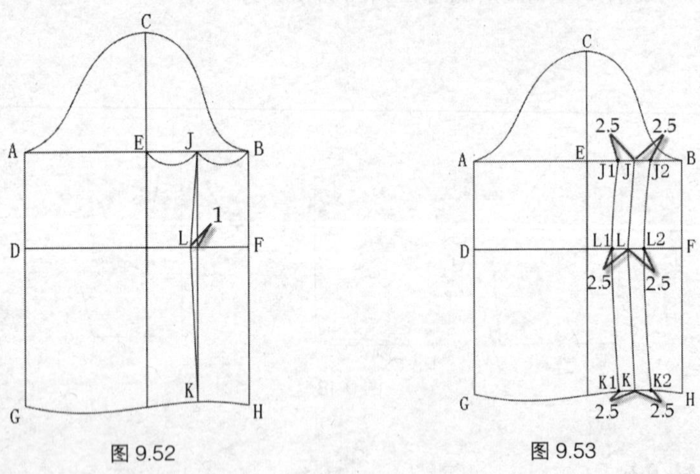

图 9.52　图 9.53

步骤 5　把弧线 J2L2K2 往上延长和袖山线相交。使用【智能笔】工具，左键框选线条 J2L2K2，线条变成红色，再单击袖山弧线 BC，弧线 BC 变成绿色，光标变成，这是【智能笔】当中的【靠边】功能，在空白处单击右键，线条 J2L2K2 延长和袖山弧线 BC 相交于 M 点，如图 9.54 所示。在 M 点做水平线 MN，再次使用【智能笔】中的【靠边】功能，把 J1L1K1 延长和 MN 相交，如图 9.55 所示。

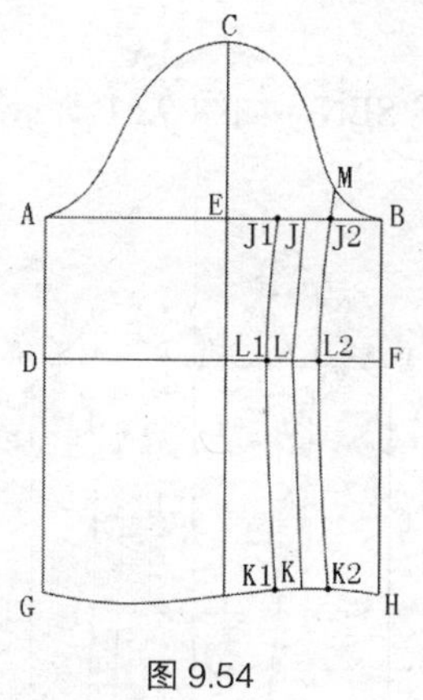

图 9.54

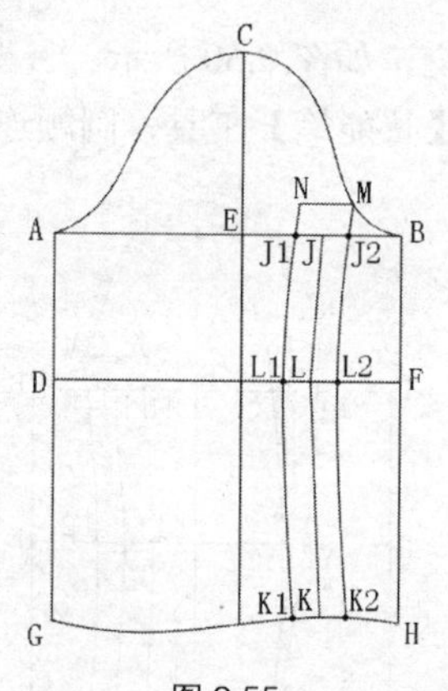

图 9.55

步骤 6 使用【圆规】工具，从K点向下摆线GH相交，弹出【单圆规】对话框，在“长度”中输入“13”，如图9.56所示，单击确定(O)按钮，使用【智能笔】工具，把得到的点往下1厘米画线得到P点，连接PK，作为袖口大小，如图9.57所示。

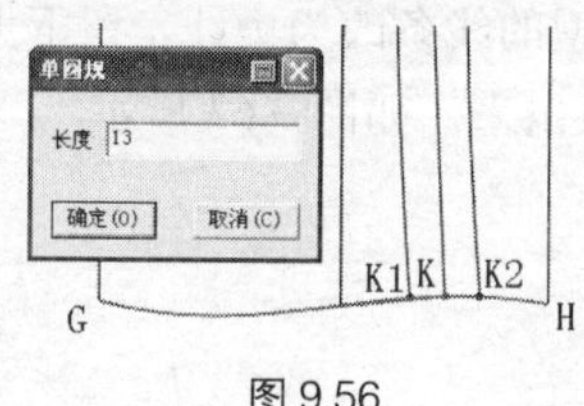

图 9.56

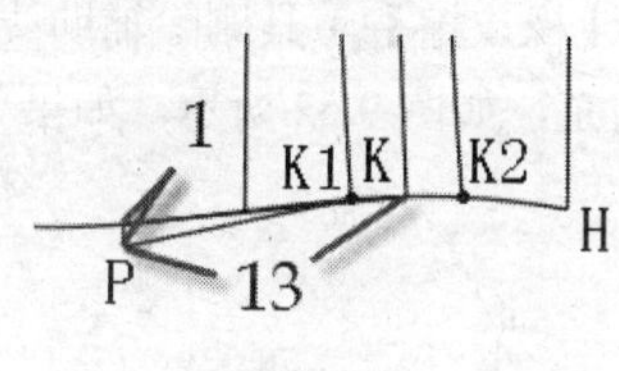

图 9.57

步骤 7 使用【智能笔】工具，在后袖肥AE的中点X垂直往下和DF相交于Y，再和袖口P点连接，如图9.58所示。

步骤 8 使用【等份规】工具，按下【Shift】键，光标变成【线上反向等分点】工具，单击X点后向两边拉开X1、X2点，在“单向长度”中输入“2”，单击确定(O)按钮，同样的方法把Y点拉开1厘米，使用【智能笔】工具，把线条圆顺连接，如图9.59所示。

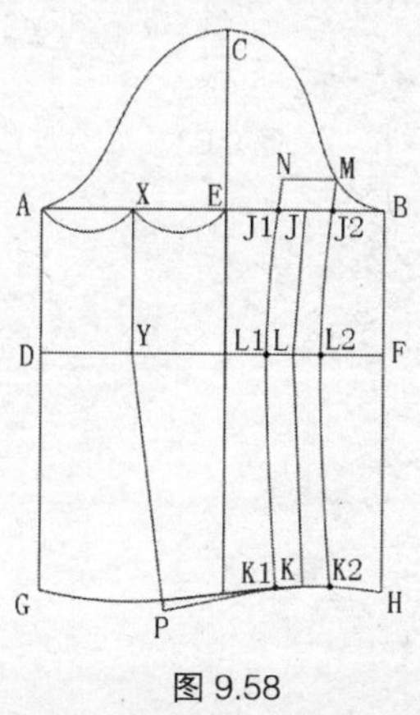

图 9.58

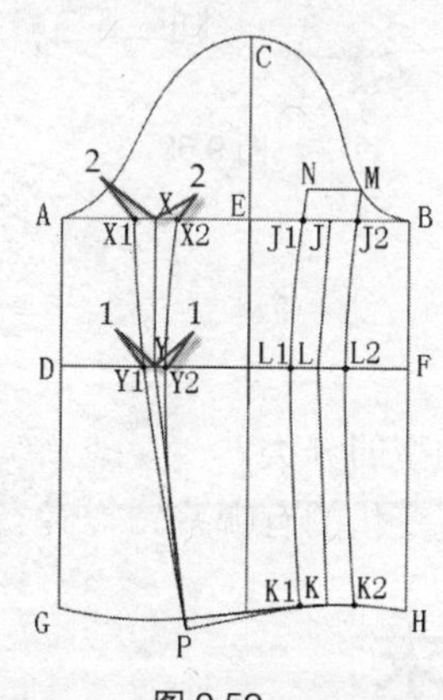

图 9.59

步骤 9 把弧线PY1X1往上延长和袖山线相交。使用【智能笔】工具，左键框选线条PY1X1，线条变成红色，再单击袖山弧线AC，弧线AC变成绿色，光标变成，这是【智能笔】当中的【靠边】功能，在空白处单击右键，线条PY1X1延长和袖山弧线AC相交于R点，如图9.60所示。在R点做水平线RS，再次使用【智能笔】中的【靠边】功能，把PY2X2

延长和 RS 相交，如图 9.60 所示。

步骤 10 使用【智能笔】工具，圆顺连接小袖弧线 SEN，如图 9.61 所示。

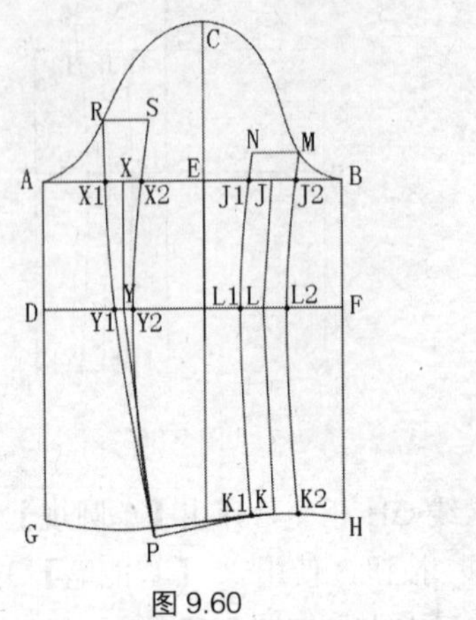

图 9.60

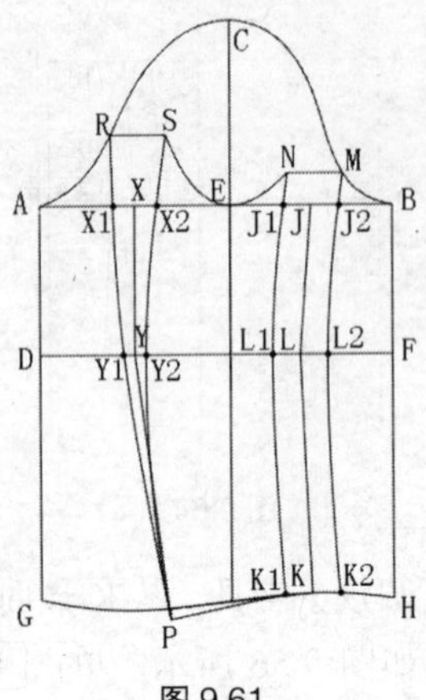

图 9.61

步骤 11 使用【橡皮擦】工具删除辅助线，把原型的线条改为虚线，留下大小袖片为实线，可以看的更清楚，如图 9.62 所示。如果单独拷贝出来，如图 9.63 所示。

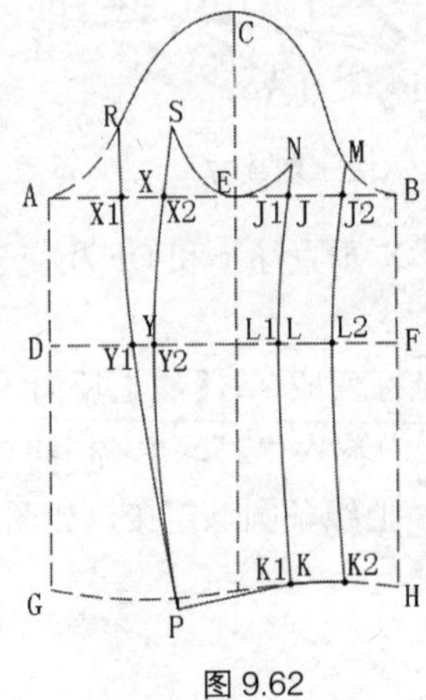

图 9.62

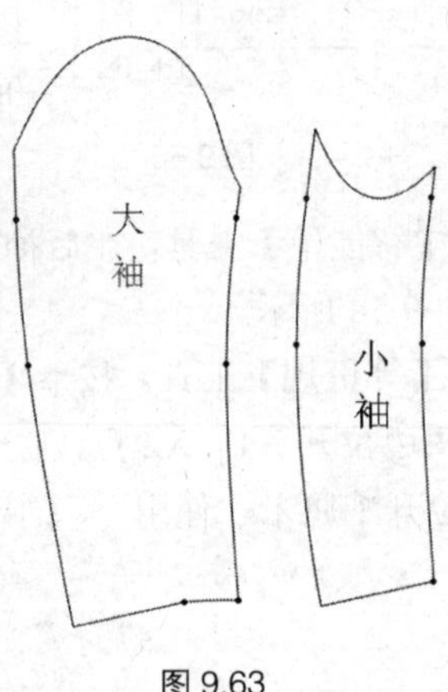

图 9.63

思考题

1. 怎样把握袖型的分类？
2. 常见的袖型变化的有哪些？

作业及要求

1. 自行设计袖型 5 款并在 CAD 软件中做出其变化。
2. 在时装杂志中找出不同袖型款式 5 款，做出其变化结构图。

第10章 时装样板操作实例

本章为综合内容，选取了一些当今流行的时装样板，按照裙、裤、上衣进行分类，采用比例法制图和原型法构成相结合的方法，介绍样板的制作过程。

10.1 时装裙

裙子结构虽然简单，但时装裙的变化一样丰富多彩，裙的变化可以从几个方面来分类。按长短可以分为超短裙、短裙、中长裙、长裙，按廓形变化可以分为H型、A型、喇叭型、O型、鱼尾型等，按腰头可以分为连腰、低腰、高腰等，加上分割和褶裥，可以使裙子的变化举不胜举。

10.1.1 褶裥裙样板制作

效果图如图10.1所示。

绘制褶裥裙的操作步骤如下。号型为M码。

步骤 1 定出规格表。双击打开桌面上 [RP-DGS] 图标，进入设计与放码系统的工作界面，单击菜单【号型】→【号型编辑】，弹出【设置号型规格表】对话框，输入部位名称、尺寸数据，如图10.2所示，单击【确定】按钮，单击【保存】工具图标，保存为“褶裥裙”。

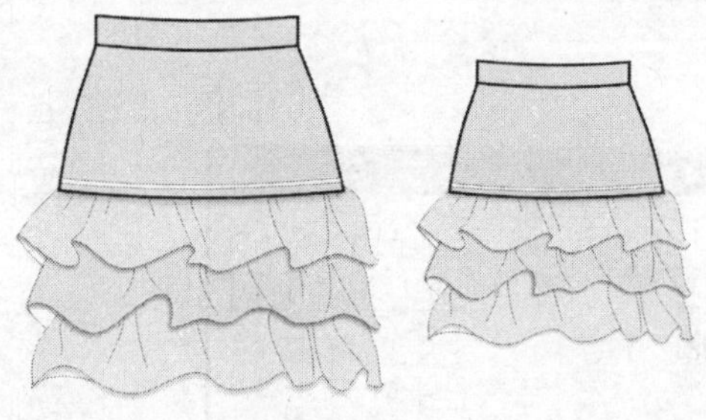

图10.1

设置号型规格表

号型名	☑	⊙M	☑
裙长		45	
腰围		74	
臀围		92	

图10.2

步骤 2 使用【矩形】工具画出一个长方形，弹出【矩形】对话框，如图10.3所示，单击右上角的【计算器】按钮，弹出【计算器】对话框，如图10.4所示，双击“臀围”后输入比例公式“臀围/4”，系统会自动计算出结果为23厘米，单击 OK 按钮后返回【矩形】对话框，把光标移到竖向箭头处，如图10.5所示，单击右上角的【计算器】按钮，双击“裙长”，输入裙长公式“裙长-3”（腰宽3厘米），如图10.6所示，得到结果42厘米，单击 OK 按钮后，再单击 确定(O) 按钮，如图10.7所示，就会得到一个宽度23厘米、长度42厘米

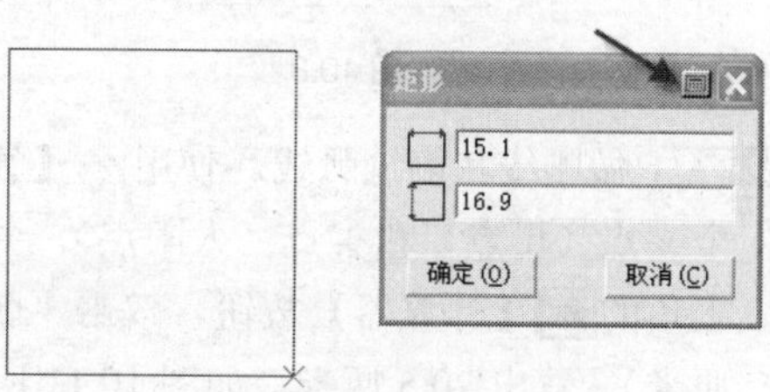

图10.3

的矩形，作为前裙片的基本框架。如果显示矩形大小不合适，可以用键盘的【+】放大，【－】缩小和方向键【↑】、【↓】、【←】、【→】调节上下左右位置，使得裙片位于屏幕中间。

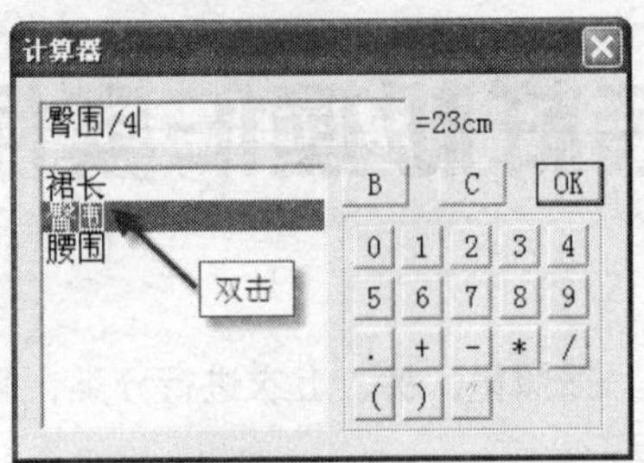

图 10.4

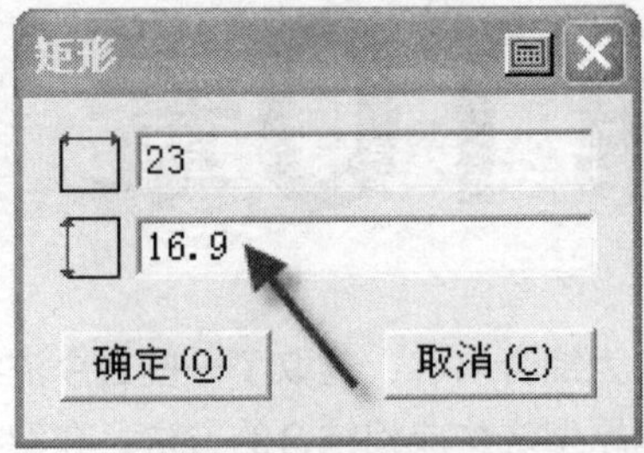

图 10.5

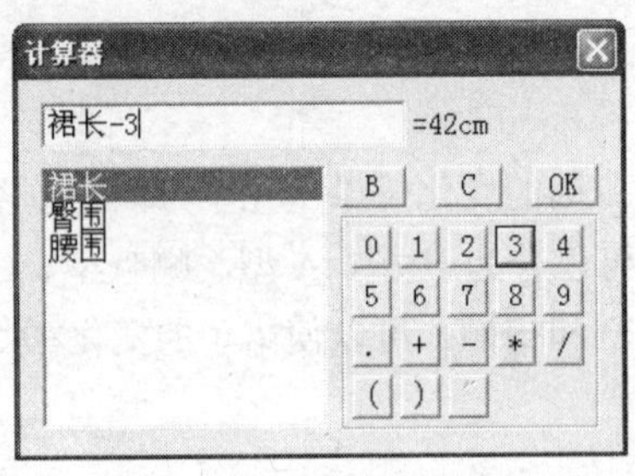

图 10.6

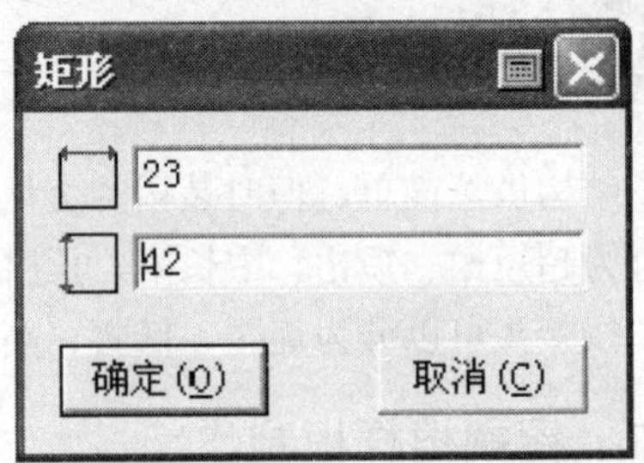

图 10.7

步骤 3 画出臀围线。使用【智能笔】工具（使用快捷方式，在屏幕空白处单击右键，同样可以选择工具），按住矩形上边的水平线往下拖，会拉出一条红色的平行线，单击确认后弹出【平行线】对话框，如图 10.8 所示，单击右上角的【计算器】按钮，输入臀高公式“0.1*身高+1”，算出 17.5 厘米，再单击确定(O)按钮，如图 10.9 所示。

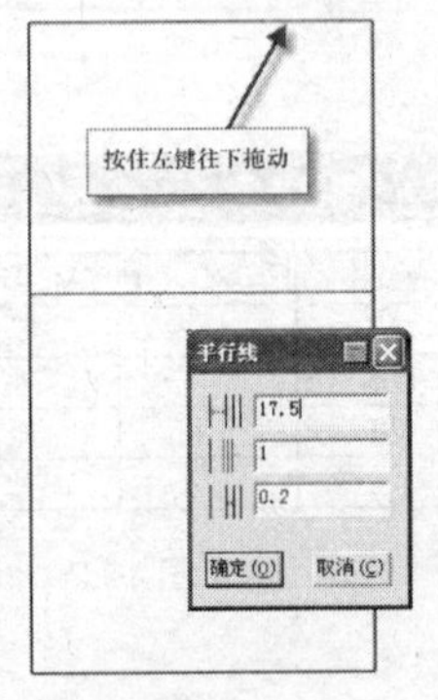

图 10.8

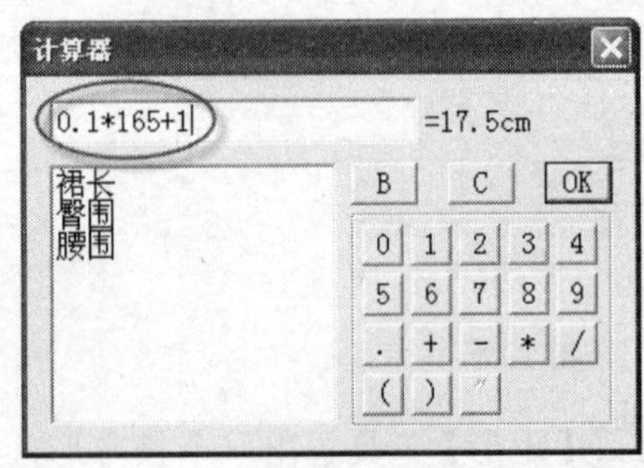

图 10.9

步骤 4 做腰线和侧缝弧线。使用【智能笔】工具，在矩形上边的水平线上单击，会出现一个点（星点）和点（太阳点），并弹出【点的位置】对话框，如图 10.10 所示，单击右上角的【计算器】按钮，双击“腰围”，输入腰围公式“腰围/4+2”（一个省道的大小 2 厘米），算出 20.5 厘米，如图 10.11 所示，单击OK按钮，再单击确定(O)按钮，这样就确定了腰围点的位置。然后做向上的抬高 0.7 厘米，如图 10.12 所示，最后单击确定(O)按钮，如图 10.13 所示。

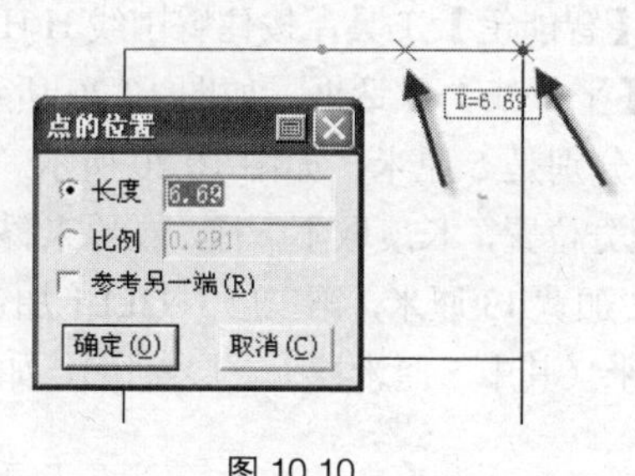

图 10.10

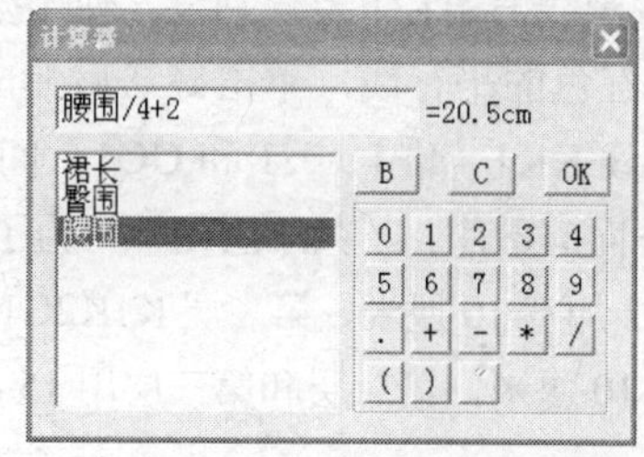

图 10.11

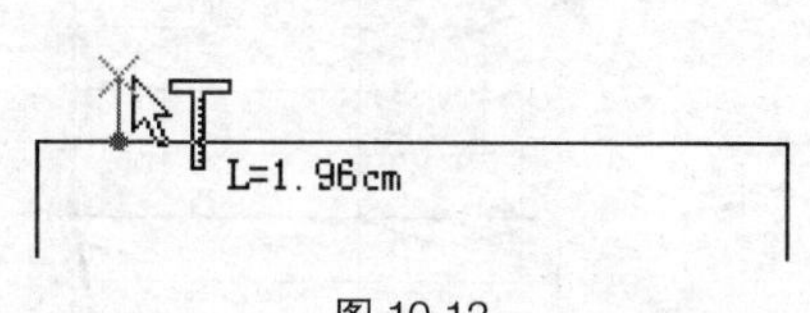

图 10.12

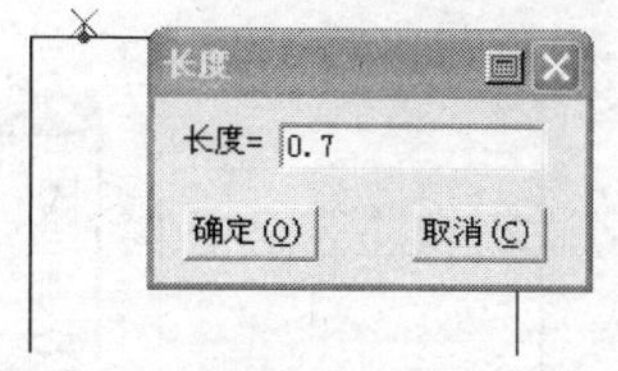

图 10.13

使用【智能笔】工具，单击右键切换状态，光标显示为 ，分别画出腰弧线和侧缝弧线（弧线最少 3 点以上），在点中间点的时候因为距离比较近系统会自动粘合到直线上去，要按住【Ctrl】键，两个端点则不用按【Ctrl】键，让它自动粘合到端点去，画完弧线后按右键结束，如图 10.14 所示。

图 10.14

步骤 5 做省道。使用【等份规】工具，直接点在线上可以等分该线，如图 10.15 所示。现在不需要等分的弧线，则单击右键，然后用鼠标指着腰线，会自动显示等分点，单击左键确认，如图 10.16 所示。

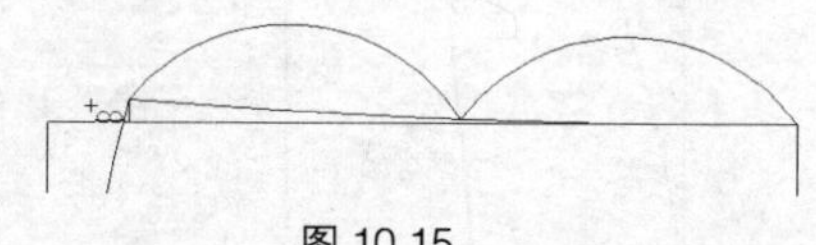

图 10.15

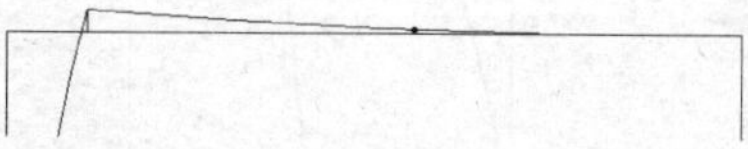

图 10.16

使用【智能笔】工具，按住【Shift】键，用鼠标单击腰围弧线左端点 A 不放开，拖动到中点 B 再放开，这时光标变成三角板符号，单击等份点，向下画出垂直线后再单击，到臀围线为止（因为要做省道转移，所以做到分割的位置），如图 10.17 所示。使用【等份规】工具，按【Shift】键，光标变成【线上反向等分点】工具，单击 B 点后向两边拉开 D、E 点，在“单向长度”中输入“1”，单击 确定(O) 按钮，如图 10.18 所示，使用【智能笔】工具连接 DC、EC，完成省道制作，如图 10.19 所示。

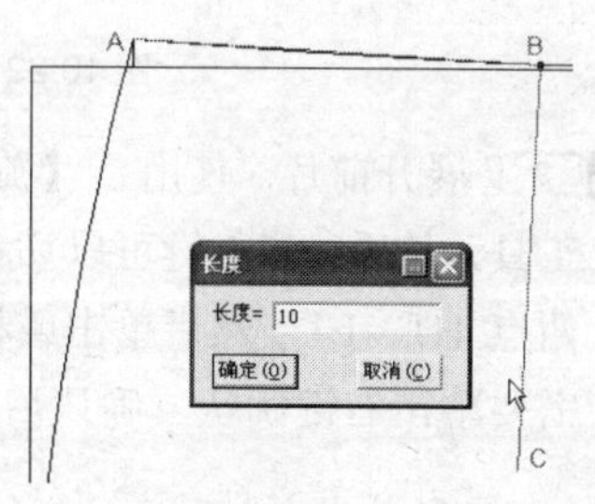

图 10.17

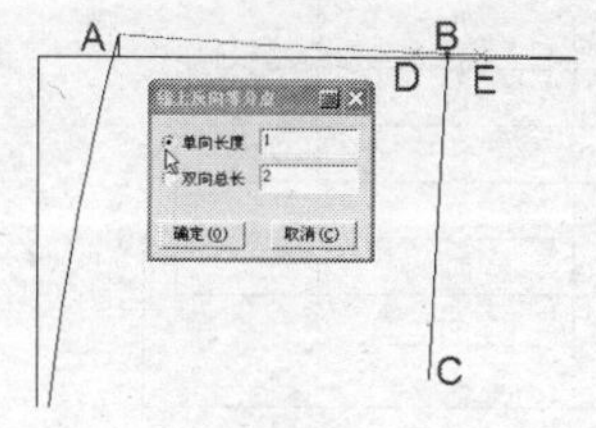

图 10.18

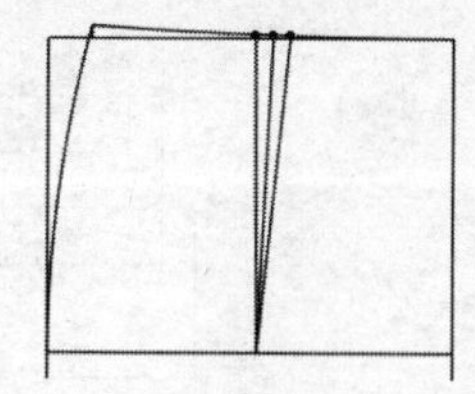

图 10.19

步骤 6 以臀围线 H H1 作为分割线。使用【智能笔】工具，按住臀围线 H H1 不放往下拖动拉出一条红色的平行线，单击确认后弹出【平行线】对话框，如图 10.20 所示，这时做四条水平分割线 KK1、FF1、JJ1 和 GG1，间距分别是 5 厘米，如图 10.20 所示。

步骤 7 做下面的褶片。一共三层褶片，为了区分位置，长度取不一样，在原来臀围基础上第一层 H1H2F1F2 加宽 10 厘米，第二层 K1K2G1G2 加宽 13 厘米，第三层 J1J2LL1 加宽 16 厘米，宽度第一层取 10 厘米，第二层和第三层用 15 厘米（其中 5 厘米被上一层盖住），如图 10.21 所示。

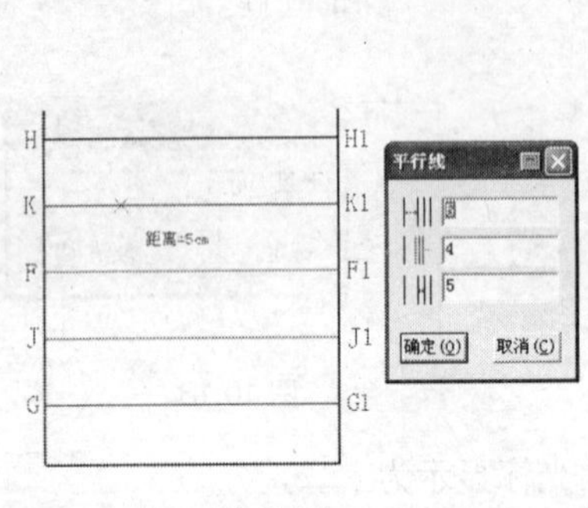

图 10.20

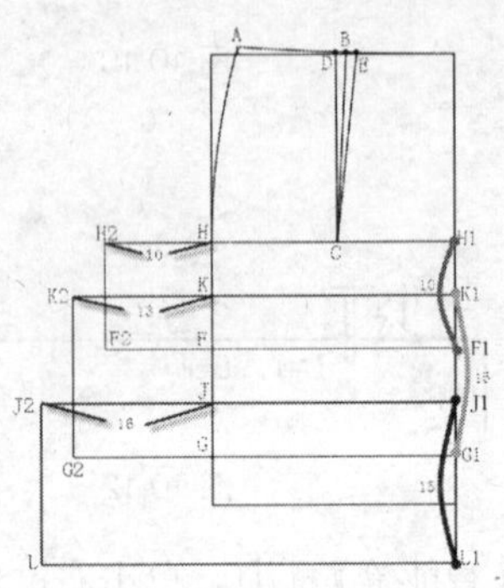

图 10.21

步骤 8 省道转移，把腰省合并。使用【剪断线】工具，在 C 点把 HH1 剪断，在 D、E 点把腰线剪断。使用【橡皮擦】工具删除 BC 线。使用【旋转】工具（看下边栏提示）单击 AD、DC、CH、HA 四条线段后单击右键，提示为“单击旋转中心”，单击 C 点，“单击旋转的起点”，单击 D 点，这样左边四条线构成的轮廓就可以转动了，“单击旋转的终点”，单击 E 点，如图 10.22 所示。重新连接 HC 和把腰线、HH1 画顺，如图 10.23 所示。

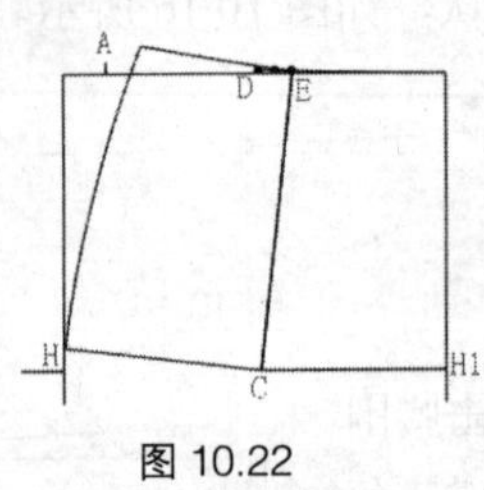

图 10.22

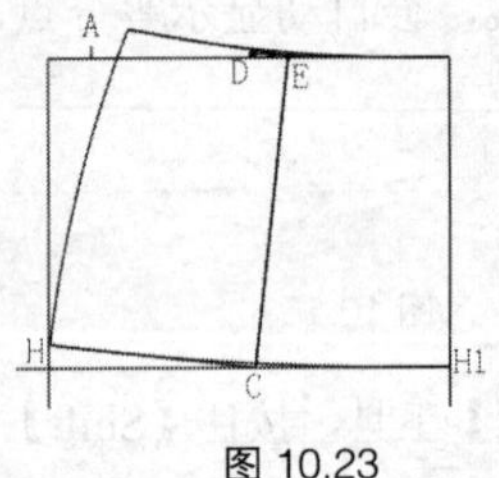

图 10.23

步骤 9 展开前片。使用【旋转】工具中的【对称】工具，如果光标为是【对称移动】工具，按【Shift】键可以切换成【对称复制】工具。对称的操作顺序是先单击对称轴线的两点 H1、L1，然后单击或框选要对称的部分，如图 10.24 所示。此时对称的线还是红色，需要单击右键确认，确认后变成黑色，才完成操作。

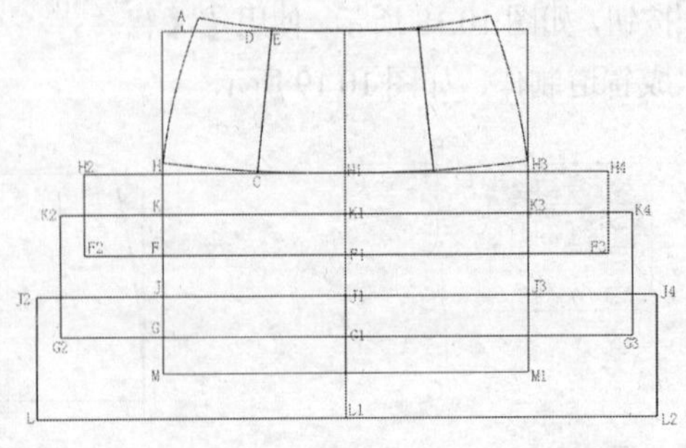

图 10.24

步骤 10 做腰头。使用【矩形】工具，如图10.25所示，弹出【矩形】对话框，单击右上角的【计算器】按钮，横向长度输入“腰围+3”，算出结果为77厘米，如图10.26所示，竖向长度输入“3”，如图10.27所示。

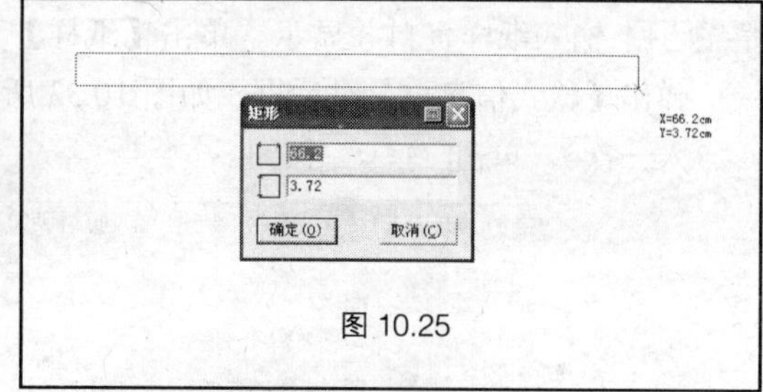

图 10.25

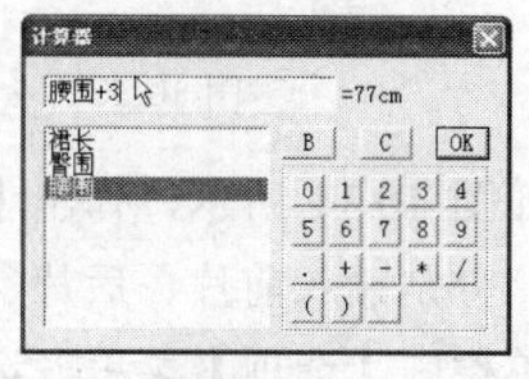

图 10.26

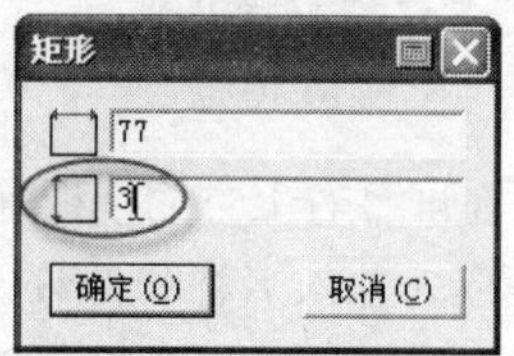

图 10.27

步骤 11 剪出轮廓线，生成纸样。使用【剪刀】工具，依次单击纸样的外轮廓线条，直至形成封闭区域，如图10.28所示，生成前片、后片、褶片和腰头的纸样。后片的形状可以和前片完全一样，就不再另做。

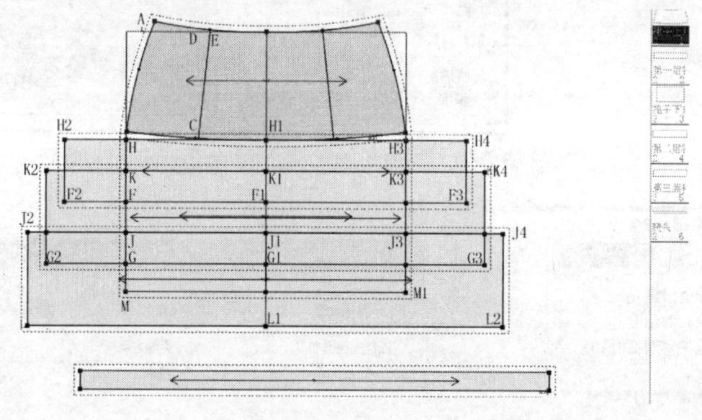

图 10.28

步骤 12 调整缝份。系统已经自动把每片缝份全部设为1厘米，褶片和裙下片底边的缝份为3厘米。以裙下片为例，使用【加缝份】工具，按顺时针方向在M1点按住鼠标拖动到M点，放开后，弹出【加缝份】对话框，“起点缝份量”输入“3”，选择第二种加缝份的方式，如图10.29所示，再单击确定(O)按钮。其他片方法相同。

步骤 13 调整布纹线。使用【布纹线】工具，在布纹线的中心处单击右键，每单击一次旋转45度，如图10.30所示，直到调整到合适位置，如图10.31所示。

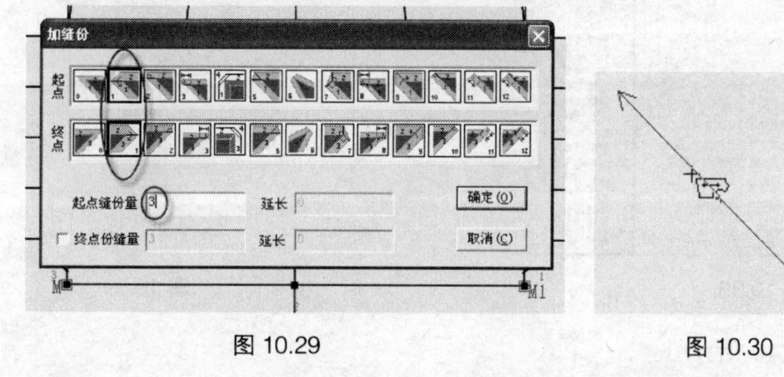

图 10.29

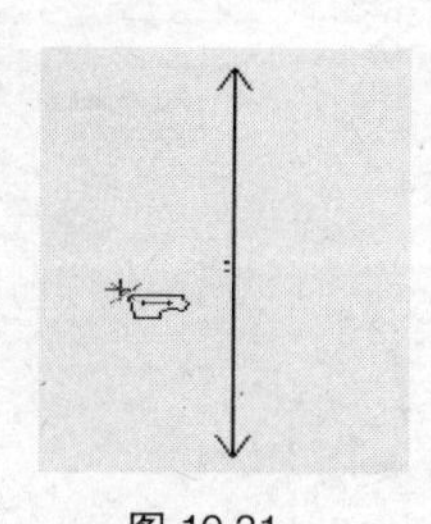

图 10.30

图 10.31

步骤 14 输入纸样资料并显示。单击【纸样】菜单，选择【款式资料】命令，如图 10.32 所示，弹出【款式信息框】对话框，如图 10.33 所示，在款式名中输入“褶裥裙”（一个款式只需输入一次），单击 确定(O) 按钮。

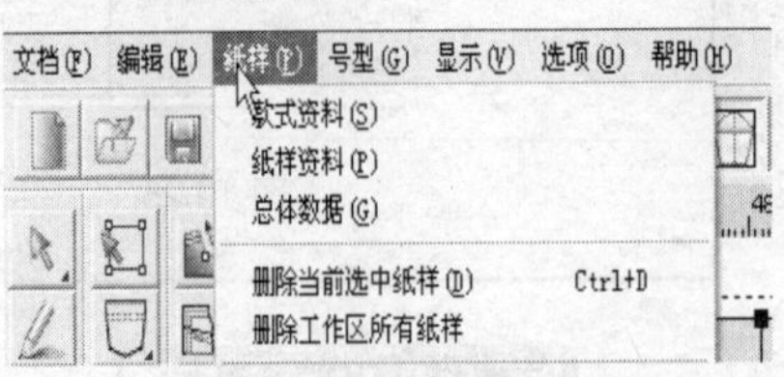

图 10.32

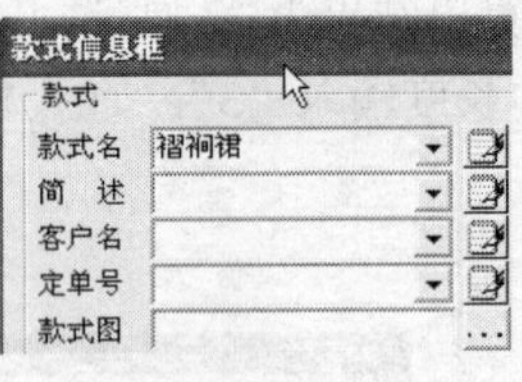

图 10.33

纸样资料可以在屏幕右上方的纸样陈列栏中双击，如图 10.34 所示，弹出【纸样资料】对话框，如图 10.35 所示，输入名称和份数，单击 应用 按钮。分别输入前片、后片、褶片和腰头的资料，要在布纹线上显示出相应的纸样资料，单击上方菜单栏中【选项】菜单，选择【系统设置】命令，如图 10.36 所示，弹出【系统设置】对话框，如图 10.37 所示，选择【布纹设置】选项卡。

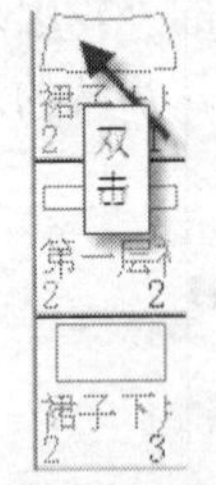

图 10.34

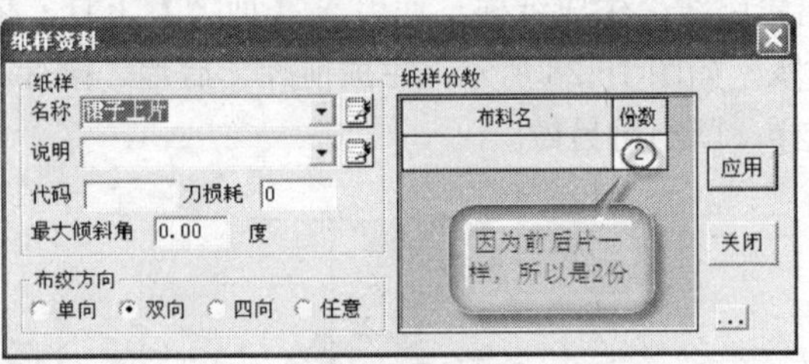

图 10.35

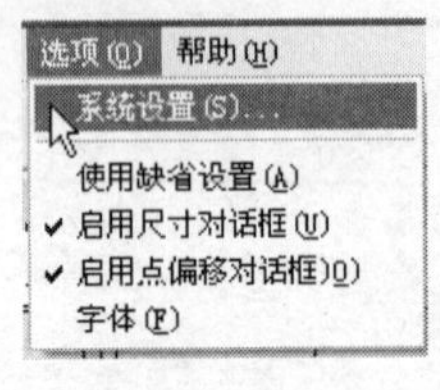

图 10.36

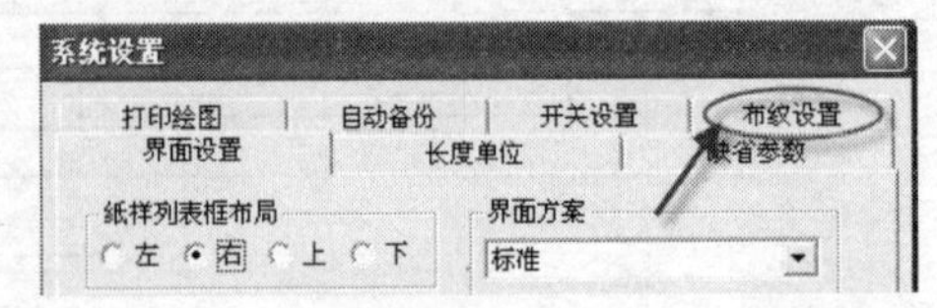

图 10.37

在弹出的【系统设置】对话框中，按图 10.38 中标出的顺序，进行相应操作，单击黑色三角会弹出【布纹线信息】对话框，在“纸样名”和“纸样份数”前打上“√”，布纹线下方的选择是“款式名”，单击 确定(O) 按钮，相应资料就会显示在纸样上，如图 10.39 所示，放大后可以看清楚。

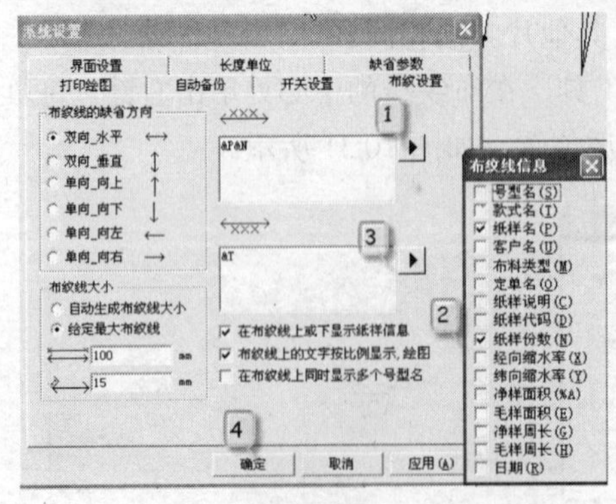

图 10.38

图 10.39

全部做好之后效果如图 10.40 所示。

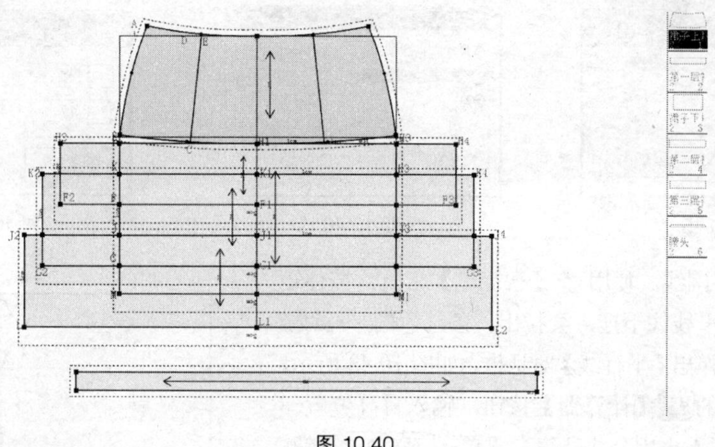

图 10.40

10.1.2 低腰分割暗褶裙样板制作

效果图如图 10.41 所示。

绘制褶裥裙的操作步骤如下。号型为 M 码。

步骤 1 定出规格表。双击打开桌面上 [RP-DGS] 图标，进入设计与放码系统的工作界面，单击菜单【号型】→【号型编辑】，弹出【设置号型规格表】对话框，输入部位名称、尺寸数据，如图 10.42 所示，单击【确定】按钮，单击【保存】工具图标，保存为“低腰分割暗褶裙”。

图 10.41

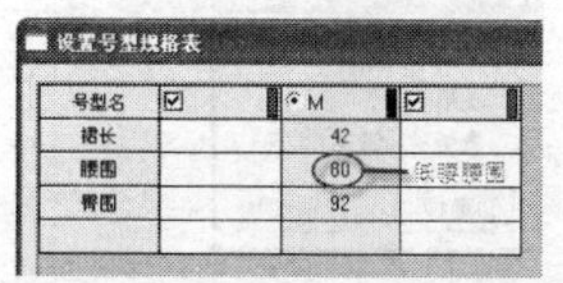

号型名	☑	⊙M	☑
裙长		42	
腰围		80	低腰腰围
臀围		92	

图 10.42

步骤 2 使用【矩形】工具画出一个长方形，弹出【矩形】对话框，如图 10.43 所示，单击右上角的【计算器】按钮，弹出【计算器】对话框，如图 10.44 所示，双击“臀围”后输入比例公式“臀围/4”，系统会自动计算出结果为 23 厘米，单击 OK 按钮后返回【矩形】对话框，把光标移到竖向箭头处，如图 10.45 所示，单击右上角的【计算器】按钮，双击“裙长”，输入裙长公式“裙长-3”(低腰不用减腰宽 3 厘米)，如图 10.46 所示，单击 OK 按钮后，再单击 确定(O) 按钮，如图 10.47 所示，就会得到一个宽度 23 厘米、长度 42 厘米的矩形，作为前裙片的基本框架。

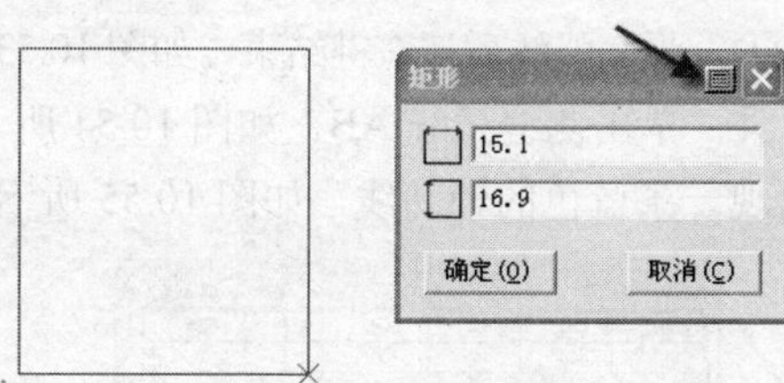

图 10.43

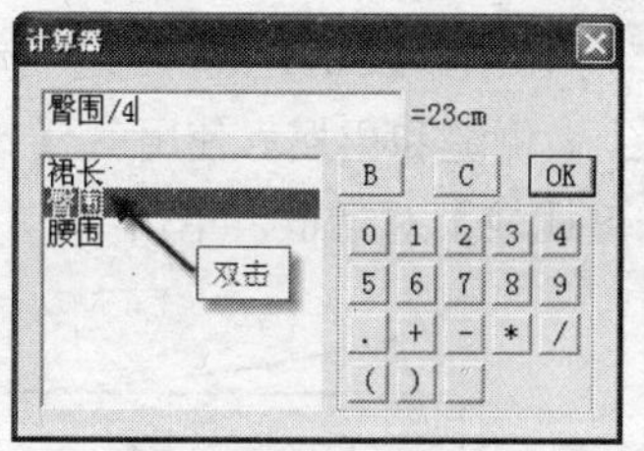

图 10.44

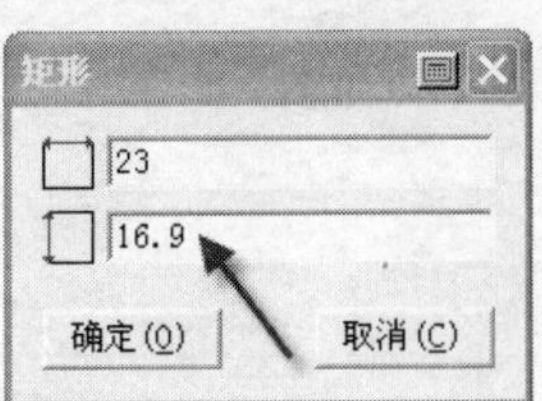

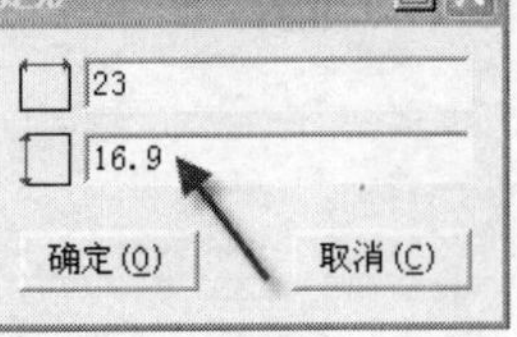

图 10.45

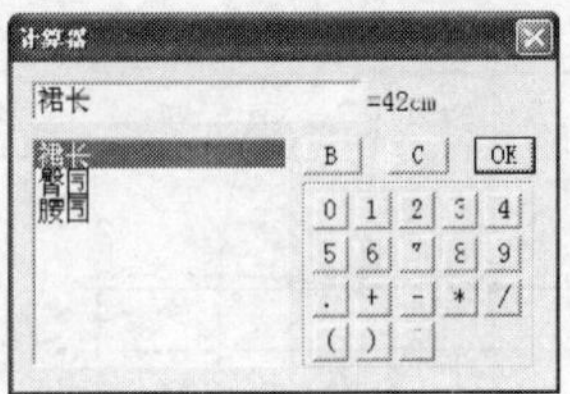

图 10.46

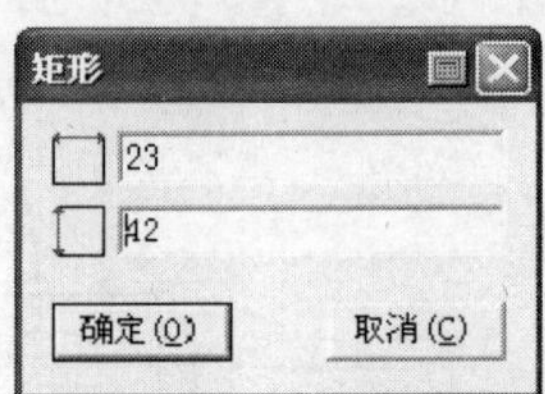

图 10.47

步骤 3 画出臀围线。使用【智能笔】工具，按住矩形上边的水平线往下拖，会拉出一条红色的平行线，单击确认后弹出【平行线】对话框，如图 10.48 所示，单击右上角的【计算器】按钮，输入臀高位置 8 厘米（低腰裙不再用公式计算），再单击 确定(O) 按钮。

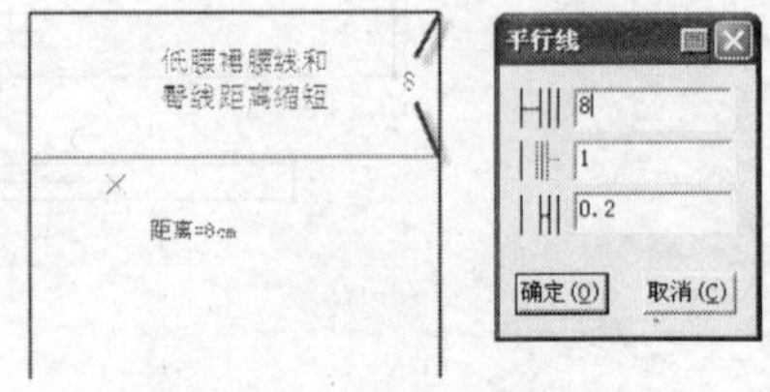

图 10.48

步骤 4 做腰线和侧缝弧线。使用【智能笔】工具，在矩形上边的水平线上单击，会出现一个点（星点）和点（太阳点），并弹出【点的位置】对话框，如图 10.49 所示，单击右上角的【计算器】按钮，双击"腰围"，输入腰围公式"腰围/4"，算出 20 厘米，如图 10.50 所示，单击 OK 按钮，再单击 确定(O) 按钮，这样就确定了腰围点的位置。然后做向上的抬高 2.5 厘米，如图 10.51 所示，最后单击 确定(O) 按钮，如图 10.52 所示。

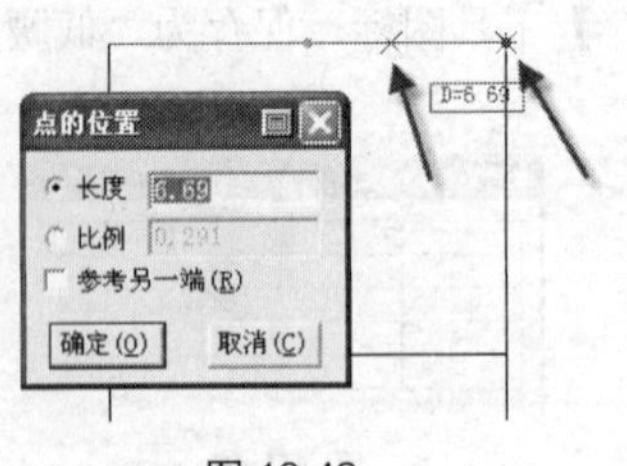

图 10.49

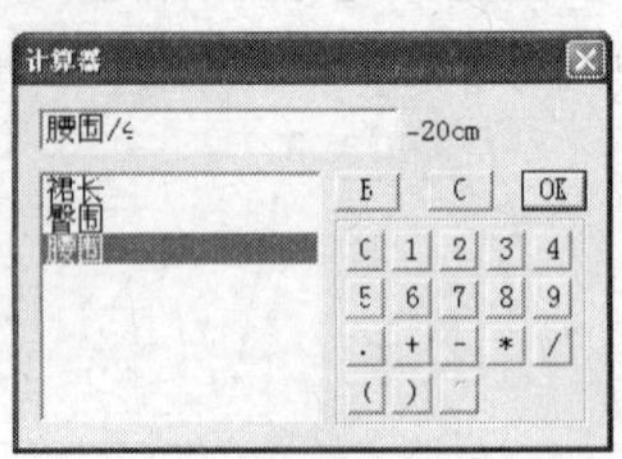

图 10.50

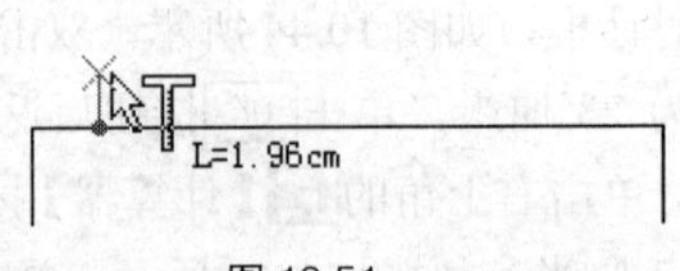

图 10.51

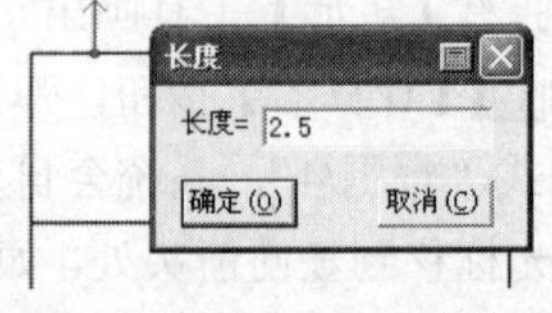

图 10.52

使用【智能笔】工具，单击右键切换状态，光标显示为 ，分别画出腰弧线和侧缝弧线（弧线最少 3 点以上），在点中间点的时候因为距离比较近系统会自动粘合到直线上去，要按住【Ctrl】键，两个端点则不用按【Ctrl】键，让它自动粘合到端点去，画完弧线后按右键结束，如图 10.53 所示。

步骤 5 做侧缝和裙摆。使用【比较长度】工具，单击侧缝弧线 AB，如图 10.54 所示。弹出【长度比较】对话框，单击 记录 按钮，会出现一条蓝色的辅助线，如图 10.55 所示。

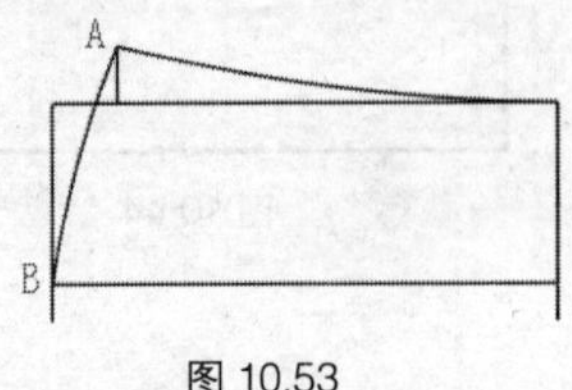

图 10.53

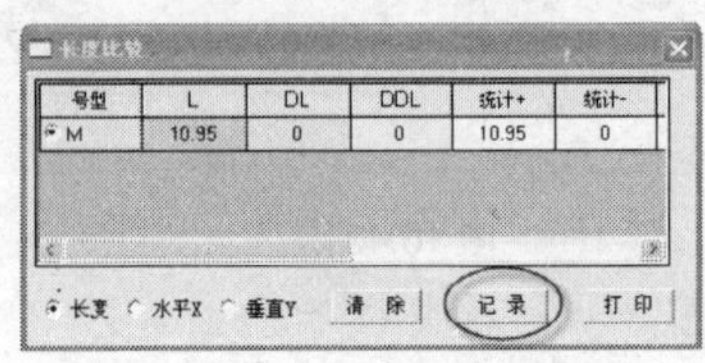

图 10.54

使用【智能笔】工具，从B点往左下方做直线BC，弹出【长度和角度】对话框，如图10.56所示。单击右上角的【计算器】按钮，输入“裙长-★”（★为刚才测量的AB弧线的长度代号，是系统自动给出的），单击OK按钮，再单击确定(O)按钮。BC弧线要求和AB弧线能圆顺连接，如图10.57所示。最后圆顺连接下摆弧线即可。

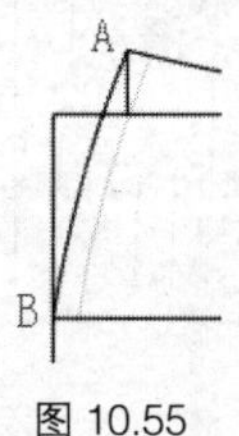

图 10.55

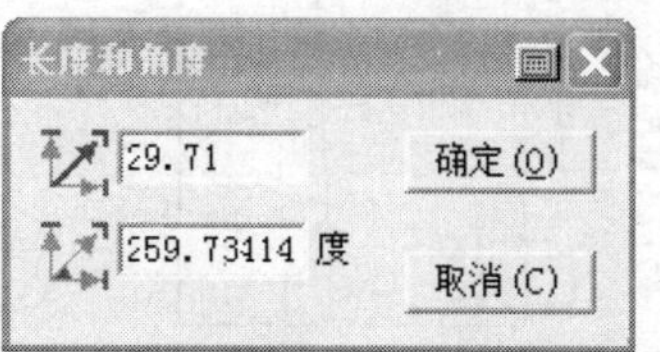

图 10.56

步骤 6 做分割线。使用【智能笔】工具，按住【Shift】键，用鼠标按住腰线AD往下拖动，光标会变成，进入【相交等距线】功能，移动鼠标再分别单击和腰线AD相邻的两条线AB和前中线DF，弹出【平行线】对话框，按图输入数据完成（这里一起做两条分割，一条是低腰宽度3.5厘米，一条是褶位的分割），如图10.58所示。因为BC和AB是分开画的，所以G点和BC有可能没有相连，放大观看，如果没有连住的话继续使用【智能笔】工具单向靠边功能，用鼠标左键框选想要靠边的一组线GH，然后用左键单击被靠边的基线BG，光标变成，在空白处单击鼠标右键即可。

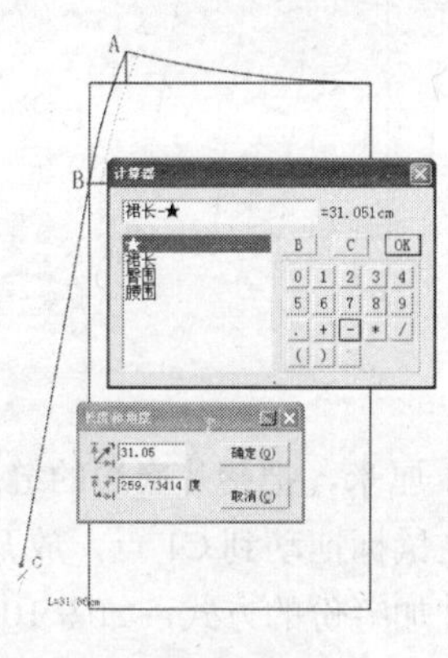

图 10.57

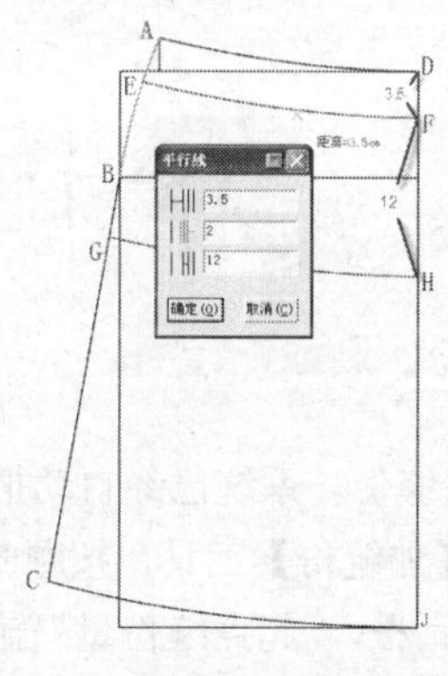

图 10.58

步骤 7 加工字褶。先使用【剪断线】工具，在H点把中线HJ剪断，在G点把侧缝线AC剪断，然后使用【旋转】工具中的【移动】工具，如果光标为是【移动】工具，按【Shift】键切换成【复制】工具，把线条GH复制一遍。做好这些准备工作后，使用【褶展开】工具，根据提示操作，分别单击要操作的线GC、CJ、JH、HG，单击右键结束选择，被选线条变成红色，单击上段折线GH，选中线条变成绿色，单击下段折线CJ，选中线条变成蓝色（注意固定端点上下要一致），单击右键结束选择，在弹出【结构线 刀褶/工字褶展开】对话框中修改褶线条数和展开量，如图10.59所示。

步骤 8 展开前片。使用【旋转】工具中的【对称】工具，如果光标为是【对称移动】工具，按【Shift】键可以切换成【对称复制】工具，对称的操作顺序是先单击对称轴线的两点DH，然后单击或框选要对称的部分，如图10.60所示。此时对称的线还是红色，需要单击右键确认，确认后变成黑色，才完成操作。

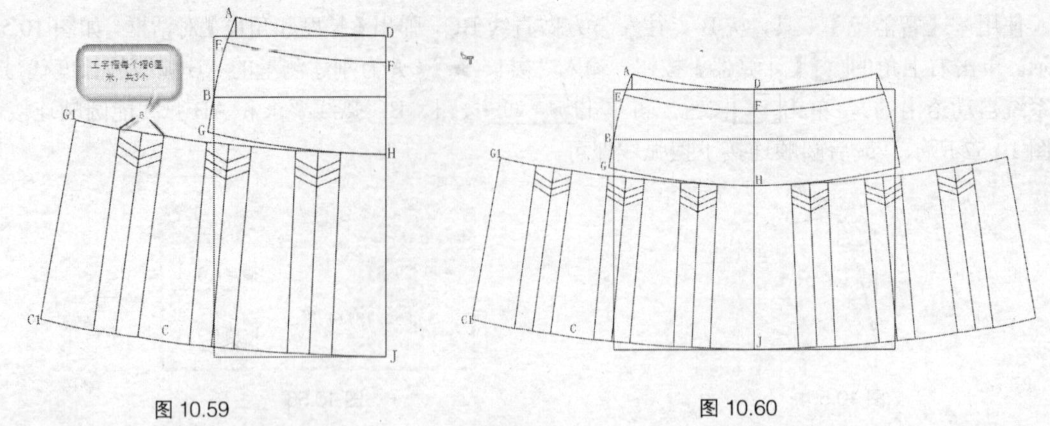

图 10.59　　　　图 10.60

步骤 9　剪出轮廓线，生成纸样。使用【剪刀】工具，依次单击纸样的外轮廓线条，直至形成封闭区域，如图 10.61 所示，生成裙片、褶片和腰头的纸样。后片的形状可以和前片完全一样，就不再另做。

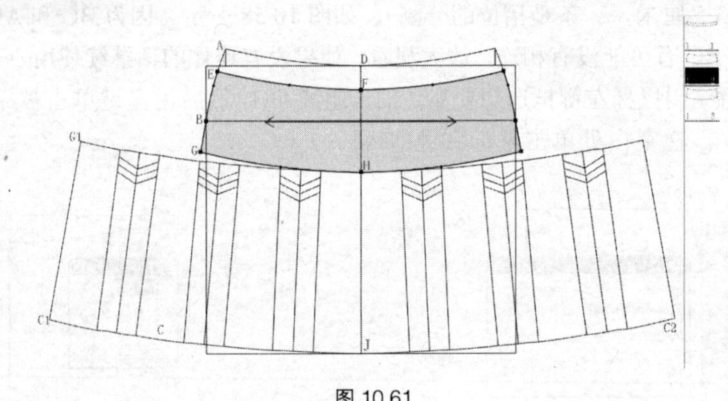

图 10.61

步骤 10　调整缝份。系统已经自动把每片缝份全部设为 1 厘米，把褶片底边的缝份改为 3 厘米，使用【加缝份】工具，按顺时针方向在 C2 点按住鼠标拖动到 C1 点，放开后，弹出【加缝份】对话框，“起点缝份量”输入“3”，选择第二种加缝份的方式，如图 10.62 所示，再单击 确定(O) 按钮。其他片方法相同。

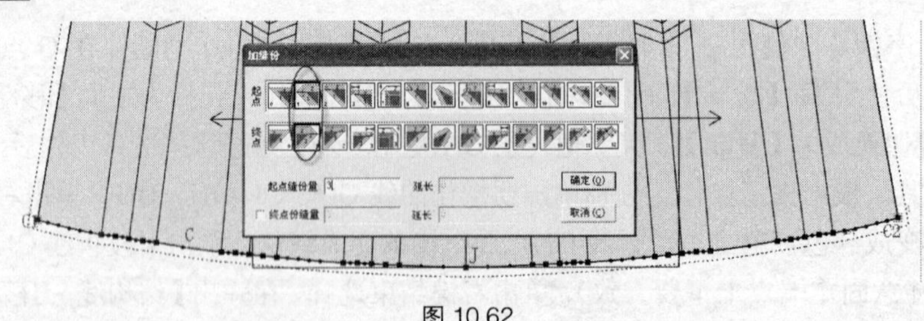

图 10.62

步骤 11　调整布纹线。使用【布纹线】工具，在布纹线的中心处单击右键，每单击一次旋转 45 度，如图 10.63 所示，直到调整到合适位置，如图 10.64 所示。

步骤 12　输入纸样资料并显示。单击【纸样】菜单，选择【款式资料】命令，如图 10.65 所示，弹出【款式信息框】对话框，如图 10.66 所示，在款式名中输入“低腰分割暗褶裙”（一个款式只需输入一次），单击 确定(O) 按钮。

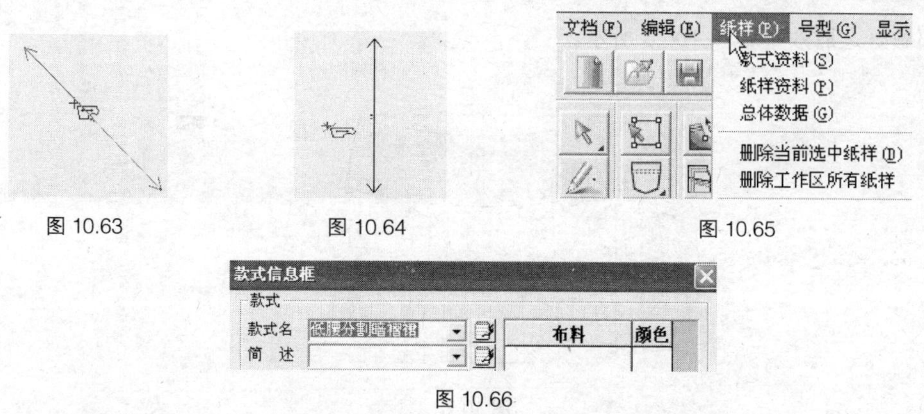

图 10.63　　图 10.64　　图 10.65

图 10.66

纸样资料可以在屏幕右上方的纸样陈列栏中双击，如图 10.67 所示，弹出【纸样资料】对话框，如图 10.68 所示，输入名称和份数，单击 应用 按钮。分别输入裁片的资料，要在布纹线上显示出相应的纸样资料，单击上方菜单栏中【选项】菜单，选择【系统设置】，如图 10.69 所示，弹出【系统设置】对话框，如图 10.70 所示，选择【布纹设置】选项卡。

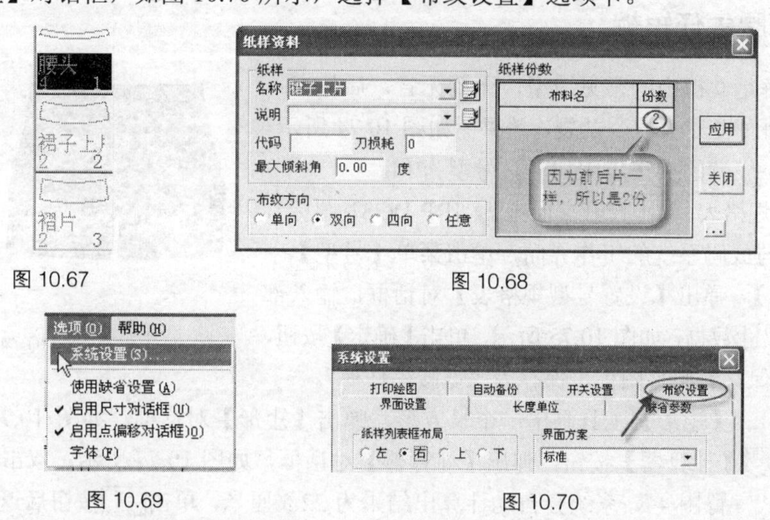

图 10.67　　图 10.68

图 10.69　　图 10.70

在弹出的【系统设置】对话框中，按图 10.71 中标出的顺序，进行相应操作，单击黑色三角会弹出【布纹线信息】对话框，在“纸样名”和“纸样份数”前打上“√”，布纹线下方的选择是“款式名”，单击 确定(O) 按钮，相应资料就会显示在纸样上，如图 10.72 所示，放大后可以看清楚。

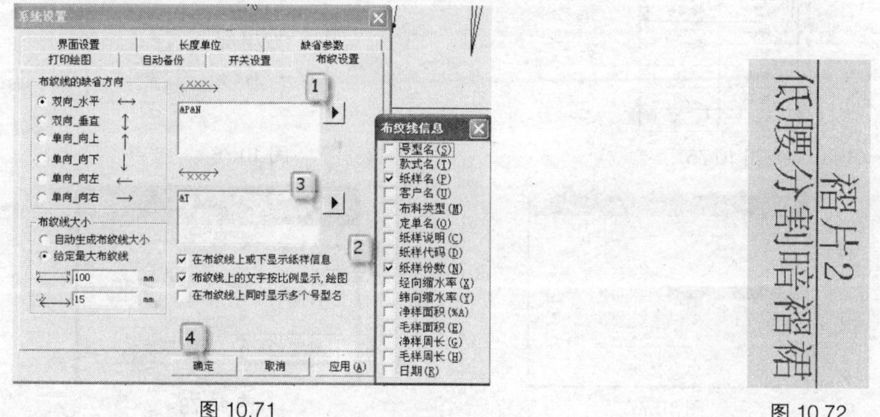

图 10.71　　图 10.72

全部做好之后效果如图 10.73 所示。

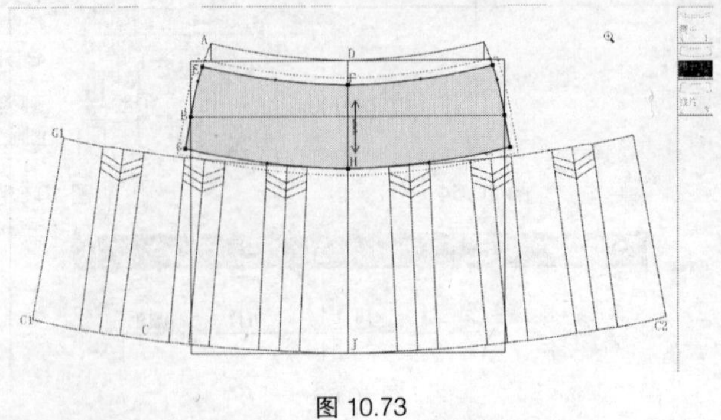

图 10.73

10.2 时装裤型变化

10.2.1 低腰牛仔短裤

图 10.74

低腰牛仔裤是女裤中的常见造型，无褶无省，后片有一个育克分割，侧面设计了一个贴袋，效果图如图 10.74 所示。

绘制低腰牛仔裤的操作步骤如下。号型为 M。

步骤 1 定出规格表。双击打开桌面上 [RP-DGS] 图标，进入设计与放码系统的工作界面，单击菜单【号型】→【号型编辑】，弹出【设置号型规格表】对话框，输入部位名称、尺寸数据，如图 10.75 所示，单击【确定】按钮，单击【保存】工具图标，保存为“低腰牛仔裤”。

步骤 2 使用【矩形】工具画出一个长方形，弹出【矩形】对话框，如图 10.76 所示，单击右上角的【计算器】按钮，弹出【计算器】对话框，如图 10.77 所示，双击“臀围”后输入比例公式“臀围/4”，系统会自动计算出结果为 22.5 厘米，单击 OK 按钮后返回【矩形】对话框，把光标移到竖向箭头处，如图 10.78 所示，单击右上角的【计算器】按钮，双击“直档”，如图 10.79 所示，得到 20 厘米（因是低腰裤，此处已包括腰宽）。

设置号型规格表

号型名	M
裤长	28
臀围	90
直档	20
腰围	80
脚口	25

图 10.75

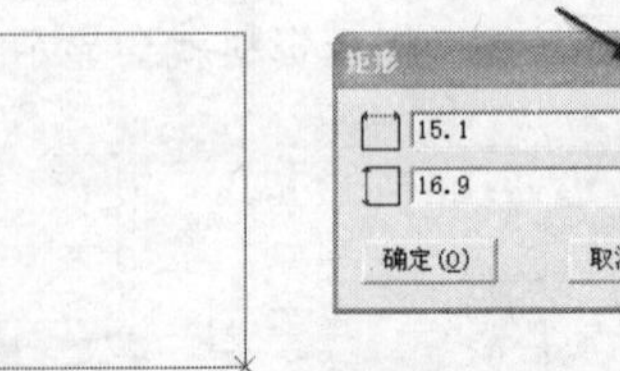

图 10.76

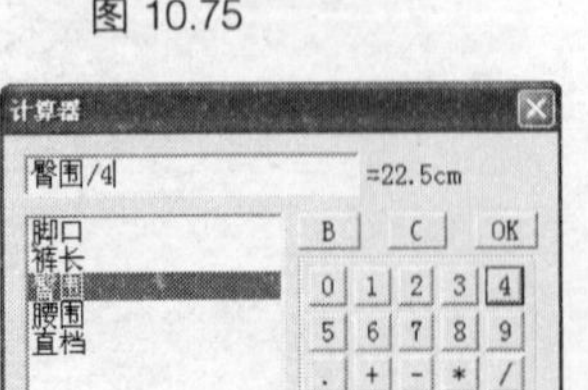

图 10.77

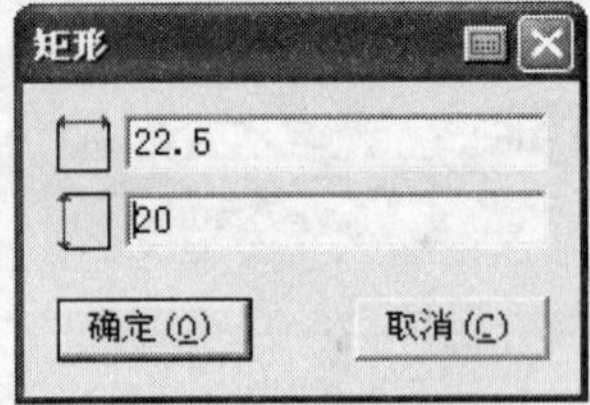

图 10.78

单击 OK 按钮后，再单击 确定(O) 按钮，如图 10.80 所示，就会得到一个宽度 22.5 厘米、长度 20 厘米的矩形，作为前裤片的上部。

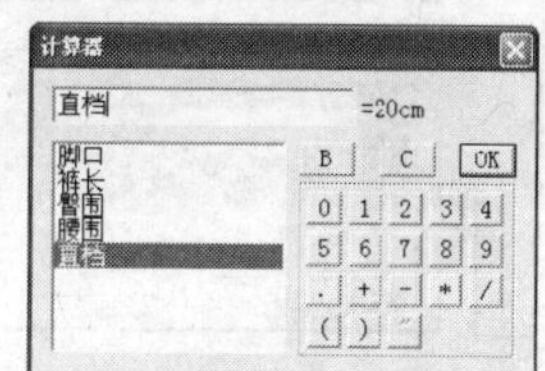

图 10.79

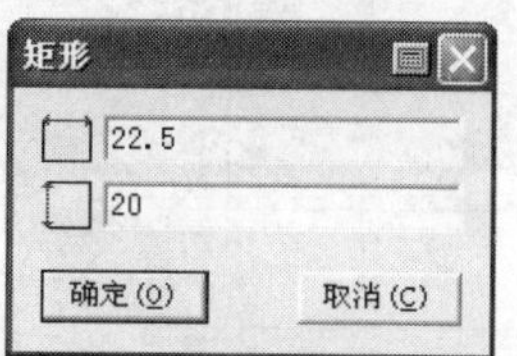

图 10.80

步骤 3 画出臀围线。使用【智能笔】工具，按住矩形下边的水平线往上拖，会拉出一条红色的平行线，单击确认后弹出【平行线】对话框，如图 10.81 所示，单击右上角的【计算器】按钮，输入数值“8”（低腰裤不能再用三等分的方法，而是按平均直档长 24 厘米的三分之一来定出臀围线），再单击 确定(O) 按钮。

步骤 4 做前档宽。继续使用【智能笔】工具，画出前档宽线段 AB，单击右上角的【计算器】按钮，输入前档宽公式“臀围/20-0.5”，如图 10.82 所示，单击 OK 按钮，再单击 确定(O) 按钮。

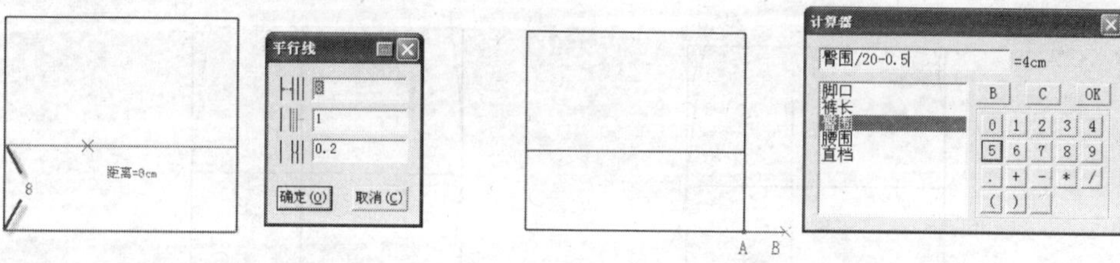

图 10.81

图 10.82

步骤 5 做裤长。使用【智能笔】工具，画出裤长线段 CD，单击右上角的【计算器】按钮，输入“裤长”，得到 28 厘米，单击 OK 按钮，再单击 确定(O) 按钮，如图 10.83 所示（腰头也包括在裤长中，不需要另外减去）。使用【矩形】工具单击 BD，如图 10.84 所示。

步骤 6 做裤中线。使用【等份规】工具，把脚口 DE 两等分，得到中点 F，使用【智能笔】工具，画出【裤中线】线段 FG，如图 10.85 所示。

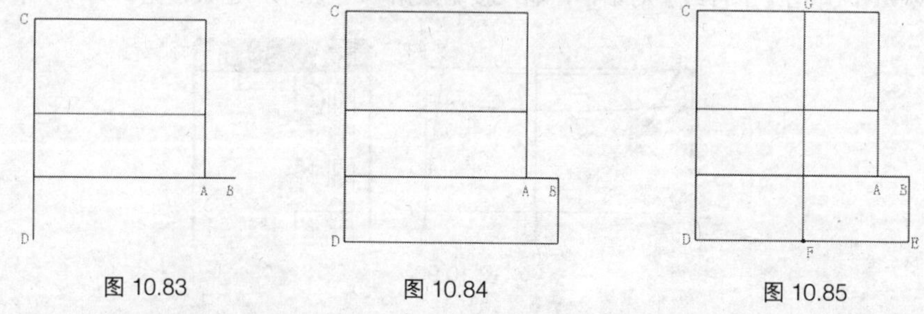

图 10.83

图 10.84

图 10.85

步骤 7 做前档弧线。使用【智能笔】工具，以前中心 M1 点为参考点，偏移 1.5 厘米得到 M 点，依次圆顺连接前档弧线 MNB，如图 10.86 所示。

步骤 8 做脚口。使用【等份规】工具，按【Shift】键，光标变成【线上反向等分点】工具，单击 F 点后向两边拉开 Q、R 点，光标停在单向长度中，单击右上角的【计算器】按钮，输入脚口计算公式“(脚口-3)/2”，得到结果 11 厘米，单击 确定(O) 按钮，如图 10.87 所示。

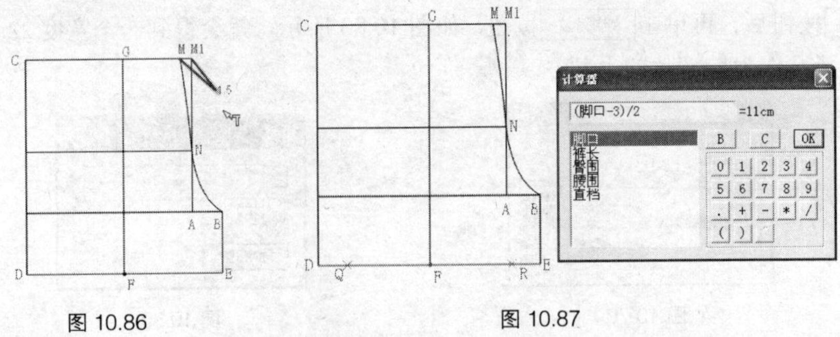

图 10.86　　图 10.87

步骤 9　定腰围点。先使用【剪断线】工具，把腰线 CM 在 M 处剪断，然后使用【智能笔】工具，以 M 点为参考点，往左在腰线上单击，弹出对话框后单击右上角的【计算器】按钮，输入腰围公式“腰围/4”，单击 OK 按钮，再单击 确定(O) 按钮，得到腰围点 P，单击右键切换状态，光标显示为，圆顺连接 PHQ，如图 10.88 所示。

步骤 10　连接轮廓。使用【智能笔】工具，先弧线线连接 BR，再把 G 点下降 0.5 厘米，圆顺连接前腰线 MGP，如图 10.89 所示。

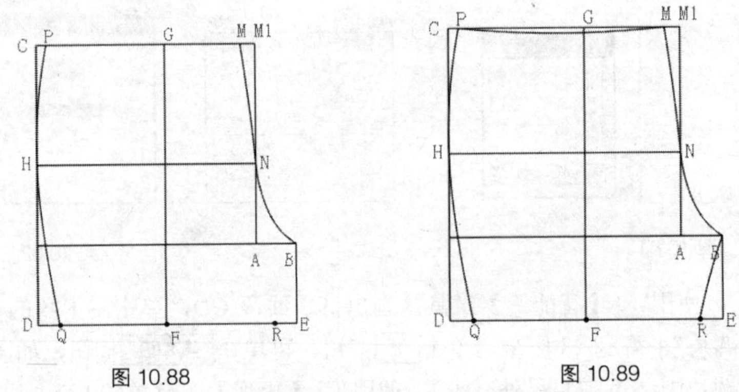

图 10.88　　图 10.89

步骤 11　画出前片腰宽。使用【智能笔】工具，按住【Shift】键，用鼠标按住腰线 PM 往下拖动，光标会变成，进入【相交等距线】功能，移动鼠标再分别单击和腰线 PM 相邻的两条线 PH 和前中线 MN，弹出【平行线】对话框，输入腰宽数据“3”厘米，完成腰宽 P1P2，如图 10.90 所示。

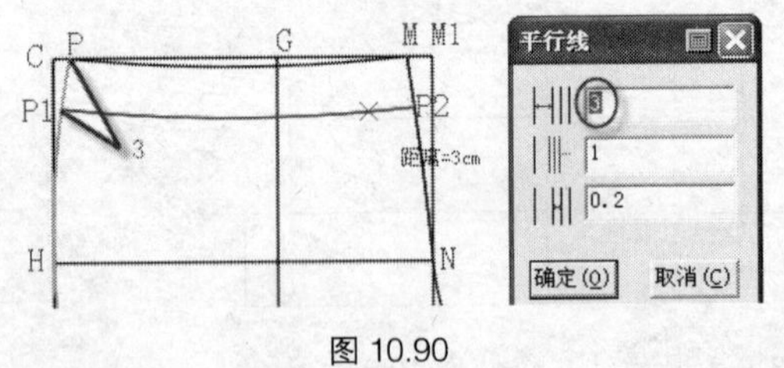

图 10.90

步骤 12　画出前片袋位。使用【智能笔】工具，在腰线上距离 P 点往下 10 厘米的 HI 点圆顺连接距离 P1 点 11 厘米的 X 点，做出前插袋口造型，如图 10.91 所示。

步骤 13　做好的裤子前片如图 10.92 所示。

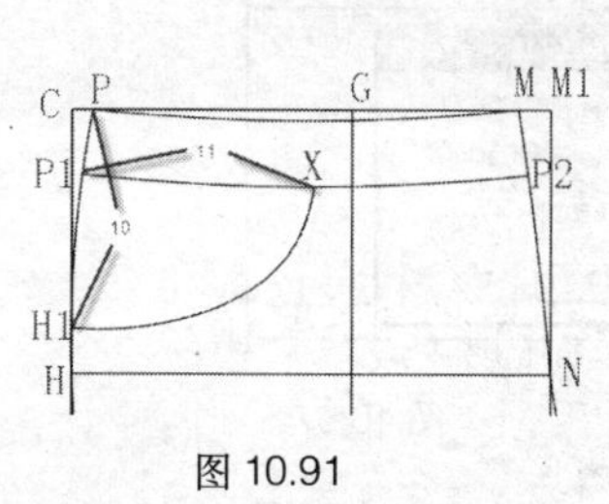

图 10.91

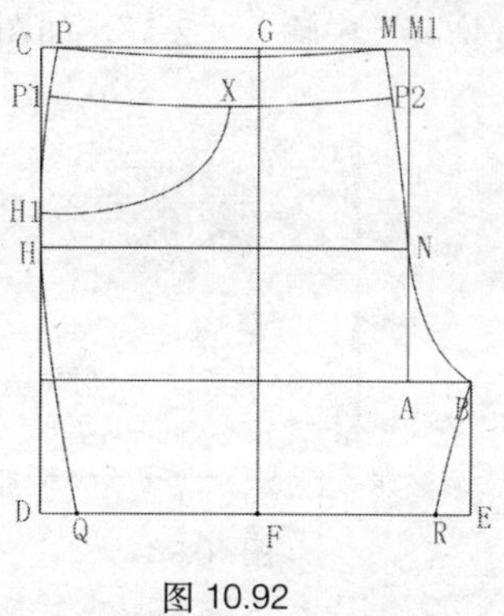

图 10.92

步骤 14 复制前片做后片。后片的做法是在前片的基础上修改完成，所以先把前片复制，使用【旋转】工具中的【移动】工具，如果光标为是【移动】工具，按【Shift】键转换成【复制】工具，先用左键选中要复制或移动的线（现在是用左键拉框全部选红前片），然后按右键，再用左键选中任意一个太阳点向右拖动（在拖动过程中可以按住【Ctrl】键保证水平移动），最后在相应位置点左键确认。使用【橡皮擦】工具删除一些不需要用到的线条，避免线条太多，如图 10.93 所示。

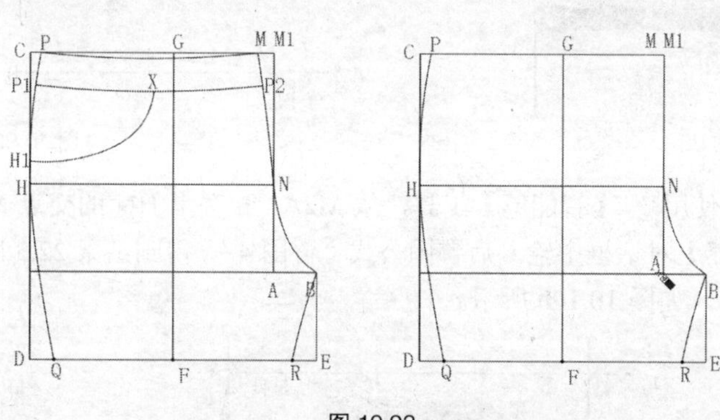

图 10.93

步骤 15 做后片档线。将 A 点垂直下降 1.5 厘米（短裤下降量比长裤大）得到 A1，再水平向右做后档宽，在计算器中输入公式“臀围/10-1”，得到结果 9 厘米，做出后档宽线 A1B1，如图 10.94 所示。

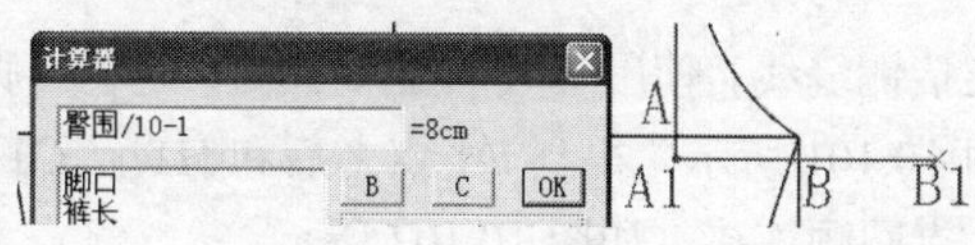

图 10.94

步骤 16 做后档弧线。使用【智能笔】工具，在后片腰线 MC 上单击找点（太阳点在 M 上），弹出【点的位置】对话框，在“长度”框中输入“2.5”，得到 M2 点（因从做前片的时候 M 点是剪断的，所以从 M 点到 M2 点只要做 2.5 厘米就够了，M1 到 M2 就有 4 厘米），如图 10.95 所示，单击 确定(O) 按钮，然后和 A1 点直线连接，如图 10.96 所示。使用【智能笔】工具，按住【Shift】键，在线段 M2A1 上单击右键（靠近 M2 点出现太阳点），弹出【调整曲线长度】对话框，

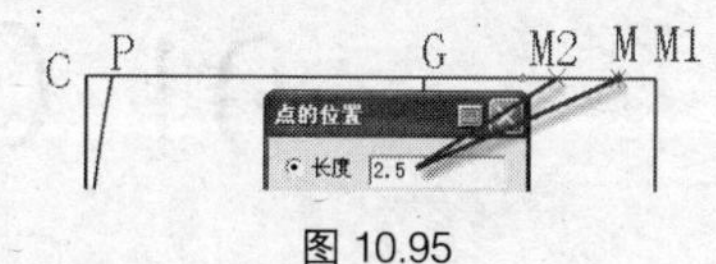

图 10.95

在“长度增减”中输入“2.5”，如图 10.97 所示，单击 确定(O) 按钮，M2 点会延长 2.5 厘米。

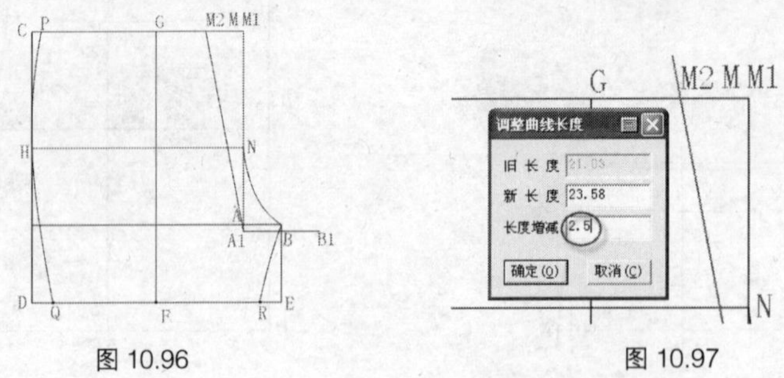

图 10.96　　　　图 10.97

步骤 17 画后腰线。使用【圆规】工具，单击 M1 点，然后再 MC 上找任意一点单击，弹出【单圆规】对话框，单击右上角的【计算器】按钮，输入腰围计算公式“腰围/4”，得到结果 20 厘米，单击 确定(O) 按钮，如图 10.98 所示，得到的 C1 点超出了 MC（这个点位在 C 点左右都是允许的，但偏差不要大于 2 厘米），使用【调整工具】把腰线 M2C1 稍微往下调整做成弧线，如图 10.99 所示。

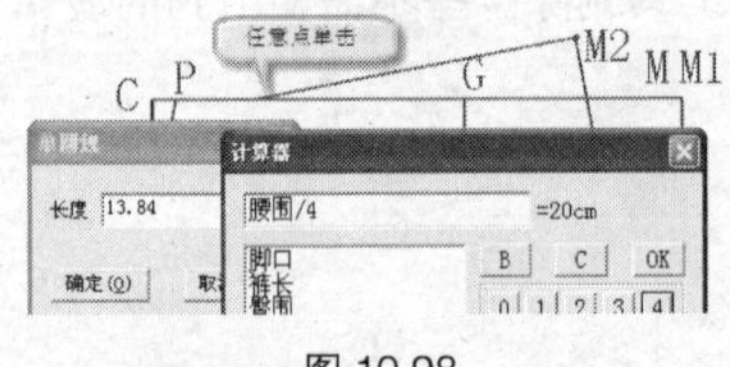

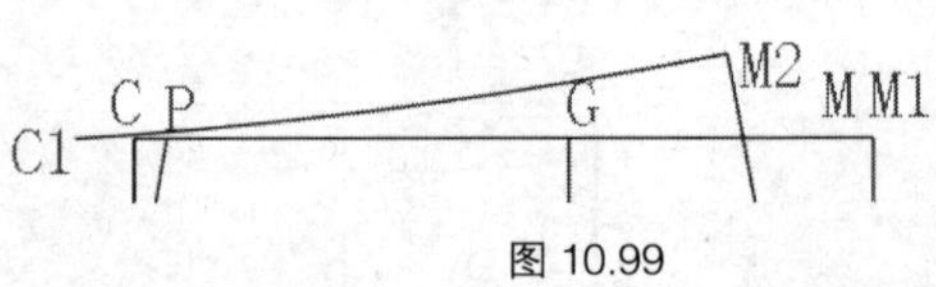

图 10.98　　　　图 10.99

步骤 18 做后臀围。使用【智能笔】工具，从 M2A1 和臀围 HN 的交点 N1 开始，做一条水平线，在【计算器】对话框中输入后臀围公式“臀围/4”，得到结果 22.5 厘米，单击 确定(O) 按钮，落点为 H1，如图 10.100 所示。

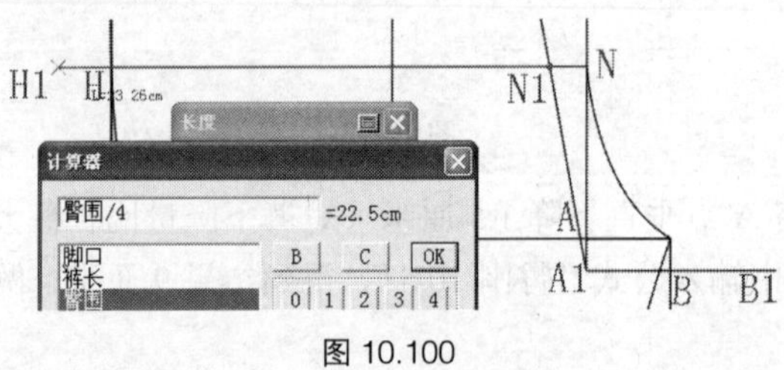

图 10.100

步骤 19 做后片脚口宽并连接侧缝线。使用【智能笔】工具，单击脚口线上的 D1 点，距离前脚口 Q 点 2 厘米，如图 10.101 所示，得到 D1 点之后和 H1 点 C1 点圆顺连接，距离 R 点 4 厘米做出 E1 点，和 B1 点圆顺连接，如图 10.102 所示。

图 10.101　　　　图 10.102

步骤 20 使用【比较长度】工具比较前后内侧缝弧线 BR 和 B1E1 的长度，先单击弧线 BR，弹

出【长度比较】对话框，在空白处单击右键，再左键单击弧线 B1E1，得出两条线的差量 1.05，如图 10.103 所示，单击 记录 按钮，弹出【尺寸变量】对话框，单击 确定(O) 按钮，如图 10.104 所示。使用【智能笔】工具，按住【Shift】键，在线段 B1E1 上单击右键（靠近 E1 点出现太阳点），弹出【调整曲线长度】对话框，在“长度增减”中用【计算器】工具输入刚才记录的“★”，如图 10.105 所示，单击 确定(O) 按钮，E1 点会延长 1.044 厘米，如图 10.105 所示。

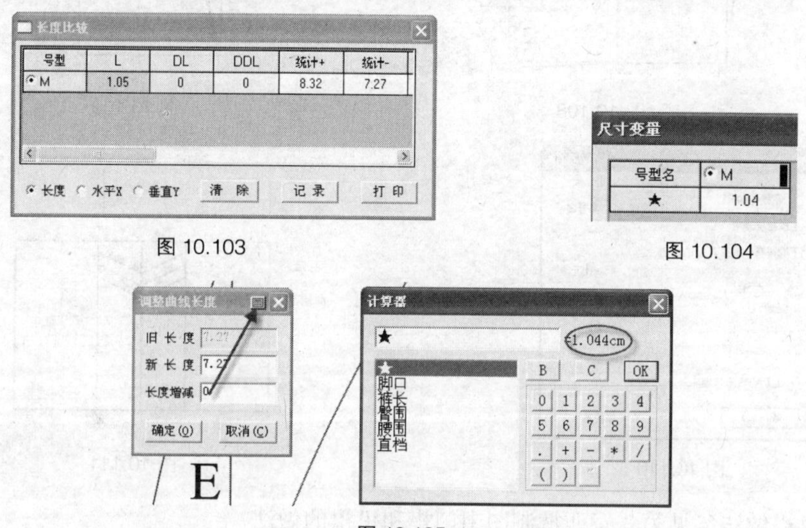

图 10.103

图 10.104

图 10.105

步骤 21 连接后片轮廓。使用【智能笔】工具，圆顺连接下摆弧线 D1E1，后档弧线 M2N1B1，如图 10.106 所示。把多余的线条删除，只剩下后片的轮廓线，如图 10.107 所示。

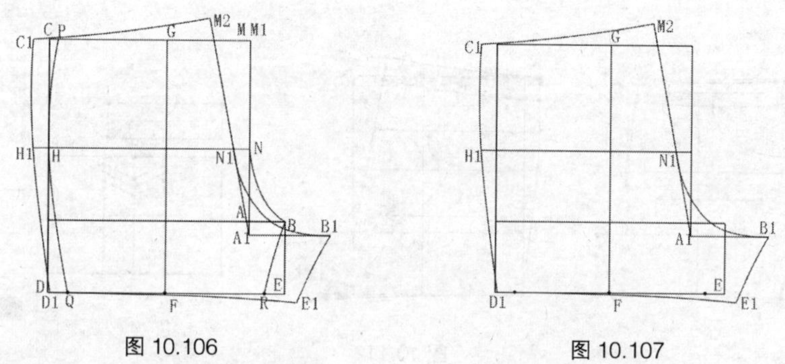

图 10.106

图 10.107

步骤 22 做后腰和后育克分割。使用【智能笔】工具，按住【Shift】键，用鼠标按住腰线 C1M2 往下拖动，光标会变成，进入【相交等距线】功能，移动鼠标再分别单击与腰线 C1M2 相邻的两条线 C1H1 和 M2N1，弹出【平行线】对话框，输入腰宽数据“3”厘米，完成腰宽 P3P4。继续使用【智能笔】工具，做出育克分割线 P5P6，其中 P5 距离 P3 间隔 4 厘米，P6 距离 P4 间隔 6.5 厘米，如图 10.108 所示。

步骤 23 做口袋。使用【矩形】工具画出长方形，袋盖大小是 15×4.5，口袋大小是 15×15，如图 10.109 所示。口袋中间有个暗褶，使用【褶展开】工具，按下面提示进行操作，首先框选 SUWT 这个矩形，按右键结束，然后单击上段折线 ST，再单击下段折线 UW，按右键后弹出【结构线 刀褶/工字褶展开】对话框，如图 10.110 所示，把上、下褶展开量输入“8”，单击 确定(O) 按钮，完成褶展开，如图 10.111 所示。

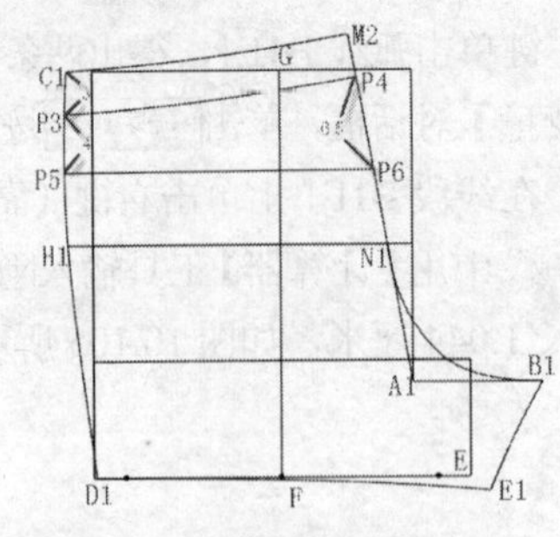

图 10.108

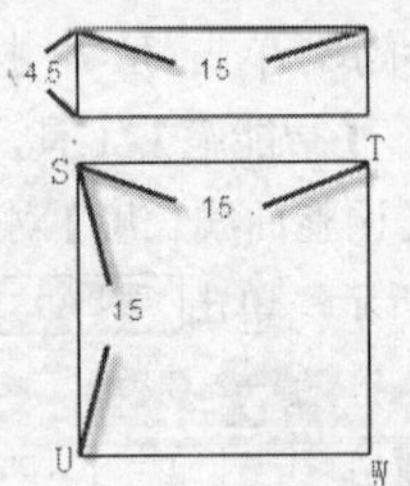

图 10.109

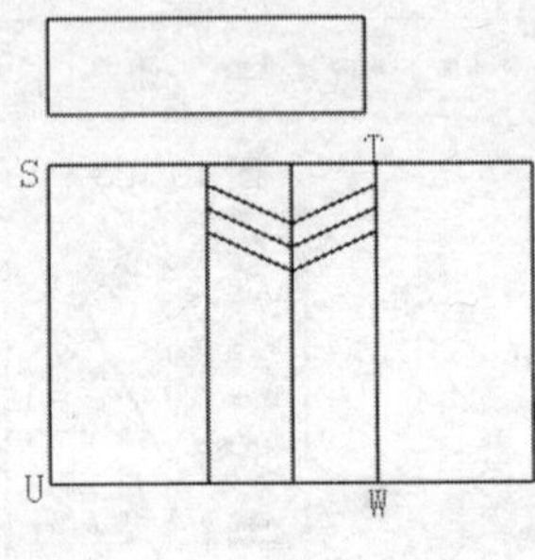

图 10.110

图 10.111

门襟和里襟做法参见第 3 章西裤制图中门襟和里襟的做法。

步骤 24 剪出轮廓线，生成纸样。使用【剪刀】工具，依次单击纸样的外轮廓线条，直至形成封闭区域，如图 10.112 所示，生成前后腰、育克、前后片和袋盖、口袋纸样。单击右键，光标变成，单击添加纸样辅助线，单击右键结束。

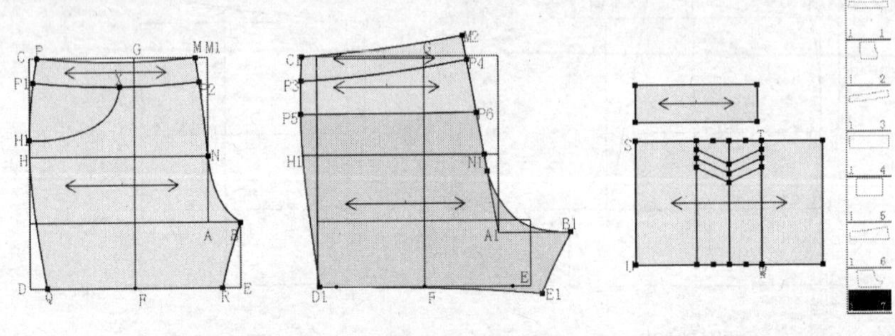

图 10.112

步骤 25 调整缝份。系统已经自动放缝 1 厘米，将脚口的缝份改为 3 厘米，使用【加缝份】工具，前片按顺时针方向在 R 点按住鼠标拖动到 Q 点，放开后，弹出【加缝份】对话框，“起点缝份量”输入“3”，选择第二种加缝份的方式，如图 10.113 所示，再单击确定(O)按钮。后片方法相同，在 E1 点按住鼠标拖动到 D1 点，结果如图 10.114 所示。

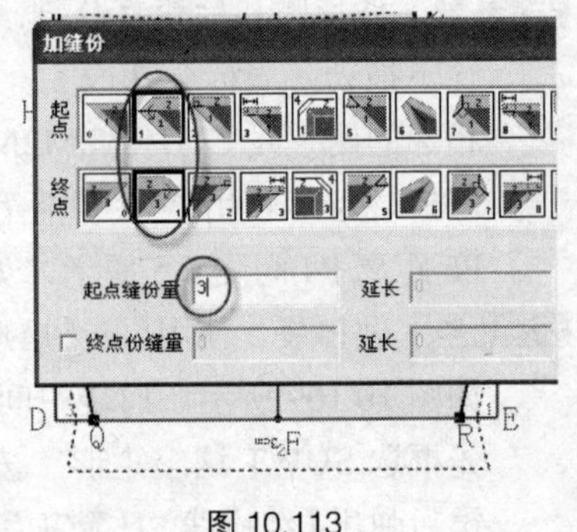

图 10.113

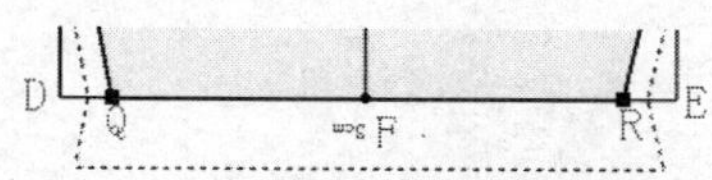

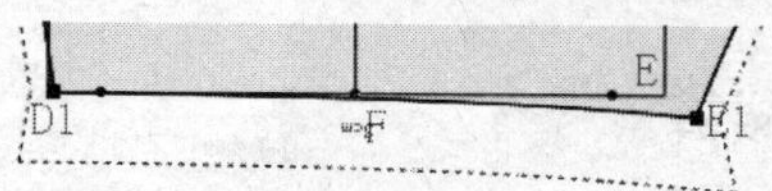

图 10.114

步骤 26 调整布纹线。使用【布纹线】工具，在布纹线的中心处单击右键，每单击一次旋转45度，将所有纸样的布纹线调整到正确位置，如图 10.115 所示。

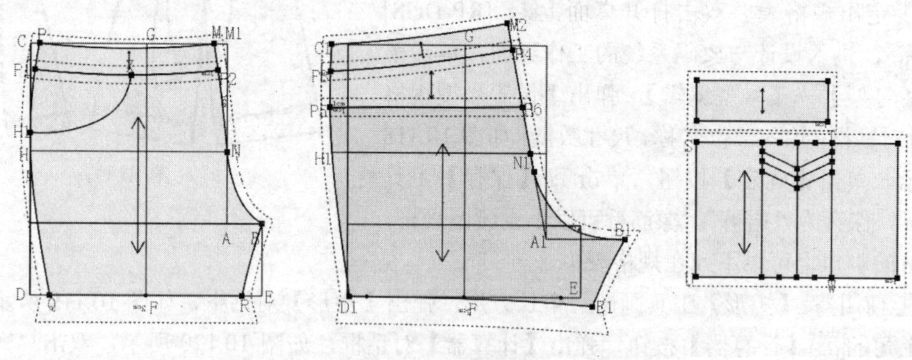

图 10.115

步骤 27 输入纸样资料并显示。单击【纸样】菜单，选择【款式资料】命令，在款式名中输入“低腰牛仔裤”，单击 确定(O) 按钮。

纸样资料可以在屏幕右上方的纸样陈列栏中双击，弹出【纸样资料】对话框，输入名称和份数，单击 应用 按钮。分别输入前后腰、育克、前后片和袋盖、口袋纸样的资料，要在布纹线上显示出相应的纸样资料，单击上方菜单栏中【选项】菜单，选择【系统设置】命令，弹出【系统设置】对话框，选择【布纹设置】选项卡。

在弹出的【系统设置】对话框中，单击黑色三角会弹出【布纹线信息】对话框，在“纸样名”和“纸样份数”前打上“√”，布纹线下方的选择是“款式名”和“号型名”，单击 确定(O) 按钮，相应资料就会显示在纸样上，放大后可以看清楚。

全部做好之后效果如图 10.116 所示。

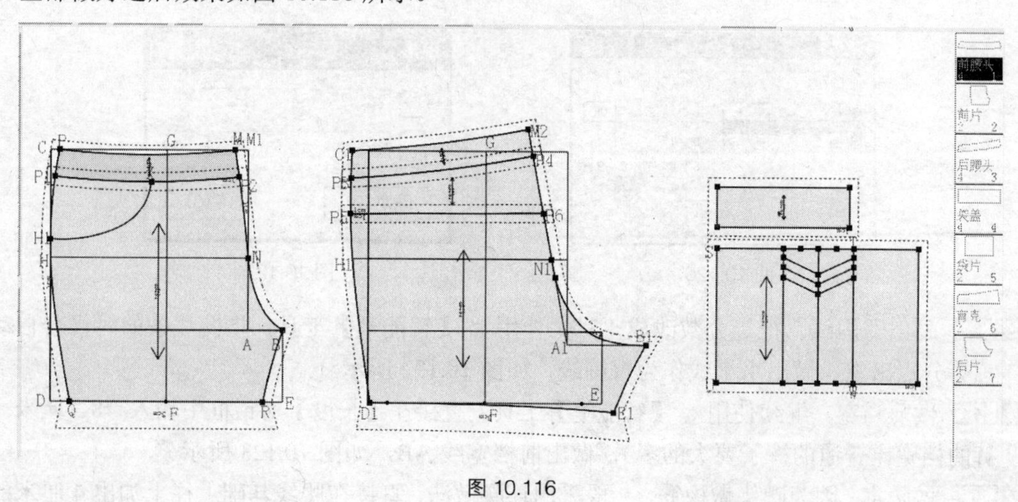

图 10.116

10.2.2 裙裤

裙裤是一种介于裙和裤子造型之间的的一种款式，主要以宽松型为主，本款做成连腰橡筋腰头，效果图如图 10.117 所示。

图 10.117

绘制裙裤的操作步骤如下。号型为 M。

步骤 1 定出规格表。双击打开桌面上 [RP-DGS] 图标，进入设计与放码系统的工作界面，单击菜单【号型】→【号型编辑】，弹出【设置号型规格表】对话框，输入部位名称、尺寸数据，如图 10.118 所示，单击【确定】按钮，单击【保存】工具图标，保存为“裙裤”。橡筋裤可以不设腰围规格，裙裤的脚口也可以不列在规格表中。

步骤 2 使用【矩形】工具画出一个长方形，弹出【矩形】对话框，如图 10.119 所示，单击右上角的【计算器】按钮，弹出【计算器】对话框，如图 10.120 所示，双击“臀围”后输入比例公式“臀围/4”，系统会自动计算出结果为 26 厘米，单击 OK 按钮后，返回【矩形】对话框，把光标移到竖向箭头处，单击右上角的【计算器】按钮，双击“直档”，如图 10.121 所示，得到 30 厘米，单击 OK 按钮后，再单击 确定(O) 按钮，就会得到一个宽度 26 厘米、长度 30 厘米的矩形，作为前裤片的上部。

设置号型规格表

号型名	M
裤长	100
臀围	104
直档	30

图 10.118

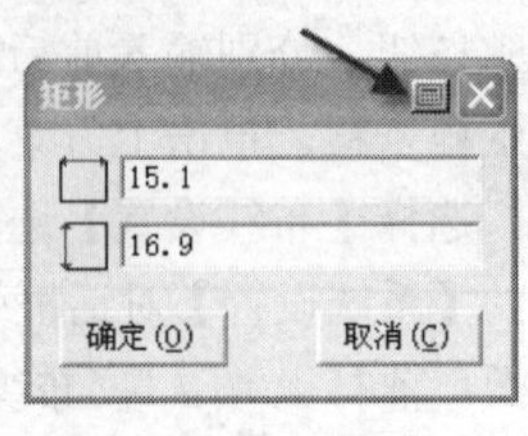

图 10.119

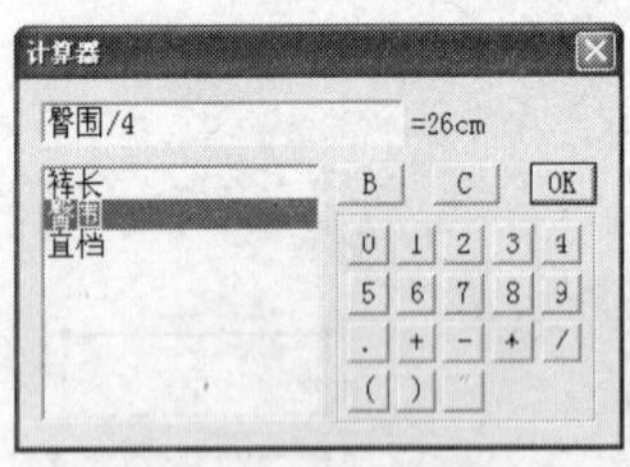

图 10.120

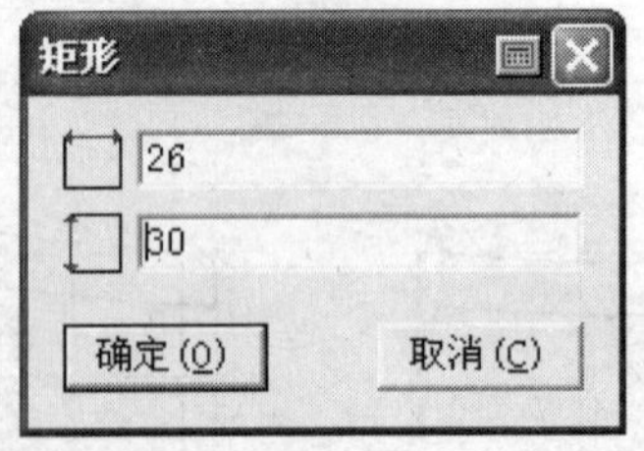

图 10.121

步骤 3 画出臀围线。把等分数改成“3”，使用【智能笔】工具，指向线条的时候会自动有三等分点出现，做出水平线作为臀围线，如图 10.122 所示。

步骤 4 做前档宽。继续使用【智能笔】工具，直接在【长度】对话框中输入“8”厘米（裙裤的档宽比普通的裤子要大的多），做出前档宽线 AB，如图 10.123 所示。

步骤 5 做腰宽。因为腰头做橡筋，一般采用连腰做法，直接在腰线基础上往上加出 4 厘米的长方形作为腰宽，如图 10.124 所示。

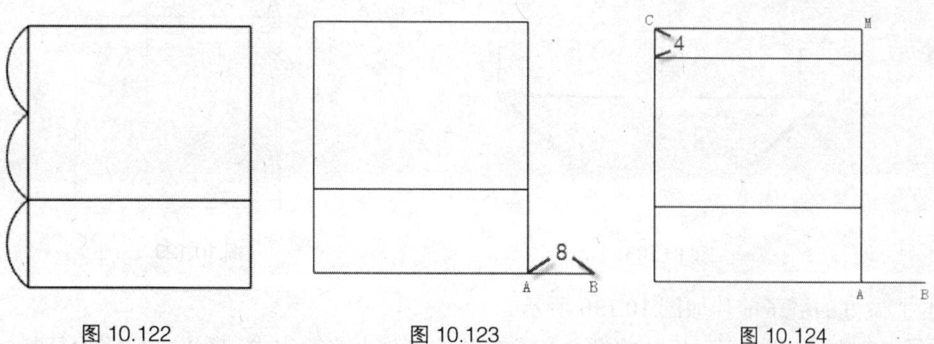

图 10.122　　图 10.123　　图 10.124

步骤 6 做裤长。使用【智能笔】工具，画出【裤长】线段 CD，单击右上角的【计算器】按钮，输入“裤长”，得到 100 厘米，单击 OK 按钮，再单击 确定(O) 按钮，如图 10.125 所示。使用【矩形】工具单击 BD，做成矩形，把等分数改成“2”，在脚口 DE 的两等分点 F，使用【智能笔】工具，画出【裤中线】线段 FG，如图 10.126 所示。

步骤 7 做前档弧线。使用【智能笔】工具，以前中心 M 点为参考点，依次圆顺连接前档弧线 MNB。

步骤 8 做脚口。把 D 点和 E 点分别向外延长 3 厘米（可根据造型需求来决定大小）。然后连接 BE，DH，如图 10.127 所示。然后把 D 点和 E 点都分别抬高 0.5 厘米，用圆顺弧线连接 DFE，如图 10.128 所示。

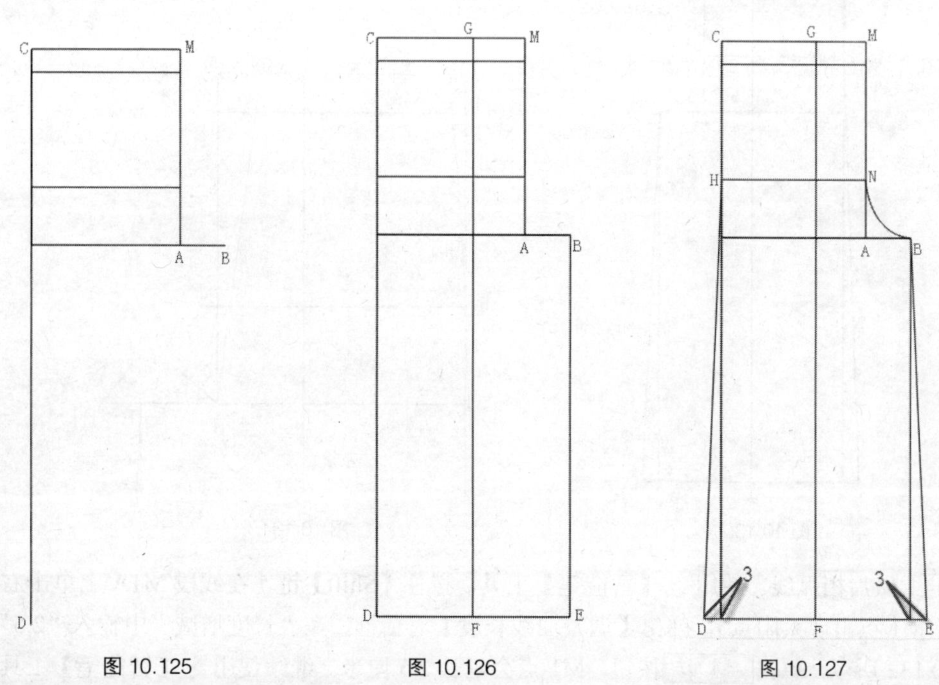

图 10.125　　图 10.126　　图 10.127

步骤 9 定腰围点。使用【智能笔】工具，把 C 点往里收进 1.5 厘米做垂直线往下和腰线相交为 C1，圆顺连接 C1H，如图 10.129 所示。

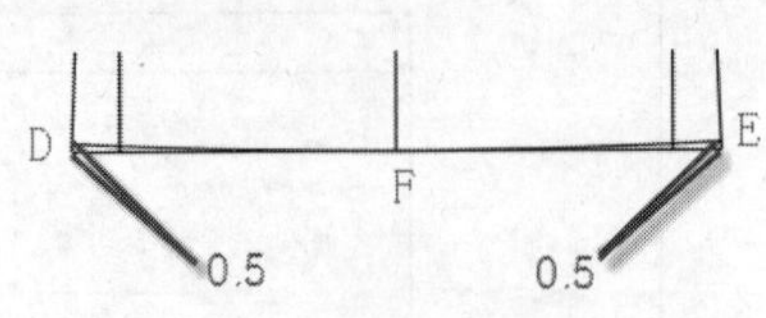

图 10.128

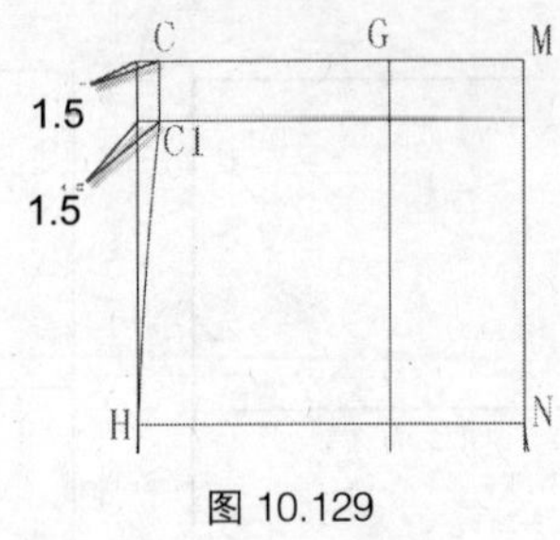

图 10.129

步骤 10 做好的裤子前片如图 10.130 所示。

步骤 11 复制前片做后片。后片的做法是在前片的基础上修改完成，所以先把前片复制，使用【旋转】工具中的【移动】工具，如果光标为是【移动】工具，按【Shift】键切换成【复制】工具，先用左键选中要复制或移动的线（现在是用左键拉框全部选红前片），然后按右键，再用左键选中任意一个太阳点向右拖动（在拖动过程中可以按住【Ctrl】键保证水平移动），最后在相应位置点左键确认。

步骤 12 做后片档线。取线段 GM 的中点 M1，和 A 点连接，使用【智能笔】工具水平向右做后档宽，在“长度”中输入“12”，做出后档宽线 AB1，如图 10.131 所示。

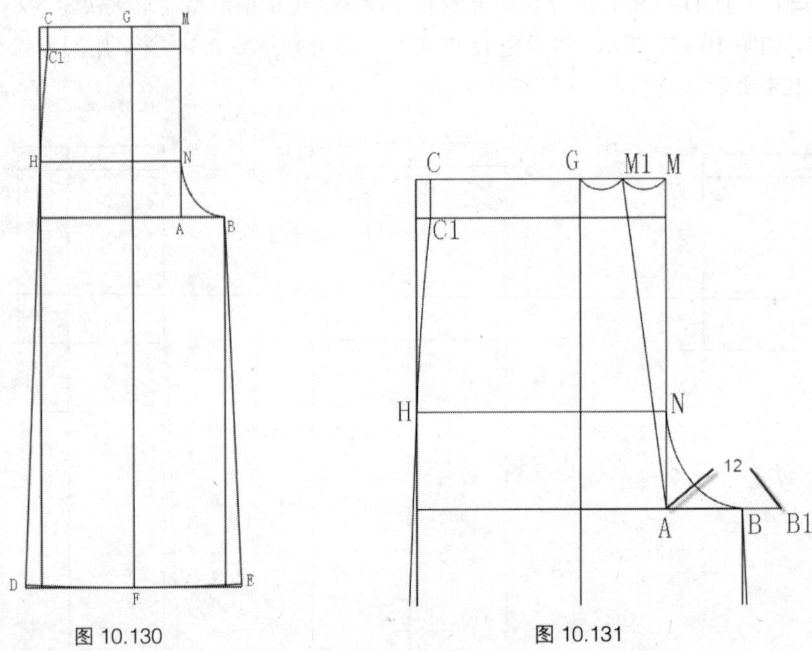

图 10.130　　图 10.131

步骤 13 做后档弧线。使用【智能笔】工具，按住【Shift】键，在线段 M1A 上单击右键（靠近 M1 点出现太阳点），弹出【调整曲线长度】对话框，在“长度增减”中输入“2.5”，如图 10.132 所示，单击 确定(O) 按钮，M1 点会延长 2.5 厘米。继续使用【智能笔】工具，连接后档弧线 M1N1B1，如图 10.133 所示（为了看得清楚删除了前片档线）。

步骤 14 做后臀围。使用【智能笔】工具，从 M1A 和臀围 HN 的交点 N1 开始，做一条水平线，在【计算器】对话框中输入后臀围公式“臀围/4”，得到结果 26 厘米，单击 确定(O) 按钮，落点为 H1，如图 10.134 所示。

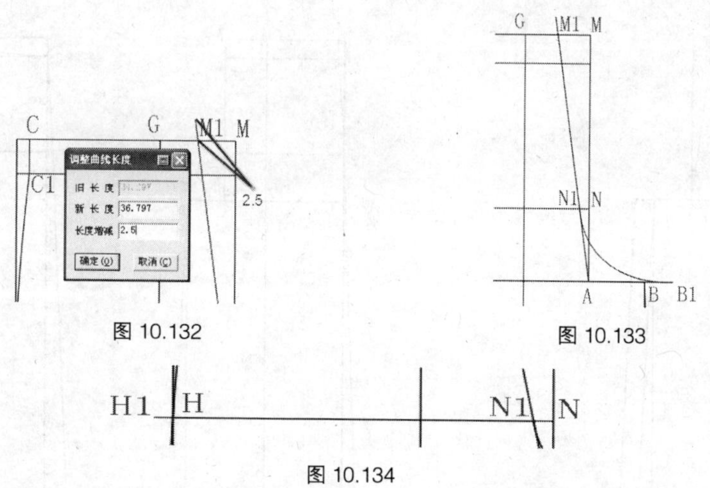

图 10.132

图 10.133

图 10.134

步骤 15 画后腰线。因为是橡筋腰头，不需要过多计算腰围，直接用前片基准线上的点 C2C3 作为腰宽位置，连接后腰弧线 M1C2，然后从距离 M1 往下 4 厘米的 M2 点平行弧线连接 M2C3，如图 10.135 所示。

步骤 16 做后片脚口宽并连接侧缝线。使用【智能笔】工具，从 D 点水平向左 2 厘米得到 D1 点，从 E 点水平向右 4 厘米得到 E1 点（主要是为了和前片造型相对应），如图 10.136 所示，分别连接两边侧缝弧线 C3H1D1 和 B1E1。

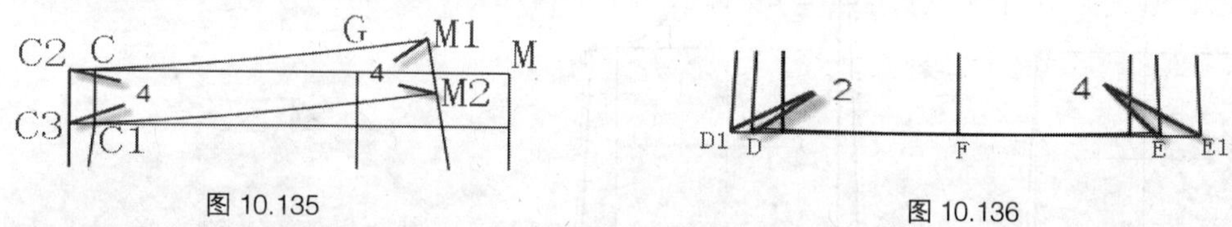

图 10.135

图 10.136

步骤 17 做后脚口弧线。先把前片的线条删除，把 D1 点和 E1 点都分别抬高 0.5 厘米，用圆顺弧线连接 D1FE1，如图 10.137 所示。

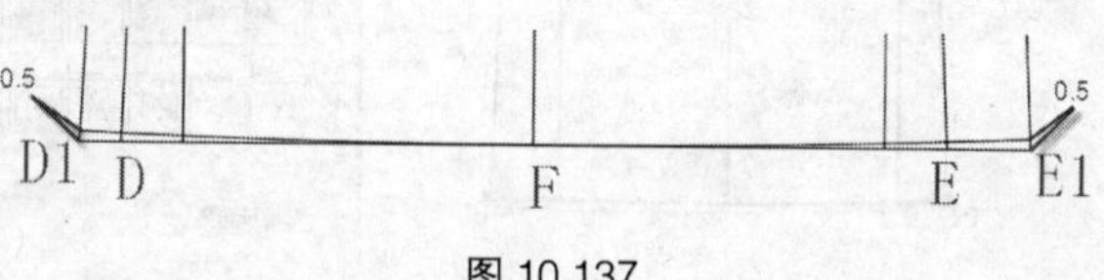

图 10.137

步骤 18 得到后片轮廓，如图 10.138 所示。把多余的线条删除，只剩下后片的轮廓线，做好后的前后片如图 10.139 所示。

步骤 19 剪出轮廓线，生成纸样。使用【剪刀】工具，依次单击纸样的外轮廓线条，直至形成封闭区域，如图 10.140 所示，生成前后片纸样。单击右键，光标变成，单击添加纸样辅助线，单击右键结束。

步骤 20 调整缝份。系统已经自动放缝 1 厘米，将脚口的缝份改为 3 厘米，使用【加缝份】工具，分别单击脚口弧线 DFE 和 D1FE1，弹出【加缝份】对话框，“起点缝份量”输入“3”，选择第二种加缝份的方式，如图 10.141 所示，再单击 确定(O) 按钮。

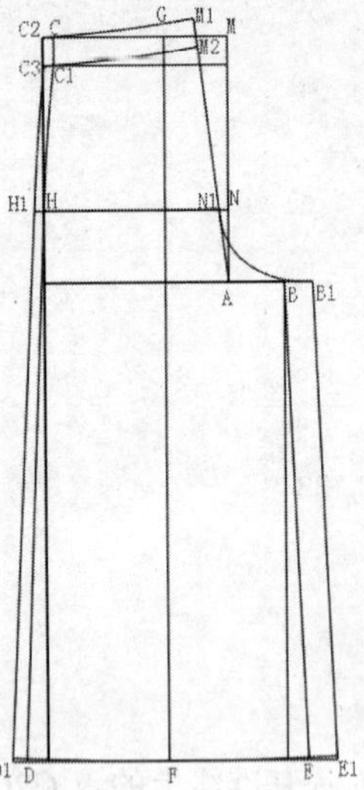

图 10.138

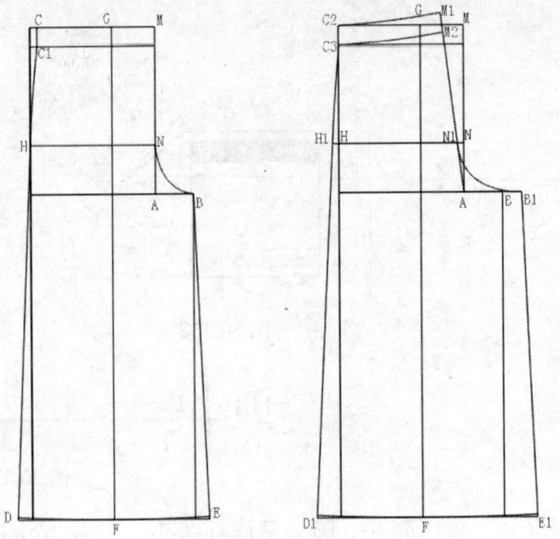

图 10.139

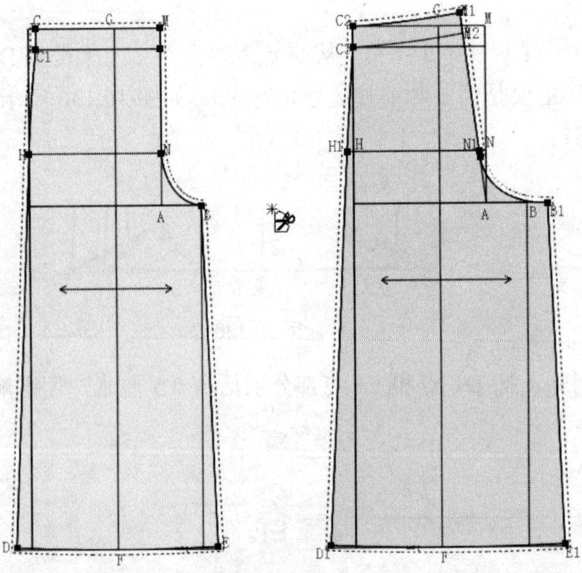

图 10.140

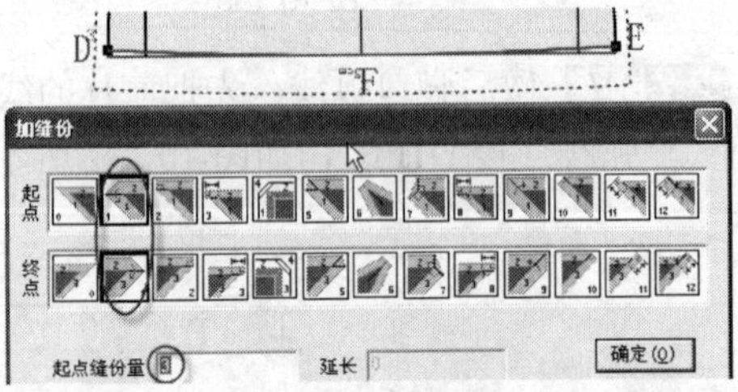

图 10.141

步骤 21 调整布纹线。使用【布纹线】工具，在布纹线的中心处单击右键，每单击一次旋转45度，将所有纸样的布纹线调整到正确位置，如图 10.142 所示。

步骤 22 输入纸样资料并显示。单击【纸样】菜单，选择【款式资料】命令，在款式名中输入“裙裤”，单击 确定(O) 按钮。纸样资料可以在屏幕右上方的纸样陈列栏中双击，弹出【纸样资料】对话框，输入名称和份数，单击 应用 按钮。分别输入前后片纸样的资料，要在布纹线上显示出相应的纸样资料，单击上方菜单栏中【选项】菜单，选择【系统设置】命令，弹出【系统设置】对话框，选择【布纹设置】选项卡。

在弹出的【系统设置】对话框中，单击黑色三角会弹出【布纹线信息】对话框，在“纸样名”和“纸样份数”前打上“√”，布纹线下方的选择是“款式名”和“号型名”，单击 确定(O) 按钮，相应资料就会显示在纸样上，放大后可以看清楚。

全部做好之后效果如图 10.143 所示。

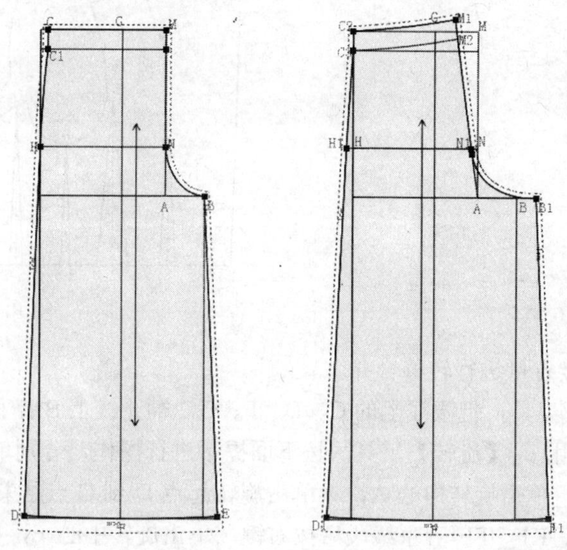

图 10.142

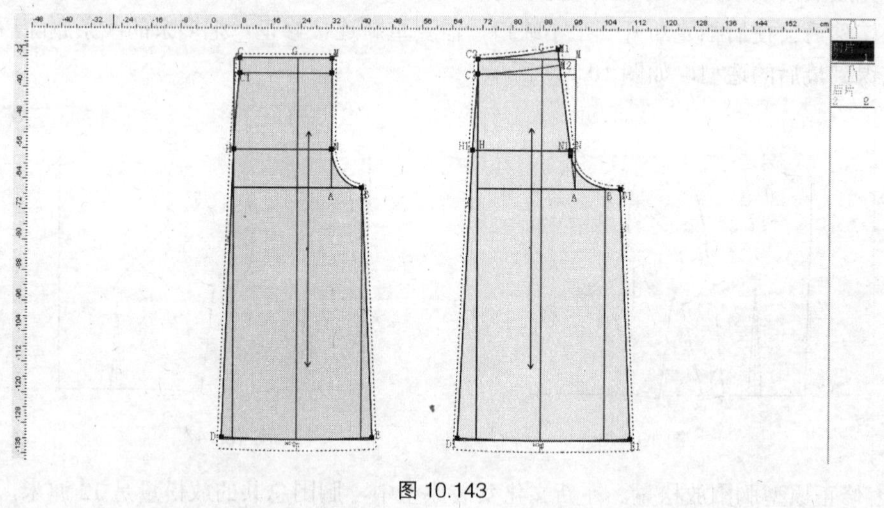

图 10.143

10.3 礼服裙样板制作

这是一款无肩式小礼服，效果图如图 10.144 所示。

绘制礼服裙的操作步骤如下。以下采用原型法进行操作。

步骤 1 打开女装原型。双击打开桌面上 [RP-DGS] 图标，进入设计与放码系统的工作界面，打开文件“新文化式女装原型”，如图 10.145 所示，单击【文档】菜单中的【另存为】命令，保存为“礼服裙”。

图 10.144

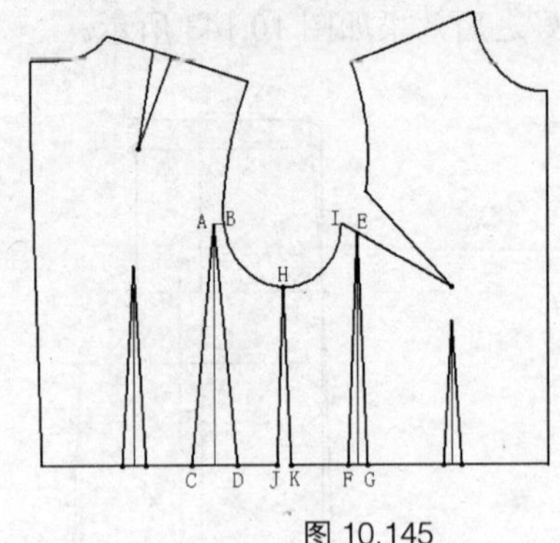

图 10.145

步骤 2 把原型中的腰省量进行转移合并。

使用【剪断线】工具，把腰线上的 C、D、F、G，袖笼线上 B 点和前袖笼省上 E 点剪断，先转移后片的腰省，使用【旋转】工具，按下面提示进行操作，分别单击 AB、BH、HJ、JD、DA 五条线段后按右键，单击旋转中心 A，再单击旋转起点 D 到 C 点结束。前片操作方法一样，分别单击 EI、IH、HK、KF、FE 五条线段后按右键，单击旋转中心 E，再单击旋转起点 F 到 G 点结束。完成后的效果如图 10.146 所示。

B 点转移后会使后袖笼断开一个小缺口，需要重新连接修正。把多余的线条删除后重新修正弧线可以得到最后的造型，如图 10.147 所示。

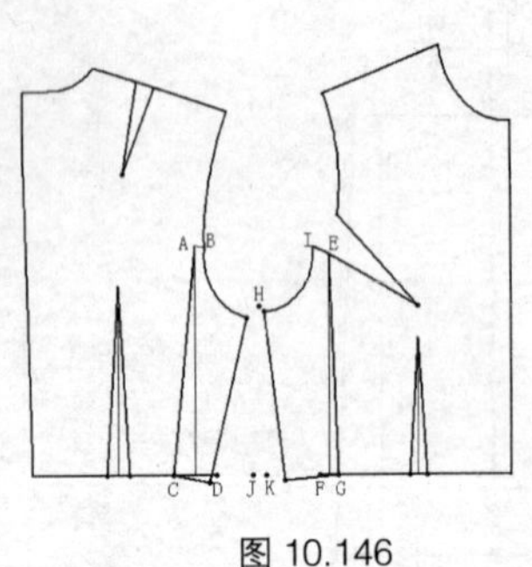

图 10.146

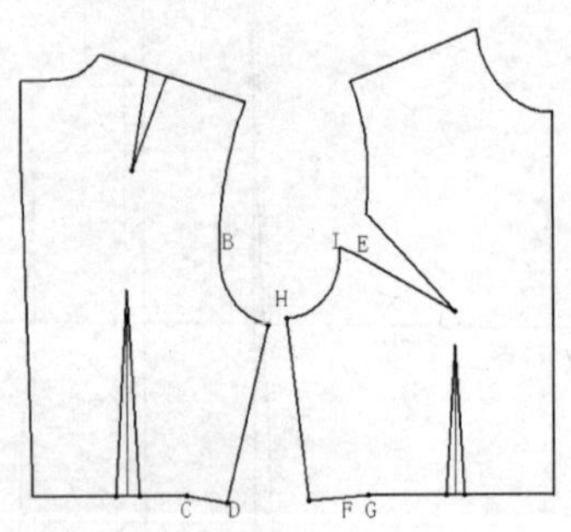

图 10.147

步骤 3 修正原型胸围放松量。在新文化女装原型中，胸围总共的放松量是 12 厘米，现在这款礼服裙是紧身无肩式，胸围放松量只需要 1～2 厘米就够了，这里采用 2 厘米放松量，所以要把胸围大小每片缩小 2.5 厘米，使用【智能笔】工具，前后片胸围缩小 2.5 厘米，腰围缩小 1 厘米，如图 10.148 所示。使用【剪断线】工具剪断线，使用【橡皮擦】工具擦除多余部分，使用【智能笔】工具把腰线修正圆顺，如图 10.149 所示。

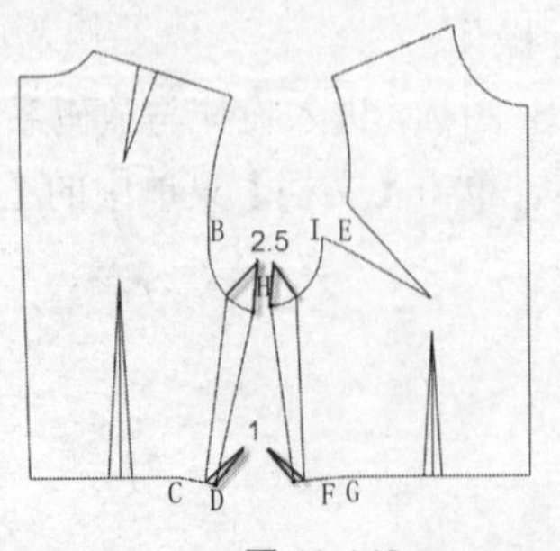

图 10.148

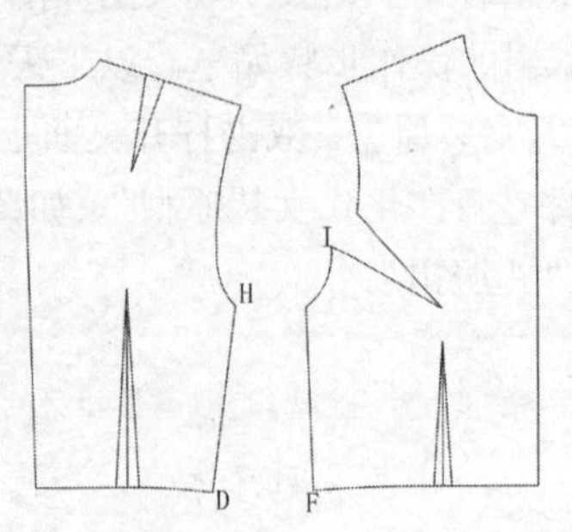

图 10.149

步骤 4 画出前片分割线。使用【智能笔】工具，画出前片的横向分割线 XWT，参考尺寸如图 10.150 所示。

步骤 5 把 XYIW 所组成的阴影部分形状以 W 点为圆心逆顺时针转动，合并袖窿省，如图 10.151 所示。先使用【剪断线】工具在 W 点把 XT 剪断，在 X 点把 XY 剪断，然后使用【转省】工具，先分别单击阴影区域的轮廓线 XW、WI、IY、YX，选中线段变成红色，然后单击右键，再单击新省线 XW，线段 XW 变成绿色，再次单击右键，然后单击合并省的起始边 IW，线段 IW 变成蓝色，单击合并省的终止边 WE，线段 WE 变成紫色，完成操作，如图 10.152 所示。

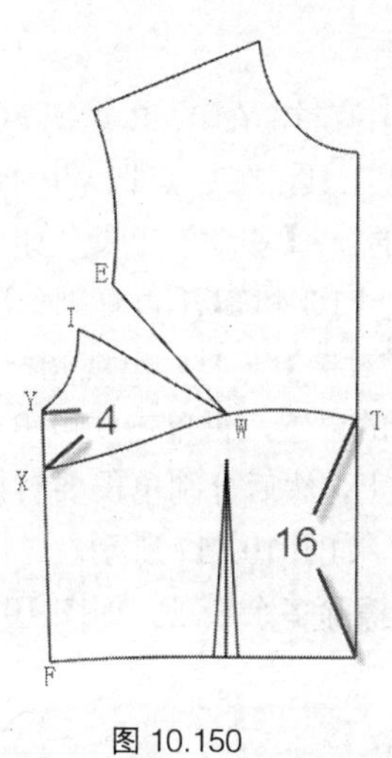

图 10.150

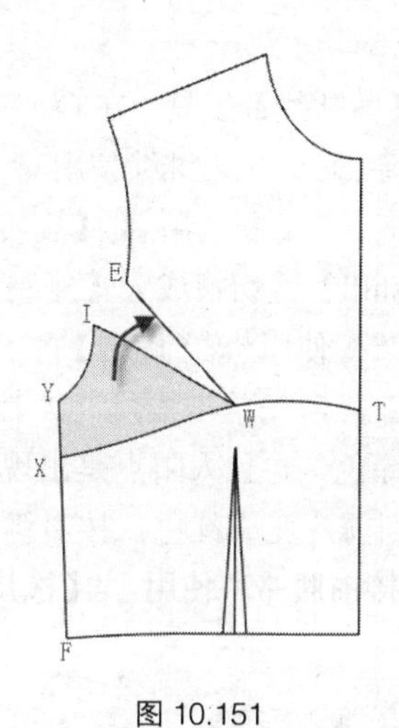

图 10.151

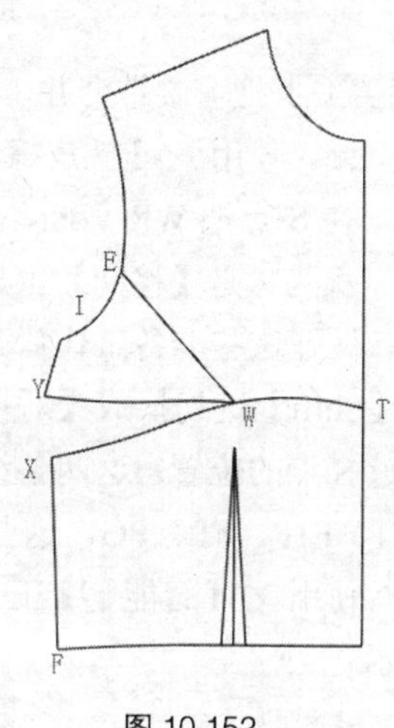

图 10.152

步骤 6 画出前胸轮廓线 UV。使用【智能笔】工具，从前袖窿点往下 1.5 厘米，圆顺连接到距离分割线 T 点 6 厘米的 V 点，如图 10.153 所示。

步骤 7 做前片竖向省道。使用【智能笔】工具，把腰省往上延长后圆顺地做出竖向分割线，并在前胸轮廓线上做出 1 厘米的省道量（使胸部造型更加贴身），如图 10.154 所示。

步骤 8 清理前片轮廓。使用【剪断线】工具剪断相关线，使用【橡皮擦】工具擦除多余部分，得到前片轮廓，如图 10.155 所示。

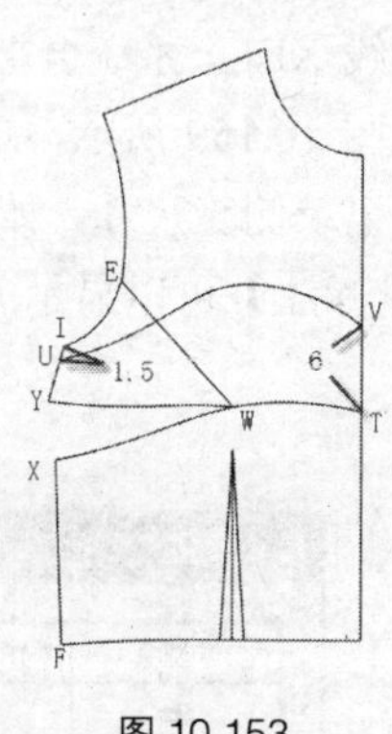

图 10.153

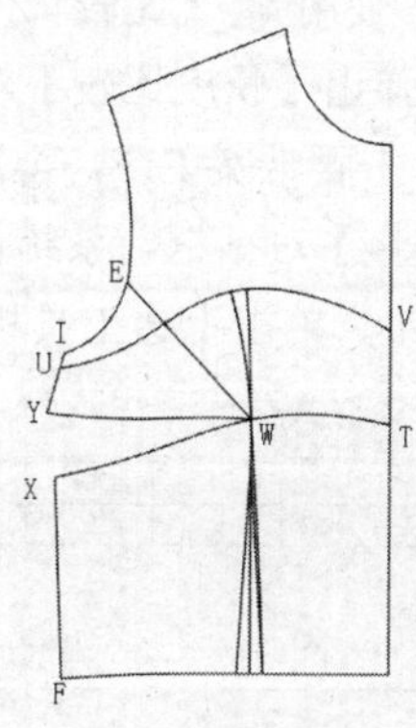

图 10.154

步骤 9 做前腰带分割线。使用【智能笔】工具，按住【Shift】键，用鼠标按住腰线 FG 往上拖动，光标会变成，进入【相交等距线】功能，移动鼠标再分别单击与腰线 FG 相邻的两条线 XF 和 GT，弹出【平行线】对话框，输入间距“4”，单击 确定(O) 完成，如图 10.156 所示。

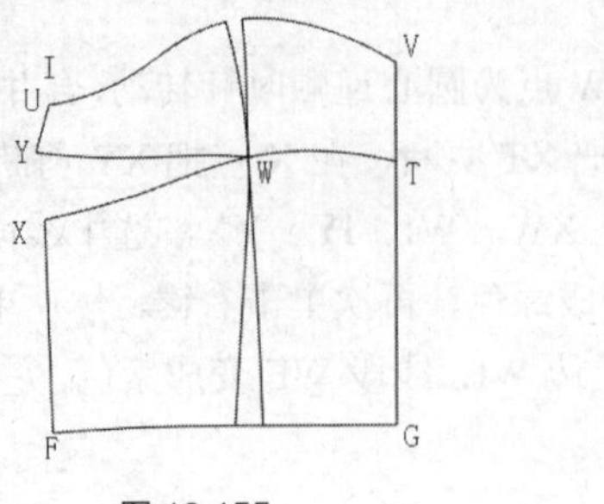

图 10.155

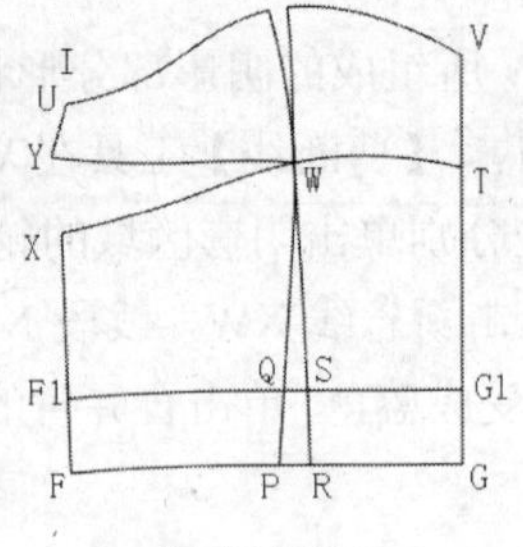

图 10.156

步骤 10 把前腰带合并。使用【剪断线】工具，在 Q、S 点把 F1G1 剪断，在 P、R 点把 FG 剪断，使用【橡皮擦】工具擦除 QS、PR。继续使用【剪断线】工具，在 Q 点把 WP 剪断，在 S 点把 WR 剪断，在 F1 点把 XF 剪断，用【旋转】工具中的【移动】工具，如果光标为是【移动】工具，按【Shift】键切换成【复制】工具，把 F1Q 和 SG1 再复制一次。

做好这些准备工作后开始合腰节。使用【旋转】工具中的【对接】工具，出现光标，按【Shift】键切换成【对接移动】工具，先单击线段 PQ 上靠近 Q 点的位置，再单击线段 RS 上靠近 S 点的位置，这两条线段变成绿色，并且太阳点是出现在 Q 和 S 上，然后分别单击要对接的 QF1、F1F、FP、PG，这些线对接到前片变成红色，按右键确认完成，如图 10.157 所示。

使用【智能笔】工具圆顺连接前腰带，使用【橡皮擦】工具擦除多余线条，如图 10.158 所示。

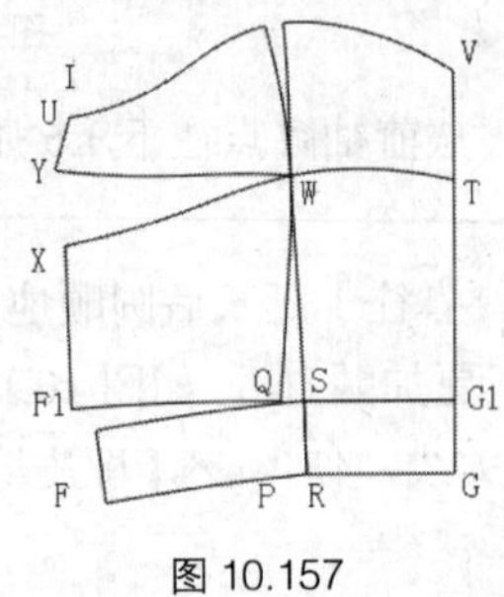

图 10.157

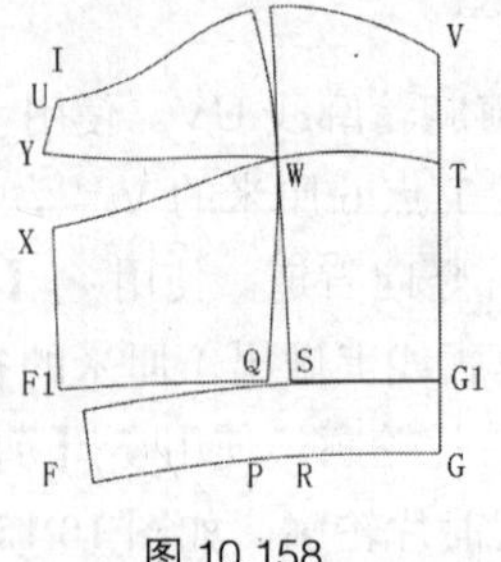

图 10.158

步骤 11 做后片。使用【比较长度】工具，光标为“”是【比较长度】工具，单击前片侧缝线 UY，会弹出【长度比较】对话框，继续单击侧缝线 XF1，系统会把测量的长度加上刚才的长，再单击腰带宽 F1F，得出总长 15.92 厘米，如图 10.159 所示，单击 记 录 按钮，会弹出【尺寸变量】对话框，系统自动给出“★”符号来记录侧缝尺寸，如图 10.160 所示，单击 确定(O) 按钮。单击上边工具栏中【显示/隐藏变量标注】可以显示或隐藏记录的符号。

长度比较

号型	L	DL	DDL	统计+	统计-
m	15.92	0	0	15.92	0

长度　水平X　垂直Y　清 除　记 录　打 印

图 10.159

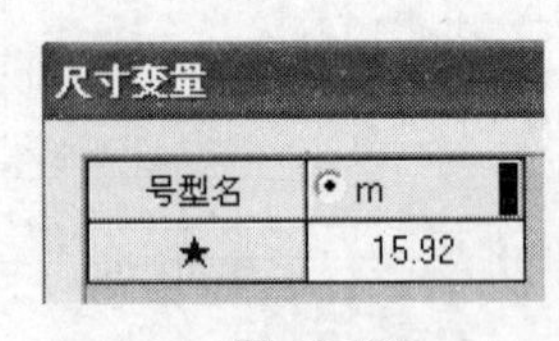
尺寸变量

号型名	m
★	15.92

图 10.160

使用【智能笔】工具，在后片侧缝 DH 上单击找点（太阳点出现再 D 点上），弹出【点的

位置】对话框，单击右上角【计算器】按钮，双击刚才记录的符号“★”，如图 10.161 所示，单击OK按钮，得到J点，按尺寸连接弧线 JO，如图 10.162 所示。

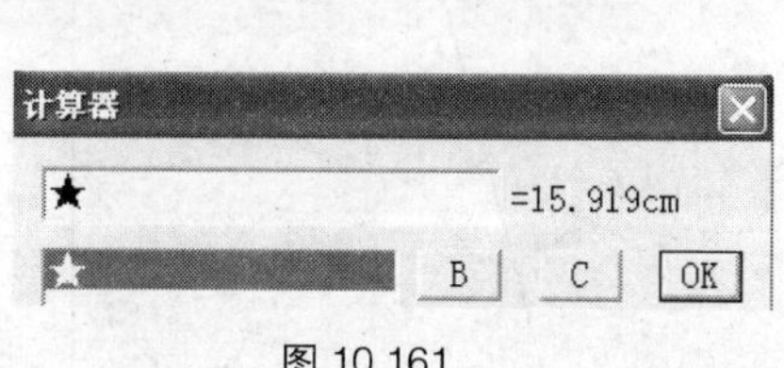

图 10.161

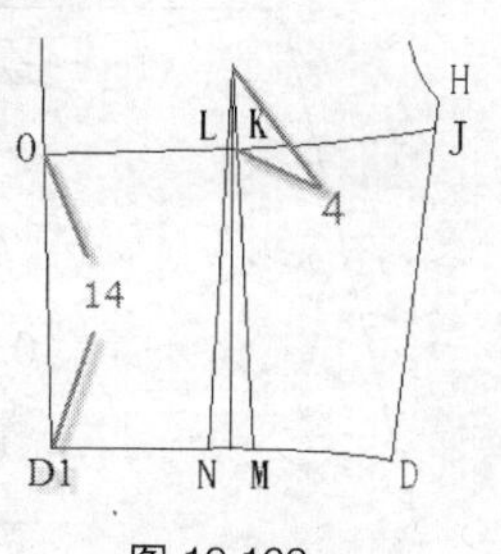

图 10.162

步骤 12 做后腰带分割线。使用【智能笔】工具，按住【Shift】键，用鼠标按住腰线 D1D 往上拖动，光标会变成，进入【相交等距线】功能，移动鼠标再分别单击与腰线 D1D 相邻的两条线 OD1 和 DJ，弹出【平行线】对话框，输入间距“4”，单击确定(O)完成，如图 10.163 所示。

步骤 13 把前腰带合并。参考前片做法，使用【剪断线】工具，把相关线段剪断，使用【橡皮擦】工具擦除多余线条，如图 10.164 所示。

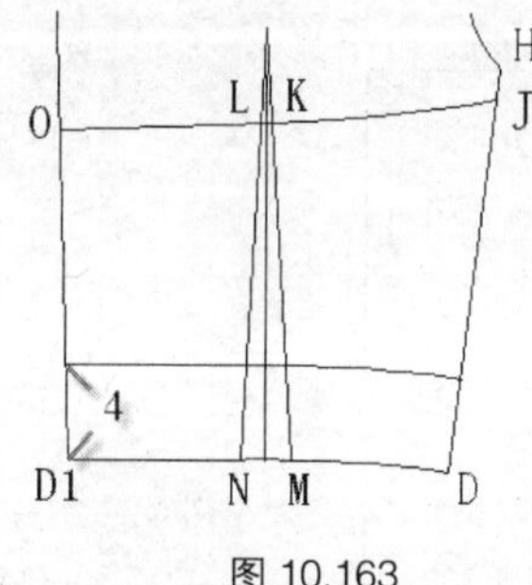

图 10.163

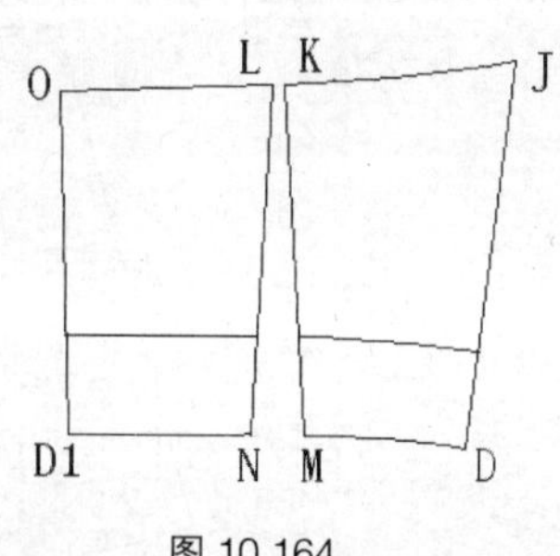

图 10.164

做好这些准备工作后开始合并腰节。使用【旋转】工具中的【对接】工具，出现光标，按【Shift】键切换成【对接移动】工具，先单击线段 KM 上靠近 K 点的位置，再单击线段 LN 上靠近 L 点的位置，这两条线段变成绿色，并且太阳点是出现在 K 和 L 上，然后框选要对接的 KJDM 轮廓所包围的所以线条，这些线对接到后中变成红色，按右键确认完成，如图 10.165 所示。

步骤 14 圆顺连接后片弧线。使用【智能笔】工具圆顺连接后片弧线和后腰带，使用【橡皮擦】工具擦除多余线条，如图 10.166 所示。

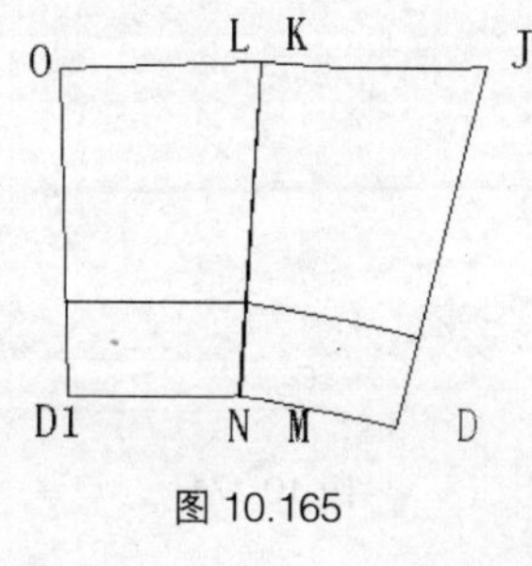

图 10.165

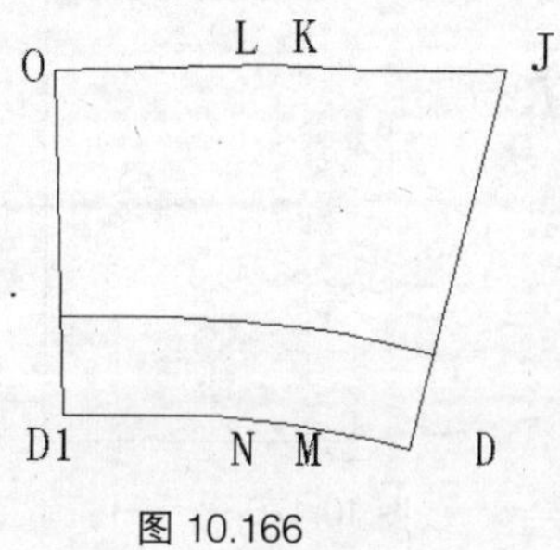

图 10.166

步骤 15 做前裙片。使用【智能笔】工具，把前中心线往下延长 40 厘米，从 F 点做水平线和它相交，从交点往下 2 厘米和 F 点圆顺连接，下摆宽度 30 厘米，和 F 点直线连接，如图 10.167 所示。侧缝抬高 4 厘米圆顺连接下摆，如图 10.168 所示。

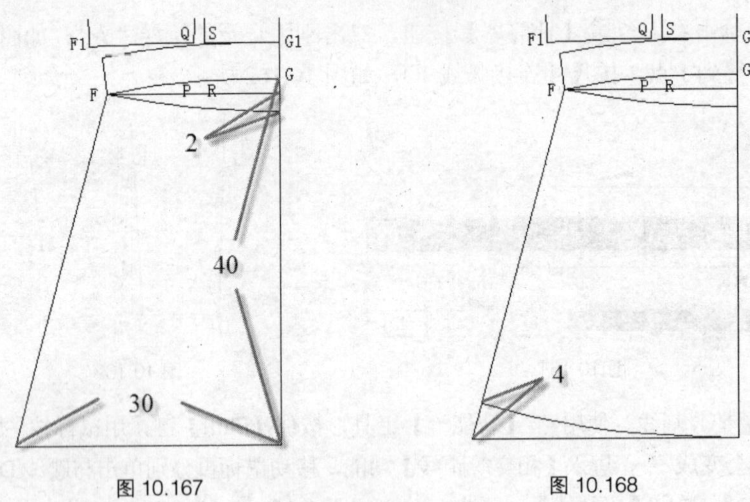

图 10.167　　图 10.168

使用【智能笔】工具，在前中心加宽 20 厘米作为前裙片的褶量，如图 10.169 所示。

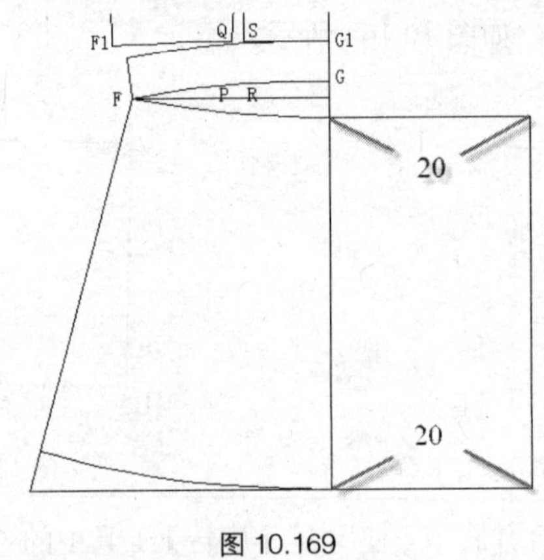

图 10.169

步骤 16 修剪前裙片轮廓。使用【剪断线】工具，把相关线段剪断，使用【橡皮擦】工具擦除多余线条，如图 10.170 所示。

步骤 17 做前裙片的第二层（如果是多层也可以用同种方法）。使用【相交等距线】功能进行制作，如图 10.171 所示。

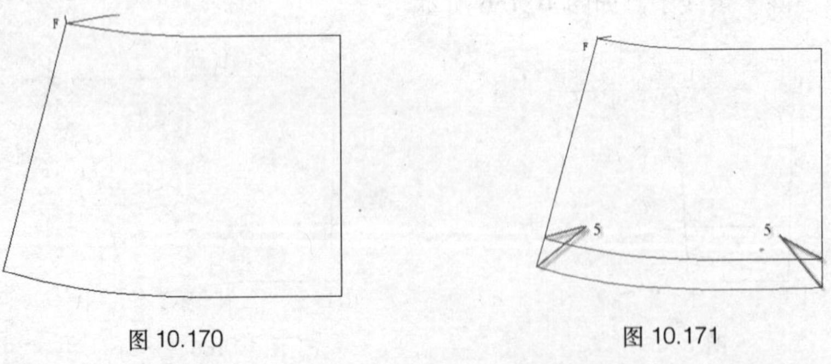

图 10.170　　图 10.171

步骤 18 做后裙片。因为是宽松造型，就不再另外做，而是把前后裙片共用同一裙片。

步骤 19 做前后片领口贴。使用【智能笔】工具，按住【Shift】键，用鼠标按住后领口线 OJ 往下拖动，光标会变成，进入【相交等距线】功能，移动鼠标再分别单击与 OJ 相邻的两

条线 OD1 和 DJ，弹出【平行线】对话框，输入间距“3”，单击确定(O)完成，前片同样的方法操作，完成后的效果如图 10.172 所示。

步骤 20 前领贴复制出来后用对接工具连在一起，如图 10.173 所示。

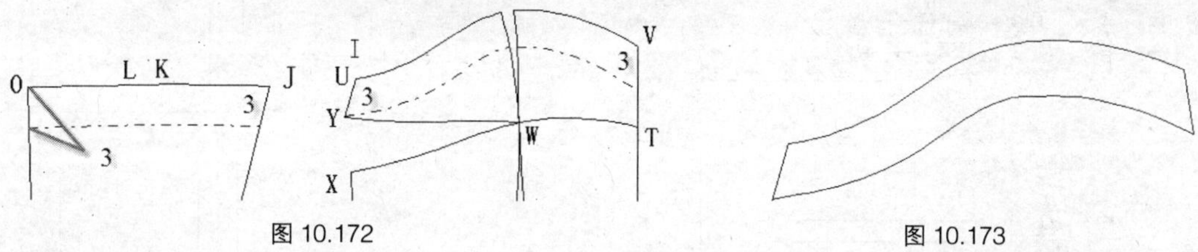

图 10.172

图 10.173

步骤 21 最终结果如图 10.174 所示。

步骤 22 剪出轮廓线，生成纸样。使用【剪刀】工具，依次单击纸样的外轮廓线条，直至形成封闭区域，如图 10.175 所示，生成前片、后片、腰带和裙片的纸样。单击右键，光标变成，若无省道添加，单击右键结束。

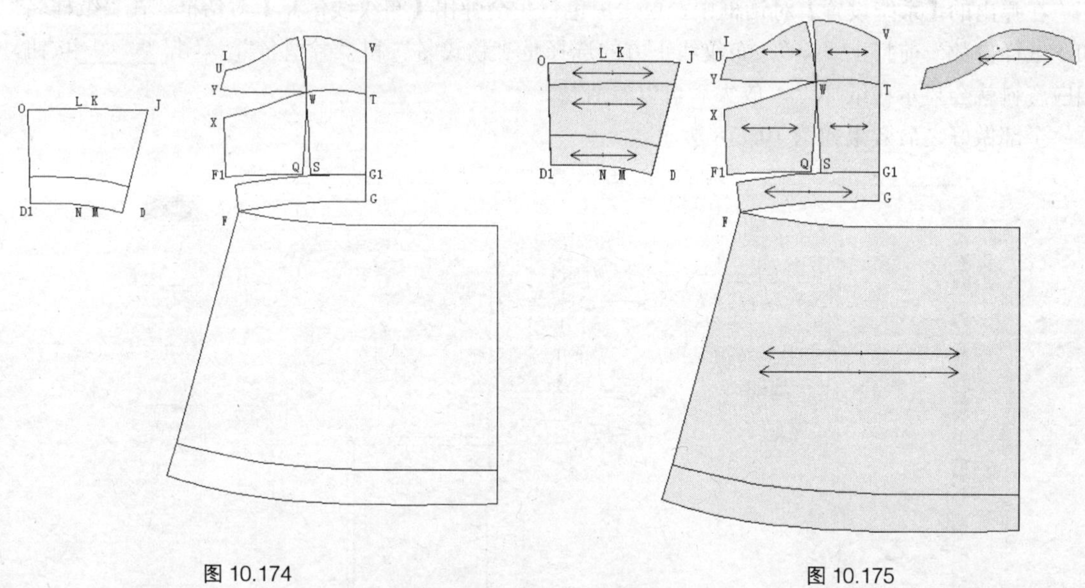

图 10.174

图 10.175

步骤 23 调整缝份。按【F7】键显示缝份，将裙摆底边的缝份改为 2 厘米，使用【加缝份】工具，单击裙摆，弹出【加缝份】对话框，“起点缝份量”输入“2”，选择第二种加缝份的方式，再单击确定(O)按钮，结果如图 10.176 所示。

步骤 24 调整布纹线。使用【布纹线】工具，在布纹线的中心处单击右键，每单击一次旋转 45 度，将所有纸样的布纹线调整到正确位置，如图 10.177 所示。

步骤 25 输入纸样资料并显示。单击【纸样】菜单，选择【款式资料】命令，弹出【款式信息框】对话框，在款式名中输入“礼服裙”(一个款式只需输入一次)，单击确定(O)按钮。

纸样资料可以在屏幕右上方的纸样陈列栏中双击，弹出【纸样资料】对话框，输入名称和份数，单击应用按钮。分别输入前片、后片、腰带和裙片的资料，要在布纹线上显示出相应的纸样资料，单击上方菜单栏中【选项】菜单，选择【系统设置】命令，弹出【系统设置】对话框，选择【布纹设置】选项卡。

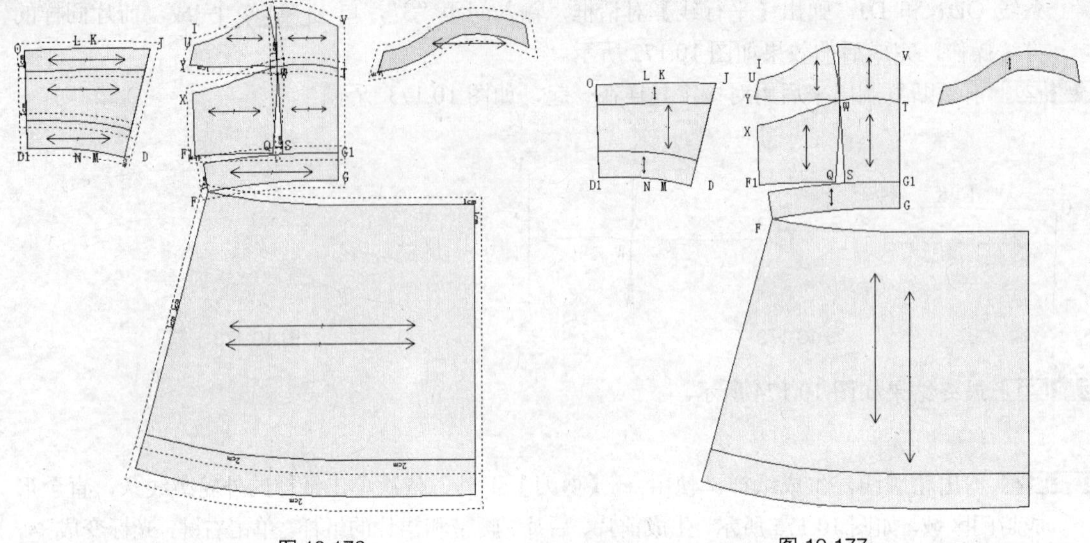

图 10.176　　图 10.177

在弹出的【系统设置】对话框中，单击黑色三角会弹出【布纹线信息】对话框，在“纸样名”和“纸样份数”前打上“√”，布纹线下方的选择是“款式名”和“号型名”，单击 确定(O) 按钮，相应资料就会显示在纸样上，放大后可以看清楚。

全部做好之后效果如图 10.178 所示。

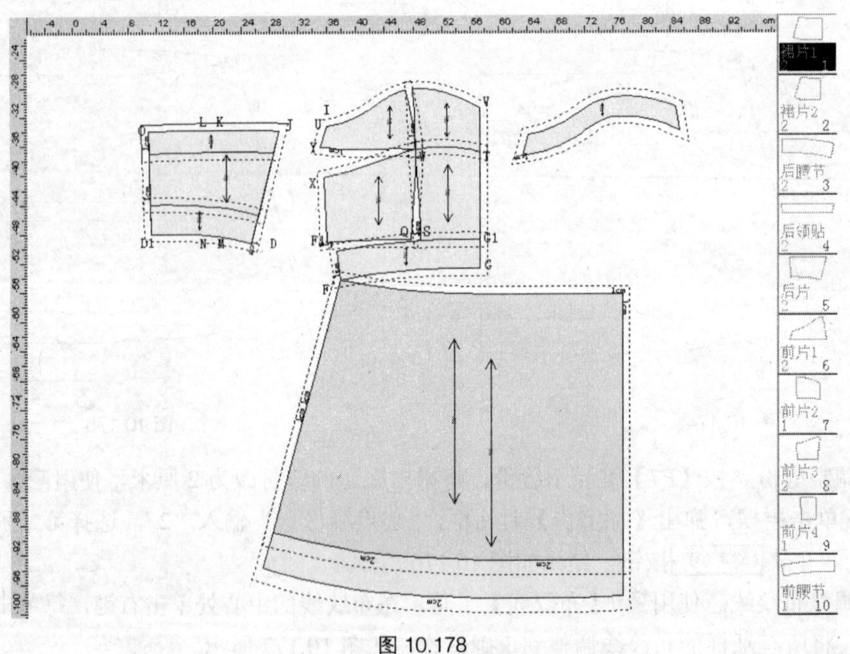

图 10.178

思考题

1. 在时装款式制作的时候比较困难的地方是什么？
2. 能否将款式分解为之前曾经学过的领型、袖型和衣片变化？
3. 不同的款式类型放松量如何加放？

作业及要求

1. 自行设计裙装、裤装、上衣和连衣裙各2款并在CAD软件中做出其变化。
2. 在时装杂志中找出喜欢的款式3款，做出其变化结构图。

附录1　富怡服装CAD软件V8版本快捷键介绍

1. 富怡V8版本设计与放码系统快捷键

字　母	功　能	字　母	功　能	字　母	功　能
A	调整工具	B	相交等距线	C	圆规
D	等份规	E	橡皮擦	F	智能笔
G	移动	K	对称	L	角度线
M	对称调整	N	合并调整	Q	等距线
R	比较长度	S	矩形	T	靠边
V	连角	W	剪刀	Z	剪断线
F2	切换影子与纸样边线	F3	显示/隐藏两个放码点间长度	F4	显示所有号型/仅显示基码
F5	切换缝份线与纸样边线	F7	显示/隐藏缝份线	F9	匹配整段线/分段线
F10	显示/隐藏绘图纸张宽度	F11	仅匹配一个码	F12	工作区所有纸样放回纸样窗
Ctrl+F11	1:1 显示图	Ctrl+F12	纸样窗所有纸样放入工作区	Ctrl+N	新建
Ctrl+O	打开	Ctrl+S	保存	Ctrl+A	另存为
Ctrl+C	复制纸样	Ctrl+V	粘贴纸样	Ctrl+D	删除纸样
Ctrl+G	清除纸样放码量	Ctrl+E	号型编辑	Ctrl+F	显示/隐藏放码点
Ctrl+K	显示/隐藏非放码点	Ctrl+J	颜色填充/不填充纸样	Ctrl+H	调整时显示/隐藏弦高线
Ctrl+R	重新生成布纹线	Esc	取消当前操作		
回车键	文字编辑的换行操作/更改当前选中的点的属性/弹出光标所在关键点移动对话框	U 键	按下 U 键的同时，单击工作区的纸样可放回到纸样列表框中	Shift	画线时，按住 Shift 键在曲线与折线间转换/转换结构线上的直线点与曲线点
X 键	与各码对齐结合使用，放码量在 X 方向上对齐	Y 键	与各码对齐结合使用，放码量在 Y 方向上对齐		

鼠标滑轮：

在选中任何工具的情况下；向前滚动鼠标滑轮，工作区的纸样或结构线向下移动；向后滚动鼠标滑轮，工作区的纸样或结构线向上移动；单击鼠标滑轮为全屏显示。

按下 Shift 键：

向前滚动鼠标滑轮，工作区的纸样或结构线向右移动；

向后滚动鼠标滑轮，工作区的纸样或结构线向左移动。

键盘方向键：

按上方向键，工作区的纸样或结构线向下移动；按下方向键，工作区的纸样或结构线向上移动；

按左方向键，工作区的纸样或结构线向右移动；按右方向键，工作区的纸样或结构线向左移动。

小键盘+、-：

小键盘+ 键，每按一次此键，工作区的纸样或结构线放大显示一定的比例；

小键盘- 键，每按一次此键，工作区的纸样或结构线缩小显示一定的比例。

空格键功能：

（1）在选中任何工具情况下，把光标放在纸样上，“按一下”空格键，即可变成移动纸样光标。

（2）在使用任何工具情况下，按下空格键（不弹起）光标转换成放大工具，此时向前滚动鼠标滑轮，工作区内容就以光标所在位置为中心放大显示，向后滚动鼠标滑轮，工作区内容就以光标所在位置为中心缩小显示。单击右键为全屏显示。

对话框不弹出的数据输入方法：

（1）输入一组数据：输入数字，按【Enter】键。

例如，用【智能笔】工具画 30cm 的水平线，左键单击起点，切换在水平方向输入数据 30，按【Enter】键即可。

（2）输入两组数据：输入第一组数字→按【Enter】键→输入第二组数字→按【Enter】键。

例如，用【矩形】工具画 24cm×60cm 的矩形，用【矩形】工具定起点后，输入 20→按【Enter】键→输入 60--按【Enter】键即可。

表格对话框右击菜单：

在表格对话框中的表格上单击右键可弹出菜单，选择菜单中的数据可提高输入效率。

例如在表格输 1 寸 8 分 3，在表格中先输入“1.”，再单击右键，选择“3/8”即可。

2. 富怡 V8 版本排料系统快捷键

字　母	功　能	字　母	功　能	字　母	功　能
Ctrl+A	另存	Ctrl+C	将工作区纸样全部放回到尺寸表中	Ctrl+I	纸样资料
Ctrl+M	定义唛架	Ctrl+N	新建	Ctrl+O	打开
Ctrl+S	保存	Ctrl+Z	后退	Ctrl+X	前进
Alt+1	主工具匣	Alt+2	唛架工具匣 1	Alt+3	唛架工具匣 2
Alt+4	纸样窗、尺码列表框	Alt+5	尺码列表框	Alt+0	状态条、状态栏主项
F3	重新按号型套数排列辅唛架上的样片	F4	将选中样片的整套样片旋转 180 度	F5	刷新
Delete	移除所选纸样	1 3	可将唛架上选中纸样进行顺时针旋转【1】/逆时针旋转【3】		
5 7 9	可将唛架上选中纸样进行 90 度旋转【5】、垂直翻转【7】、水平翻转【9】				

续表

字母	功能	字母	功能	字母	功能
8246	可将唛架上选中纸样作向上【8】、向下【2】、向左【4】、向右【6】方向滑动,直至碰到其他纸样				
双击	双击唛架上选中纸样可将选中纸样放回到纸样窗内；双击尺码表中某一纸样，可将其放于唛架上				
空格键	工具切换（在纸样选择工具选中状态下，空格键为放大工具与纸样选择工具的切换；在其他工具选中状态下，空格键为该工具与纸样选择工具的切换）				

注：9 个数字键与键盘最左边的 9 个字母键相对应，有相同的功能，对应如下表。

1	2	3	4	5	6	7	8	9
Z	X	C	A	S	D	Q	W	E

【8】&【W】、【2】&【X】、【4】&【A】、【6】&【D】键跟【NUM LOCK】键有关，当使用【NUM LOCK】键时，这几个键的移动是一步一步滑动的，不使用【NUM LOCK】键时，按这几个键，选中的样片将会直接移至唛架的最上、最下、最左、最右部分。

方向键可将唛架上选中纸样向上移动【↑】、向下移动【↓】、向左移动【←】、向右移动【→】，移动一个步长，无论纸样是否碰到其他纸样。

附录 2 英制与公制换算对照表

	换算公式	计量对照
公制	换英制：厘米÷2.54	1 米≈39.37 英寸 1 厘米≈0.39 英寸
英制	换公制：英寸×2.54	1 码≈91.44 厘米 1 英尺≈30.48 厘米 1 英寸≈2.54 厘米

附录3 制板师考试试题汇编

三级服装制板师实操技能考核试卷（考核时间：2 小时）

第二部分 实操题（满分 100 分）

一、基础题（第 1 ~ 3 题。每题 10 分。满分 30 分）

第一题

[操作要求]

1．打开素材文件 3-1-1；

2．按所给的款式图（见图 3-1-1），制作抽褶袖的对应纸样；

3．将结果保存在考生文件夹中，文件名：FZZBS1-1。

第二题

[操作要求]

1．打开素材文件 3-1-2；

2．按所给的款式图（见图 3-1-2），制作领子的对应纸样；

3．将结果保存在考生文件夹中，文件名：FZZBS1-2。

第三题

[操作要求]

1．打开素材文件 3-1-3；

2．按所给的款式图（见图 3-1-3），制作抽褶袖的对应纸样；

3．将结果保存在考生文件夹中，文件名：FZZBS1-3。

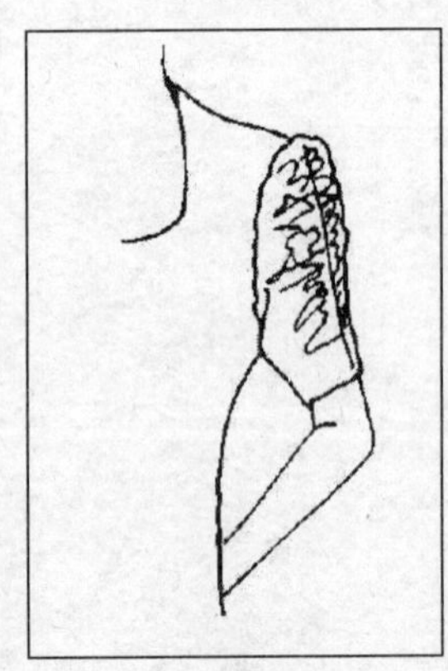

图 3–1–1

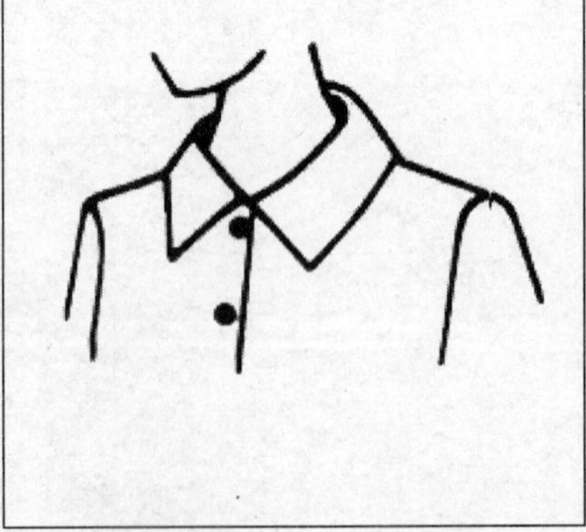

图 3–1–2

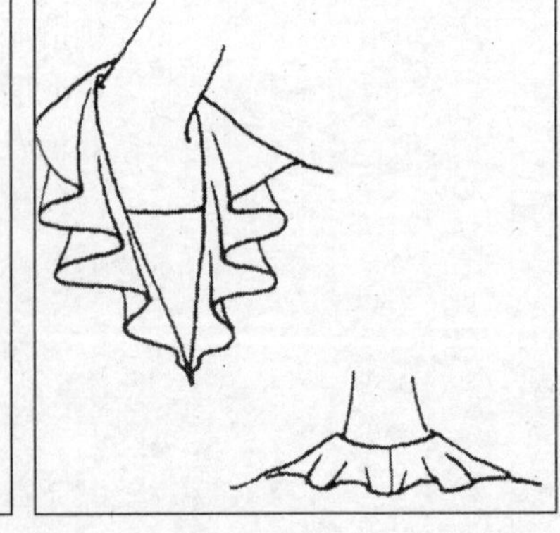

图 3–1–3

二、综合题（满分 70 分）

按照所提供的款式图完成以下操作：

规格尺寸表：　　　　　　　　　　　　　　　　　　　　单位：cm

号型＼尺寸＼部位	衣长	胸围	肩宽	前腰节长	领围	袖长	袖口
155/80A	61	96	37.8	38.8	39	52.5	12.5
160/84A	63	100	39	40	40	54	13
165/88A	65	104	40.2	41.2	41	55.5	13.5
170/92A	67	108	41.4	42.4	42	57	14

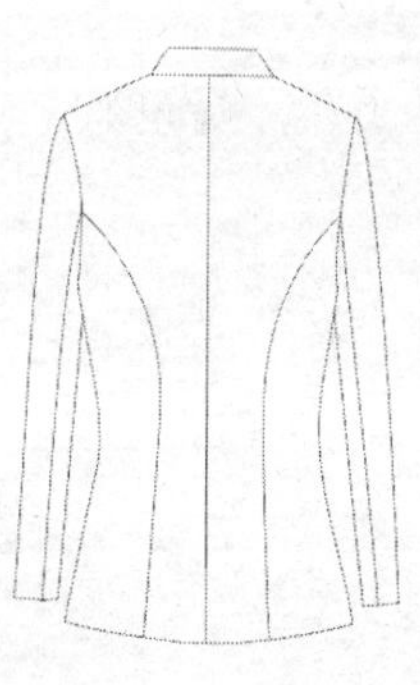

款式图

第一题 结构设计（满分 35 分）

[操作要求]

1．绘制 160/84A 号型正确的服装纸样；

2．在绘制结果的基础上拾取面样片；

3．将样片放缝、打剪口并调整样片的丝缕线；

4．编辑款式名和纸样资料，将资料显示在裁片上；

5．给裁片加上缝份、剪口及扣眼；

6．将结果保存在考生文件夹中，文件名：FZZBS2-1。

第二题 推板（满分 20 分）

[操作要求]

1．按照所给的规格尺寸表，使用点放码方法分别给上面所绘制的纸样完成放码的操作；

2．线的颜色分别为 155/80A 红色,160/84A 黑色，165/88A 绿色，170/92A 蓝色进行表示；

3．显示放码网状图；

4．将结果保存在考生文件夹中，文件名：FZZBS2-2。

第三题 排料（满分 15 分）

[操作要求]

1．新建唛架文件；

说明：面料门幅：144cm；

2．运用排料工具将 160/84A 两套样片的主料进行排料；

3．利用率要求达 82%以上；

4．将结果存盘在考生目录中，文件名：FZZBS2-3。